Quasar Enterprise

W0186943

Gregor Engels ist Professor für Datenbank- und Informationssysteme an der Universität Paderborn. Seine Forschungsinteressen liegen im Bereich der modellbasierten Softwareentwicklung, Architekturparadigmen und Qualitätssicherung. Er leitet das PPP-Institut s-lab (Software Quality Lab) an der Universität Paderborn. Seit 2005 ist er wissenschaftlicher Leiter von sd&m Research.

Andreas Hess ist seit 1992 bei der sd&m AG. Aktuell ist er Chefberater für Unternehmensarchitektur und Anwendungsarchitektur bei der sd&m IT-Beratung. Zuvor hat er bei sd&m als Designer und Projektleiter in zahlreichen Software-Projekten für Finanzdienstleister gearbeitet.

Bernhard Humm ist Professor für Software Engineering und Projektmanagement an der Hochschule Darmstadt. Bei sd&m arbeitete er 11 Jahre lang als Designer, Chefarchitekt, Projektmanager und Bereichsleiter; 2003 – 2005 leitete er sd&m Research.

Oliver Juwig ist seit 2000 bei der sd&m AG tätig. In dieser Zeit hat er die Architektur mehrerer Großprojekte gestaltet und war über mehrere Jahre hinweg für die technische Leitung von sd&m Research verantwortlich. Im Anschluss übernahm er den Aufbau des sd&m Innovationsmanagements. Zurzeit ist er in der IT-Beratung mit dem Schwerpunkt Anwendungslandschaften tätig.

Marc Lohmann ist Berater und seit 2006 bei der sd&m AG beschäftigt. Zuvor hat er an der Universität Paderborn promoviert. Seine Schwerpunkte liegen in den Bereichen Serviceorientierte Architekturen, Semantic Web, modellbasierte Softwareentwicklung und Design by Contract.

Jan-Peter Richter ist Berater bei der sd&m AG. Seine Schwerpunkte liegen bei der Integration von Anwendungssystemen, Enterprise Application Integration (EAI) und Serviceorientierten Architekturen (SOA).

Markus Voß ist promovierter Informatiker, Geschäftsbereichsleiter bei der sd&m AG und Leiter der Niederlassung Frankfurt. Von 2006 bis 2007 leitete er sd&m Research, den Bereich für Forschung und Technologiemanagement bei sd&m.

Johannes Willkomm ist Seniorberater und ist seit 1997 bei der sd&m AG beschäftigt. Er berät Kunden zu den Themen Analyse und Evolution von Anwendungslandschaften sowie im Aufbau von Internet-Portalen.

Gregor Engels · Andreas Hess · Bernhard Humm ·
Oliver Juwig · Marc Lohmann · Jan-Peter Richter ·
Markus Voß · Johannes Willkomm

Quasar Enterprise

Anwendungslandschaften serviceorientiert gestalten

dpunkt.verlag

Gregor Engels
Institut für Informatik · Universität Paderborn
Warburger Str. 100 · 33098 Paderborn

Andreas Hess
sd&m AG
Carl-Wery-Straße 42 · 81739 München

Bernhard Humm
Fachbereich Informatik · Hochschule Darmstadt
Schöfferstraße 8b · 64295 Darmstadt

Oliver Juwig
Jan-Peter Richter
sd&m AG
Lübecker Str. 128 · 22087 Hamburg

Marc Lohmann
Markus Voß
Johannes Willkomm
sd&m AG
Berliner Straße 76 · 63065 Offenbach am Main

E-Mail: qe-autoren@sdm.de

Lektorat: Christa Preisendanz
Copy-Editing: Melanie Hasselbring, Oldenburg
Herstellung: Birgit Bäuerlein
Umschlaggestaltung: Helmut Kraus, www.exclam.de
Druck und Bindung: Koninklijke Wöhrmann B.V., Zutphen, Niederlande

Bibliografische Information Der Deutschen Bibliothek
Die Deutsche Bibliothek verzeichnet diese Publikation in der Deutschen Nationalbibliografie; detaillierte bibliografische Daten sind im Internet über <http://dnb.ddb.de> abrufbar.

ISBN 978-3-89864-506-5

1. Auflage 2008

Ringstraße 19 B
69115 Heidelberg

5 4 3 2 1 0

Geleitwort

Geschäftlicher Erfolg für Unternehmen und große Organisationen ohne Unterstützung durch Informationstechnologie (IT) ist undenkbar geworden!

Softwaresysteme haben in den letzten Jahren mehr und mehr eine tragende Rolle bei der Planung, der Realisierung und der Steuerung von geschäftlichen Aufgaben übernommen. Dies hat dazu geführt, dass Softwaresysteme immer komplexer in ihrer Struktur und immer umfassender in ihrer Funktionalität geworden sind. Insbesondere durch die hohe Verfügbarkeit des Internets sind Softwaresysteme darüber hinaus immer stärker innerhalb von Unternehmen und über die Grenzen von Unternehmen oder Organisationen hinaus vernetzt sowie rund um die Uhr im Einsatz.

Derartig komplexe Softwaresysteme und daraus gewachsene Anwendungslandschaften – bei einem gleichzeitig steigenden Markt- und Kostendruck – nachhaltig zu gestalten und weiterzuentwickeln erfordert höchste Qualitätsansprüche an die eingesetzten Methoden und Werkzeuge.

Die sd&m AG ist seit über 25 Jahren als Softwarehaus erfolgreich am Markt tätig. Von Beginn an war eine hohe Qualität der für unsere Kunden konzipierten und entwickelten Softwaresysteme ein wichtiges strategisches Ziel des Unternehmens. Sichergestellt wurde dies unter anderem durch den Einsatz von unternehmensweiten Standards wie der Qualitätssoftwarearchitektur Quasar für die Strukturierung einzelner Anwendungssysteme.

Heutige IT-Systeme sind komplexe, integrierte Landschaften derartiger Anwendungssysteme. Sie erfordern neuartige Konzepte und Methoden. Insbesondere ist hierbei zu berücksichtigen, dass Anwendungslandschaften effektiv und kosteneffizient betrieben und den stets wechselnden Anforderungen des Geschäfts angepasst werden müssen. Hierzu ist ein enger Bezug zwischen Geschäftsprozessen und unterstützenden IT-Systemen zu realisieren.

Dieses Buch folgt dem modernen Paradigma einer serviceorientierten Vorgehensweise und präsentiert mit *Quasar Enterprise* neuartige Konzepte und konkrete methodische Bausteine für eine durchgängige serviceorientierte Gestaltung von Anwendungslandschaften.

Die Inhalte des Buches sind praxiserprobt und repräsentieren die Best Practices einer Vielzahl von Entwicklungs-, Integrations- und Beratungsprojekten der vergangenen Jahre. Aufbereitet wurden sie von sd&m-Mitarbeitern unter der Führung des sd&m-eigenen Forschungsbereiches sd&m Research. Dieser Bereich hat genau das Ziel, wertvolle, im Laufe der Zeit entstandene Erkenntnisse aus den Kundenprojekten herauszuziehen und aufbereitet dem gesamten sd&m-Team und somit zukünftigen Kundenprojekten zur Verfügung zu stellen.

Dieses praxiserprobte Wissen ist von hohem Wert – auch und insbesondere für sd&m und damit für unsere Kunden! Es passt zur Firmenphilosophie von sd&m, dieses Wissen allen Interessierten zugänglich zu machen und dadurch einen Beitrag zur Weiterentwicklung für die Disziplin des Software Engineering zu leisten. Wir sind davon überzeugt, dass ein offener Dialog mit Kollegen und Kunden, aber auch mit Lehrenden und Studierenden, allen helfen wird, eine hohe Qualität der IT-Systeme der Zukunft sicherzustellen.

Uwe Dumslaff

Vorstand der sd&m AG

Vorwort

Wer ein Haus planen und bauen kann, kann noch lange keine Stadt planen und entwickeln. Das ist auch ganz offensichtlich, denn die jeweils benötigten Verfahren und Methoden sind weitgehend unterschiedlich. Städte zu bauen ist auch nicht einfach das Gleiche, wie besonders große Häuser zu bauen. Städtebau und Hausbau sind zwei grundlegend unterschiedliche Disziplinen.

Nun baut die sd&m AG weder Häuser noch Städte. Aber auch in der IT-Branche gibt es eine vergleichbare Konstellation: die Gestaltung einzelner, gerne auch großer Anwendungssysteme im Verhältnis zur Gestaltung ganzer Anwendungslandschaften. Die Anwendungslandschaft eines Unternehmens umfasst alle für die Unterstützung des Geschäfts notwendigen operativen und dispositiven Anwendungssysteme. Sie ist unmittelbar vergleichbar mit einer Stadt, in der die einzelnen Anwendungssysteme die Häuser sind.

Diese Analogie ist nicht neu. Interessanterweise trägt sie inhaltlich aber tatsächlich deutlich weiter, als es der einfache Ansatz einer Stadt als reine Menge von Häusern vermuten lässt. So werden Häuser genau wie einzelne Anwendungssysteme noch immer gerne völlig neu geplant, gebaut und in die Stadt bzw. die Anwendungslandschaft integriert. Genau wie Städte werden Anwendungslandschaften hingegen nur in Ausnahmefällen »auf der grünen Wiese« errichtet. Im Bereich der Stadtgestaltung bzw. der Gestaltung einer Anwendungslandschaft liegt der Schwerpunkt vielmehr auf der Weiterentwicklung im Sinne einer gesteuerten Evolution. Und auch beim Vergleich der auf der jeweiligen Ebene notwendigen Tätigkeiten gibt es auffallende Parallelen. So reichen Themen der Stadtgestaltung von einer Planung der Flächennutzung bis hin zur einheitlichen Versorgung mit Infrastrukturdiensten wie Strom, Gas, Wasser oder Müllabfuhr. In Anwendungslandschaften existiert eine analoge Bebauungsthematik, z.B. beim Thema COTS-Produkte (Commercial Off The Shelf, d.h. fertige Fachanwendungen »vom Regal«) vs. Individualsoftware. Auch gibt es eine analoge Infrastrukturthematik, z.B. bei der Planung und Umsetzung von Integrationsplattformen.

Mit dem Bau von Häusern sprich einzelnen Anwendungssystemen beschäftigt sich sd&m seit seiner Gründung. Als konsolidierte Grundlage dieser Arbeit wurde Quasar (**Qua**litäts**s**oftware**ar**chitektur) entwickelt – die sd&m Standardarchitektur für betriebliche Informationssysteme. Quasar dient sd&m als Referenz für seine Disziplin des Baus einzelner Anwendungen.

Zudem beschäftigt sich sd&m seit langem im Auftrag seiner Kunden mit Fragestellungen auf der Ebene ganzer Anwendungslandschaften. Das Spektrum reicht von IT-Beratung zur Unternehmensarchitektur über die Systemintegration querschnittlicher technischer, aber auch dedizierter fachlicher COTS-Produkte bis hin zum Bau einzelner großer Anwendungssysteme auf eine Art und Weise, dass eine perfekte Passung in eine moderne Anwendungslandschaft gegeben ist. Zur Abdeckung dieses breiten Spektrums an Aufgaben wird eine neue Disziplin zur Gestaltung von Anwendungslandschaften benötigt. Hierzu etabliert sd&m eine neue Referenz – *Quasar Enterprise* –, ein Quasar auf Unternehmensebene. Quasar Enterprise ist eine methodische Grundlage zur Gestaltung unternehmensweiter IT-Architekturen und verhält sich demnach zu Quasar wie die Stadtentwicklung zum Hausbau.

Dabei gibt es zwei wesentliche Einflüsse auf die Prägung von Quasar Enterprise. Der eine ist der systematische Ansatz aus der Unternehmensarchitektur. In diesem Bereich existieren schon seit etlichen Jahren Rahmenwerke für Architekturarbeit (Zachmann, TOGAF, IAF u.a.). Sie bringen Ordnung in die Disziplin zur Gestaltung von Unternehmensarchitekturen, indem sie Sichten und Artefakte für die Architekturarbeit festschreiben und Vorgehensweisen als Wege durch das Rahmenwerk vorgeben. Quasar Enterprise bedient sich dieses Ansatzes und nutzt ein solches Rahmenwerk zur Strukturierung der Disziplin.

Der andere wesentliche Einfluss ist die Serviceorientierte Architektur (SOA). Die Vorstellung, was SOA ist und was sie leisten kann, hat in den letzten Jahren eine Evolution durchgemacht. Die meisten Experten sehen SOA heute nicht mehr als Technik (Web Services & Co.), sondern vielmehr als Gestaltungsprinzip der IT auf Unternehmensebene, deren wichtigster Mehrwert in einer fachlich motivierten Ausrichtung der Anwendungslandschaft auf das Unternehmensziel besteht. sd&m propagiert diese Sicht auf SOA schon lange.

sd&m sieht sich nun aber zunehmend mit Fragen nach einer Operationalisierung konfrontiert: Wie geht das konkret? Wie genau lässt sich der ideale Zuschnitt meiner Anwendungslandschaft aus der in meinem Unternehmen gegebenen Fachlichkeit systematisch ableiten? Wie finde ich die richtigen Services in meiner Anwendungslandschaft und wie kann ich diese z.B. hinsichtlich einer idealen Granularität definieren? Wie lassen sich aus meinen Services Anforderungen an meine Infrastruktur ableiten? Welche systematischen Hilfestellungen kann ich zur Auswahl von Standardsoftware im Rahmen einer SOA erhalten?

Die einschlägigen 10-Punkte-Programme zur Einführung einer SOA, von denen es inzwischen mehrere gibt, beantworten diese Fragen nicht. Die dort zu findenden Vorgehenshinweise der Art »think big, start small«, »Binde die Fachabteilungen ein« oder »Etabliere eine Registry« sind sicherlich wichtig und richtig. Sie reichen aber nicht aus. Vielmehr besteht die Notwendigkeit zur Einbettung des SOA-Ansatzes in den größeren Kontext der systematischen und nachhaltigen Gestaltung von Anwendungslandschaften wie oben beschrieben. Und dabei geht es dann um konkrete und nachvollziehbare Methoden, Regeln, Muster oder Referenzarchitekturen für diese Gestaltung. Genau diese liefert Quasar Enterprise.

Und genau das ist auch der wesentliche Beitrag dieses Buchs. Unser Anspruch beim Schreiben des Buchs war es, so konkret wie möglich all das an konstruktiver Systematik herauszuarbeiten, was sich seriös über eine qualitativ hochwertige architektonische Gestaltung von Anwendungslandschaften aus unserer Erfahrung sagen lässt. Dazu haben wir etwa zwei Dutzend Projekte untersucht, die sd&m in den letzten Jahren in diesem Bereich durchgeführt hat. Auch haben wir mit vielen von unseren erfahrenen IT-Beratern, Architekten und Ingenieuren intensiv gesprochen. Das Autorenteam selbst ist verwurzelt in den Geschäftsbereichen für Software Engineering und der sd&m IT-Beratung (ITB), die besondere Expertise zu Themen der Unternehmensarchitektur besitzt. Nur die Vorgehenshinweise wurden in dieses Buch übernommen, die dabei mehrfach explizit bestätigt werden konnten.

Mit den oben erwähnten Methoden, Regeln, Mustern und Referenzarchitekturen liefert Quasar Enterprise einen umfangreichen Satz von *Verfahrensbausteinen*. Die einzelnen Verfahrensbausteine beantworten einzelne lokale Fragestellungen: Wie genau gestaltet man die einzelnen architektonischen Artefakte wie Domänen, Services oder Komponenten bzw. wie genau leitet man Artefakte aus anderen Artefakten systematisch ab, beispielsweise eine ideale Domänenstruktur aus Elementen der Geschäftsstrategie und Geschäftsarchitektur?

Der Schwerpunkt von Quasar Enterprise liegt also bei der architektonischen und systematischen Gestaltung von Anwendungslandschaften. Betriebswirtschaftliche Aspekte wie die Wirtschaftlichkeit, die im Zusammenhang mit der Entwicklung der Unternehmensarchitektur natürlich ebenso wichtig sind, werden hier nur gestreift. Sie sind nicht Kernbestandteil dieses Buchs.

Hingegen war es uns wichtig, bei den architektonischen Gestaltungsthemen den inhaltlichen Bogen mit diesem Buch möglichst breit zu spannen. Quasar Enterprise reicht von Ansätzen einer serviceorientierten Gestaltung der Anwendungslandschaft auf oberster Ebene im Sinne einer Unternehmensarchitektur bis hin zur konkreten technischen Umsetzung mit Hilfe technischer Integrationsinfrastrukturen. Über beide Enden dieses Spektrums gibt es bereits gute Veröffentlichungen. Den Beitrag von Quasar Enterprise sehen wir vor allem im Brückenschlag zwischen diesen Welten.

Entsprechend breit sehen wir den Leserkreis, den wir mit diesem Buch zu Quasar Enterprise ansprechen wollen: Er reicht von Unternehmensarchitekten und IT-Beratern bis hin zu erfahrenen Software-Ingenieuren. IT-Entscheider finden hier inhaltlich architektonische Anregungen, Studenten der Informatik und Wirtschaftsinformatik erhalten einen Einblick in Fragestellungen der industriellen Praxis, und Hochschullehrern bietet dieses Buch Ergänzungsmaterial für ihre Lehre.

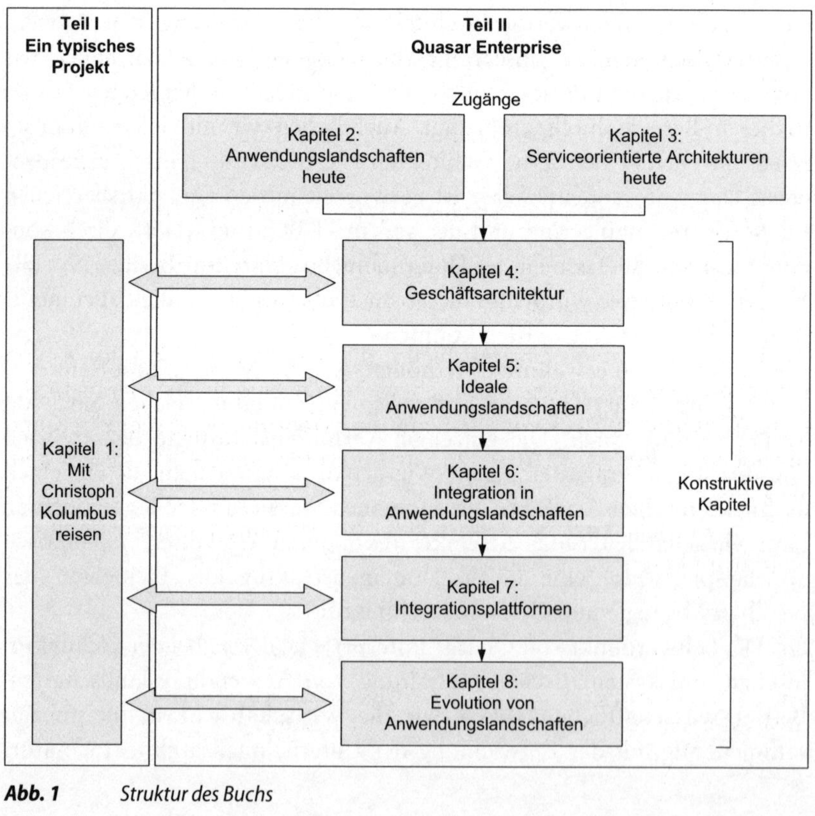

Abb. 1 *Struktur des Buchs*

Bewusst haben wir das Buch aus didaktischen Gründen in zwei Teile strukturiert: Teil I beschreibt ein fiktives, aber realistisches Projekt aus der Sicht eines IT-Architekten. Der Leser schaut ihm bei seiner Arbeit über die Schulter und erlangt dabei ein intuitives Verständnis der Artefakte und Verfahrensbausteine von Quasar Enterprise. Das Vorgehen im Projekt erlebt er dabei beispielhaft. Teil II vertieft das Gelernte systematisch. Hier definieren wir die Artefakte sauber und beschreiben die Verfahrensbausteine vollständig. Beziehungen zwischen Architekturentscheidungen und Qualitätszielen machen wir transparent, und wir geben Verweise auf weiterführende Literatur.

Als Sprache für die Darstellung der einzelnen Sachverhalte wählen wir durchgängig die UML (Unified Modeling Language) – nicht weil diese in allen Bereichen das ideale Ausdrucksmittel ist, sondern weil sie als Standard in der Softwaretechnik etabliert ist.

Zur Hervorhebung zentraler Inhalte werden in diesem Buch verschiedene Symbole als Marginalien verwendet:

Im Buch werden 20 Verfahrensbausteine vorgestellt. Diese werden in der Fallstudie in Teil I des Buches verwendet und in Teil II detailliert erklärt.

Dieses Symbol kennzeichnet eine Methode.

Dieses Symbol kennzeichnet eine Definition.

Dieses Symbol kennzeichnet Tipps und wichtige Aussagen.

Dieses Symbol kennzeichnet in Teil II des Buchs ein Beispiel mit direktem Bezug zu Teil I des Buchs.

Auch mit Quasar Enterprise bleibt die nachhaltige Gestaltung von Anwendungslandschaften natürlich weiterhin eine große Herausforderung. Weiterhin wird es vor allem auf die Erfahrung der Architekten und Ingenieure ankommen. Aber Quasar Enterprise unterstützt sie auf dem Weg dahin.

Wir wünschen unseren Lesern viel Erfolg bei ihren Projekten und viel Spaß beim Lesen dieses Buchs.

Dr. Markus Voß
Leiter sd&m Research
Architektur und Technologie

Prof. Dr. Gregor Engels
Wissenschaftlicher Leiter
sd&m Research

Danksagung

Quasar Enterprise ist nicht das Werk eines Einzelnen oder eines kleinen Autorenteams. Quasar Enterprise hat sich vielmehr bei sd&m über viele Jahre entwickelt. Viele Menschen bei sd&m und von außerhalb des Unternehmens haben Quasar Enterprise mit ihrem Beitrag gestaltet.

Die Autoren danken an erster Stelle den externen Gutachtern des Buchs: Herrn Prof. Dr. Wilhelm Hasselbring (Universität Oldenburg), Herrn Dr. Johannes Helbig (Deutsche Post), Herrn Dr. Rainer Janßen (Münchener Rückversicherungs-Gesellschaft), Herrn Jens Kaspareit (HSH Nordbank), Herrn Wolfgang Keller (BusinessGlue), Herrn Dr. Eberhard Kurz (Deutsche Bahn), Herrn Dr. Stephan Murer (Credit Suisse), Herrn Dr. Michael Regauer (ITERGO GmbH) und Herrn Dr. Alexander Scherdin (Deutsche Post). Erst ihre guten und kritischen Anmerkungen haben uns in die Lage versetzt, ein Buch herauszubringen, dessen inhaltliche Relevanz und Stimmigkeit für Wissenschaft und Industrie auch über die Unternehmensgrenzen von sd&m hinaus gesichert ist.

An zweiter Stelle danken wir unseren Kollegen bei sd&m und Capgemini, die das Manuskript gegengelesen und uns mit unendlich vielen wertvollen Hinweisen für seine Verbesserung versorgt haben: Dr. Stefan Fuchs, Tim Gugel, Thomas Heimann, Alexander Hofmann, Oliver F. Nandico, Arnold van Overeem, Dr. Gerhard Pews, Dr. Karl Prott, Stefan Scheidle und Gerd Westerman.

Wir danken unserem Vorstand und dort insbesondere Herrn Dr. Uwe Dumslaff, ohne dessen Förderung und Unterstützung so ein Buch nicht möglich gewesen wäre.

Weiterhin gilt unser Dank dem Verlagsteam des dpunkt.verlags und dort insbesondere Frau Christa Preisendanz, die uns souverän durch den Fertigstellungsprozess geführt hat.

Und schließlich bedanken wir uns bei den vielen Kolleginnen und Kollegen bei sd&m, die das Buch mit ihrem Input bereichert haben. Ohne ihre Erfahrungen und ohne die von ihnen mit viel Engagement durchgeführten Projekte hätte dieses Buch nicht entstehen können.

Inhaltsverzeichnis

Teil I

Ein typisches Projekt

1 Mit Christoph Kolumbus reisen

Das folgende Beispiel ist realistisch, aber nicht real. Wir schildern einen fiktiven Bericht zu einem Projekt beim fiktiven Reiseveranstalter Christoph Kolumbus Reisen. Wir wählen ein Beispiel aus der Touristikbranche, da die fachlichen Grundprinzipien relativ leicht zu verstehen sind und die meisten unserer Leserinnen und Leser sicherlich selber schon einmal gereist sind. Alle Firmen- und Personennamen sind frei erfunden.

1.1 Prolog

Am 19. November fällt der Vorstand der Christoph Kolumbus Reisen AG (kurz CKR) eine strategische Entscheidung. Der seit vielen Jahren erfolgreiche Veranstalter von Pauschalreisen möchte zur weiteren Differenzierung und zur Erschließung neuer Märkte neben den Pauschalreisen in Zukunft auch individuelle Reisen anbieten. Die Kunden sollen sich zukünftig ihre Reise exakt nach ihren Bedürfnissen aus einzelnen Bausteinen wie Hotelaufenthalten, Flügen, Mietwagen, Events, Versicherungen usw. zusammenstellen können. Langfristig möchte CKR mit dieser Maßnahme Branchenführer bei der Kundenzufriedenheit werden.

Die Firmenleitung beschließt, sich zu diesem strategisch wichtigen Thema externe Unterstützung bei der Umsetzung in der IT einzukaufen. Kurzfristig schreibt CKR eine Beratung aus. Deren Ziel ist es, innerhalb von drei Monaten die notwendigen Maßnahmen zum Umbau der IT-Anwendungslandschaft (AL) der CKR zu ermitteln. Mehrere IT-Beratungsunternehmen bewerben sich.

Am 10. Dezember findet eine Präsentation des Angebots vor den IT-Verantwortlichen der CKR statt. Dabei gelingt es einem Unternehmen in besonderer Weise zu vermitteln, dass es ähnliche Fragestellungen in der Vergangenheit bereits mehrfach erfolgreich bearbeitet hat. Wenige Tage nach der Präsentation erhält dieses Unternehmen den Zuschlag.

Das Unternehmen stellt ein fünfköpfiges Team aus einem Chef-Architekten und vier IT-Beratern zusammen und vereinbart mit CKR, dass es mit Beginn des neuen Jahrs seine Arbeit aufnehmen soll.

Bei einer letzten Vorbesprechung zwischen den Projektpartnern am 21. Dezember wird die Frage diskutiert, inwieweit das anstehende Projekt geradezu idealtypisch für Herausforderungen ist, vor denen Unternehmen mit über Jahre hinweg gewachsenen Anwendungslandschaften heute stehen. So hatten mehrere Vertreter von CKR während der Angebotspräsentation bereits angedeutet, dass der Umbau der IT im Hinblick auf das neuartige Geschäft mit Individualreisen nicht das einzige Problem sei. Vielmehr sei es für die IT der CKR grundsätzlich schwierig, mit den Ideen und Anforderungen eines sich verändernden Geschäfts Schritt zu halten. IT-Projekte erschienen generell als unangemessen zeit- und kostenaufwendig. Der CIO (Chief Information Officer) brachte es während der Präsentation auf den Punkt: Der IT der CKR fehle es an Agilität, und dafür müsse es ja wohl einen Grund in der heutigen Architektur der Anwendungslandschaft geben.

Man vereinbart, dass als sechstes Teammitglied ein jüngerer Mitarbeiter von CKR, der demnächst dort im Architekturmanagement arbeiten soll, integriert wird. Er soll die Arbeit des Teams beobachten und über alle Aktivitäten im Projekt ein Tagebuch führen.

Dies ist seine Niederschrift.

1.2 Episode 1 – Zuhören

> »Der Dumme schnattert,
> der Weise hört zu.«
>
> aus China

Montag, 7. Januar

Nun geht es also los! Und wie der Chef-Architekt sagt: Am Anfang eines guten Beratungsprojekts steht zuerst das Zuhören.

Wir beginnen den Tag mit einem ausführlichen Gespräch mit Dr. Reiser, unserem CIO. Er nimmt sich auch sofort viel Zeit für uns und erläutert eingehend die neue Geschäftsstrategie der sogenannten Premium-Individualreisen.

Heutzutage funktioniert das Geschäft bei CKR grob gesagt so, dass basierend auf einer Saisonplanung Hotel- und Flugkapazitäten eingekauft und quasi auf Lager gelegt werden. Diese werden dann zu fest definierten Angeboten zusammengefügt, beispielsweise zwei Wochen Mallorca im Hotel Sunshine Beach in El Arenal mit Abflug vom Flughafen Frankfurt.

Diese Pauschalarrangements werden abhängig von der Saison (Nebensaison, Vorsaison, Hauptsaison, Nachsaison) fest bepreist und in den Katalogen angeboten. Bucht ein Kunde eine solche Reise im Reisebüro, über das Internet oder im Callcenter, so werden die eingekauften Kapazitäten im Lager reduziert und ein Reiseauftrag wird erzeugt. Die gesamte weitere Abwicklung im Post-Sales Bereich – von der Betreuung des Reisenden vor Ort bis hin zur Abrechnung mit den Hotels – bezieht sich auf diesen Reiseauftrag. Die Informationen zum Verkauf und zur Abwicklung gehen in die Planung der nächsten Saison ein. Das Ganze nennt sich touristischer Kreislauf. Die Skizze vom White Board zum touristischen Kreislauf mit seinen Einzelschritten nehmen wir zu Protokoll (Abb. 1–1).

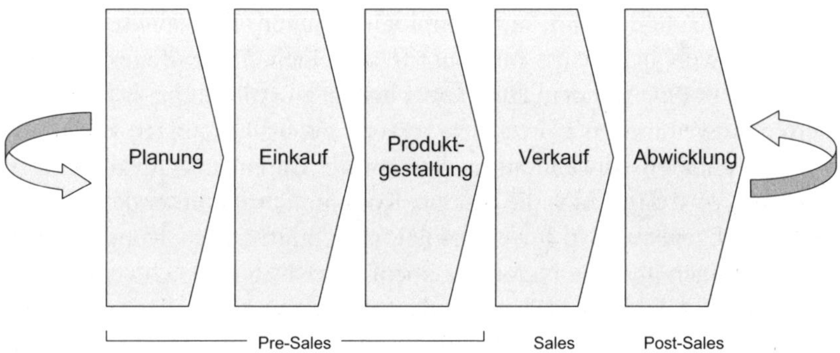

Abb. 1–1 Der touristische Kreislauf (Skizze)

In Zukunft soll es nun möglich sein, praktisch beliebige Bausteine zu einer individuellen Reise zusammenzustellen. Bestandteile einer solchen Individualreise sind neben Hotels, Flügen und Vor-Ort-Transfers wie bisher dann auch Bahn- und Busverbindungen, Mietwagen, Versicherungen sowie Entertainment und Rundreisen vor Ort. Grundidee dabei ist, dass nicht alle diese einzelnen Leistungen von CKR selber im Vorfeld eingekauft werden sollen. Vielmehr möchte man mit Mittlern wie z.B. der Firma Accomodation Reservation Service GmbH (kurz ARS) für den Bereich der Hotelleistungen zusammenarbeiten. ARS soll tatsächlich auch der erste Partner dieser Art sein, dessen Leistungen in einer ersten Version des neuen Produkts integriert werden sollen. Allerdings – und daher rührt auch der Präfix Premium im Begriff der Premium-Individualreise – möchte CKR gegenüber dem Kunden als alleiniger, voll verantwortlicher Veranstalter auftreten. Das ist ein grundsätzlich anderer Ansatz, als ihn andere im Individualbereich bereits etablierte Unternehmen wie z.B. die Individualia.de GmbH verfolgen, die lediglich zwischen Anbietern und Kunden vermitteln. Wichtigste Konsequenz ist, dass CKR trotz der individuellen Zusammenstellung durch den Kunden dennoch einen abwicklungstechnischen Qualitätsstandard ähnlich dem der Pauschalreise erreichen muss. Gerade hierin aber sieht CKR das Alleinstellungsmerkmal am Markt. Befragungen haben ergeben, dass die Kunden durchaus bereit wären, für diese Qualität auch ein wenig tiefer in die Tasche zu greifen.

Im weiteren Gespräch kommt Herr Dr. Reiser dann auch auf das mutmaßliche Agilitätsproblem der IT-Anwendungslandschaft zu sprechen. Diese ist über beinahe 25 Jahre gewachsen. Der »historische Kern« des Reiseabwicklungssystems besteht aus ein paar mehr oder weniger monolithischen, individuell entwickelten PL/1-Anwendungen auf dem Host mit einem in die Jahre gekommenen Betriebssystem, die alle auf einer großen gemeinsamen Datenbank auf Basis eines ebenfalls in die Jahre gekommenen Datenbankmanagementsystems arbeiten. In den letzten Jahren wurden einige Anwendungen ersetzt bzw. neu hinzugefügt, die teilweise auf moderner Java-Technologie basieren. Das Spektrum reicht hier von Weboberflächen mit Zugriff auf einen Anwendungskern, der weiterhin in PL/1 auf dem Host läuft, bis hin zu vollständig in Java realisierten Anwendungen auf eigenen Servern. Allerdings nutzen auch diese wie alle anderen Anwendungen die zentrale Datenbank auf dem Host. Hierüber wird dann auch die gesamte Kommunikation unter den Anwendungen abgewickelt, d.h., es erfolgt eine relativ enge Kopplung der Anwendungen über die Nutzung gemeinsamer Daten.

Der Chef-Architekt erläutert, dass ihm diese Konstellation und die damit einhergehenden Probleme nicht unbekannt sind. Nachfragen hatten ergeben, dass das Schema der Kopplung aller Anwendungen über die Datenbank in den letzten Jahren aus Agilitätsgründen bereits mindestens einmal verletzt wurde. Einige der neueren Anwendungen im Post-Sales Bereich arbeiten auf einer eigenen Datenbank aktuellerer Technologie. Diese wird via Replikation mit Informationen aus den Pre-Sales- und Sales-Bereichen gefüllt. Wir vereinbaren, dass wir uns das im Zusammenhang mit der Aufnahme der Ist-Anwendungslandschaft, die wir in Kürze durchführen wollen, auf jeden Fall näher anschauen werden. Vorerst nehmen wir nur die Skizze vom Whiteboard zu Protokoll (Abb. 1–2).

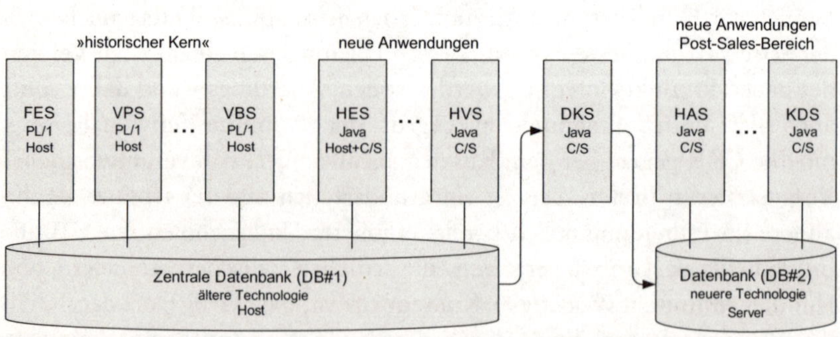

Abb. 1–2 Technische Anwendungslandschaft (Skizze)

Schließlich spricht Dr. Reiser auch noch das Thema einer Ablösung des Hosts an. Er erläutert, dass eine jüngst durchgeführte Wirtschaftlichkeitsbetrachtung gezeigt habe, dass eine Ablösung des Hosts und der in die Jahre gekommenen Betriebssystem- und Datenbanksoftware aus Kostengründen langfristig sinnvoll ist.

An dieser Stelle fasst der Chef-Architekt kurz die Gesamtsituation zusammen. Er stellt fest, dass CKR gleich drei Herausforderungen parallel bewältigen muss:

- Ein völlig neues Geschäftsmodell soll durch IT-Systeme unterstützt werden (Premium-Individualreisen).
- Die bestehende Anwendungslandschaft soll durch gezielte strukturelle Umbaumaßnahmen in einer Weise verändert werden, dass zukünftige Anpassungen und Erweiterungen schneller und flexibler möglich sind (Agilität).
- Die Plattform soll langfristig migriert werden (Host-Ablösung aus Gründen der Kosteneffizienz).

Der Chef-Architekt erläutert nun sein Verständnis eines sinnvollen Vorgehens. Vor allem das Ziel, die Agilität zu erhöhen, führt dazu, dass die Anwendungslandschaft serviceorientiert umgestaltet werden sollte. Ein sinnvolles Vorgehen in solchen Projekten zur Einführung einer Serviceorientierten Architektur (SOA) ist in Abbildung 1–3 dargestellt.

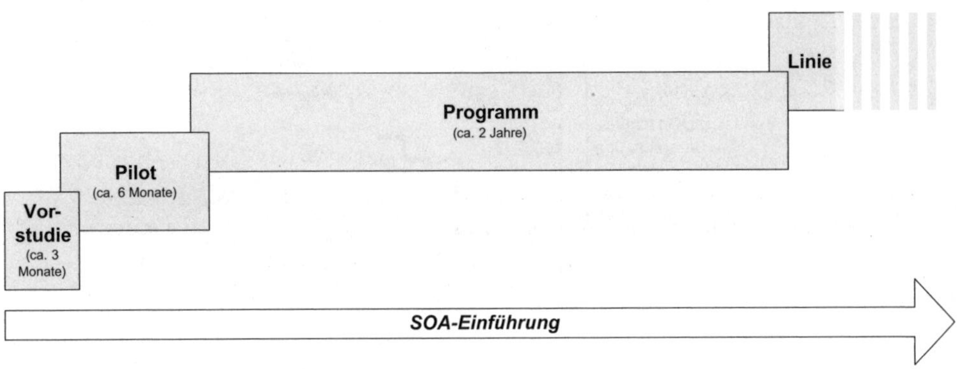

Abb. 1–3 Vorgehensmodell für die Einführung von Serviceorientierung

Wenn eine Anwendungslandschaft und die IT-bezogenen Prozesse im Unternehmen – wie es hier der Fall ist – erst einmal grundsätzlich auf Serviceorientierung hin ausgerichtet werden müssen, empfiehlt es sich, hierfür ein *Programm* aufzusetzen. Dabei ist ein gutes Programm eines, das die sogenannte *gesteuerte Evolution* implementiert.

Bei der gesteuerten Evolution wird die Entwicklung der Anwendungslandschaft als Balance zwischen operativen und primär geschäftsgetriebenen Zielen einerseits und strategischen Zielen andererseits organisiert. Ungesteuerte Evolution orientiert sich nur an Ersterem – am »schnellen Dollar«. In der gesteuerten Evolution wird als Gegengewicht ein explizites *Ideal*-Bild der Anwendungslandschaft aus geschäfts- und IT-strategischer Sicht erstellt. Dies dient als eine Art Leuchtturm des zu etablierenden bzw. neu auszurichtenden Architekturmanagements für die Projekte der nächsten Jahre. Es legt Leitplanken für die langfristige Weiterentwicklung der Anwendungslandschaft fest. Solche Leitplanken sind ein Navigationssystem, anhand dessen später immer wieder auch überprüft werden kann, ob die Evolution noch auf dem richtigen Weg ist.

Dieses architektonische Ideal wird allerdings nicht unmittelbar durch konkrete Projekte angestrebt. Vielmehr muss zusätzlich ein konkretes *Soll*-Bild der Anwendungslandschaft als eine Art Zwischenziel definiert werden, das durch das zu definierende Programm erreicht werden muss. Die einzelnen Projekte des Programms, die die Umgestaltung vom Ist zum Soll realisieren, sind in Summe ausbalanciert im Sinne der gesteuerten Evolution. Sie bringen die Anwendungslandschaft also sowohl bei der Geschäftsunterstützung voran als auch bei der Ausrichtung am architektonischen Ideal. Skizziert ist dieser Zusammenhang in Abbildung 1–4.

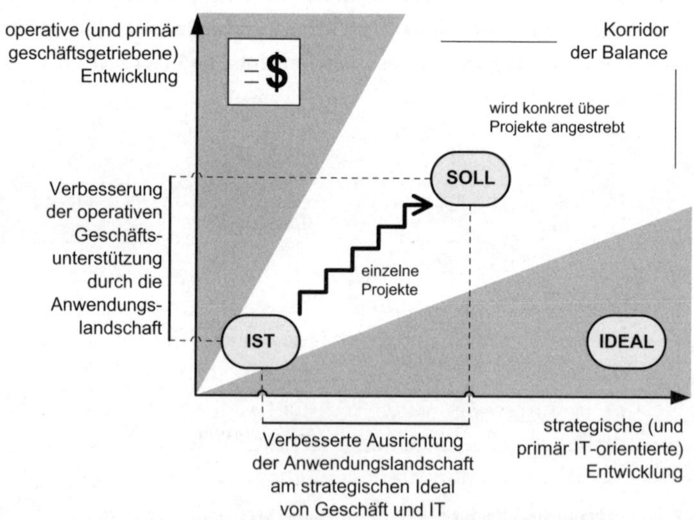

Abb. 1–4 Ist, Soll und Ideal im Rahmen einer gesteuerten Evolution

Diese explizite Unterscheidung zwischen Ideal und Soll hat sich in vielen großen Vorhaben zur Umgestaltung der Anwendungslandschaft bewährt. Sie sorgt für eine saubere Trennung des strategischen Ansatzes (Ideal = langfristig zur Orientierung) von der taktischen Umsetzung (Soll = mittelfristig in zwei bis drei Jahren konkret zu erreichen).

Das Programm, von dem wir hier bei CKR sprechen, muss also Maßnahmen zur Etablierung von Prozessen und Technologien der Serviceorientierung im Unternehmen mit einem Bündel von Umbaumaßnahmen kombinieren, die im Sinne der gesteuerten Evolution ausbalanciert sind. Diese müssen die Anwendungslandschaft fachlich weiterbringen, indem sie das neue Geschäftsmodell der Premium-Individualreisen umsetzen. Und sie müssen die Anwendungslandschaft architektonisch weiterbringen, indem sie diese parallel auch auf das Ideal hin ausrichten, damit die Anwendungslandschaft so Schritt für Schritt zu mehr Agilität geführt wird. Dabei muss das Ideal als langfristige Orientierung die Ersetzung des Hosts vorsehen. Im zu definierenden Soll wird diese Ersetzung hingegen wohl noch nicht vollständig erfolgen können.

Ist das Programm erst einmal durchgeführt, so kann die Weiterentwicklung der Anwendungslandschaft im Rahmen der gesteuerten Evolution sowohl durch Einzelprojekte erfolgen, als auch durch weitere fachlich motivierte Programme. Das ist jedoch Zukunftsmusik. Zunächst werden wir die ersten Schritte des Vorgehensmodells (Abb. 1–3) durchführen.

Der erste Schritt ist eine Vorstudie im Umfang von etwa 3 Monaten. Genau das gehen wir jetzt an. Wir erstellen in den nächsten Wochen sowohl das Ideal als auch das Soll für das Programm inklusive einer Roadmap, die den Weg zu diesem Soll beschreibt. Und dann sieht das Vorgehensmodell noch einen Piloten vor dem Programm vor. Auch den werden wir planen.

Am Ende des Gesprächs vereinbaren wir die nächsten Schritte. Der Chef-Architekt erläutert, dass wir die neue Geschäftsstrategie erst einmal detaillierter verstehen müssen, da diese maßgeblich in die Gestaltung des Ideals eingeht. Herr Dr. Reiser schlägt vor, für uns kurzfristig einen Termin mit Mitarbeitern einer Beratungsfirma zu vereinbaren, die im letzten Jahr die derzeitigen und die zukünftigen Geschäftsprozesse detailliert aufgeschrieben haben.

Weiterhin erläutert der Chef-Architekt, dass wir in den nächsten Tagen zur Erarbeitung des Ideals intensiv mit einigen Vertretern der Fachbereiche bei CKR sprechen müssen. Umgehend erhalten wir eine Liste der fachlich Verantwortlichen.

Zufrieden beenden wir das Gespräch.

Mittwoch, 9. Januar

Heute findet der ganztägige Workshop mit den Kollegen der Beraterfirma statt. Tatsächlich haben diese seinerzeit in wochenlanger Kleinarbeit die Ist-Prozesse aufgenommen und in gleicher Weise die mit der Neuausrichtung verbundenen zukünftigen Geschäftsprozesse definiert. Das Ergebnis füllt zwei komplette Leitz-Ordner.

Glücklicherweise haben die Kollegen aber auch ein Übersichtsdokument erstellt, aus dem wir zum Einstieg die wichtigsten Veränderungen gegenüber den heutigen Prozessen entnehmen können.

Zuerst einmal findet sich dort eine detaillierte Beschreibung, was eine Individualreise in Zukunft sein soll. Neben den im Gespräch mit Herrn Dr. Reiser bereits erwähnten möglichen Leistungsbausteinen wird hier der Begriff der Lager- bzw. Zukaufleistungen eingeführt. Erstere werden wie bisher im Vorfeld von der CKR eingekauft. Letztere werden bei Bedarf – d.h. konkret erst zum Zeitpunkt der Buchung durch den Kunden – über die Mittler wie z.B. ARS hinzugekauft. Aus der Darstellung lernen wir, dass in den neuen Angeboten durchaus Lager- und Zukaufleistungen kombiniert werden dürfen. Wichtig ist auch, dass die klassische Pauschalkombination von Hinflug, Hotelaufenthalt und Rückflug zugunsten flexiblerer Reisestrukturen mit mehreren Aufenthaltsorten erweitert werden soll. In den Unterlagen finden wir dazu einen Überblick über die Geschäftsobjekte auf oberster Ebene (Abb. 1–5).

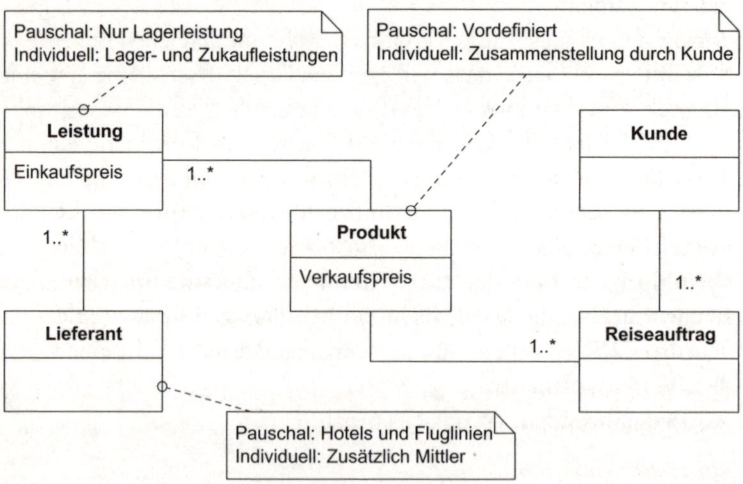

Abb. 1–5 Geschäftsobjekte (oberste Ebene)

Als weitere wichtige Randbedingung erfahren wir, dass diese individuellen Reisen nur über das Internet gebucht werden sollen. Dabei soll die neue Internet-Verkaufsanwendung im Bereich Individualreisen besonders intelligent sein und beispielsweise persönliche Präferenzen eines Kunden und dessen Kontakthistorie mit CKR bestmöglich berücksichtigen.

Hieraus ergeben sich etliche fachliche Konsequenzen, von denen wir im Workshop die Wichtigsten festhalten:

- Das neue Individualprodukt ist eine völlig andere Art von Produkt als bisher. War die Struktur eines Produkts bislang statisch, so entspricht es in Zukunft eher einer Art Einkaufsliste beliebiger Teilleistungen.
- Für Individualprodukte gibt es keinen vorher festgelegten Preis. Die Ermittlung des Verkaufspreises erfolgt erst beim Verkauf auf Basis der einzelnen Einkaufspreise und eines Zuschlags.
- Der dynamische Zukauf von Leistungen erfolgt gemäß mit den Mittlern vereinbarter Rahmenverträge.

Bezogen auf die Schritte im touristischen Kreislauf (Abb. 1–1) bedeutet das folgende wesentliche Veränderungen:

- *Einkauf*
  In Zukunft müssen mit den Mittlern Rahmenverträge verhandelt und abgeschlossen werden, auf deren Basis CKR mit den Mittlern den Einkauf von Zukaufleistungen abrechnet.
- *Produktgestaltung*
  Diese wird, was die Preisberechnung betrifft, für die Individualprodukte einfacher. Es wird ein neues, aber relativ einfaches Verfahren zur Aufschlagskalkulation benötigt. Zusätzliche Komplexität entsteht allerdings durch die individuelle *Konfiguration* eines Produkts, d.h. dessen Zusammenstellung aus Einzelbausteinen. Insbesondere die Plausibilitätsprüfung ist bei diesen Produkten aufwendig, da sie sich der Kunde als Nicht-Fachmann selbst zusammenstellt.
- *Verkauf*
  In diesem Bereich wird insbesondere die Verwaltung der Leistungen komplizierter. Es ist eine Art *virtuelles Lager* zu etablieren, das sowohl eigene Lagerleistungen als auch Zukaufleistungen umfasst. Letztere müssen bedarfsgerecht bei Mittlern erworben werden.
- *Abwicklung*
  Hier bedarf es vor allem neuer Reisedokumente und einer Anpassung der Mechanismen im Bereich der Benachrichtigung der Lieferanten.
- *Unterstützende Funktionen*
  Im Bereich des Rechnungswesens ergeben sich mit den Mittlern neue Kreditoren. Im Bereich des Berichtswesens bedarf es vor allem einer Erhebung der Kundenzufriedenheit bezüglich der Zukaufleistungen, damit schlecht bewertete Leistungen als Bausteine aus potenziellen Angeboten explizit ausgenommen werden können (Blacklist).

Wir bedanken uns bei den Kollegen für die Einführung in die neuen Geschäftsprozesse und beenden den Workshop. Die Leitz-Ordner nehmen wir mit.

Freitag, 11. Januar

Nachdem wir gestern den Inhalt der Leitz-Ordner etwas genauer studiert haben und sich dabei die Sicht auf die Knackpunkte der neuen Strategie aus dem Workshop mit den Beratern noch einmal bestätigt hat, wollen wir uns im heutigen Workshop den ganzen Tag der Planung unseres Vorhabens widmen.

Hierzu macht der Chef-Architekt ein paar wichtige Vorbemerkungen: Wir stehen – so erläutert er – vor der Planung und Durchführung eines weitreichenden Umbaus der unternehmensweiten, weitgehend individuell gestalteten und in großen Teilen selbst verantworteten Anwendungslandschaft. Bevor man mit Details der Planung eines solchen Vorhabens beginnt, sollte man dringend prüfen, dass dies betriebswirtschaftlich auch sinnvoll und abgesichert ist. Gehen die Grundüberlegungen in die richtige Richtung oder wären radikal andere Ansätze wie ein breiter Umstieg auf Standardsoftware oder ein breitflächiges Outsourcing nicht sinnvoller? Und ist das Vorhaben überhaupt wirtschaftlich bzw. ist das Budget langfristig gesichert? Oft genug – so der Chef-Architekt – sind diese Fragen zu Beginn eines größeren Migrationsvorhabens nicht vollständig geklärt, und dann hilft ein Gegencheck, Risiken für das Vorhaben zu vermeiden.

In unserem Fall allerdings hat CKR alle diese Fragestellungen bereits hinreichend beantwortet. Der Chef-Architekt hat dies mit Herrn Dr. Reiser diskutiert und ist auch den groben Business Case durchgegangen. Das angedachte und vereinbarte Vorgehen passt, und wir können mit der Planung der Vorstudie beginnen.

In den nächsten Wochen werden wir in der Vorstudie zum einen IT-strategische Fragestellungen bearbeiten, indem wir das Ideal der Anwendungslandschaft erarbeiten sowie Themen zur Plattformstrategie klären. Zum anderen wollen wir planerisch tätig werden, indem wir das Soll erstellen und die Roadmap erarbeiten. Wir erstellen eine Skizze unserer Hauptergebnisse, auf die wir in der Vorstudie zurückgreifen können (Abb. 1–6).

Genau hier – erläutert der Chef-Architekt – setzt jetzt ein Vorgehen auf Basis von *Quasar Enterprise* an. Quasar Enterprise ist im Teil II des gleichnamigen Buchs beschrieben und gibt uns *Verfahrensbausteine* zu den notwendigen Schritten an die Hand.

Nun gibt es für ein so komplexes Vorhaben wie die Gestaltung einer IT-Anwendungslandschaft kein Kochbuch, das das Wissen eines erfahre-

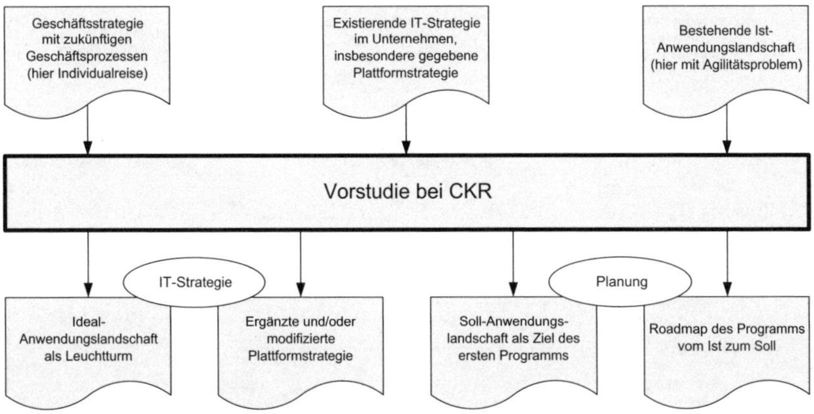

Abb. 1–6 Vorgaben und Ergebnisse der Vorstudie

nen Architekten vollständig ersetzen könnte. Der Chef-Architekt warnt sogar explizit davor anzunehmen, dass eine solche Sammlung von Vorgehensbausteinen einen Anfänger im Bereich Unternehmensarchitektur kurzfristig zu einem Experten macht. Dafür sind sowohl die Geschäfts- und IT-Strategien in unterschiedlichen Unternehmen als auch die jeweiligen Anwendungslandschaften mit all ihren Spezifika viel zu verschieden. Auch gibt es nicht *das* Standard-Vorgehensmodell für *alle* Anwendungslandschaftsvorhaben. Trotzdem hilft Quasar Enterprise sehr, denn die saubere Begriffswelt und die darauf basierenden Verfahrensbausteine in Form von Methoden, Regeln, Mustern und Referenzarchitekturen bieten eine gute Basis, um sich ein projektindividuelles Vorgehen passend zusammenzustellen.

Und genau das macht der Chef-Architekt nun im Workshop. Dabei konzentriert er sich erst einmal auf den Inhalt der IT-strategischen Phase unseres Projekts – die Bestimmung der Ideal-Anwendungslandschaft und die Bearbeitung der Themen zur Plattformstrategie. Er skizziert den Ablauf im Projekt, indem er die einzelnen hierfür notwendigen Verfahrensschritte und deren Ergebnisse – die Artefakte – identifiziert. Die Details der planerischen Phase zur Bestimmung der Soll-Anwendungslandschaft und der zugehörigen Roadmap lässt er erst einmal weg. Das Ergebnis ist in Abbildung 1–7 dargestellt.

Als Hintergrund der Darstellung wählt der Chef-Architekt ein Raster, das er als Landkarte von Quasar Enterprise bezeichnet und das ähnlich zu den Ordnungssystemen etablierter Architektur-Frameworks ist. Dadurch wird für jedes Artefakt in der einen Dimension festgelegt, ob es Aspekte des Geschäfts oder der IT (und hierin der Informationssysteme IS oder der technischen Infrastruktur TI) beschreibt. In der anderen Dimension wird festgelegt, ob es sich um kontextuelle, konzeptionelle,

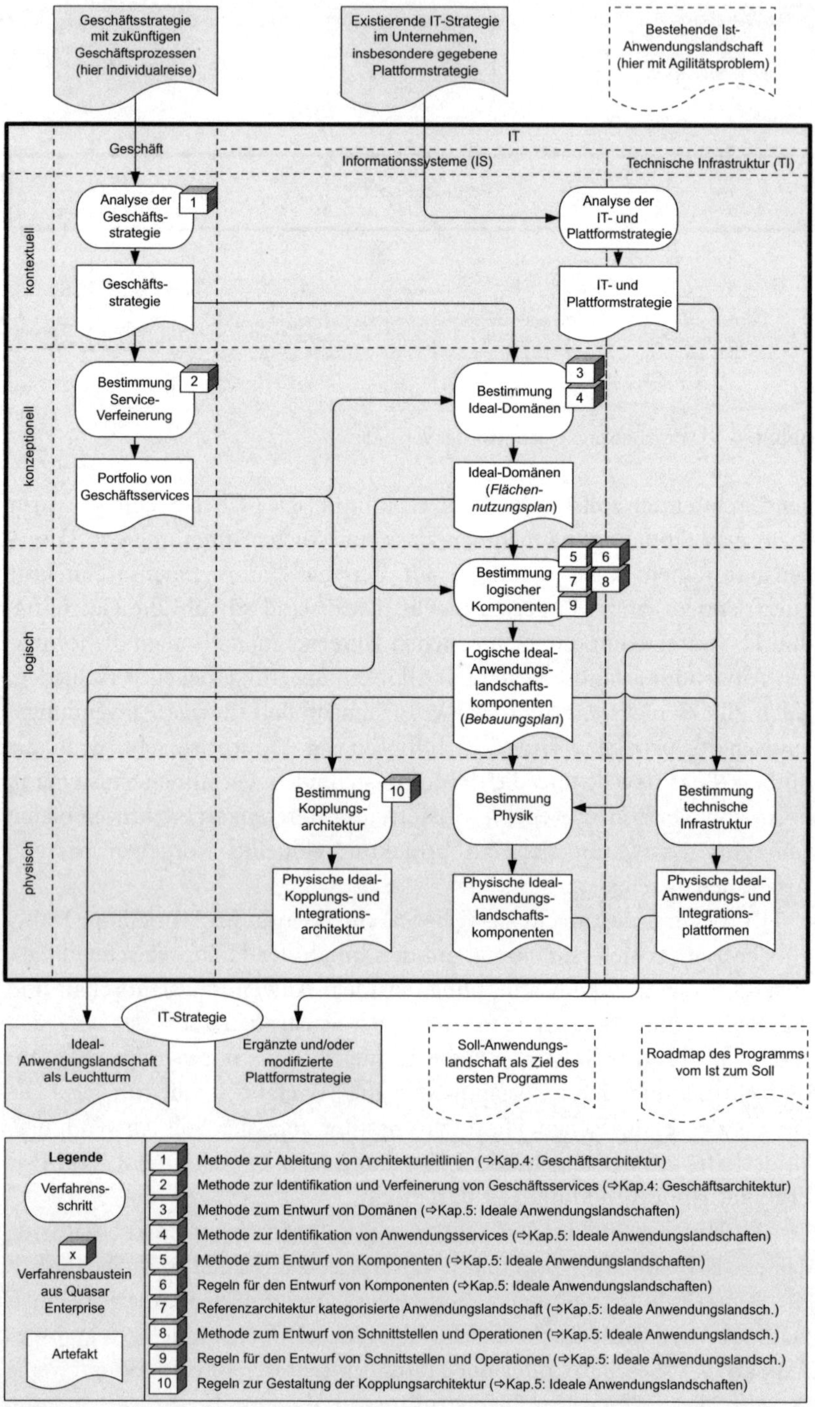

Abb. 1–7 Vorgehen in der IT-strategischen Phase des Projekts bei CKR

logische oder physische Artefakte handelt. Näheres steht in Teil II des Buchs zu Quasar Enterprise. In der Legende benennt er dann auch noch die den einzelnen Verfahrensschritten zugrunde liegenden Verfahrensbausteine aus Quasar Enterprise und in welchen Kapiteln des Buchs man diese finden kann.

Im Einzelnen ermitteln wir in der IT-strategischen Phase des Projekts nach der Analyse der Geschäfts- und IT-Strategie zuerst eine Sicht auf die Anwendungslandschaft in Form von Services und Domänen (Verfahrensbausteine 1 bis 4). Die serviceorientierte Gestaltung einer Anwendungslandschaft beginnt demnach also schon auf der konzeptionellen Ebene. Danach planen wir die Bebauung der Domänen mit Komponenten auf der logischen Ebene (Verfahrensbausteine 5 bis 9). Am Ende legen wir noch die Kopplungsarchitektur fest (Verfahrensbaustein 10) und prüfen schließlich die Auswirkungen dieses Ideal-Bilds auf eine möglicherweise notwendige Adaption der Plattformstrategie. Letzteres betrifft den Bereich der technischen Infrastruktur (Hardware-, Anwendungs- und Integrationsplattformen) und den der physischen Umsetzung der logischen Komponenten beispielsweise im Hinblick auf den Einsatz von Fertigkomponenten im Gegensatz zu individuell entwickelten Lösungen. Was das alles bedeutet, wird durch die Arbeit der nächsten Wochen klarer werden.

Was auffällt, ist, dass wir das Ideal der Anwendungslandschaft in der IT-strategischen Phase des Projekts ohne genauere Kenntnis der Ist-Anwendungslandschaft entwerfen wollen. Der Chef-Architekt erklärt dazu, dass das eine zweischneidige Sache ist. Zum einen ist es ein guter Ansatz, das Ideal, das ja ein strategisches Fernziel sein soll, unbeeinflusst von der Historie und den Restriktionen des Ist zu entwerfen. Andererseits hilft natürlich die Kenntnis der Ist-Anwendungslandschaft, das fachliche Problem und damit einhergehende mögliche Auswirkungen auf die IT besser zu verstehen. Letztendlich ist das immer projektindividuell abzuwägen. Der Chef-Architekt erklärt, dass das in unserem Fall aber insofern kein Dilemma ist, da wir aus Zeitgründen ohnehin parallel an der Erstellung des Ideals und der Aufnahme des Ist werden arbeiten müssen. Ein Teilteam mit zwei Kollegen wird in den nächsten Wochen mit dem Ideal beginnen, die Services und Domänen definieren und mit Fachbereichsmitarbeitern von CKR abstimmen. Ein zweites Teilteam aus ebenfalls zwei Kollegen wird als Vorbereitung für die planerische Phase im Projekt die Ist-Anwendungslandschaft aufnehmen und dazu mit den Kennern der derzeitigen IT-Landschaft Interviews führen. Wenn wir das Ist aufgenommen haben und das Ideal im ersten Entwurf steht, wollen wir beides gegeneinanderhalten und sehen, ob wir vielleicht noch zusätzliche Impulse für Anpassungen am Ideal erhalten.

Die vorgesehene Analyse der IT-Strategie soll übrigens auch das Teilteam durchführen, das das Ideal definiert. Hierzu planen wir, kurzfristig ein weiteres Gespräch mit Dr. Reiser zu führen.

Damit ist die Abfolge der wichtigen Aktivitäten in den drei Monaten der Vorstudie grob definiert. Für eine zeitliche Planung schätzen wir ab, welche Aufwände sich hinter den einzelnen Arbeiten verbergen, denn der Aufwand für eine solche Vorstudie hängt immer vom speziellen Fall ab. So bestimmt die Menge gegebener Anwendungssysteme selbstverständlich direkt den Aufwand für deren vollständige Erhebung. Mit Blick auf die mutmaßliche Größe der Anwendungslandschaft bei CKR legen wir die initiale Planung fest, die in Abbildung 1–8 gezeigt ist.

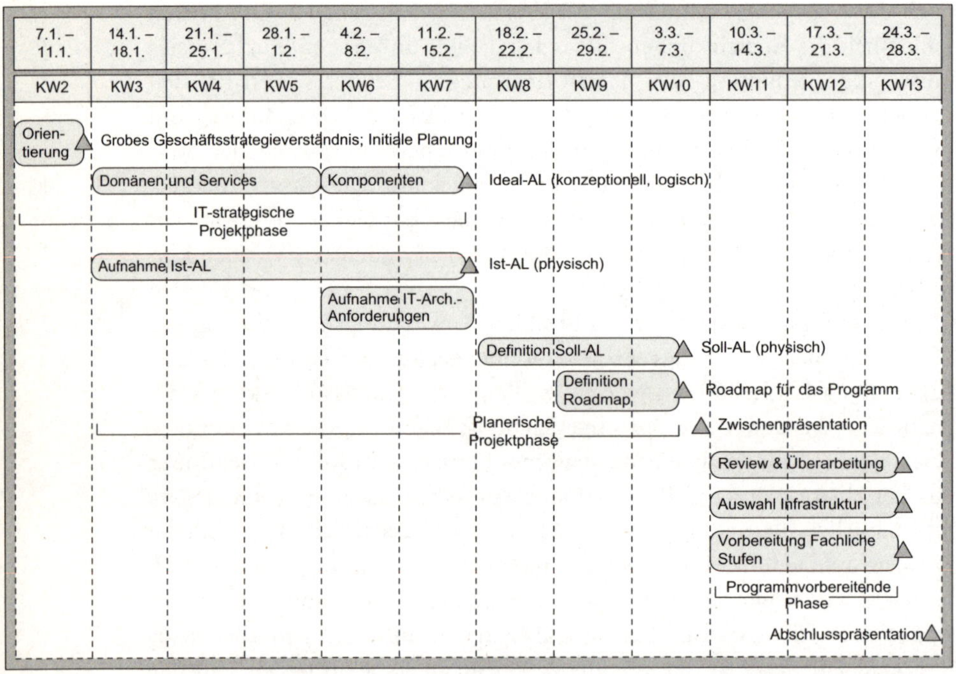

Abb. 1–8 Initiale Planung der Vorstudie

Nach unserer Planung benötigen die parallele Definition des Ideals und die Aufnahme der Ist-Anwendungslandschaft fünf Zeitwochen. Für die Ist-Aufnahme allein rechnen wir mit 2 Personen × 25 Tage × 1 Tag pro Anwendungssystem bei geschätzten 50 relevanten Anwendungssystemen. Im Anschluss erarbeiten wir in einem Zeitraum von weiteren drei Zeitwochen die Soll-Anwendungslandschaft für ein sinnvolles Programm der nächsten ca. zwei Jahre sowie die zugehörige Roadmap, d.h. die Abfolge der nötigen Projektstufen zur Umsetzung dieses Solls. Das Ganze präsentieren wir im Rahmen einer Zwischenpräsentation am 7. März. Parallel zu einem Review des Gesamtkonzepts durch Mitarbeiter von CKR und einer entsprechenden Überarbeitung wählen wir in den letzten Wochen der Vorstudie als Vorbereitung für das Infrastrukturprojekt die Integrationsplattform aus und erarbeiten Hinweise für die Gestaltung des Infrastrukturprojekts. Weiterhin erarbeiten wir Hinweise für die Gestaltung der fachlichen Stufen. Das Gesamtpaket präsentieren wir in der letzten Woche vor dem Vorstand.

Zum Schluss stellen wir per E-Mail noch Terminanfragen zu den Workshops und Interviews der nächsten Wochen und gehen dann ins wohlverdiente Wochenende.

1.3 Episode 2 – Orientierung geben

> »Wer das Ziel kennt, kann entscheiden.
> Wer entscheidet, findet Ruhe.
> Wer Ruhe findet, ist sicher.
> Wer sicher ist, kann überlegen.
> Wer überlegt, kann verbessern.«
>
> Konfuzius

Montag, 14. Januar

Nun geht es also daran, den Leuchtturm zu bauen und dem Schiff der IT von CKR eine Orientierung für die nächsten Jahre zu geben.

Im heutigen Workshop entwickeln wir einen Entwurf für die Ideal-Anwendungsdomänen, im Folgenden auch einfach *Domänen* genannt. Domänen dienen der fachlichen Strukturierung der Anwendungslandschaft. Sie stellen ausgezeichnete Bereiche dar, die gezielt mit Anwendungssystemen eines bestimmten fachlichen Hintergrunds bebaut werden sollen. Damit schaffen sie einen stabilen Ordnungsrahmen, der die Dynamik des Geschäfts für die IT wegkapselt. Die Gesamtstrukturen aller ausgezeichneten Domänen ähneln dabei den *Flächennutzungsplänen* im Städtebau. Auch diese legen fest, was wo hingebaut werden soll oder darf.

Der Chef-Architekt erklärt, dass man sich vorher erst einmal kundig machen muss, ob es für die jeweilige Branche nicht bereits fertige Domänenmodelle gibt, die man direkt nutzen oder zumindest zur Plausibilitätsprüfung zugrunde legen kann. Für Banken, Versicherungen oder Telekommunikationsunternehmen gibt es beispielsweise solche Lösungen. Der Chef-Architekt hat das in den letzten Tagen recherchiert, ist aber für den Bereich Touristik auf keine brauchbare Grundlage gestoßen.

Daher beginnen wir hier tatsächlich mehr oder weniger »auf der grünen Wiese«. Hierzu nutzen wir die *Methode zum Entwurf von Domänen* (siehe Abschnitt 5.2.2) aus Quasar Enterprise. Wesentlicher Input ist natürlich die Geschäftsstrategie bzw. die neuen Geschäftsprozesse (wir hatten ja die Leitz-Ordner mitgenommen).

Bei der Anwendung der Methode taucht nun auch erstmalig der Begriff des Service auf. *Services* sind Dienstleistungen, die ein System (im Sinne eines allgemeinen Systembegriffs) nach Außen anbietet und die von außerhalb in Anspruch genommen werden können. Services heißen dann *Geschäftsservices*, wenn dieses System eben ein Geschäft im Sinne des englischen *business*, d.h. ein Unternehmen bzw. ein Teil davon ist. Unter den Geschäftsservices unterscheiden wir solche, die das Kerngeschäft betreffen, und solche, die eher unterstützenden Charakter haben.

Die Kerngeschäftsservices auf oberster Ebene sind schnell identifiziert (Abb. 1–9). Sie entsprechen den Einzelschritten des touristischen Kreislaufs, wie sie heute schon existieren. Informell sind sie in Abbildung 1–1 bereits dargestellt. Diese grundlegende Struktur ändert sich auch mit der neuen Geschäftsstrategie nicht. Alle Kerngeschäftsservices liefern Kandidaten für Domänen.

Abb. 1–9 Geschäftsservices auf oberster Ebene

Die unterstützenden Geschäftsservices auf oberster Ebene sind ebenfalls schnell gefunden, und es gibt keine grundlegende Veränderung zur heutigen Situation (Abb. 1–10). Auch diese liefern Domänenkandidaten.

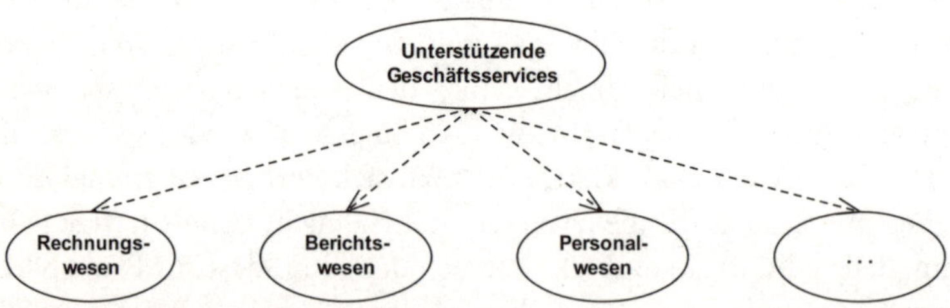

Abb. 1–10 Unterstützende Geschäftsservices

Ein weiterer Ausgangspunkt für die Methode sind Geschäftsobjekte. Die Kerngeschäftsobjekte entnehmen wir 1:1 den Unterlagen unserer Beraterkollegen (Abb. 1–11, vgl. auch Abb. 1–5).

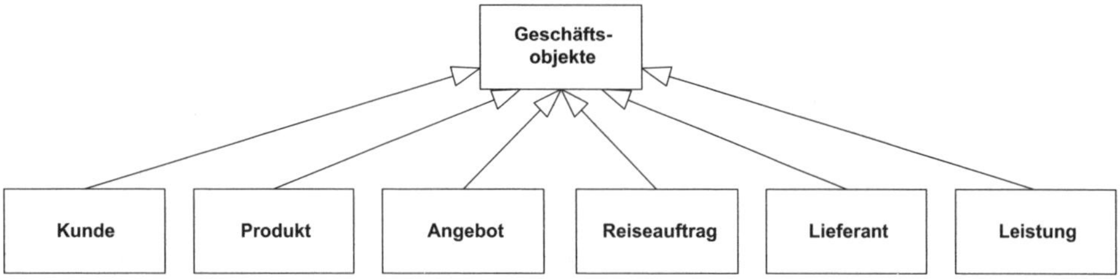

Abb. 1–11 Kerngeschäftsobjekte

Durch eine einfache Gegenüberstellung der Kerngeschäftsservices und der Kerngeschäftsobjekte stellt man leicht fest, dass nur die Kerngeschäftsobjekte Kunde, Reiseauftrag und Leistung von mehreren Kerngeschäftsservices verändert werden. Damit liefern sie weitere Domänenkandidaten.

Die bislang gefundene Struktur aus den genannten Domänenkandidaten reicht aber nicht aus. Vielmehr schauen wir uns nun die relevanten Geschäftsdimensionen an und ermitteln die daraus abzuleitenden Verfeinerungen der bisherigen Domänenkandidaten. Aus der Strategie, wie wir sie verstanden haben, leiten wir die in der Skizze (Abb. 1–12) festgehaltenen Dimensionen mit ihren Ausprägungen ab.

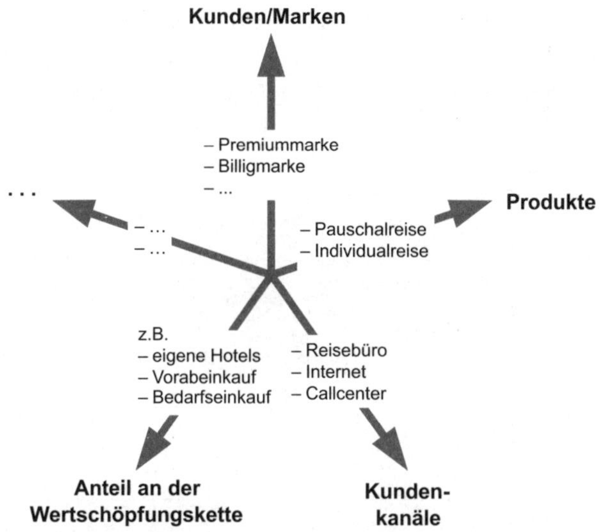

Abb. 1–12 Geschäftsdimensionen

In der Dimension Kunden/Marken ergibt sich mit der neuen Strategie keine wesentliche Veränderung. Interessant, denn das ist oft eine wichtige Dimension, z.B. im Zusammenhang mit Unternehmensfusionen und -Akquisitionen. Was die Produkte betrifft, so muss in Zukunft natürlich zwischen Pauschal- und Individualreisen unterschieden werden – eine ganz wesentliche Veränderung. Bei den Kundenkanälen ist es darüber hinaus wichtig, Reisebüro, Internet und Callcenter zu unterscheiden, vor allem da der Internet-Bereich für die Individualreisen wie erwähnt eine besondere Rolle spielt. Und wir finden in der Strategie die wesentliche Neuerung, über die Zusammenarbeit mit Mittlern im Bereich des Einkaufs von Leistungen und der Lagerhaltung quasi die Fertigungstiefe zu verringern. Bezogen auf den Anteil an der Wertschöpfungskette können wir hier die Dimensionsausprägungen eigene Hotels, Vorabeinkauf und Bedarfseinkauf unterscheiden.

Nachdem wir uns die einzelnen Geschäftsdimensionen klargemacht haben, müssen wir das Wissen auf den Schnitt der Domänen anwenden. Dabei ist es immer wichtig zu überlegen, ob eine Differenzierung im Zuschnitt der Domänen – beispielsweise zwischen Individual- und Pauschalprodukten in der Domäne Produktgestaltung – wirklich angemessen ist. Schließlich birgt eine zu feingranulare Zerlegung immer die Gefahr, dass mehrere Domänen mit redundanter Funktionalität bebaut werden.

Nach intensiver Diskussion kommen wir zu der Ansicht, dass wir die Domäne Produktgestaltung tatsächlich aufteilen wollen. Zusätzlich wollen wir aufgrund der hohen Spezialisierung im Bereich der Kundenkanäle drei separate Domänen für Reisebüro, Internet und Callcenter ausprägen.

Damit haben wir alle Domänenkandidaten beisammen, und nach vernünftiger Benennung und Sortierung sehen die Ideal-Domänen gegen Ende des Workshops wie in Abbildung 1–13 dargestellt aus.

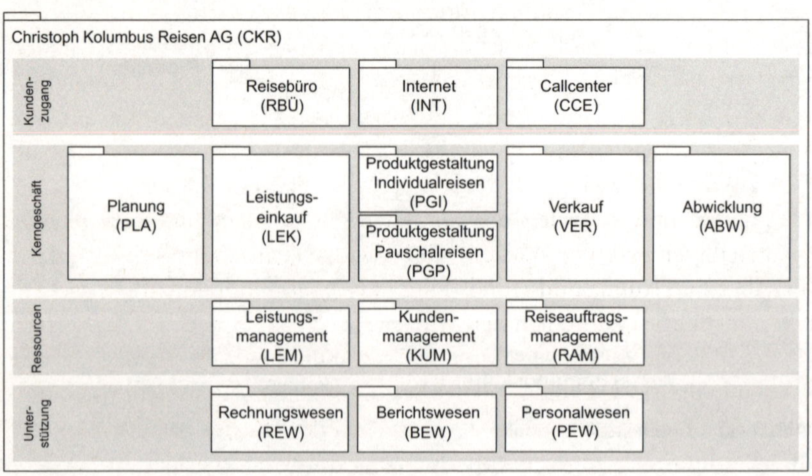

Abb. 1–13 Ideal-Domänen – Flächennutzungsplan

Dabei sortieren wir die Domänen der Übersichtlichkeit halber in vier horizontale Schichten, die wir Kundenzugang, Kerngeschäft, Ressourcen und Unterstützung nennen und die die Domänen quasi nach der Entfernung vom Kunden gruppieren (ähnliche wie Front-, Middle- und Back-Office).

Das ist also unser Flächennutzungsplan der IT-Stadt der CKR. Alle Anwendungssysteme, von uns im Folgenden auch Komponenten der Anwendungslandschaft genannt, haben damit einen festen Platz, wo sie hingebaut werden können.

Diesen Entwurf müssen wir in den kommenden zwei bis drei Wochen mit Vertretern der Fachbereiche natürlich noch intensiv besprechen und sicherlich an der einen oder anderen Stelle auch noch nachbessern. Die Erfahrung zeigt aber, dass eine auf die beschriebene Weise aus einer strategischen Bewertung des Geschäfts heraus entwickelte Domänenstruktur die Anforderungen der Fachbereiche zumeist schon recht gut adressiert.

Und morgen geht es dann mit der Service-Verfeinerung weiter.

Dienstag, 15. Januar

Am zweiten Workshoptag kümmern wir uns nun also um die Definition der Geschäftsservices und ihrer Verfeinerung. Quasar Enterprise liefert uns hier ebenfalls eine gute Handlungsanweisung, nämlich die *Methode zur Identifikation und Verfeinerung von Geschäftsservices* (siehe Abschnitt 4.4). Diese beginnt wie die Ermittlung der Domänen auch mit den Kerngeschäftsservices auf oberster Ebene (Abb. 1–9).

Wir überlegen uns also, welche Dienste das Unternehmen CKR denn eigentlich anbietet. Besonders interessant und ein guter Ansatzpunkt für eine Verfeinerung sind dabei die nach außen gegenüber dem Kunden angebotenen Services – hier also beispielsweise der Verkauf. In Zukunft verkauft CKR Individual- und Pauschalreisen. Das greifen wir auf und malen zur Verdeutlichung ein einfaches Use-Case- bzw. Anwendungsfall-Diagramm (Abb. 1–14).

Hierbei unterscheiden wir ausgehend von einem unterschiedlichen Set beteiligter externer Akteure die Services »Pauschalreise verkaufen« (beteiligt sind Kunde und Hotels/Fluglinien) und »Individualreise verkaufen« (beteiligt ist zusätzlich der Mittler).

Im Folgenden konzentrieren wir uns nun auf den neuen Service »Individualreise verkaufen«. Jeder Service hat eine Außensicht (Beschreibung des Service aus Sicht des Servicenehmers) und eine Innensicht (Beschreibung der inneren Umsetzung des Service). Bei der Außensicht gehen wir von einem sehr umfassenden Servicebegriff aus. Der Service »Individualreise verkaufen«, den CKR seinen Kunden anbietet, beginnt mit der Wahrnehmung des Angebots durch den Kunden und endet erst mit der Bezahlung der Reise. Alles, was in diesem Zeitraum passieren

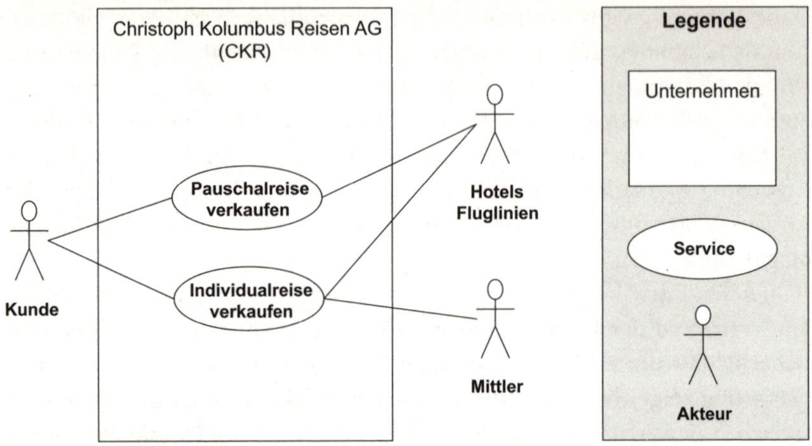

Abb. 1–14 Verkaufen als Services

kann, alle Einzelaktionen bzw. Teildienstleistungen inklusive aller rechtlichen und vertraglichen Randbedingungen gehören mit zum Service.

Wir skizzieren die Spezifikation des Service in der Außensicht in Form eines Sequenzdiagramms (Abb. 1–15) als eine typische Sequenz genau dieser Einzelaktionen, die wir auch als *Serviceaktionen* bezeichnen. Danach wird der Service »Individualreise verkaufen« dadurch erbracht, dass zuerst eine Reise zusammengestellt wird, diese dann gebucht und anschließend bezahlt wird. Die vertraglichen Randbedingungen sind in den Notizen als zusätzliche Information skizziert.

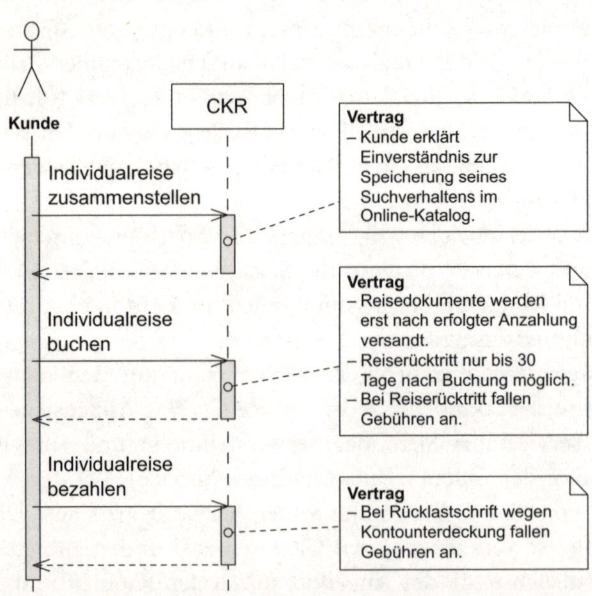

Abb. 1–15 Service-Spezifikation »Individualreise verkaufen« (Außensicht)

Soweit zur Außensicht, die das Szenario in der Interaktion des Kunden mit dem Verkauf von CKR betrifft. Bei der inneren Umsetzung eines Service werden im Rahmen der Abwicklung des Geschäftsprozesses ggf. die Services anderer Systemteile in Anspruch genommen. Das ist ein iterativer Prozess, und es entsteht eine Verfeinerung von Services, deren Blätter wir auch *elementare* Services nennen.

Als Voraussetzung zur Bestimmung einer idealen Anwendungslandschaft ist es notwendig, diese Verfeinerung der Geschäftsservices zu kennen. Dabei – so der Chef-Architekt – geschieht es in Projekten oft, dass IT-Architekten zwar eigentlich für die Gestaltung des Geschäfts selber nicht zuständig sind, sondern nur für die Gestaltung der IT. Die Strukturierung des Geschäfts in Services wird in der benötigten Form aber üblicherweise auch nicht von Beratern auf der Geschäftsseite erarbeitet. Oft landet diese Aufgabe dann doch beim IT-Architekten. So auch hier, denn die Leitz-Ordner mit den Prozessen sind gut und nützlich, geben aber eben die benötigte Verfeinerung der Geschäftsservices, wie wir sie brauchen, noch nicht vor.

Unsere beiden Teamkollegen erhalten also am Ende des Workshops einen entsprechenden Auftrag. Sie sollen die Spezifikation der Verfeinerung der Geschäftsservices basierend auf der Vorarbeit der Berater und in Abstimmung mit den beteiligten Fachbereichen bis zum 31.1. erarbeiten. Damit können wir am 1.2. in einem Workshop die Bebauung der Ideal-Anwendungslandschaft mit Komponenten beginnen. Sie bekommen die Leitz-Ordner zu den Geschäftsprozessen in die Hand gedrückt, und dann beenden wir das Meeting.

Dienstag, 22. Januar

Heute sprechen wir länger mit Dr. Reiser. Unser Ziel ist, ein noch besseres Verständnis zur IT-Strategie der CKR zu erlangen. Zudem wollen wir mit Dr. Reiser abstimmen, welche Veränderungen sich durch ein Vorhaben zur serviceorientierten Umgestaltung der Anwendungslandschaft für die Organisation ergeben.

Der Chef-Architekt erläutert, dass ab sofort die Weiterentwicklung der Anwendungslandschaft, ausgerichtet auf das von uns zu erstellende Ideal-Bild, ein explizites *Management der Evolution* der Anwendungslandschaft erfordert. Hierzu muss zum einen ein *Architekturmanagement* in der Organisation etabliert werden, das die Schnittstelle zwischen Fachbereichen und IT verwaltet. Fachbereiche beauftragen in Zukunft Services. Das Architekturmanagement muss über die bereits vorhandenen Services und über deren Umsetzung in der IT Buch führen. Die bislang in den Fachbereichen vorherrschende Sicht einer Hoheit eines Fachbereichs über ein oder mehrere Anwendungssysteme wird sich mit dieser Serviceorientierung in der IT dramatisch ändern. Das ist ein Veränderungsprozess, den es zu managen gilt. Dafür braucht es zusätzlich ein *Change Management*, das ebenfalls zu etablieren ist.

Herr Dr. Reiser bestätigt uns, dass er sich dieser massiven Änderungen durchaus bewusst ist. Er selber steht auch voll hinter diesem Vorgehen, denn er sieht den Zusammenhang zwischen der Einführung von Serviceorientierung und der Notwendigkeit zur nachhaltigen Optimierung der Anwendungslandschaft. Allerdings befürwortet er eine *schrittweise* Einführung der Serviceorientierung in der IT. Er möchte über erste produktive Umsetzungsschritte hin zum Ideal Vertrauen für die Lösung schaffen. Der Chef-Architekt bestätigt, dass das aus seiner Erfahrung ein guter Weg ist und dass das gut zum vorgeschlagenen Vorgehen mit gesteuerter Evolution und Pilotphase passt.

Zusätzlich regen wir an, als Bestandteil des Architekturmanagements schon frühzeitig mit der Etablierung eines sogenannten *Ableitungssystems* für die Architektur zu beginnen. In einem solchen Ableitungssystem werden über mehrere Stufen die Zusammenhänge bzw. Übergänge von wenigen Top-Level-Geschäftszielen bis herunter zu detaillierten Architekturleitlinien festgehalten (Abb. 1–16). Letztere dienen der Planung und Steuerung der Evolution der Anwendungslandschaft. Durch die Zurückverfolgbarkeit bis herauf zu den Top-Level-Geschäftsanforderungen wird eine Transparenz hergestellt, die bei der Argumentation der IT gegenüber Fachbereichen und Unternehmensführung hilft. Der Chef-Architekt betont, dass er schon bei mehreren Kunden gesehen hat, dass das gut funktioniert. Eine *Methode zur Ableitung von Architekturleitlinien* (siehe Abschnitt 4.2.2) liefert auch Quasar Enterprise. Es wird vereinbart, dass die Kollegen sich dieses Themas im Rahmen einer separaten Beratung zum Architekturmanagement annehmen werden.

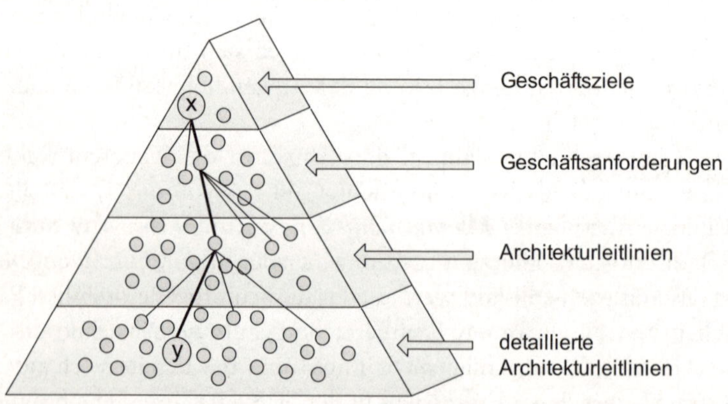

Beispiel: Ableitung Architekturleitlinie y aus Geschäftsziel x

Abb. 1–16 Ableitungssystem für die Geschäftsarchitektur

Im zweiten Teil des Gesprächs arbeiten wir heraus, welche Vorgaben oder Leitplanken der IT-Strategie bei CKR bereits existieren. Als Sprache und Technologie hat man sich für die modernen Lösungen bereits auf eine Enterprise-Java-Welt mit Festlegungen zu einzusetzenden Frameworks etc. geeinigt. Der Chef-Architekt erklärt, dass er diese Wahl gut nachvollziehen kann, vor allem da auch bereits Expertise bei den IT-Mitarbeitern dazu existiert.

Plattformseitig möchte man von der Hardware bis hin zur Basissoftware wie Application Servern und Datenbankmanagementsoftware auf Produkte eines einzigen großen Herstellers setzen. Gründe sind eine gewisse Homogenität im Plattformbereich, die eine solche Strategie verspricht, die Größe, und mutmaßliche Stabilität dieses Herstellers und erneut die Tatsache, dass Erfahrung bei den Mitarbeitern vorliegt. Das sind gute Gründe und so widerspricht der Chef-Architekt auch hier nicht.

Im Bereich der Anwendungssoftware möchte CKR, wie die meisten anderen Unternehmen auch, weitestgehend für die gut standardisierbaren Funktionen auf Standardsoftware zurückgreifen. Allerdings ist die Touristikbranche ein Markt mit nur wenigen Akteuren und relativ individuellen Vorgehensweisen. Entsprechend gibt es auch nur wenig einsetzbare Standardsoftware. Eine Studie, die CKR vor etwa einem Jahr in Auftrag gegeben hat, zeigt nur wenig Potenzial für fachliche Standardlösungen. Ausnahme sind zum einen die Bereiche ERP (Enterprise Resource Planning) und Business Intelligence (Data Warehouse, Reporting), für die unterstützenden Domänen Rechnungs-, Berichts- und Personalwesen. Hier hat CKR schon heute Standardlösungen eines großen Herstellers im Einsatz. Zum anderen bietet sich für den Bereich CRM (Customer Relationship Management, d.h. Kundenmanagement) der Einsatz von Standardsoftware an. Wir vereinbaren, dass wir im Rahmen unseres Projekts überprüfen wollen, inwieweit wir Änderungen dieser Plattformstrategie für sinnvoll halten.

Dann bedanken wir uns bei Dr. Reiser für das gute und informative Gespräch.

Freitag, 1. Februar

Im heutigen Workshop wollen wir uns anschauen, was unsere Kollegen zum Servicedesign seit unserem ersten Workshop am 14.1. erarbeitet haben. Außerdem wollen wir auf dieser Basis und mit dem Wissen aus dem Gespräch mit Dr. Reiser vom 22.1. einen Entwurf für die Strukturierung der Ideal-Anwendungslandschaft auf Komponentenebene erarbeiten.

Tatsächlich haben die Kollegen in den letzten Tagen gemeinsam mit den Fachbereichen bei CKR die Verfeinerung der Geschäftsservices komplett erarbeiten können. Das war wohl nicht ganz einfach, denn die Fachbereiche müssen alle Entscheidungen zur Servicedefinition natürlich mittragen. Die Sammlung aller gefundenen Services nennen wir auch das *Service-Portfolio*. Der im Workshop am 15.1. schon einmal angerissene Service »Individualreise verkaufen« hat danach beispielsweise die in Abbildung 1–17 dargestellte Verfeinerung.

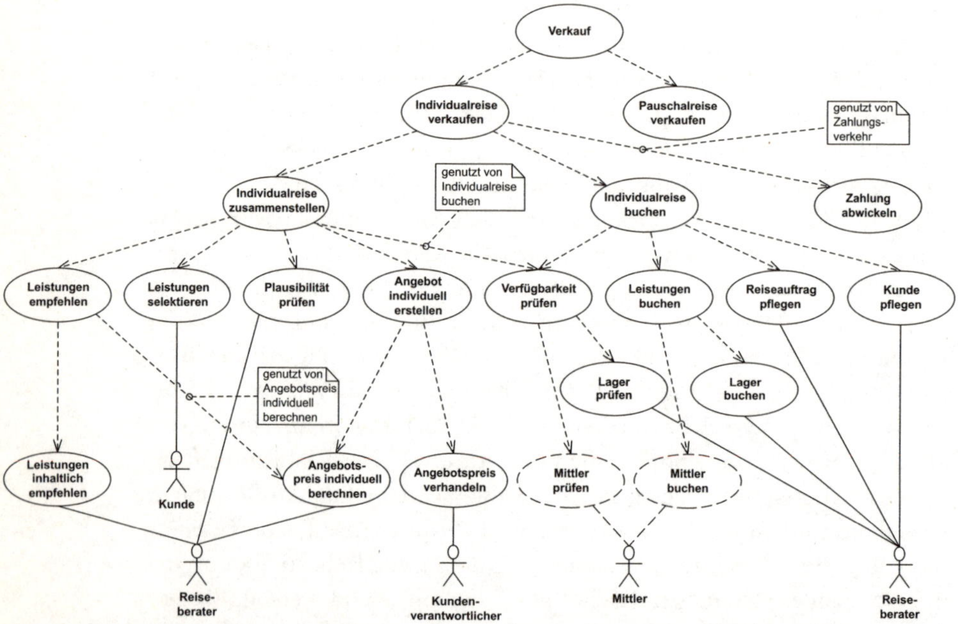

Abb. 1–17 Verfeinerung des Geschäftsservice »Individualreise verkaufen«

4 Unter den Services zeichnen wir nun entsprechend der *Methode zur Identifikation von Anwendungsservices* (siehe Abschnitt 5.3.2) aus Quasar Enterprise diejenigen aus, die ganz oder teilweise durch IT unterstützt werden. Das sind im Fall des Service »Individualreise verkaufen« alle Services mit Ausnahme des nur in bestimmten Konstellationen benötigten Service zur individuellen Verhandlung des Preises. Diese ganz oder teilweise in IT abzubildenden Geschäftsservices bezeichnen wir als *Anwendungsservices*. Im Folgenden betrachten wir nur noch diese.

Im nächsten Schritt ordnen wir diese Anwendungsservices den
7 Domänen zu. Zusätzlich vergeben wir eine Kategorie entsprechend der *Referenzarchitektur kategorisierte Anwendungslandschaft* (siehe Abschnitt 5.4.5) aus Quasar Enterprise. Wir unterscheiden in dieser Referenzarchitektur die *Kategorien* Interaktion, Prozess, Funktion und Bestand. Ein Anwendungsservice gehört der Kategorie *Interaktion* an, wenn seine Dienstleistung im Wesentlichen die Interaktion menschlicher Nutzer mit der Anwendungslandschaft unterstützt. Er gehört der Kategorie *Prozess*

an, wenn er im Wesentlichen einen Geschäftsprozess umsetzt. Der Kategorie *Funktion* gehört er an, wenn er im Wesentlichen algorithmischen Charakter hat, und der Kategorie Bestand wird er zugeordnet, wenn er im Wesentlichen die Verwaltung von Datenbeständen und den Zugriff darauf unterstützt. Abbildung 1–18 zeigt das Ergebnis für den Ausschnitt des Service »Individualreise verkaufen«. Wir sehen, dass dieser Service hinsichtlich der für ihn notwendigen Anwendungsservices fachlich über relativ viele Domänen verteilt ist (Internet, Produktgestaltung Individualreisen, Verkauf, Leistungsmanagement, Reiseauftragsmanagement und Kundenmanagement).

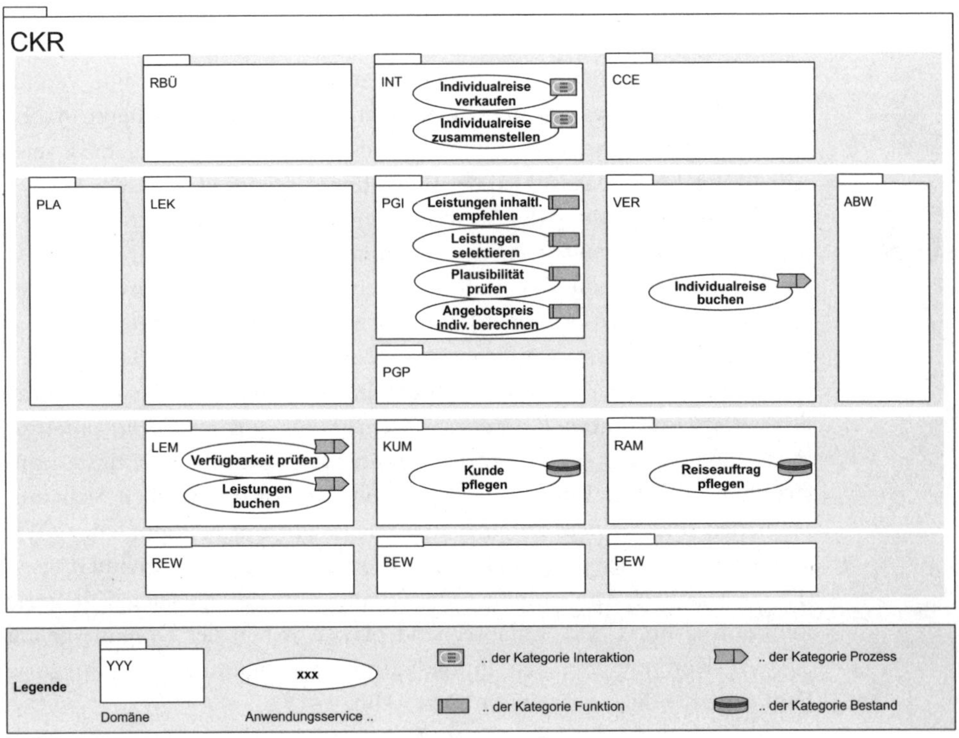

Abb. 1–18 Ideal-Domänen mit zugeordneten kategorisierten Anwendungsservices (Ausschnitt zum Service »Individualreise verkaufen«)

Genau diese Zuordnung der Anwendungsservices auf die Ideal-Domänen nehmen wir als Ausgangspunkt für die ideale Bebauung der Domänen mit Komponenten der Anwendungslandschaft (im Folgenden kurz AL-Komponenten oder eben einfach nur Komponenten genannt) auf der logischen Ebene. *AL-Komponenten* sind die tatsächlichen Elemente einer Anwendungslandschaft – einzelne ideal geschnittene Anwendungssysteme, die eine bestimmte Funktion erfüllen und dazu Schnittstellen nach außen bereitstellen. Dass wir von Komponenten auf der *logischen* Ebene sprechen, bedeutet, dass wir Komponenten betrachten, die nur hinsichtlich ihrer prinzipiellen Funktionalität beschrieben sind. Im Gegensatz zur physischen Ebene abstrahieren wir aber von der konkreten physischen Umsetzung, also beispielsweise davon, auf Basis welcher konkreten Standardsoftware eine solche Komponente realisiert ist oder wo genau sie läuft. Die Anwendungsservices führen uns später auch zu den Schnittstellenoperationen dieser Komponenten.

5 Zur Definition der AL-Komponenten, mit denen die Ideal-Domänen bebaut werden sollen, ziehen wir die *Methode zum Entwurf von Komponenten* (siehe Abschnitt 5.4.3) aus Quasar Enterprise heran. Das Ergebnis füllt aufgrund der Menge der Komponenten einen ganzen A0-Plot. Das macht sich zwar gut an der Wand, für den Zweck dieses Berichts ist das Ganze aber zu unübersichtlich. Daher entschließen wir uns, eine Vereinfachung mit den wichtigsten Komponenten zu erstellen. Hierzu haben wir 21 Komponenten ausgewählt. Dieses vereinfachte Ergebnis zeigt Abbildung 1–19. Das ist also der Bebauungsplan der IT bei CKR.

6 Bei der Anwendung der Methode wenden wir die *Regeln für den Entwurf von Komponenten* (siehe Abschnitt 5.4.4) aus Quasar Enterprise an. Ein Beispiel ist die Regel »Kategorienreine Komponenten«, nach der alle Anwendungsservices einer Domäne zu einem Komponentenkandidaten zusammengefasst werden, wenn sie der gleichen Kategorie angehören. In diesem Sinne – so erläutert der Chef-Architekt – ist das Hilfsmittel der bereits erwähnten *Referenzarchitektur kategorisierte Anwendungslandschaft* aus Quasar Enterprise erfahrungsgemäß das wichtigste konstruktive Hilfsmittel beim Übergang von der konzeptionellen Sicht mit Domänen und Services zu einer logischen Sicht mit Komponenten. Wir sehen das am Beispiel der Domäne Produktgestaltung Individualreisen (PGI). Alle vier Anwendungsservices sind von der gleichen Kategorie Funktion (Abb. 1–18). Entsprechend planen wir in der Domäne genau eine AL-Komponente, den Individualreise-Konfigurator der Kategorie Funktion, die diese Services umsetzt (Abb. 1–19).

So einfach ist der Schnitt von Komponenten aber nicht immer. Vielmehr ergibt er sich als intelligente Abwägung bei der Anwendung mehrerer Regeln zum Komponentenschnitt. Eine andere Regel dieser Art lautet beispielsweise »Fachliche Komponenten«. Danach sind Komponenten innerhalb einer Domäne zu trennen, wenn sie mit fachlich unterschiedlichen Dingen zu tun haben. Ein Beispiel ist die von uns geplante Bebauung der Domäne Leistungsmanagement (LEM). Hier ist es sinnvoll, zumindest zwischen dem Management von Flugleistungen und dem von Hotelleistungen zu unterscheiden. Fachlich sind diese beiden Leistungsarten so verschieden, dass sich eine Trennung der Komponenten zur Ver-

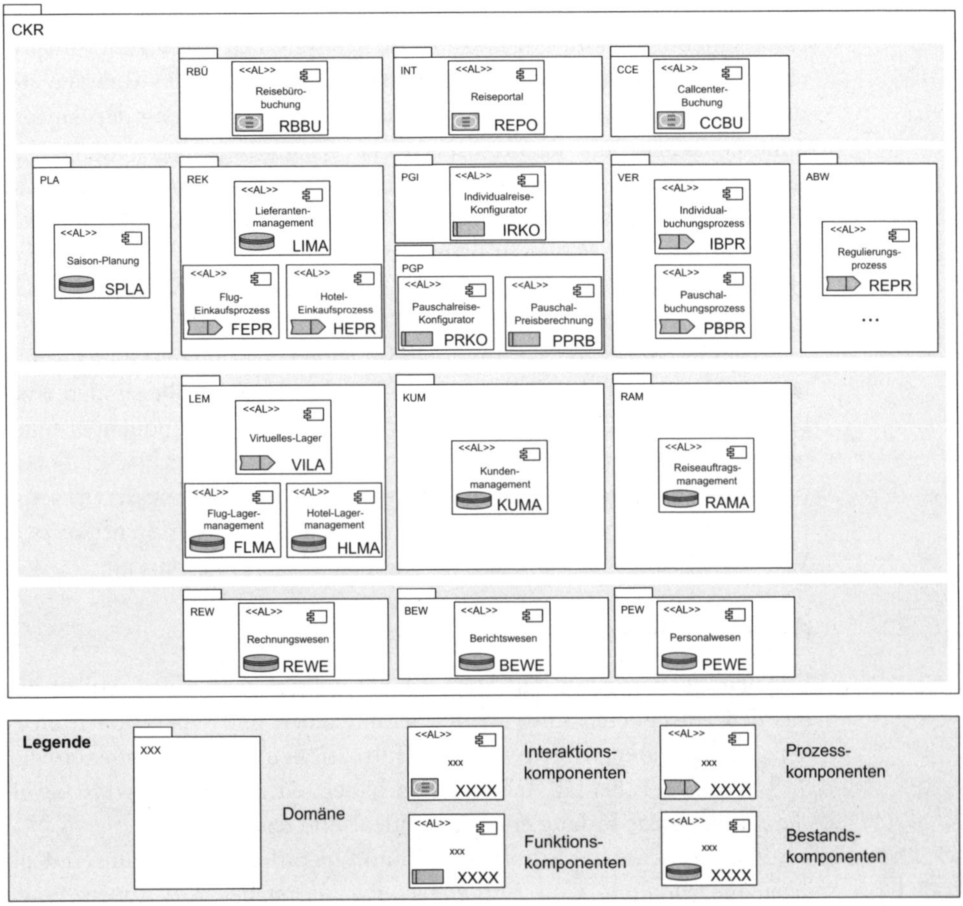

Abb. 1–19 Ideal-Anwendungslandschaft (logisch) – Bebauungsplan

waltung architektonisch anbietet, auch wenn die Services alle von der Kategorie Bestand sind.

In unserem Bebauungsplan (Abb. 1–19) geben wir den Ideal-Komponenten übrigens 4-Buchstaben-Kürzel, damit wir sie in Zukunft besser von den Ist-Komponenten, die traditionell 3-Buchstaben-Kürzel haben, unterscheiden können.

Die so ermittelte logische Anwendungslandschaft reflektiert aufgrund des angewandten serviceorientierten Vorgehens neben der Geschäftsstrategie vor allem die Anforderungen der beteiligten Fachbereiche bei CKR. Das ist – so erläutert der Chef-Architekt – gerade das, was serviceorientierte Gestaltung zu einem nachhaltigen Prinzip jenseits des ganzen SOA-Hypes unserer Tage macht. Die Fachbereiche verpflichten sich nach der erfolgten Abstimmung zu den Domänen und Services damit auf einen bestimmten fachlich logischen Zuschnitt der Anwendungslandschaft. Die IT verpflichtet sich im Gegenzug zu einer physischen Umsetzung entsprechend sogenannter Service Level Agreements (SLAs). Im Rahmen der Erfüllung der SLAs steht es der IT aber frei, die Gestaltung der Anwendungslandschaft auf der physischen Ebene nach ihren Vorstellungen zu gestalten bzw. die Umsetzung von der logischen Ebene auf die physische Ebene unabhängig zu steuern. Das ist ein klarer Vorteil für die Organisation bei CKR – die Rollen und Verantwortlichkeiten bei Fachbereich und IT sind klar. Diese Klärung auf Basis der Services wird oft auch *Service-Verpflichtung* genannt.

Mit diesem Ergebnis des Workshops haben wir eine sehr gute Grundlage für die Arbeit der nächsten Zeit. Da werden die Kollegen den erarbeiteten Bebauungsplan mit der Sicht auf die Ideal-Komponenten nämlich mit den Fachbereichen bei CKR durchsprechen und konsolidieren. Parallel dazu werden sie ausgehend von den Anwendungsservices das Bild der AL-Komponenten um die Schnittstellen ergänzen. In genau zwei Wochen sehen wir uns wieder und schauen uns das Ergebnis an.

Freitag, 15. Februar

Der heutige Workshop hat zwei Schwerpunkte: Zum einen wollen wir uns den erarbeiteten Entwurf der Schnittstellen und Operationen ansehen, zum anderen wollen wir die Informationen zur Plattformstrategie, die wir am 22.1. bei Dr. Reiser erfragt haben, daraufhin überprüfen, welche Einflüsse das bislang erarbeitete Ideal-Bild darauf hat.

8 Zum Entwurf der Schnittstellen und Operationen haben unsere Kollegen die *Methode zum Entwurf von Schnittstellen und Operationen* (siehe Abschnitt 5.5.3) aus Quasar Enterprise verwendet. Sie erläutern uns das Ergebnis am Beispiel des Service »Individualreise buchen«. Abbildung 1–20 zeigt den Verhaltensteil der Spezifikation in Form eines Sequenzdiagramms. Unsere bereits identifizierten AL-Komponenten sind dabei die Objekte, und die genannten Operationen (z.B. »prüfeVerfügbarkeit« oder »bucheLeistungen«) sind Bestandteile der Schnittstellen dieser AL-Komponenten (z.B. Virtuelles Lager).

9 Bei der Anwendung der Methode kommen die *Regeln für den Entwurf von Schnittstellen und Operationen* (siehe Abschnitt 5.5.2) aus Quasar Enterprise zum Einsatz. Eine dieser Regel ist beispielsweise die zur »Grobgranularität« des Zuschnitts der Operationen. Am Beispiel der Operation »legeKundeAn« aus Abbildung 1–20 sieht man, dass das Behandeln von Dubletten als Sonderfall innerhalb des Service bereits abgewickelt wird. Eine feingranularere Lösung würde die einzelnen Spezialfälle mit separaten Operationen beschreiben.

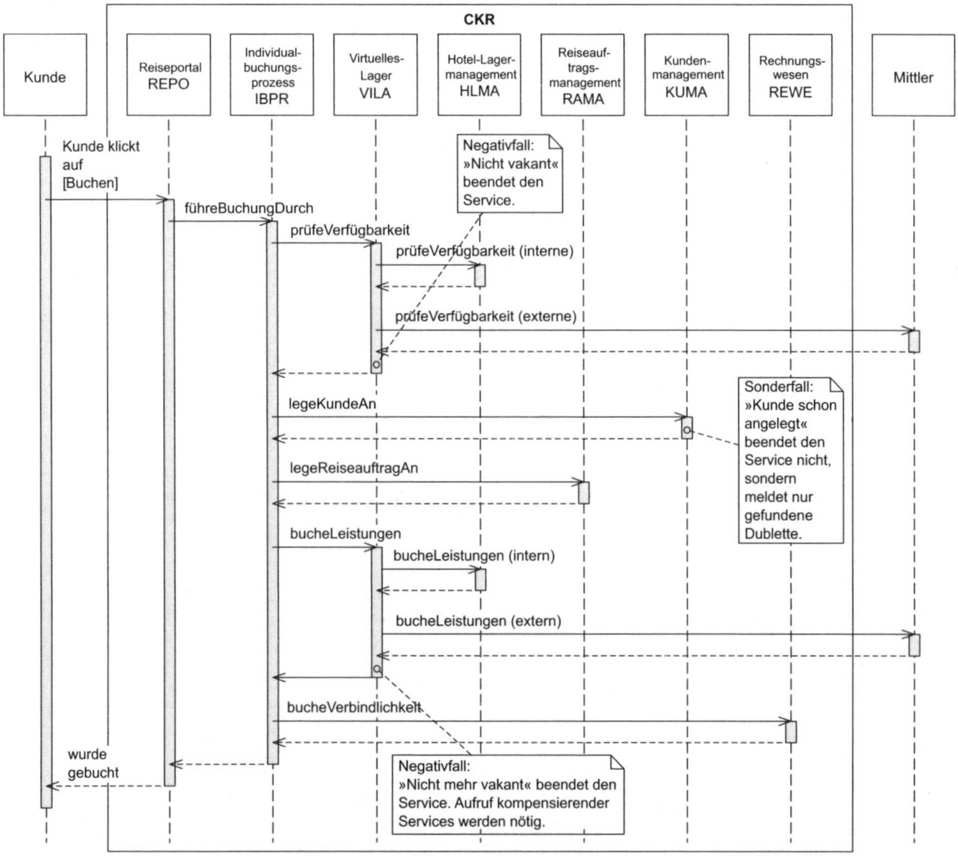

Abb. 1–20 Spezifikation zum Service »Individualreise buchen«

Eine andere Regel betrifft beispielsweise die »Kompensierbarkeit«. In lose gekoppelten Lösungen verbieten sich Mechanismen wie 2-Phasen-Commit-Protokolle. Schlägt eine Operation fehl – in Abbildung 1–20 wäre das z.B. »bucheLeistungen«, wenn die Leistungen nicht mehr vakant sind – müssen vorherige Operationen wie »legeReiseauftragAn« später kompensiert werden.

Auf diese Art und Weise haben die Kollegen alle Schnittstellen und Operationen im Ideal spezifiziert. Im Workshop legen wir nun zusätzlich noch die grundsätzlichen *Kopplungsstufen* der AL-Komponenten im Ideal fest: AL-Komponenten können unterschiedlich eng gekoppelt werden. Der Chef-Architekt erläutert dazu, dass es in einer SOA gar nicht darum geht, so lose wie möglich zu koppeln, sondern vielmehr den richtigen Kopplungsgrad zu finden. Dazu sollten die Kopplungen der AL-Komponenten einer Ideal-Anwendungslandschaft nach dem *Entfernungsbegriff* aus Quasar Enterprise in Kopplungsstufen eingeordnet werden. AL-Komponenten innerhalb einer Domäne dürfen enger gekoppelt sein – wir vergeben hier die Kopplungsstufe 1. Domänenübergreifend werden AL-Komponenten loser miteinander gekoppelt – hier vergeben wir die Kopplungsstufe 2. Und Kopplungen mit externen Unternehmen wie den Mittlern oder Kopplungen mit Domänen, die potenziell vielleicht ausgelagert werden sollen wie das Rechnungswesen (z.B. im Zuge eines Business Process Outsourcing), sind maximal lose zu gestalten – wir vergeben Kopplungsstufe 3. Bei all diesen Überlegungen helfen uns die *Regeln zur Gestaltung der Kopplungsarchitektur* (siehe Abschnitt 5.6) aus Quasar Enterprise.

Die festgelegten Kopplungsstufen illustriert Abbildung 1–21 für den Ausschnitt des Service »Individualreise buchen«.

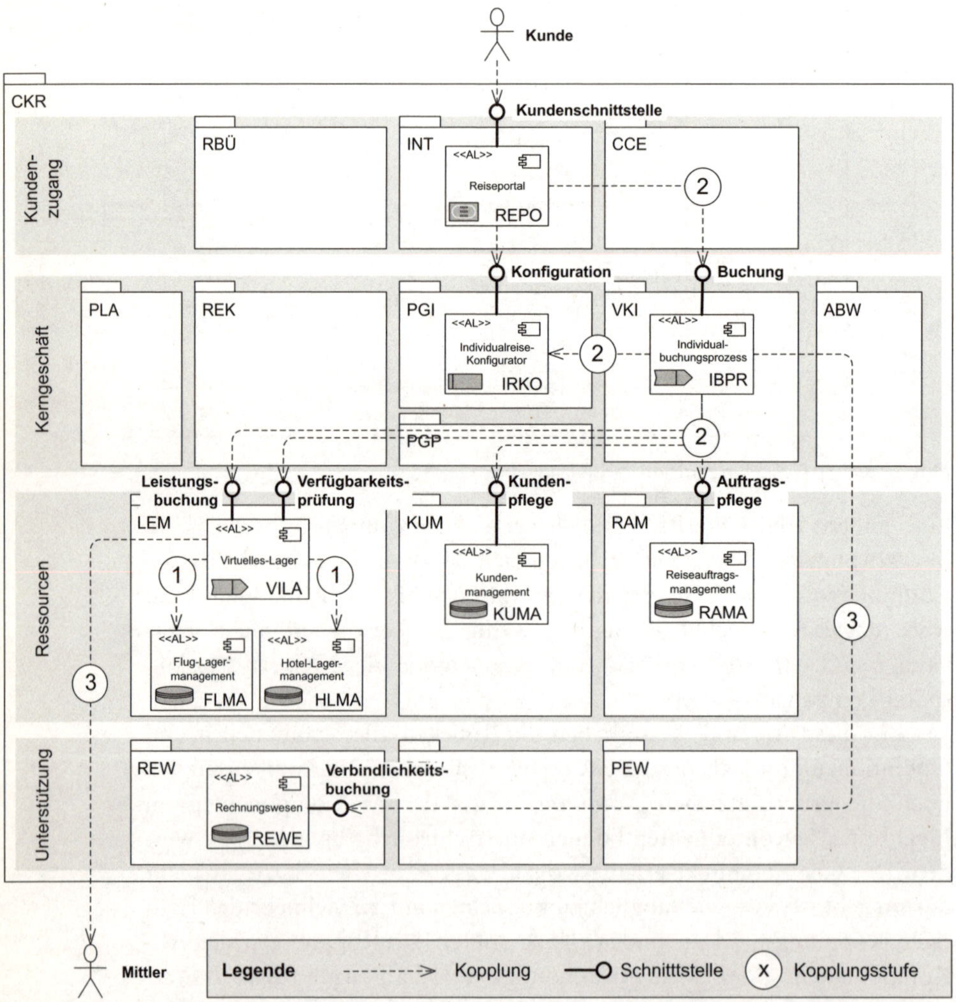

Abb. 1–21 Kopplungsarchitektur (Ausschnitt zum Service »Individualreise buchen«)

Und jetzt schauen wir uns noch das Thema Plattformstrategie an. Hier müssen wir überprüfen, ob die bisherigen Festlegungen zur Ideal-Anwendungslandschaft an den bisherigen Überlegungen etwas ändern. Dabei interessieren uns zwei Bereiche: die Umsetzung von logischen AL-Komponenten auf der physischen Ebene und das Thema technische Infrastruktur, bei dem wir noch einmal die Teilthemen Hardware- und Anwendungsplattformen einerseits und Integrationsplattformen andererseits unterscheiden wollen.

- *Physische AL-Komponenten*
  AL-Komponenten werden auch in Zukunft weiterhin als Individuallösungen implementiert. Ausnahmen sind wie erwähnt die Systeme in den Bereichen ERP und Business Intelligence sowie die geplante Komponente zum Kundenmanagement. Erstere bleiben auf Basis der Produkte des großen Herstellers basiert, die heute bereits im Einsatz sind. Für Letztere soll eine Fachanwendung »vom Regal« (engl. COTS = commercial off the shelf) in Form eines CRM-Systems integriert werden. Diese ist kurzfristig auszuwählen. Andere COTS-Komponenten im Bereich touristischer Kernprozesse sind laut bereits vorliegender Studie der CKR nicht verfügbar. Die Festlegungen zum Ideal führen hier zu keiner notwendigen Veränderung der Plattformstrategie.
- *Technische Infrastruktur/Hardware- und Anwendungsplattformen*
  Alle Individual-Komponenten werden in Java Technologie auf Server-Hardware gemäß gegebener Plattformstrategie implementiert. Die Datenbankserver werden ebenfalls auf Server-Hardware migriert. Die Migration erfolgt zuerst im Bereich der einzelnen AL-Komponenten und im letzten Schritt auch im Bereich der Datenbank. Das bedeutet am Ende eine komplette Ablösung der Host-Plattform. Die Überlegungen von CKR, wonach das aus Kostengründen langfristig sinnvoll ist, stehen nicht im Widerspruch zum festgelegten Ideal.
- *Technische Infrastruktur/Integrationsplattformen*
  Die Integrationsarchitektur sieht eine Integration auf Ebene von Logikschnittstellen vor. Benötigt werden daher auf der einen Seite technische Services zur Kommunikation und Transformation im Sinne eines Enterprise Services Bus (ESB). In diesem Bereich wird aller Wahrscheinlichkeit nach ein fertiges Produkt zum Einsatz kommen. Dies ist allerdings noch explizit auszuwählen. Auf der anderen Seite müssen die identifizierten Prozesskomponenten umgesetzt werden. Alternativen sind die explizite Umsetzung als programmierte AL-Komponente oder die Verwendung eines weiteren Produkts im Sinne eines Business Process Management (BPM). Die Entscheidung, ob überhaupt ein Produkt zum Einsatz kommen soll und wenn ja, welches, muss ebenfalls noch explizit getroffen werden.

Und das war's. Alle in Abbildung 1–7 dargestellten Schritte haben wir durchlaufen: Wir haben jetzt die Domänen und Services definiert, die Bebauung mit Komponenten geplant, deren Schnittstellen und Operationen spezifiziert, die Kopplungsstufen festgelegt sowie die Plattformstrategie angepasst. Die Verfahrensbausteine aus Quasar Enterprise haben uns dabei sehr geholfen.

Der Leuchtturm steht!

1.4 Episode 3 – Taktisch planen

»Über das Ziel hinausschießen,
ist ebenso schlimm,
wie nicht ans Ziel kommen.«

Konfuzius

Montag, 18. Februar

Die letzten Wochen haben wir sehr strategisch und abstrakt gearbeitet. Ab jetzt wird es deutlich konkreter. Auf der einen Seite war eine solche strategische Architekturberatung natürlich äußerst spannend. Auf der anderen Seite ist es aber genauso interessant, wenn es darum geht, was denn ausgehend vom konkreten Status quo in überschaubarer Zeit tatsächlich machbar ist. Und da – so der Chef-Architekt – muss man natürlich sehr genau aufpassen, nicht über das Ziel hinauszuschießen, sondern ein machbares Szenario zu definieren.

Im heutigen Workshop beginnen wir damit, dass wir uns für die jetzt anliegende planerische Phase der Vorstudie überlegen, wie wir das methodische Vorgehen aus den entsprechenden Verfahrensbausteinen aus Quasar Enterprise zusammenstellen. Das Ergebnis zeigt Abbildung 1–22.

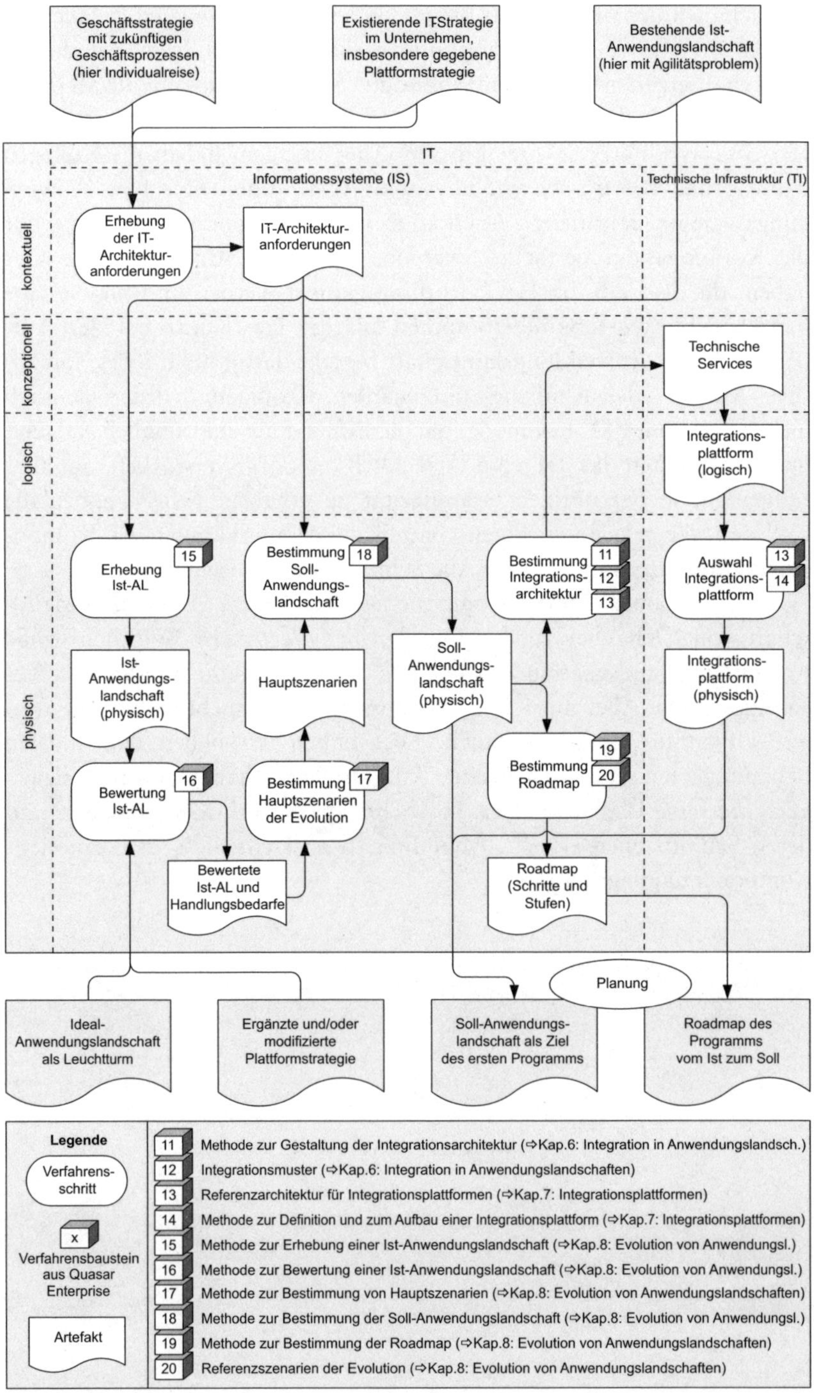

Abb. 1–22 Vorgehen in der planerischen Phase des Projekts

15

Wir schauen uns nun an, was die in den letzten drei Wochen parallel zur Arbeit am Ideal bereits durchgeführte Aufnahme der Ist-Anwendungslandschaft ergeben hat. Wie in Abbildung 1–22 gezeigt, kam die *Methode zur Erhebung einer Ist-Anwendungslandschaft* (siehe Abschnitt 8.3.3) aus Quasar Enterprise zum Einsatz. Alles in allem haben die Kollegen damit genau 105 *anerkannte* physische AL-Komponenten bzw. Anwendungssysteme identifiziert. Anerkannt in diesem Kontext heißt, dass nur die Komponenten betrachtet werden, die einen offiziellen Charakter haben, die also z.B. im IT-Controlling geführt werden und für die eine Betriebsverantwortung übernommen wurde. Die Kunst bei der Aufnahme der Ist-Anwendungslandschaft besteht darin, nicht jedes Spreadsheet-Makro oder Ähnliches mitzuzählen. Trotzdem wurden deutlich mehr anerkannte AL-Komponenten identifiziert als ursprünglich gedacht, und wir mussten das Teilteam tatsächlich temporär verstärken, um alles zeitgerecht in der nötigen Granularität zu erheben. Erfasst haben die Kollegen alle relevanten Eigenschaften dieser anerkannten AL-Komponenten und insbesondere auch alle Schnittstellen zwischen diesen.

Mit 105 anerkannten Komponenten gehört die Anwendungslandschaft von CKR eher zu den mittelgroßen Vertretern. Wirklich große Anwendungslandschaften erreichen leicht über 1.000 anerkannte AL-Komponenten. Aber auch 105 Komponenten sind nicht mehr ohne weitere Hilfsmittel zu überschauen. Hier haben wir neben dem idealen Bebauungsplan schon den zweiten A0-Plot. Daher haben unsere Kollegen auch hier eine Übersicht über die wichtigsten Ist-AL-Komponenten und deren Schnittstellen erstellt. Abbildung 1–23 stellt diese in Form eines Komponentendiagramms dar.

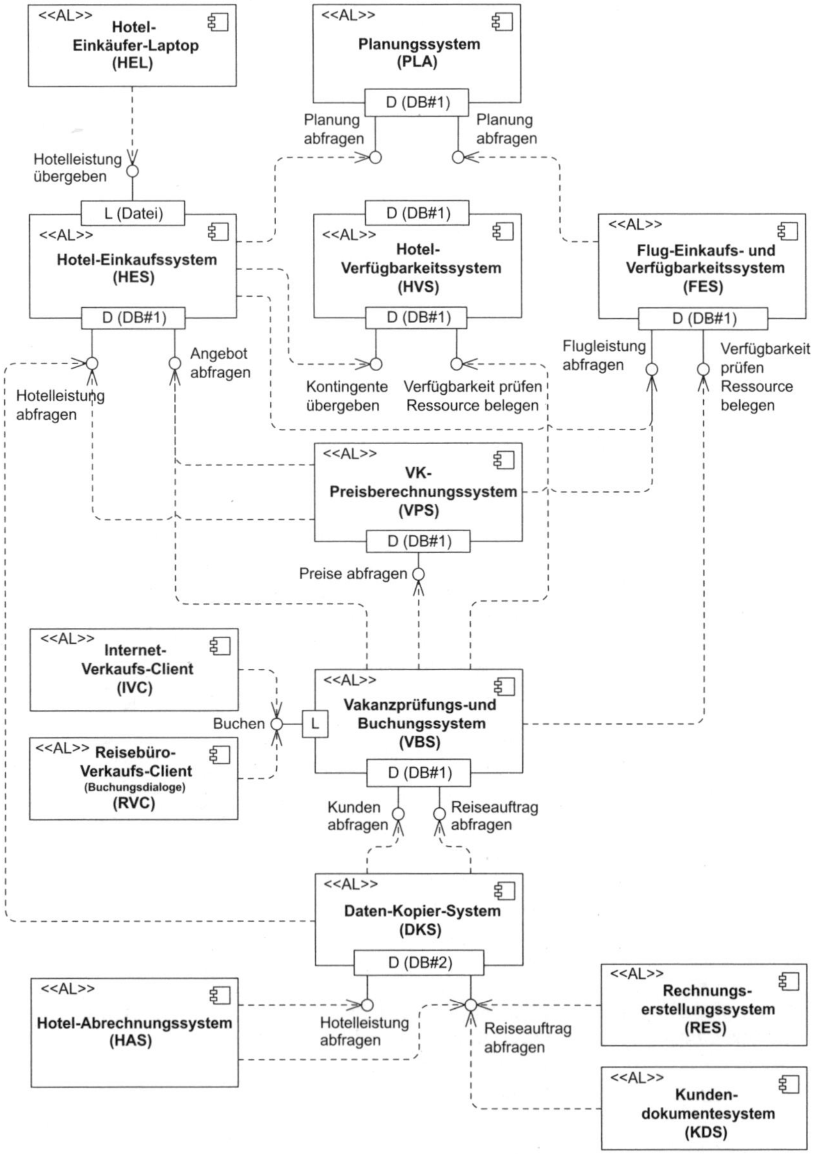

Abb. 1–23 Ist-Anwendungslandschaft (Komponenten und Schnittstellen; Ausschnitt)

Wir machen die Tatsache, dass im Ist praktisch alle physischen Schnittstellen durch einen Zugriff auf die Daten der AL-Komponenten bereitgestellt werden, durch ein »D« bei der Beschreibung der Ports der Komponenten deutlich. In Klammern dahinter steht die Datenbank, über die das geschieht, nämlich DB#1 oder DB#2 (Abb. 1–23).

Im Einzelnen sind diese AL-Komponenten in Tabelle 1–1 beschrieben.

<table>
<tr><th>AL-Komponente</th><th>Funktionalität</th><th>Technologie</th></tr>
<tr><td>Planungssystem (PLA)</td><td>Dialoganwendung zur Erarbeitung der Planung einer Saison.</td><td><table><tr><th></th><th>Sprache</th><th>Plattform</th></tr><tr><th>UI</th><td rowspan="2">PL/1</td><td rowspan="3">Host</td></tr><tr><th>Logik</th></tr><tr><th>DB</th><td>alt</td></tr></table></td></tr>
<tr><td>Hotel-Einkaufssystem (HES)</td><td>Verwaltung der Hotelleistungen im Sinne von mit den Hotels vereinbarten Verträgen und Abbildung des Einkaufsprozesses. HES benötigt die Plandaten und übergibt Kontingente an das Hotel-Verfügbarkeitssystem. Zudem werden rund um das Hotel hier auch die Pauschalangebote definiert.</td><td><table><tr><th></th><th>Sprache</th><th>Plattform</th></tr><tr><th>UI</th><td>Java</td><td>C/S</td></tr><tr><th>Logik</th><td>PL/1</td><td rowspan="2">Host</td></tr><tr><th>DB</th><td>alt</td></tr></table></td></tr>
<tr><td>Hotel-Einkäufer-Laptop (HEL)</td><td>Offline-Frontend zu HES. Übergibt im Online-Modus Einkaufsdaten an HES.</td><td><table><tr><th></th><th>Sprache</th><th>Plattform</th></tr><tr><th>UI</th><td rowspan="2">Java</td><td rowspan="3">C/S</td></tr><tr><th>Logik</th></tr><tr><th>DB</th><td>neu</td></tr></table></td></tr>
<tr><td>Hotel-Verfügbarkeitssystem (HVS)</td><td>Kontingentverwaltung für Hotelleistungen. Bekommt Kontingente aus dem HES, reduziert Kontingente nach Buchung.</td><td><table><tr><th></th><th>Sprache</th><th>Plattform</th></tr><tr><th>UI</th><td rowspan="2">Java</td><td rowspan="2">C/S</td></tr><tr><th>Logik</th></tr><tr><th>DB</th><td>alt</td><td>Host</td></tr></table></td></tr>
<tr><td>Flugeinkaufssystem (FES)</td><td>Wie HES/HVS, nur für Flüge.</td><td><table><tr><th></th><th>Sprache</th><th>Plattform</th></tr><tr><th>UI</th><td rowspan="2">PL/1</td><td rowspan="3">Host</td></tr><tr><th>Logik</th></tr><tr><th>DB</th><td>alt</td></tr></table></td></tr>
<tr><td>Verkaufs-Preisberechnungssystem (VPS)</td><td>Berechnet im Batchbetrieb vor Beginn des Verkaufs für eine Saison Verkaufspreise für definierte Pauschalangebote.</td><td><table><tr><th></th><th>Sprache</th><th>Plattform</th></tr><tr><th>UI</th><td rowspan="2">PL/1</td><td rowspan="3">Host</td></tr><tr><th>Logik</th></tr><tr><th>DB</th><td>alt</td></tr></table></td></tr>
<tr><td>Vakanzprüfungs- und Buchungssystem (VBS)</td><td>Hauptverkaufsanwendung. Erlaubt Auswahl von Angeboten, ruft Vakanzprüfung bei HVS und FES auf, belegt ggf. dort Ressourcen und erzeugt Reiseauftrag. Zusätzlich Verwaltung von Kunden.</td><td><table><tr><th></th><th>Sprache</th><th>Plattform</th></tr><tr><th>UI</th><td rowspan="2">PL/1</td><td rowspan="3">Host</td></tr><tr><th>Logik</th></tr><tr><th>DB</th><td>alt</td></tr></table></td></tr>
<tr><td>Reisebüro-Verkaufs-Client (RVC)</td><td>Host-Dialog als Zugriff auf VBS.</td><td><table><tr><th></th><th>Sprache</th><th>Plattform</th></tr><tr><th>UI</th><td>PL/1</td><td>Host</td></tr><tr><th>Logik</th><td colspan="2" rowspan="2"></td></tr><tr><th>DB</th></tr></table></td></tr>
</table>

AL-Komponente	Funktionalität	Technologie
Internet-Verkaufs-Client (IVC)	Webclient, der Buchung auch im Internet erlaubt.	Sprache / Plattform UI: Java / C/S Logik DB
Daten-Kopier-system (DKS)	Kopiert Daten zu Leistungen und Reiseaufträgen im Sinne einer Replikation in DB#2.	Sprache / Plattform UI, Logik: Java DB: neu Plattform: C/S
Hotel-Abrechnungs-system (HAS)	Reguliert im Batchbetrieb die Inanspruchnahme von Leistungen mit den Hotels auf Basis der Reiseaufträge.	Sprache / Plattform UI, Logik: Java DB: neu Plattform: C/S
Rechnungs-erstellungssystem (RES)	Erstellt im Batchbetrieb Rechnungen auf Basis der Reiseaufträge.	Sprache / Plattform UI, Logik: Java DB: neu Plattform: C/S
Kunden-dokumentesystem (KDS)	Erstellt im Batchbetrieb Kundendokumente auf Basis der Reiseaufträge.	Sprache / Plattform UI, Logik: Java DB: neu Plattform: C/S

Tab. 1–1 Komponenten der Ist-Anwendungslandschaft

Dieses Ergebnis analysieren wir nun genauer entsprechend unserer *Methode zur Bewertung einer Ist-Anwendungslandschaft* (siehe Abschnitt 8.4.1) aus Quasar Enterprise. Zur ersten Bewertung führen wir eine *Zuordnung der Ist-Komponenten zu den Ideal-Domänen* durch. Dazu bestimmen wir für jede Komponente der Ist-Anwendungslandschaft (Abb. 1–23), welche Ideal-Domänen (Abb. 1–13) diese fachlich betrifft. Skizziert ist das in Abbildung 1–24.

Diese Zuordnung ist ein gängiges Vorgehen, um den strategischen Handlungsbedarf aus architektonischer Sicht mit Blick auf die bereits bestehenden Systeme transparent zu machen. Es zeigt sich, dass vor allem im Hotel-Einkaufssystem (HES), im Flug-Einkaufssystem (FES) und im Vakanzprüfungs- und Buchungssystem (VBS) die Trennung der fachlichen Belange offensichtlich deutlich verletzt ist, da diesen Komponenten mehr als eine Ideal-Domäne zugeordnet ist. Beim Vakanzprüfungs- und Buchungssystem (VBS) sind das beispielsweise die Domänen Verkauf (VER), Reiseauftragsmanagement (RAM) und Kundenmanagement (KUM). Das erklärt sich auch sehr leicht wie folgt:

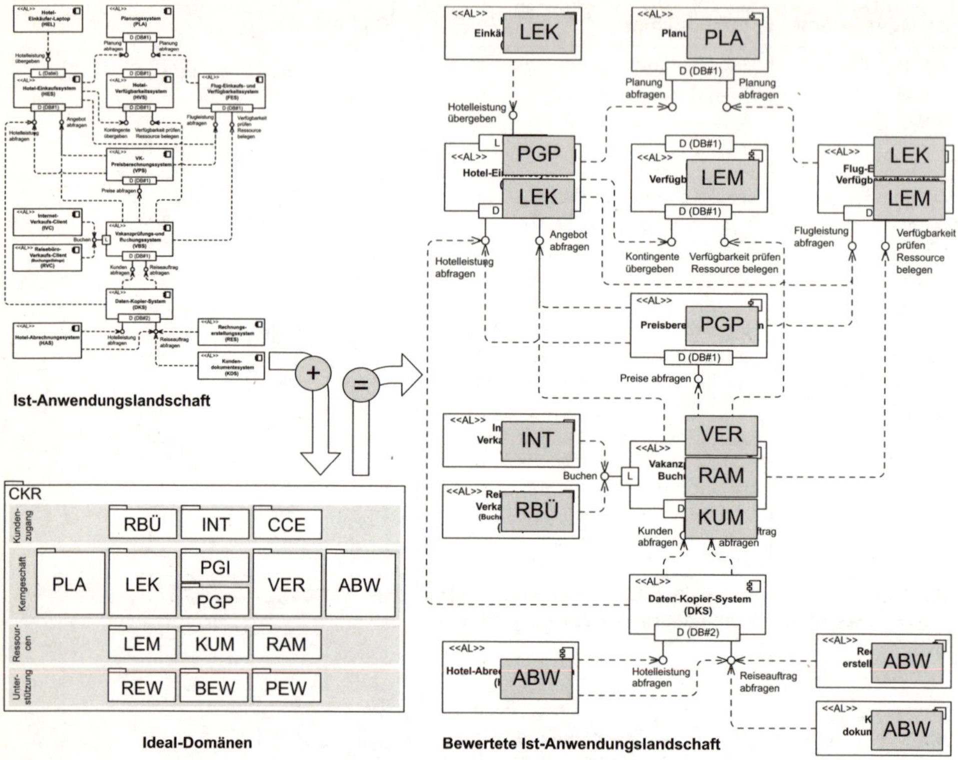

Abb. 1–24 Zuordnung von Ist-Anwendungslandschaft auf Ideal-Domänen

- Die Angebote im Sinne vorkonfektionierter Pakete aus Unterkunft **und Flug** werden im **Hotel**-Einkaufssystem gepflegt.
- Im Flug-**Einkaufs**system werden auch die Flug**bestände** geführt.
- Die **Kunden** werden im **Buchungs**system verwaltet.

Zudem tauchen in der Ist-Aufnahme Systeme wie das Daten-Kopier-System (DKS) auf, die gar keine Fachlichkeit abbilden, sondern rein technisch sind.

Mit Blick auf das Ideal können wir uns nun überlegen, wie die dort vorgesehenen AL-Komponenten basierend auf der heutigen Anwendungslandschaft und den heute bekannten Anforderungen überhaupt umgesetzt werden können. In Tabelle 1–2 halten wir die dafür gegebenen prinzipiellen Entwicklungsformen fest:

Entwicklungsform	Bedeutung
Aktualisierung	Eine Ideal-Komponente entspricht einer bereits vorhandenen Ist-Komponente, die nur auf Ebene ihrer Dateninhalte und grundlegender Konfigurationen angepasst werden muss.
Migration	Eine Ideal-Komponente entsteht, indem eine Ist-Komponente funktional ganz oder in Teilen auf eine andere technische Infrastruktur gehoben und/oder hinsichtlich ihrer technischen Schnittstellenart verändert wird.
Erweiterung	Eine Ideal-Komponente entsteht aus einer Ist-Komponente durch eine Kombination aus Migration mit einer funktionalen Erweiterung.
Customizing	Eine Ideal-Komponente wird durch eine anzupassende (engl. customizing) COTS-Komponente realisiert.
Neubau	Eine Ideal-Komponente wird auf einer definierten technischen Infrastruktur und hinsichtlich einer definierten Integrationsarchitektur vollständig neu gebaut.

Tab. 1–2 Entwicklungsformen auf Komponentenebene

Wir überlegen uns als Orientierung für die Soll-Definitionsphase nun also, wie die im Ideal-Bild enthaltenen AL-Komponenten (Abb. 1–19) denn mit Blick auf die Entwicklungsformen einzuschätzen sind. Das Ergebnis zeigt Abbildung 1–25.

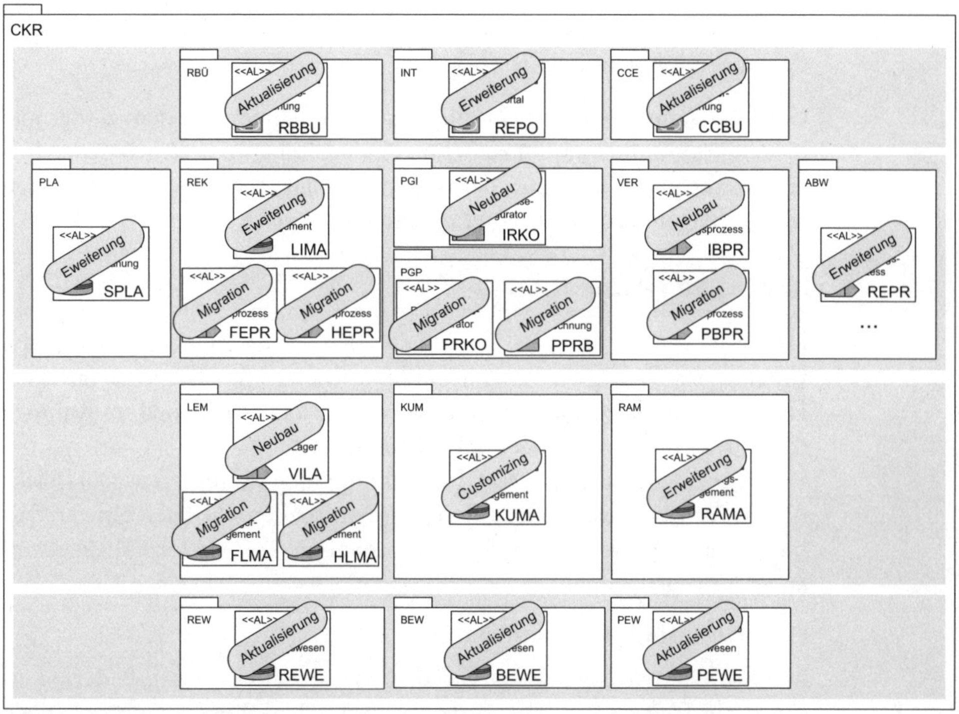

Abb. 1–25 Ideal-Anwendungslandschaft nach Entwicklungsformen kategorisiert

Am Ende des Workshops halten wir nun die wichtigsten Handlungsbedarfe zum Umbau der Ist-Anwendungslandschaft fest:

- Individualreisen baldmöglichst unterstützen (operativ und geschäftsgetrieben). Das ist die fachliche Kernanforderung überhaupt und im Ist bislang überhaupt nicht unterstützt. Natürlich ist die Anforderung Individualreisen überhaupt zu unterstützen, strategisch. Sie ist ja auch in die Erstellung des Ideals massiv eingeflossen. Der operative Aspekt liegt hier aber in der Forderung, hiermit möglichst kurzfristig bereits Geld zu verdienen.
- CRM unterstützen (operativ und geschäftsgetrieben). Hierzu gibt es im Ist nur rudimentäre Ansätze, und CKR wünscht sich möglichst kurzfristig eine deutlich verbesserte Unterstützung des Kundenmanagements im Sinne eines CRM.
- AL-Komponenten fachlich strukturieren (strategisch und IT-orientiert). Das ist die Forderung nach Herstellung einer fachlich sauberen Trennung der Belange in der Anwendungslandschaft. Die Analyse zeigt, dass einige der Ist-Komponenten hier deutlich umgebaut werden müssen, um langfristig die nötige Agilität der Anwendungslandschaft zu sichern.
- Host ablösen (strategisch und IT-orientiert). Hierbei geht es schließlich um die langfristige Kosteneffizienz. Die Host-Ablösung bedeutet eine aufwendige Migration von Komponenten im Kern der bisherigen Anwendungslandschaft.

Ganz bestimmt können nicht alle diese Maßnahmen mit dem zu definierenden Programm bzw. im zu definierenden Soll umgesetzt werden. Morgen werden wir uns mit der Frage beschäftigen, welche sinnvollen Umbau-Pakete denn überhaupt geschnürt werden können.

Dienstag, 19. Februar

Heute erarbeiten wir als Erstes die denkbaren *Hauptszenarien* des Umbaus im Programm. Solche Hauptszenarien kombinieren mehrere Handlungsbedarfe in jeweils gewichteter Form zu potenziell im Rahmen eines Programms umsetzbaren Umbau-Paketen.

17 Nach der *Methode zur Bestimmung von Hauptszenarien* (siehe Abschnitt 8.5.2) aus Quasar Enterprise erarbeiten wir nach einiger Diskussion genau zwei denkbare Hauptszenarien, die wir formal gegeneinander abwägen wollen.

Hauptszenario »Neue Fachlichkeiten zuerst«

In diesem Szenario gehen wir von den operativen Handlungsbedarfen als primärer Treiber aus. Die Aufgabe, Individualreisen zu unterstützen, steht sicherlich nicht zur Diskussion. In diesem Szenario gehen wir aber auch die Unterstützung des Kundenmanagements durch Einführung eines CRM-Systems an, die im Portfolio bislang geplanter Projekte enthalten, aber noch nicht umgesetzt ist.

Zur Balance im Sinne der gesteuerten Evolution greifen wir die strategischen Handlungsbedarfe in diesem Hauptszenario insoweit auf, als wir für die fachlich umzubauenden Komponenten eine fachlich saubere Strukturierung sowie eine Migration weg vom Host vorsehen. Allerdings gehen wir über diese Bereiche nicht hinaus.

Fachlich wird mit diesem Szenario also ein relativ großer Schritt gemacht, wohingegen architektonisch auf dem Weg zum Ideal relativ gesehen ein eher kleiner Schritt gemacht wird. Wir illustrieren das in Abbildung 1–26.

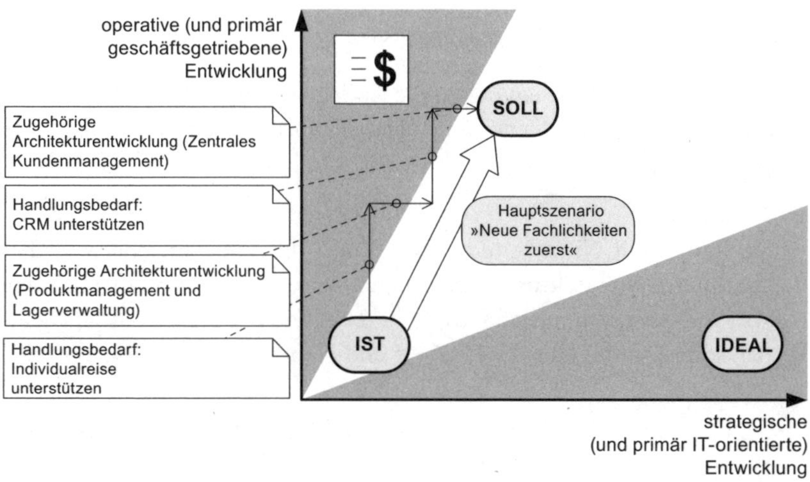

Abb. 1–26 Hauptszenario »Neue Fachlichkeiten zuerst«

Hauptszenario »Host-Ablösung zuerst«

Ganz anders ist das im zweiten Hauptszenario. Diesmal ist der strategische und IT-orientierte Handlungsbedarf der Host-Ablösung der primäre Treiber. Aus operativer und geschäftsgetriebener Sicht wird nur der obligatorische Handlungsbedarf der Unterstützung von Individualreisen umgesetzt. Andere Themen wie die CRM-Einführung fallen in diesem Szenario heraus.

Hier wird also ein relativ großer architektonischer und dafür ein relativ kleiner fachlicher Schritt gemacht (Abb. 1–27).

Andere denkbare Szenarien können wir leicht ad hoc z.B. wegen nicht erfüllter Muss-Anforderungen ausschließen. Zwischen den verbleibenden Hauptszenarien müssen wir nun aber gemäß der *Methode zur Bestimmung der Soll-Anwendungslandschaft* (siehe Abschnitt 8.6.2) aus Quasar Enterprise entscheiden. 18

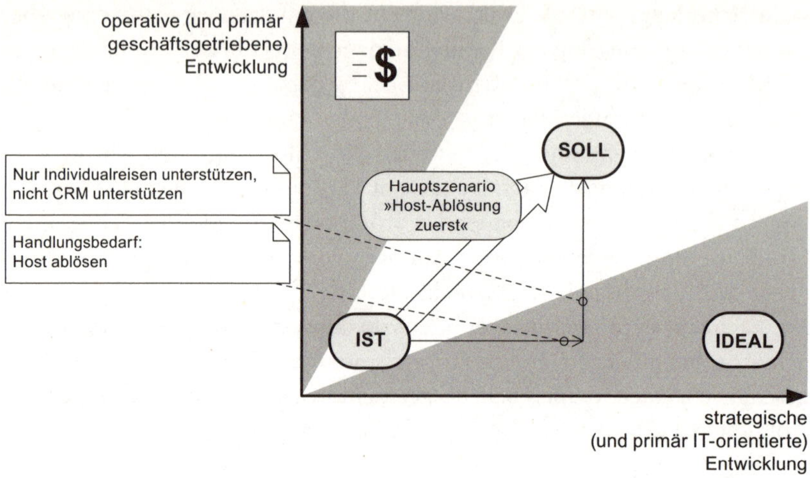

Abb. 1–27 Hauptszenario »Host-Ablösung zuerst«

In den letzten zwei Wochen haben die Kollegen dazu detaillierte IT-Architekturanforderungen aufgenommen. Dabei haben sie im Prinzip drei Dinge gemacht:

- *Definition*
  Sie haben mit Mitarbeitern der IT und der Fachbereiche bei CKR detaillierte Architekturanforderungen definiert, die der Entscheidung zur Soll-Anwendungslandschaft in 2-3 Jahren zugrunde gelegt werden sollen, und diesen die IT-Ziele und Handlungsbedarfe zugeordnet.
- *Gewichtung*
  Sie haben die Mitarbeiter diese Architekturanforderungen gewichten lassen.
- *Metriken*
  Sie haben mit den Mitarbeitern gemeinsam Metriken zur Bewertung möglicher Varianten der Soll-Anwendungslandschaft erarbeitet.

Das Endergebnis, das sie heute vorlegen, ist ein elaboriertes Spreadsheet. Die Vorlage für das Spreadsheet, die zum Werkzeugkasten unserer Berater gehört, beinhaltet übrigens bereits einen üblichen Satz von Kriterien, der noch projektspezifisch individualisiert werden kann. Zudem ist die Möglichkeit für Gewichtung und Metrikfestlegung bereits vorgesehen.

Auf beide Hauptszenarien wenden wir nun die gewichteten Architekturanforderungen an. Dabei ergibt sich aufgrund der erhobenen kundenindividuellen Gewichtung relativ eindeutig, dass das Hauptszenario »Neue Fachlichkeiten zuerst« den Rahmen für das zu definierende Programm setzen sollte.

Ausgehend davon erarbeiten wir nun die einzelnen elementaren Umbaumaßnahmen vom Ist zum Soll. Tabelle 1–3 führt diese auf:

Reiseportal (REPO)	Erweiterung des Internet-Verkaufs-Clients (IVC) zu einem Reiseportal mit besonderem Fokus auf den Verkauf von Individualreisen bei Beibehaltung der Technologie (keine Plattformmigration)
Individualreise-Konfigurator (IRKO)	Neubau einer Funktionskomponente zur Produktdefinition
Virtuelles Lager (VILA)	Neubau einer Prozesskomponente, technische Basis noch zu klären
Individualbuchungsprozess (IBPR)	Neubau einer Prozesskomponente, technische Basis noch zu klären
Kundenmanagement (KUMA)	Customizing einer Bestandskomponente zum Kundenmanagement auf Basis einer anzupassenden COTS-Komponente mit Isolation der derzeit im Vakanzprüfungs- und Buchungssystem (VBS) enthaltenen Funktionalität Anpassung der Nachbarsysteme Vakanzprüfungs- und Buchungssystem (VBS) und Daten-Kopier-System (DKS)

Tab. 1–3 Elementare Umbaumaßnahmen im Programm »Neue Fachlichkeiten zuerst«

Die daraus resultierende erste Iteration für die Soll-Anwendungslandschaft auf Komponentenebene ist in Abbildung 1–28 dargestellt. In späteren Schritten – beispielsweise bei der Betrachtung der Integrationsarchitektur oder im Zusammenhang mit der Anwendung von Referenzszenarien – werden wir diese noch weiter verfeinern.

In Abbildung 1–28 grau unterlegt sind alle komplett neu zu erstellenden AL-Komponenten sowie die neue AL-Komponente Reiseportal (REPO), die aus dem alten Internet-Verkaufs-Client (IVC) hervorgeht. Anzupassende Alt-Komponenten sind mit einem grauen Dreiecks-Symbol markiert. Folgende Punkte kann man an dieser Darstellung sehr schön sehen:

- Alle neuen Komponenten sind jetzt eindeutig kategorisiert in Präsentations-, Prozess-, Funktions- oder Bestandskomponenten. Die Anwendungslandschaft kommt in diesem Punkt durch das Programm »Neue Fachlichkeiten zuerst« der *Referenzarchitektur kategorisierte Anwendungslandschaft* einen großen Schritt näher.
- Alle neuen Komponenten bieten ihre Services jetzt auf der Logik-Ebene, d.h. über Schnittstellenoperationen der Art »Logik« an (vgl. das »L« in den Ports im Komponentendiagramm).
- Die Kommunikation alter und neuer Komponenten soll zur Überbrückung noch zu bestimmende Umsetzungen von Adaptern benutzen (Annotation der Pfeile im Komponentendiagramm).

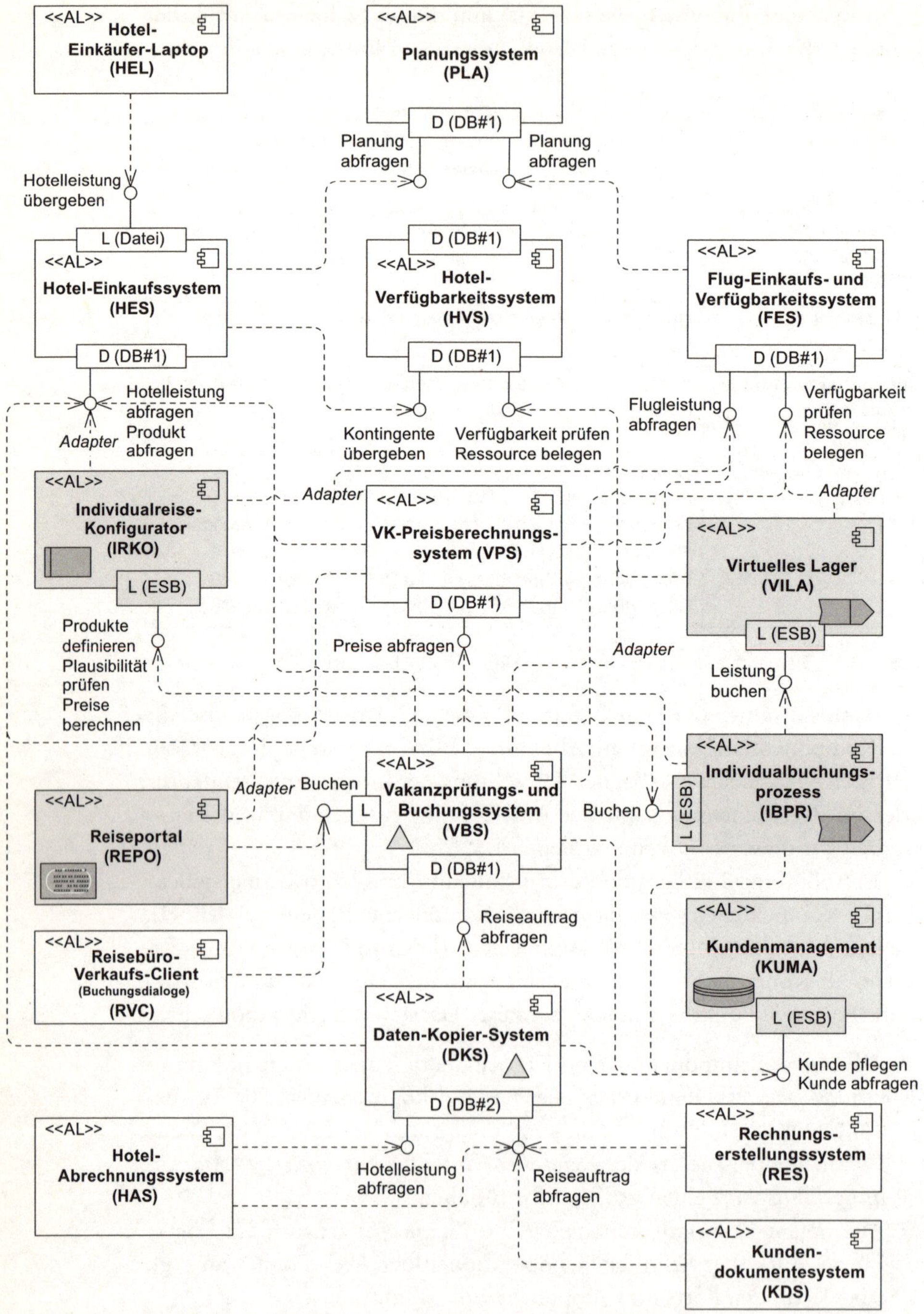

Abb. 1–28 Soll-Anwendungslandschaft (erste Iteration)

Die beiden letzten Punkte haben mit der sogenannten *Integrationsarchitektur* zu tun. Der Chef-Architekt beauftragt sein Team, bis zum 10.3. die Integrationsarchitektur detailliert auszuarbeiten und so die erste Iteration für das Soll weiter zu verfeinern. Der so verfeinerte Entwurf wird dann ein wichtiger Input für die Definition und Aufstellung der Integrationsplattform.

Tatsächlich können wir diesen Entwurf auf die klassische Art und Weise im Forward-Engineering-Ansatz erarbeiten, da die aufgenommenen IT-Architekturanforderungen keine großen Widersprüchlichkeiten enthalten. Die Variante der Methode zur Bestimmung einer Soll-Anwendungslandschaft aus Quasar Enterprise, nach der auch für die Bestimmung der Soll-Anwendungslandschaft ggf. eine formal methodische Auswahl unter denkbaren Alternativen erfolgen kann, wenden wir hier nicht an.

Übrigens erfolgt in diesem Soll vorerst keine Umsetzung der Handhabung von Mittlern (Pflege von Stammdaten und Rahmenverträgen) in einem erweiterten Lieferantensystem, obwohl dies inhaltlich natürlich auch gut zum Hauptszenario »Neue Fachlichkeit zuerst« gepasst hätte. Grund ist, dass bei wenigen Mittlern in der ersten Zeit hier eine manuelle Lösung gewählt werden kann. Aus Kosten-Nutzen-Erwägungen ist dieser Teil aus dem ursprünglichen Ansatz im Zuge der Bewertung herausgefallen.

Damit haben wir das Programm fachlich und architektonisch zusammen. Hinzu kommt noch die infrastrukturelle Seite. Da es sich um das erste Programm handelt, muss natürlich auch eine geeignete Infrastruktur erst einmal etabliert werden. Dies wird in einem eigenen Infrastrukturprojekt früh im Programm passieren. Benötigt werden dazu Integrationsplattformen. Diese wählen wir allerdings nicht jetzt, sondern erst in der dritten Phase unserer Vorstudie ab dem 10.3. aus.

Am Ende des Workshops haben wir also die Soll-Anwendungslandschaft in der nötigen Detaillierung definiert. Ab Montag kümmern wir uns dann um die Detaillierung der einzelnen Schritte, d.h. die Erarbeitung der Roadmap.

1.5 Episode 4 – Die Schritte richtig setzen

> »Es ist sehr gefährlich,
> einen Abgrund
> in zwei Sätzen zu überspringen.«
>
> aus China

Montag, 25. Februar

Heute kümmern wir uns darum, in welchen Schritten und produktiven Stufen wir das Soll umsetzen wollen. Als Erstes weist der Chef-Architekt darauf hin, dass man erfahrungsgemäß sehr darauf achten muss, sich bei der Produktivsetzung von Veränderungen in der Anwendungslandschaft nicht zu viel auf einmal vorzunehmen. Er vergleicht die Produktivsetzung einer Stufe mit einem Abgrund und meint, es komme darauf an, ganz sicher zu sein, dass man mit einem einzigen Satz auch wirklich hinüberkommt. Im anderen Fall muss – im übertragenen Sinne – eben eine Brücke gebaut werden, die hilft, den Abgrund in mehreren Schritten zu überqueren.

Vor der Definition der produktiven Stufen erfolgt aber zuerst einmal
die Festlegung der Schritte, genauer gesagt der Reihenfolge der elemanta-
19 ren Umbaumaßnahmen. Hierbei hilft uns die *Methode zur Bestimmung*
der Roadmap (siehe Abschnitt 8.7.2) aus Quasar Enterprise und dabei
20 vor allem die *Referenzszenarien der Evolution* (siehe Abschnitt 8.7.3).

Danach müssen wir als Erstes die Frage stellen, ob Bestandskomponenten zu migrieren sind. Dann greift nämlich das Referenzszenario »Neue Bestandskomponenten zuerst«. Die Notwendigkeit zur Migration von Bestandskomponenten haben wir tatsächlich, und zwar bei der Einführung des Kundenmanagements (KUMA), bei dem die Kundenmanagementfunktion aus der alten Komponente Vakanzprüfungs- und Buchungssystem (VBS) herausgelöst werden soll. Entsprechend sollten wir diesen Schritt auch als ersten Schritt des Programms definieren, wobei die zugehörigen Teilschritte der nötigen Anpassungen an Randsysteme auch aufgeschrieben werden (Tab. 1–3). Weitere Referenzszenarien greifen nicht, so dass wir die verbleibenden Umbaumaßnahmen schlicht aneinanderreihen, nämlich das virtuelle Lager (VILA), den Individualbuchungsprozess (IBPR), die Erweiterung des Internet-Verkaufs-Clients (IVC) zum Reiseportal (REPO) und den Individualreise-Konfigurator (IRKO). Diese Abfolge der Schritte zeigt Abbildung 1–29.

Schritt 0	Schritt 1	Schritt 2	Schritt 3	Schritt 4	Schritt 5
Infrastruktur	Customizing KUMA	Neubau VILA	Neubau IBPR	Erweiterung REPO	Neubau IRKO
	Anpassung VBS				
	Anpassung DKS				

Abb. 1–29 Schritte der Roadmap

Bei den Details zu Schritt 1 der Zentralisierung des Kundenmanagements hilft uns das Referenzszenario »Neue Bestandskomponenten zuerst« zudem, indem es angibt, in welchen Einzelschritten eine vollständige Zentralisierung von Bestandskomponenten erfolgen kann. Wir wählen hier für Schritt 1 eine Konfiguration, die im Referenzszenario »Übergangsweise Integration« heißt. Dies ist in Abbildung 1–30 dargestellt.

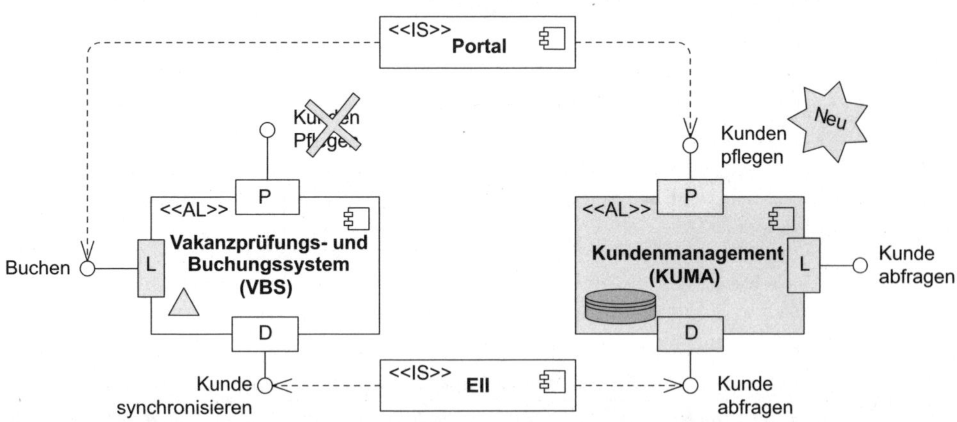

Abb. 1–30 Referenzszenario »Neue Bestandskomponenten zuerst«/Konfiguration »Übergangsweise Integration« am Beispiel VBS und KUMA

Das ist eine der bereits angekündigten Verfeinerungen der Soll-Anwendungslandschaft. Dabei wird in VBS die Kundenpflege abgeklemmt. Sie erfolgt in Zukunft nur noch über KUMA. Allerdings wird VBS nur so weit umgebaut, dass es noch eigene Kundendaten besitzt. Diese werden mit dem neuen Datentopf im KUMA, der hierfür zum Master wird, mittels EII-Technik (Enterprise Information Integration) synchronisiert. Über Portal-Technik wird die nötige Integration an der Oberfläche gewährleistet, damit auch die Pauschalreisen weiterhin gebucht werden können.

Jetzt, wo wir die Schritte in den nötigen Details kennen, schauen wir auf die produktiv zu setzenden Stufen. Hier geht es darum, eine Stufung zu finden, die Kosten und Risiken ideal balanciert. Nicht jeder Schritt muss einzeln in Produktion genommen werden. Bei anderen Schritten empfiehlt sich aber sogar eine Produktivsetzung in mehreren Stufen.

Schritt 0 alleine macht keinen Sinn. Wir kombinieren daher Schritt 0 und 1 zu einer produktiven Stufe. Im Kundenmanagement fachlich zu partitionieren, um das Risiko der Einführung zu minimieren, schlagen wir nicht vor. Die weiteren Schritte 2 bis 4 machen alleine ebenfalls keinen Sinn. Erst mit Schritt 5 entsteht ein lauffähiger Gesamtprozess. Den möchten wir aus Risikoerwägungen heraus aber nicht als Big Bang in Betrieb nehmen. Vielmehr schlagen wir hier eine fachliche Partitionierung vor. Wir entwickelten den Vorschlag, als Pilot in einer ersten Stufe Individualreisen nur für das Zielgebiet der Kanaren anzubieten. Erst in einer zweiten Stufe wollen wir Individualreisen dann auch für alle anderen Zielgebiete ermöglichen.

Am Ende des Workshops haben wir damit die Roadmap für unser Programm vom Ist zum Soll qualitativ ermittelt. In Abbildung 1–31 ist sie dargestellt.

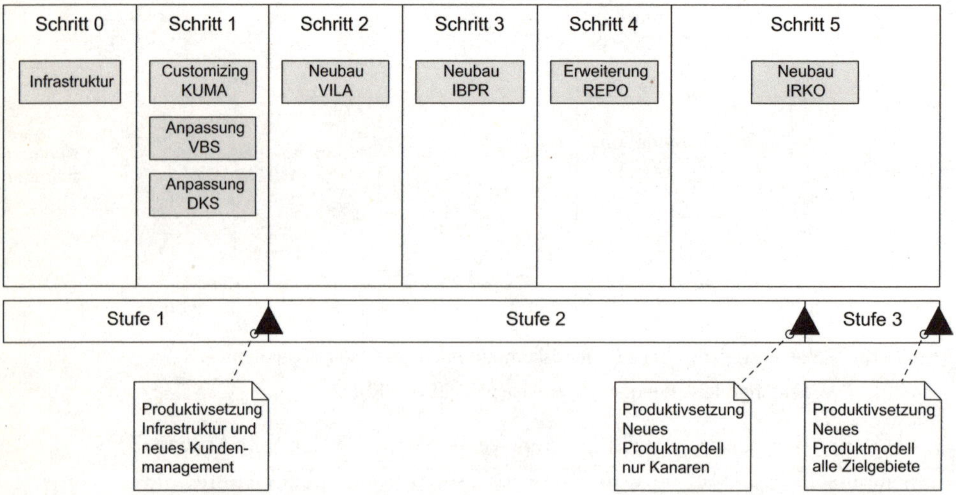

Abb. 1–31 Schritte und Stufen der Roadmap (qualitativ)

Für die Zwischenpräsentation sehen wir vor, diese Roadmap vom Ist zum Soll in Form eines – wie der Chef-Architekt es nennt – »Migrationsfilms« zu visualisieren. Dabei wird die Anwendungslandschaft auf Ebene der Komponenten und Schnittstellen in den einzelnen Umbaustufen dargestellt, die sukzessive durchgeblättert werden.

Was jetzt noch fehlt, ist eine quantitative Betrachtung. Der Chef-Architekt erteilt zwei Kollegen den Auftrag, die Aufwände der einzelnen Schritte bzw. Stufen bis zum 4.3. abzuschätzen. Auf dieser Basis wollen wir dann in einem Workshop die Roadmap auch quantitativ bestimmen und das Gesamtergebnis im Nachgang für die Zwischenpräsentation aufbereiten.

Dienstag, 4. März

Im heutigen Workshop schauen wir uns die Schätzergebnisse der Teamkollegen an und erstellen einen expliziten Zeitplan für das Programm. Wir verwenden dazu die üblichen Projektplanungstechniken (Projektstrukturplan mit Aktivitäten, Aufwände für die Aktivitäten sowie deren inhaltliche Abhängigkeiten der Art »*x* vor *y*«). Dabei gehen die Reihenfolgen der qualitativen Roadmap als zusätzliche Abhängigkeiten ein.

Als erste Daumenschätzung sind wir am 11.1. von ca. zwei Jahren ausgegangen. Tatsächlich kommen wir nur auf gut 1,5 Jahre Programmlaufzeit. Abbildung 1–32 illustriert den Plan.

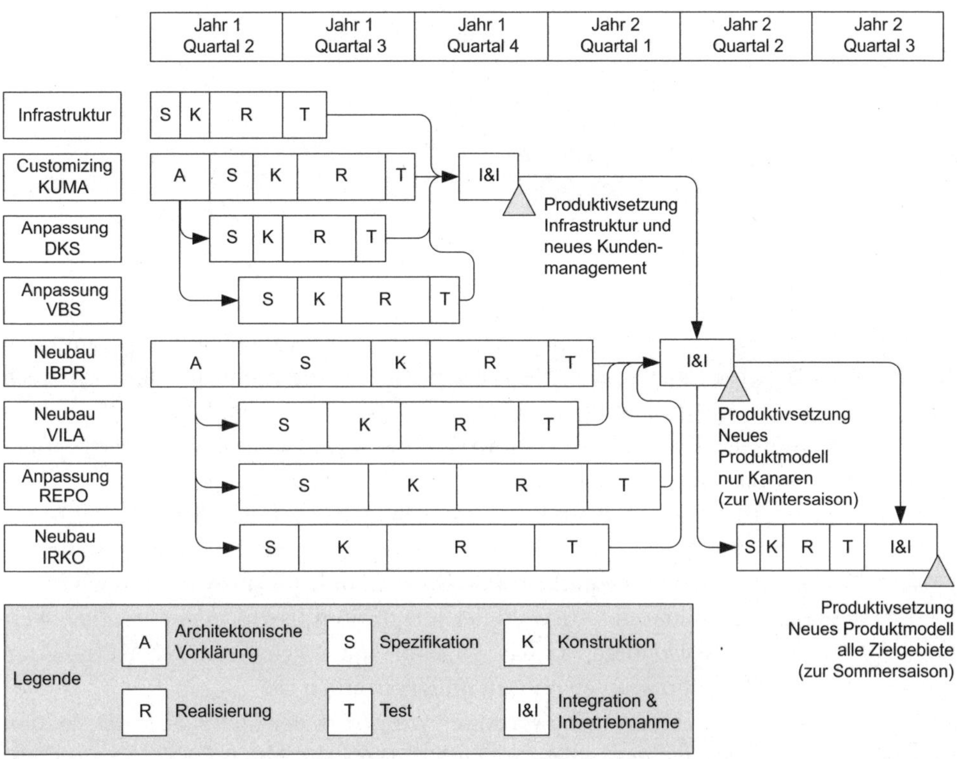

Abb. 1–32 Programmplanung (quantitativ)

Die Pfeile zeigen die Abhängigkeiten der Art »*x* vor *y*«. Man sieht, dass sie in unserem Fall alleine schon dazu führen, dass die Stufenreihenfolge eingehalten wird.

Mit diesem Ergebnis haben wir die Planung beendet und können in die Zwischenpräsentation gehen, die wir in den nächsten Tagen noch vorbereiten müssen. Der Chef-Architekt wird hierzu selber auch noch einen Business Case rechnen – mit echten Kosten der Migration auf Basis der jetzt ermittelten Aufwände und mit einer Aussage zum *Return on Investment* (ROI) für das Migrationsvorhaben. In der Zwischenpräsentation wollen wir uns dann ein OK für das weitere Vorgehen holen.

In den nächsten Wochen möchten wir dann noch die Produkte für die Integrationsplattform auswählen. Außerdem möchten wir bestimmte Aspekte der anliegenden Umsetzungsprojekte genauer beleuchten.

Drücken wir mal die Daumen, dass unser Ergebnis den CKR Vorstand überzeugt!

1.6 Episode 5 – Das Netz mitbringen

> »Es genügt nicht,
> zum Fluss zu kommen
> mit dem Wunsch,
> Fische zu fangen,
> man muss auch
> das Netz mitbringen.«
>
> aus China

Montag, 10. März

Freitag ist alles bestens gelaufen. Offensichtlich haben wir mit unserem Vorschlag genau den Nerv getroffen. Entsprechend machen wir auch sofort wie geplant weiter. Und auf unserem Plan steht heute, mit der Auswahl der Integrationsplattform zu beginnen. Denn obwohl Serviceorientierung ein geschäftsorientiertes Gestaltungsprinzip und nicht reine Technik ist, braucht man doch ein solides technisches Rückgrat für die Umsetzung. Und wie es beim Fischefangen auf Beschaffenheit und Qualität des Netzes wesentlich ankommt (stabil, nicht zu grobmaschig), so muss auch hier die Auswahl der Integrationsplattform gut erwogen werden – insbesondere, da das Angebot von sogenannten SOA-Produkten am Markt inzwischen nahezu unübersichtlich ist.

14 Für unsere Aufgabe verfahren wir gemäß der *Methode zur Definition und Aufbau einer Integrationsplattform* (siehe Abschnitt 7.2.2) aus Quasar Enterprise. Dieser Prozess beinhaltet auch die Identifikation repräsentativer Integrationsszenarien.

Einige Integrationsszenarien ergeben sich unmittelbar aus der Integrationsarchitektur, die wir in den letzten beiden Wochen im Zuge der Erstellung der Soll-Anwendungslandschaft aufgestellt haben. Abbildung 1–33 zeigt einen Ausschnitt.

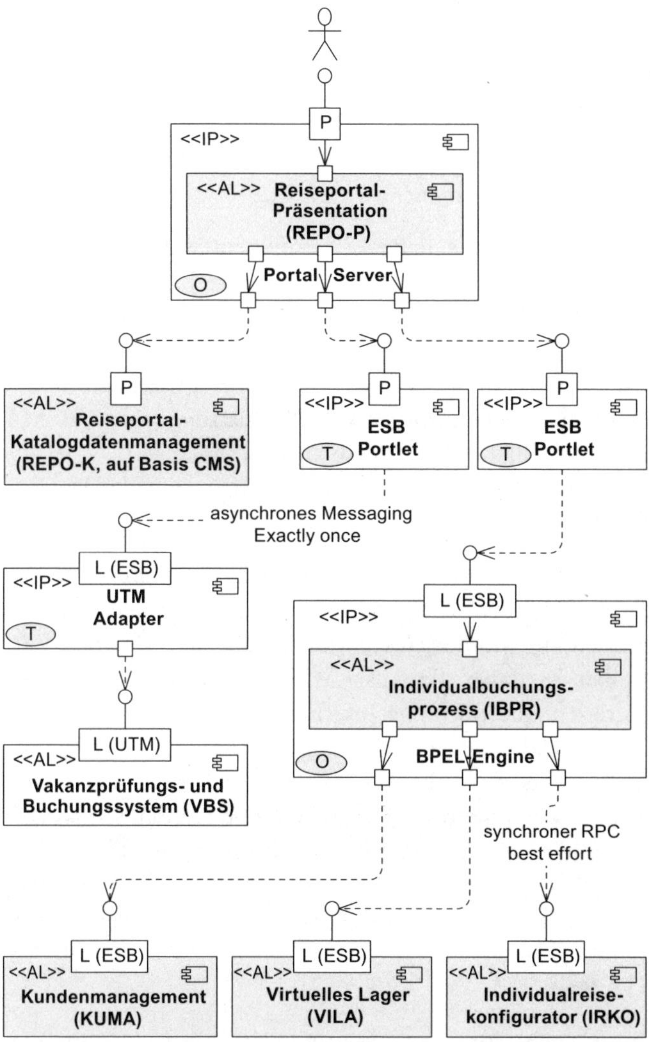

Abb. 1–33 Integrationsarchitektur (Ausschnitt)

Die Integrationsarchitektur haben wir anhand der *Methode zur Gestaltung der Integrationsarchitektur* (siehe Abschnitt 6.2.3) aus Quasar Enterprise erarbeitet, die wiederum auf einen Katalog von *Integrationsmuster* (siehe Abschnitt 6.3) zurückgreift. Sie legt fest, auf welche Art die AL-Komponenten miteinander integriert werden bzw. über welche Art von physischen Schnittstellen sie ihre Services anbieten. Dabei unterscheiden

wir als mögliche Art der Integration die Präsentation (Nutzung von Services durch Verwendung einer Benutzerschnittstelle einer Komponente), die Logik (Nutzung von Services durch Aufruf von funktionalen Schnittstellen der Komponente) und die Daten (Nutzung von Services durch Zugriff auf oder Bereitstellung von persistenten Daten der Komponente). Die Integrationsarchitektur verfeinert den Entwurf der Soll-Anwendungslandschaft so weit, dass damit die Auswahl von Produkten für die Integrationsplattform unterstützt wird. Sie dient später auch dazu, das Realisierungsprojekt zu planen.

Eine auszuwählende Integrationsplattform wird in unserem Vorhaben mehreren Zwecken dienen:

- Kommunikation der neuen AL-Komponenten untereinander via Messaging und RPC.
- Integration neuer Komponenten mit Altsystemen via Adapter-Technologie.
- Physische Umsetzung der neuen logischen Prozess-Komponente für den Individualbuchungsprozess (IBPR) via sogenannter BPM-Engines, in denen modellierte Prozesse ablaufen können.
- Präsentationsintegration im Zusammenhang mit der Umsetzung des Reiseportals.

Für die Bewertung der mittel- bis langfristig benötigten Integrationsservices nehmen wir uns für die nächsten Tage vor, noch weitere Integrationsszenarien anhand der Geschäftsstrategie zu erarbeiten. Ein wesentlicher Treiber ist dabei die Ausrichtung des Geschäftes auf Premium-Individualreisen, die über das Internet zusammengestellt und verkauft werden sollen. Daher spielen alle Integrationsszenarien rund um die Portal-Technologie, deren Anbindung an die Backend-Systeme sowie B2B-Szenarien eine wichtige Rolle. Diese Szenarien werden wir so weit es geht präzisieren und für sie Grobentwürfe von Integrationsarchitekturen entwickeln. Dafür werden wir die Methode zur *Gestaltung der Integrationsarchitektur* (Abschnitt 6.2.3) in einer vereinfachten Variante durchführen.

Montag, 17. März

Nach einer Woche intensiver Arbeit haben wir eine gute Vorstellung davon, was wir für die Integration in den Projekten der Zukunft in unserer Anwendungslandschaft brauchen. Jetzt geht es daran, diese Anforderungen zu strukturieren und sie zu bewerten.

13 Dazu ziehen wir die *Referenzarchitektur für Integrationsplattformen* (siehe Abschnitt 7.1) aus Quasar Enterprise heran und machen uns für die dort aufgeführten technischen Services klar, in welcher Ausprägung sie für die Umsetzung unserer Integrationsarchitekturen und -szenarien

benötigt werden. Dabei ist es wichtig, hier die Anforderungen so weit wie möglich mit Blick auf das Ideal-Bild der Anwendungslandschaft aufzustellen, nicht nur mit Blick auf das Soll des Programms. Die erarbeiteten mittelfristigen Integrationsszenarien helfen uns dabei. Tabelle 1–4 enthält eine Übersicht über die prominentesten technischen Services sowie die gefundenen, besonders hohen oder niedrigen Anforderungen daran.

Sicht	Gruppe technischer Services	Anforderung (inkl. Gewichtung)
Präsentation	Benutzerschnittstelle	Hoch: Die Benutzerkanalsicherung muss für die Abwicklung von Buchungsprozessen über das Internet absolut zuverlässig sein. Niedrig: Keine außergewöhnlichen Anforderungen an die Services der Darstellung: Einsatz z. B. von WAP oder Telefonieschnittstellen nicht von Bedeutung
Logik	Kommunikation	Hoch: Massendatenkommunikation spielt punktuell eine wichtige Rolle. Niedrig: Dynamische Adressierung und Gruppenkommunikation werden nicht benötigt.
	Transformation	Hoch: Benötigt werden vor allem leistungsfähige SQL-Adapter zur Nutzung bestehender Serviceschnittstellen über Integrationspunkt auf Datenebene Niedrig: Adapter zu COTS-Systemen spielen auch in Zukunft nur eine untergeordnete Rolle.
	Prozesssteuerung	Hoch: Die verteilte Transaktionssemantik weist eine hohe Komplexität auf. Niedrig: Gewinnung dispositiver Daten durch Business Activity Monitoring nicht relevant, da statische Buchungsdaten viel aussagekräftiger.
Daten	Kommunikation	Hoch: Stammdatenversorgungsprozess von KUMA an VBS muss in Echtzeit erfolgen. Niedrig: –
	Transformation	Hoch: Mapping der historisch gewachsenen Datenstrukturen z. B. zwischen KUMA und VBS ist aufwendig. Niedrig: –
	Datenhaltung	Hoch: – Niedrig: Historische Daten sind operativ nur in wenigen Ausnahmefällen relevant.

Tab. 1–4 Anforderungen an technische Services (Ausschnitt)

Diese Betrachtung der Anforderungen nehmen wir nun her, um über die *Produktlandkarten für Integrationsplattformen* mögliche Produktvarianten zu vergleichen. Dabei ist die individuelle Umsetzung ohne Nutzung eines fertigen Produkts immer auch eine Alternative, die es zu berücksichtigen gilt. Wir stellen fest, dass einige Produkte schon ausscheiden, da sie Muss-Anforderungen schlicht nicht erfüllen. Für die übrigen Produkte und die Variante der individuellen Umsetzung ergibt sich ein Ranking auf Basis einer Gewichtung zur Erfüllung der Kriterien. Zudem geht – wie für Produktauswahlprozesse in anderen Bereichen auch – eine Bewertung nicht fachlicher Aspekte ein. Besonders wichtig ist im Bereich Produkte beispielsweise die mutmaßliche Solidität des Produktanbieters, denn wer möchte seinem Kunden für die nächsten 10 Jahre schon eine Plattform eines Anbieters empfehlen, den es in zwei Jahren vielleicht nicht mehr gibt.

In unserem Fall ergibt dieser systematische Auswahlprozess folgendes Ergebnis:

- Im Bereich ESB (inkl. Adapter und BPM/Process Engine) und Portal werden Produkte einer Firma empfohlen, die mit dem in der Plattformstrategie für die Bereiche Hardware, Betriebssystem, Application Server und Datenbankmanagementsoftware gesetzten Hersteller als Anwendungspartner eng zusammenarbeitet. Das ist aber nicht der Grund für die Empfehlung. Vielmehr geben vor allem die gute Abdeckung der Anforderungen im Bereich Transformation und die besondere Fähigkeit im Bereich der Massendatenkommunikation hier den Ausschlag. Aufgrund der zueinander passenden Technologien sind beispielsweise viele der benötigten Adapter gegeben und erprobt.
- Zur Erfüllung der Anforderungen der Datenintegration reichen die ESB-Dienste für die Durchführung des geplanten Programms bereits aus. Daher wird hierfür zunächst kein zusätzliches Produkt empfohlen.

Zum Abschluss diskutieren wir noch Randbedingungen der Planung des demnächst anstehenden Infrastrukturprojekts zur Einführung der ausgewählten Technologie. Dabei hat es sich bislang immer als wertvoll erwiesen, nicht nur die Technik selber einzuführen, sondern auch einen ersten kleinen Piloten als technischen Durchstich bzw. Proof of Concept zu implementieren. Die ausgewählte Technologie kann damit schon einmal genauer untersucht werden, und auch der Betrieb bei CKR kann erste Erfahrungen sammeln. Große fachliche Stufen, wie die im Programm definierten, sind hierfür aber schon zu umfangreich. Wir schauen uns das Projektportfolio daraufhin noch einmal genauer an. Tatsächlich bietet sich die bereits geplante Einführung von Kreditkartenzahlung im Internet-Verkauf als ein solcher Pilot an. Wir beschließen, genau dieses Vorgehen in unserer Abschlusspräsentation vorzuschlagen.

1.7 Episode 6 – Windmühlen bauen

> »Wenn der Wind
> des Wandels weht,
> bauen die einen Schutzmauern,
> die anderen Windmühlen.«
>
> aus China

Dienstag, 18. März

In der letzten Woche haben wir alles definiert, was auf Ebene der Anwendungslandschaft zu definieren ist. Alle weiteren Details betreffen nun die Komponenten selber. Hier könnten wir aufhören.

Im heutigen Workshop wollen wir aber doch noch ein wenig tiefer in die Themen hineinschauen, die mit der Realisierung neuer Komponenten wie dem Individualreise-Konfigurator (IRKO) anfallen werden. Im Zusammenhang mit der strategischen Umgestaltung einer Anwendungslandschaft ist es wesentlich, dass individuell zu realisierende Komponenten richtig aus Sicht der Integration in das sich auf ein Ideal hin entwickelnde Ganze gebaut werden. Der Chef-Architekt sagt, dass mit der serviceorientierten Gestaltung ein anderer Wind weht und dass die AL-Komponenten der Zukunft grundsätzlich anders zu bauen sind.

Für den Bau einzelner Anwendungssysteme kennen wir Referenzarchitekturen wie beispielsweise Quasar [Sie04], die Vorgaben zum Entwurf von Komponenten und Schnittstellen »im Kleinen« machen. Diese Vorgaben gelten natürlich weiterhin. Allerdings – so sagt der Chef-Architekt – kann man sehr wohl ein paar Regeln für den Bau von Anwendungssystemen aus Sicht der Integration in eine serviceorientierte Anwendungslandschaft machen, die über die üblichen Bauvorschriften hinausgehen.

Er zieht eine vorbereitete Liste aus der Tasche, und wir lesen:

> Zehn Regeln zum Bau von Anwendungssystemen aus Sicht einer Architektur im Großen

1. *Kompensierende Transaktionen*
   Konzipieren Sie zu allen Schnittstellenoperationen auch die zugehörigen kompensierenden Schnittstellenoperationen, auch wenn Sie diese nicht sofort realisieren. Verwenden Sie dabei wenn möglich eindeutige fachliche Schlüssel und vermeiden Sie technische Schlüssel. Überprüfen Sie im Rahmen der Konzeption von Prozessen, die diese Schnittstellenoperation nutzen, ob Sie die kompensierenden Schnittstellenoperationen für Ausnahmen und Fehlerfälle berücksichtigt ha-

ben. Konzipieren Sie davon abweichende Lösungen nur mit gutem Grund.

2. *Asynchrone Servicebereitstellung und Servicenutzung*
Stellen Sie asynchron zu nutzende Schnittstellen bereit, wenn Sie die Schnittstellen Ihren Partnern unternehmensübergreifend anbieten wollen, wenn Sie den entsprechenden Service möglicherweise in Zukunft auslagern wollen oder wenn die zu erwartenden Antwortzeiten zu lang sind. In allen anderen Fällen sehen Sie synchrone Schnittstellenoperationen vor. Konzipieren Sie den Anfrageteil der asynchronen Operation als Subscription auf die Antwort und übermitteln Sie die Antwort asynchron an den Subscriber in Form eines Callbacks. Analysieren Sie für asynchrone Schnittstellenoperationen den Bedarf nach einer Datenvalidierung und stellen Sie ggf. hierfür eine synchrone Schnittstellenoperation zur Verfügung. Sehen Sie zusätzliche Schnittstellenoperationen zur Ermittlung des Prozessstatus nur dann vor, wenn es hierzu explizite fachliche Anforderungen gibt. Bevorzugen Sie asynchrone Schnittstellenoperationen, wenn Sie entsprechende Services von Partnern unternehmensübergreifend nutzen. Fordern Sie bei Bedarf eine asynchrone Schnittstellenfassade von Ihrem Partner ein. Prüfen Sie, ob Sie die von Ihnen übermittelten Daten für einen erneuten Aufruf oder für einen Aufruf mit Veränderungen an den Daten benötigen, und persistieren Sie diese in diesem Fall.

3. *Trennung von Prozess- und Funktionslogik*
Trennen Sie stets die Prozess- von der Funktionslogik. Vorzugsweise sehen Sie unterschiedliche AL-Komponenten hierfür vor. Sollten operative Notwendigkeiten, z.B. Kosten, gegen eine Trennung auf der Ebene der AL-Komponenten sprechen, sehen Sie alternativ unterschiedliche Komponenten innerhalb Ihrer AL-Komponente vor, um Prozess- und Funktionslogik getrennt abzubilden.

4. *Zentralisierung des Asynchronitäts-Managements*
Sehen Sie innerhalb Ihrer AL-Komponente eine zentrale Komponente dafür vor, asynchrone Schnittstellen bereitzustellen. Implementieren Sie dort solche Funktionen, die nicht aus der AL-Komponente beispielsweise in eine Integrationsplattform ausgelagert werden können, aber ausschließlich für die asynchrone Kommunikation mit den Nachbarsystemen benötigt werden. Hierzu zählt beispielsweise die Sicherstellung der Reihenfolgeunabhängigkeit eingehender Requests.

5. *Reihenfolgeunabhängigkeit eingehender Requests*
Implementieren Sie Schnittstellenoperationen zum fachlichen Storno bzw. zur Kompensation in asynchronen Umgebungen bei nicht garantierter Reihenfolge der Zustellung der Requests oder bei sich po-

tenziell überholenden Transaktionen auf folgende Weise: Quittieren Sie den Eingang dieser Operationen nicht negativ, sondern vermerken Sie den Eingang innerhalb der AL-Komponente. Implementieren Sie die eigentliche fachliche Schnittstellenoperation so, dass diese auf Vorliegen eines Stornos oder einer Kompensation prüft und ggf. direkt den Endzustand umsetzt.

6. *Anonyme Aufrufe*
   Implementieren Sie die Berechtigungsprüfung für die Nutzung von Schnittstellen möglichst außerhalb über ein zentrales Service-Repository. Verwenden Sie dabei ein unternehmensweites Rollenkonzept. Prüfen Sie, ob eine Authentifizierung innerhalb der AL-Komponente unumgänglich ist. Dies ist beispielsweise dann der Fall, wenn Revisionssicherheit gefordert wird. Nutzen Sie andernfalls eine zentrale Authentifizierung und verwenden Sie eine Trust-Beziehung zwischen einer (zentralen) AL-Komponente zur Sicherheitsprüfung und der neu zu erstellenden AL-Komponente. Die AL-Komponente zur Authentifizierung und Autorisierung übermittelt hierbei die Rollen des jeweiligen Benutzers, wenn diese eine Schnittstellenoperation der neu zu erstellenden AL-Komponente aufruft. Implementieren Sie die Berechtigungsprüfung, wer welche Informationsobjekte sehen, bearbeiten oder löschen darf, stets innerhalb der AL-Komponente.

7. *Datenkonzentration*
   Entwerfen Sie AL-Komponenten so, dass diese nur in begründeten Ausnahmefällen Datenkopien von Informationsobjekten speichern, deren fachliche Hoheit bei einer anderen AL-Komponente liegt. Eine Ausnahme sind Datenkopien zum Zweck der temporalen Nachvollziehbarkeit, beispielsweise wenn zu einem Vertrag die zum Vertragsabschluss gültigen Kundendaten abgelegt werden. Eine andere Ausnahme sind Datenkopien in AL-Komponenten mit garantierten Antwortzeiten oder Verfügbarkeiten, die sich funktional nicht auf lose gekoppelte AL-Komponenten abstützen können, die über die Informationsobjekte die fachliche Hoheit haben.

8. *Normalität elementarer Operationen*
   Implementieren Sie Operationen von Komponenten innerhalb einer AL-Komponente, die elementare fachliche Operationen bereitstellen, vollständig und redundanzfrei.

9. *Änderungen*
   Konzipieren Sie Schnittstellenoperationen so, dass Sie diese bezüglich ihrer Übergabe- und Rückgabeparameter erweitern können, ohne dass Änderungen an den aufrufenden AL-Komponenten notwendig werden. Ist dies nicht möglich, betreiben Sie neue und alte Schnitt-

stellenoperationen parallel. Planen Sie den Rückbau der alten Schnittstellenoperationen explizit ein.

10. *Einsatz von Rules-Engines*
Implementieren Sie Prozessfunktionalität innerhalb einer AL-Komponente so, dass Sie komplexe Entscheidungsprozesse in eine Rules-Engine auslagern.

Wir diskutieren diese zehn Regeln heftig am Beispiel der Komponente Individualreise-Konfigurator (IRKO) und kommen zu dem Schluss, dass wir die Liste unbedingt an die Entwicklerteams weiterreichen wollen, die in Zukunft nach unserer Planung an der Umsetzung neuer Komponenten arbeiten werden.

Freitag, 28. März

In den Tagen seit unserem letzten Workshop haben wir das Feedback aus dem Review eingearbeitet und die Abschlusspräsentation vorbereitet. Heute nun präsentieren wir unser Gesamtergebnis vor dem CKR-Vorstand.

Zu unserer großen Freude stößt alles auf äußerst positive Resonanz. Lobend hervorgehoben werden insbesondere auch die Transparenz und Stringenz unseres Vorgehens auf Basis von Quasar Enterprise.

Damit ist unsere Arbeit erst einmal getan. Und damit endet auch dieses Tagebuch. Hoffentlich finden zukünftige Leser diese Aufzeichnungen wertvoll und hilfreich bei der eigenen Arbeit.

Für mich war die Zeit auf jeden Fall sehr lehrreich, und ich freue mich schon sehr darauf, am Montag meinen Job im Architekturmanagement bei CKR anzutreten.

1.8 Epilog

Aus einer E-Mail des CKR-Mitarbeiters an den Chef-Architekten – etwa ein Jahr später.

Lieber Herr Dr. Bauer,

über Ihre E-Mail habe ich mich sehr gefreut. Es ist schön, nach einem Jahr wieder von Ihnen persönlich zu hören.

Zu Ihrer Frage, wie ich denn die Arbeit Ihrer Kollegen einschätze, die jetzt in den Umsetzungsprojekten aktiv sind, kann ich sagen, dass ich bislang nur Gutes gehört habe. Das KUMA-Projekt wurde kürzlich erst mit der Inbetriebnahme der ersten Stufe erfolgreich abgeschlossen, und auch die IRKO-Entwicklung, bei der Sie ja einen großen Teil unseres gemischten Teams stellen, ist soweit ich höre sehr gut im Plan.

Was meine Arbeit betrifft, so haben die Einführung der Integrationsplattform im Infrastrukturprojekt und auch der Proof of Concept im

Bereich Kreditkartenzahlung relativ gut funktioniert. Aber natürlich gab es in der konkreten Umsetzung auch ein paar Probleme. Eines davon war beispielsweise die Realisierung des Single Sign-On. Die Produkte versprechen da viel – der Teufel steckt aber natürlich wie immer im Detail. Als Konsequenz aus den anfänglichen Schwierigkeiten im Bereich der technischen Infrastruktur hat sich übrigens ergeben, dass CKR nun mit hoher Priorität erst einmal ein einheitliches User-Management mit einem Directory als Grundlage einführen wird.

Das KUMA-Projekt habe ich ja selber von Seiten des Architekturmanagements begleitet. Besonders hilfreich war es hier, bereits bei der Erhebung der Anforderungen an die anzupassende Fachanwendung zu beachten, dass ein Produkt eben nur im Bereich bestimmter Grenzen individualisiert werden sollte. Als Unternehmen mit langer Historie in der Entwicklung von Individualsoftware mussten wir bei CKR erst einmal verinnerlichen, dass Spezifikation im Bereich von Standardprodukten ganz anders ist als im Bereich von Individuallösungen. Bei Ersterem ist es nämlich ganz wesentlich, dass das Anpassungsprojekt durch zu viel Individualisierung nicht zu einem Individualprojekt mutiert. Hier konnten wir aber zum Glück gut gegensteuern. Tatsächlich haben wir bei der Spezifikation jeden Wunsch nach Individualisierung der ausgewählten COTS-Komponente explizit hinterfragt.

Die Etablierung des Architekturmanagements selber hat ebenfalls recht gut funktioniert. Die bisherigen Einführungen haben unserem Management wie geplant Sicherheit vermittelt, dass die mit der Serviceorientierung einhergehende Veränderung der Zusammenarbeit sinnvoll ist.

Interessant ist auch ein Gespräch, dass ich neulich mit Dr. Reiser geführt habe. Dabei kamen wir darauf zu sprechen, was grundsätzliche Veränderungen in nächster Zeit sein könnten. Herr Dr. Reiser berichtete, dass im Produktmanagement darüber nachgedacht werde, bestimmte Formen individueller Reisen zukünftig nicht nur Einzelpersonen, sondern auch Firmen, Institutionen, Vereinen etc. anzubieten. Die Grundidee sei, die Services so flexibel zu gestalten, dass sie beinahe beliebig in die Serviceangebote Dritter, z.B. deren Webseiten, integriert werden können. Ich habe ihm dann erläutert, dass solche Ansätze unter dem Schlagwort der Mashup-Companies in jüngster Zeit durchaus intensiv diskutiert würden. Das Gute ist, dass wir mit unserer im Konzept bereits vorgesehenen Gestaltung der Services, die über Domänengrenzen hinweg angeboten werden, hierfür bereits die Grundlage gelegt haben. Diese orchestrierbar gestalteten und auf lose Kopplung ausgelegten Services erfüllen bereits die wesentlichen Anforderungen, die im Mashup-Modell gefordert werden.

Alles in allem muss ich sagen, dass die IT-Projekte, die wir seinerzeit gemeinsam geplant haben, alle zu meiner Zufriedenheit gelaufen sind.

Schwierig bleibt allein die Abstimmung mit der Fachseite. Hier haben wir den Change-Prozess noch nicht wirklich verdaut. Allerdings habe ich langfristig die Hoffnung, dass wir uns doch noch zusammenraufen werden. Ich glaube, es ist wichtig, dass wir von der IT noch viel mehr auf die Fachseite zugehen und mit den Kollegen über die Themen der Geschäftsarchitektur explizit reden. So zumindest verstehe ich jetzt nach diesem Jahr meine Rolle.

Viele Grüße,

Ihr A. L. Meister

Teil II

Quasar Enterprise

2 Anwendungslandschaften heute

Unternehmen und mit ihnen ihre Anwendungslandschaften sind über viele Jahre gewachsen. Sie bestehen aus vielen miteinander vernetzten Anwendungssystemen. Jedes neue Anwendungssystem und jede neu zu unterstützende Geschäftsfunktion erhöht ihre Komplexität. Dabei befinden sich Anwendungslandschaften im Spannungsfeld zwischen Geschäfts- und IT-Strategie. Architekten müssen konkurrierende Anforderungen bei ihrer Gestaltung angemessen berücksichtigen, z.B. bestmögliche Unterstützung des Geschäfts, Kosteneffizienz oder Wartbarkeit. Hierzu benötigen sie eine systematische Vorgehensweise.

Eine solche systematische Vorgehensweise beginnt immer damit, die Gestaltungsziele der Anwendungslandschaft zu klären. Wo muss der Architekt Agilität berücksichtigen, wo Kosteneffizienz und wo Effektivität? Und welche Anforderungen ergeben sich daraus für die Architektur der Anwendungslandschaft?

Diese Anforderungen wirken auf unterschiedliche Aspekte der Anwendungslandschaft – von logischen Dienstleistungen und Strukturen bis hin zu physischen Komponenten und Schnittstellen. Architektur als Disziplin ordnet diese Aspekte und gibt Hilfen für Designentscheidungen.

2.1 Ist-Anwendungslandschaften

Große Unternehmen besitzen Hunderte von einzelnen, hochgradig miteinander vernetzten Anwendungssystemen. Wir definieren:

> Als ***Anwendungslandschaft*** (application landscape) bezeichnen wir die Gesamtheit der Anwendungssysteme, die ein Unternehmen zur Organisation und Abwicklung seines Geschäfts betreibt. Die Anwendungssysteme stehen meistens nicht für sich alleine, sondern sind über gemeinsame Datenbanken oder Schnittstellen miteinander vernetzt. Diese Abhängigkeiten gehören ebenfalls zur Anwendungslandschaft.

Abbildung 2–1 zeigt ein Beispiel.

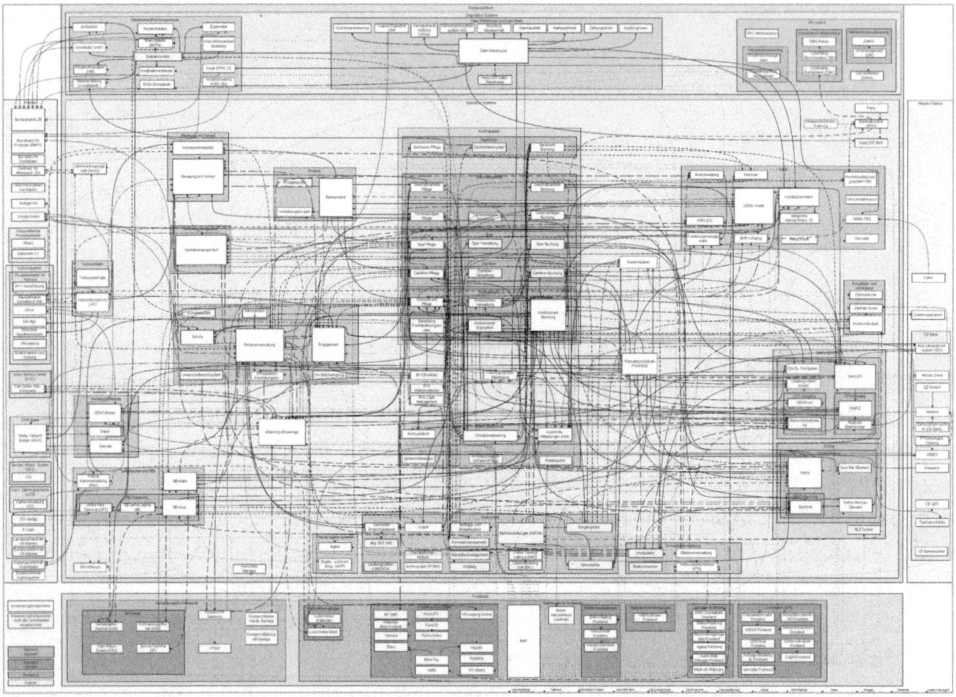

Abb. 2–1 Reale Anwendungslandschaft hoher Komplexität

Die Planung und Organisation von Anwendungslandschaften ist mit der Planung und Organisation von Städten vergleichbar [Lon03, LSV00]. Städte sind fast immer historisch gewachsen und haben oftmals keine geometrische Ordnung. Ein Städteplaner bekommt nur selten die Möglichkeit, eine Stadt auf der grünen Wiese zu planen. Langfristige Organisationsbedürfnisse wurden in früheren Wachstumsphasen nicht berücksichtigt. Dies führte zu einem natürlichen Wachstum, das sich an gegebenen Strukturen und kurzfristigen Zielen orientierte. Die dadurch entstandenen Missstände zeigen sich erst heute. Zum Beispiel kann eine so entstandene Straßennetzstruktur ein steigendes Verkehrsaufkommen irgendwann nicht mehr bewältigen. Schön sieht man das am Beispiel der seit über 2.500 Jahren existierenden Stadt Rom (Abb. 2–2) – die Straßen dort sind notorisch verstopft.

Ähnliche Situationen ergeben sich in gewachsenen Anwendungslandschaften. Die CKR-Fallstudie enthält hierzu ein Beispiel. Der »historische Kern« des Reiseabwicklungssystems besteht aus monolithischen Systemen, die auf einer gemeinsamen Datenbank arbeiten. Aus Agilitätsgründen wich CKR von dieser Struktur bei einigen Anwendungen ab. CKR

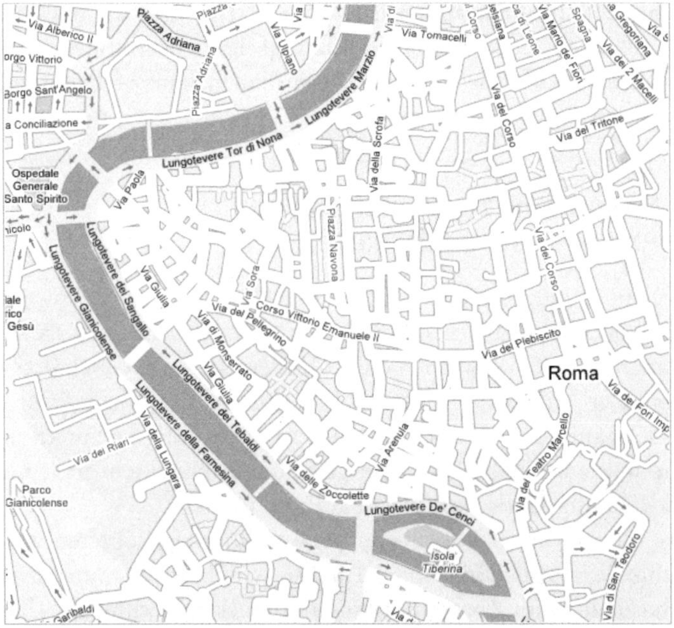

Abb. 2–2 Gewachsene Stadtstruktur am Beispiel von Rom (Centro Storico)

betreibt für den Post-Sales-Bereich eine eigene Datenbank aktueller Technologie. Replikationsmechanismen sorgen für den Abgleich mit der zentralen Datenbank. Die dadurch entstehende Redundanz erhöht die Komplexität der Anwendungslandschaft und erschwert die Integration neuer Funktionen.

Zurück zur Stadt. Heutzutage steuern Städteplaner die Entwicklung einer Stadt mit Hilfe von Flächennutzungs- und Bebauungsplänen. Sie genehmigen Abriss, Neu- oder Umbauten auf Basis dieser Pläne. Städteplaner erstellen diese Pläne im Rahmen eines politischen und fachlichen Planungsprozesses. Dabei berücksichtigen sie grundlegende Ordnungskriterien sowie die existierenden langlebigen Strukturen einer Stadt. Ein Beispiel ist die *Minimierung des Wegeaufwands*. Damit schafft der Stadtplaner günstige Voraussetzungen, um das zukünftig erwartete Verkehrsaufkommen bewältigen zu können. Aufgrund der existierenden Strukturen sind Anpassungen jedoch nur in kleinen Schritten möglich. Die bauliche Vergangenheit bleibt stets ein Bestandteil der Struktur einer Stadt. Langfristig machen sich die positiven Folgen der Aufräumarbeiten jedoch bemerkbar.

IT-Unternehmensarchitekten stehen bei der Planung von Anwendungslandschaften vor ähnlichen Herausforderungen. Wie ein Städteplaner steuern sie die Entwicklung einer Anwendungslandschaft mit Hilfe von langfristigen Gestaltungszielen und berücksichtigen dabei gegebene

Rahmenbedingungen. Damit wird sichergestellt, dass die Anwendungslandschaft das Geschäft auch in Zukunft geeignet unterstützt. Dabei ist – da man die Zukunft selber nicht beeinflussen kann – die Agilität als Gestaltungsziel absolut wesentlich.

2.2 Programme zur Gestaltung von Anwendungslandschaften

Erfolgreiche Programme im Umfeld der Gestaltung von Anwendungslandschaften zeichnen sich dadurch aus, dass sie nicht nur die Anwendungslandschaft, sondern auch die Anforderungen des Geschäfts berücksichtigen. Der Architekt ermittelt ausgehend von den Geschäftsprozessen und der Organisation eines Unternehmens die benötigten Funktionen der Anwendungslandschaft. Teilweise gestalten Architekten auch Geschäft und Anwendungslandschaft in einem Programm.

Programme im Kontext von Anwendungslandschaften verfolgen unterschiedliche Ziele. In Kapitel 1 haben wir ein Programm gezeigt, das ein Unternehmen im Zusammenhang mit einer Änderung der Unternehmensstrategie durchführte. Programme dieser Art gestalten sowohl das Geschäft als auch die Anwendungslandschaft. In diesem Abschnitt motivieren wir beispielhaft Ziele zur Gestaltung einer Anwendungslandschaft anhand vier weiterer Programme:

- Konsolidierung der Anwendungslandschaft
- Konsolidierung nach Fusionen
- Auslagerung von Geschäftsprozessen
- Umsetzung unternehmensübergreifender IT-Prozesse

2.2.1 Konsolidierung der Anwendungslandschaft

Im Kontext von Anwendungslandschaften treten häufig Programme zur Konsolidierung der Anwendungslandschaft auf. Konsolidierungsprogramme verfolgen das Ziel, die Korrektheit und Kosteneffizienz einer Anwendungslandschaft zu erhöhen oder wieder herzustellen. Eine Anwendungslandschaft ist korrekt, wenn ihre IT-Systeme einzeln und im Zusammenspiel die funktionalen und nichtfunktionalen Anforderungen des Geschäfts erfüllen. Sie ist kosteneffizient, wenn sie dies auch zu möglichst geringen Kosten tut. Solche Konsolidierungsprogramme untersuchen, wie die existierenden Geschäftsprozesse durch die Anwendungslandschaft unterstützt werden. Die Geschäftsprozesse selber werden in solchen Programmen nur dann verändert, wenn dadurch Potenzial für die Standardisierung in der Anwendungslandschaft geschaffen wird.

Diese Standardisierung ist der Hebel für die Steigerung der Kosteneffizienz einer Anwendungslandschaft. Möglichkeiten zur Kostensenkung bestehen zum einen in der Harmonisierung der Anwendungssysteme. Das spart Aufwände bei Entwicklung, Betrieb und in der Regel auch bei Hardware- und Lizenzkosten. Zum anderen kann die Einführung von COTS-Produkten die Gesamtkosten senken, sofern diese nicht zu stark angepasst werden müssen oder die Lizenzkosten schlicht die Kosten für die Entwicklung einer Individuallösung überschreiten.

Ein Konsolidierungsprogramm erhöht die Korrektheit, indem es beispielsweise Integrationsmechanismen vereinheitlicht und Architekturprinzipien wie Datenhoheit konsequent umsetzt. Es ist das Ziel, dass eine zur Unterstützung eines Geschäftsprozesses benötigte Funktion durch jeweils genau eine Komponente bereitgestellt wird. Dies kann eine bereits vorhandene oder eine neu eingeführte Komponente sein. Sie löst Komponenten mit redundanten Funktionen ab und wird durch das Konsolidierungsprogramm zum unternehmensweiten Standard erklärt. Eine bessere Anwendungsintegration vermeidet zudem Redundanz im Bereich der Datenhaltung.

2.2.2 Konsolidierung nach Fusionen

Anlass für ein Konsolidierungsprogramm kann die Fusion oder Übernahme von Unternehmen sein. Auch hier geht es darum, die Kosteneffizienz und Korrektheit der Anwendungslandschaft für das Unternehmen wiederherzustellen. Das Konsolidierungsprogramm muss dabei zusätzlich die Geschäftsprozesse der beteiligten Unternehmen umgestalten, um Synergie-Effekte realisieren zu können.

In einem ersten Schritt werden die Geschäftsprozesse der Unternehmen homogenisiert. In einem zweiten Schritt wird die Unterstützung der Geschäftsprozesse durch die Anwendungen aus beiden Anwendungslandschaften untersucht. Die Strategie der Konsolidierung hängt von der Ausrichtung der Unternehmen ab.

Das Konsolidierungsprogramm wählt eine Anwendungslandschaft als Basis, um Unternehmen mit weitgehend gleichen Geschäftsfeldern, Produkten und Märkten zusammenzulegen. Es migriert das andere Unternehmen auf die gewählte Basis. Entsprechend werden zeitgleich die Geschäftsprozesse des Unternehmens übernommen.

Das Konsolidierungsprogramm muss neue Anforderungen an die Anwendungslandschaft berücksichtigen, wenn die Geschäftsfelder, Produkte oder Märkte der Unternehmen sich teilweise unterscheiden. Es berücksichtigt neue Anforderungen durch veränderte oder neue Funktionen von Anwendungssystemen.

Wenn ein Unternehmen ein anderes Unternehmen mit dem Ziel einer Geschäftsfelderweiterung übernimmt, muss das Konsolidierungsprogramm die Anwendungslandschaft des übernehmenden Unternehmens mit Teilen der Anwendungslandschaft des übernommenen Unternehmens erweitern. Es konsolidiert dann vor allem unterstützende Geschäftsprozesse und deren Anwendungen, z.B. für das Personal- oder Rechnungswesen. Daneben müssen die Anwendungen aus den ursprünglichen Unternehmen über neue Schnittstellen integriert werden.

2.2.3 Auslagerung von Geschäftsprozessen

Programme zur Auslagerung von Geschäftsprozessen gestalten Geschäft und Anwendungslandschaft, um im Geschäft eine Konzentration auf die Kernkompetenzen zu ermöglichen oder die Kosteneffizienz der Anwendungslandschaft zu erhöhen. Dies funktioniert, wenn das Unternehmen den ausgelagerten Geschäftsprozess als Dienstleistung zu niedrigeren Kosten einkauft, als es ihn selbst erbringen kann. Es muss jedoch sichergestellt werden, dass die IT des Dienstleisters den ausgelagerten Geschäftsprozess korrekt durchführt.

Im Vergleich zu den bisher betrachteten Programmen sind hier zwei neue Aspekte zu berücksichtigen. Erstens muss das Programm existierende Geschäftsprozesse und nach Möglichkeit auch Teile der Anwendungslandschaft abbauen. Die Geschäftsprozesse muss der Dienstleister übernehmen. Hierzu setzt er die bisher genutzten oder seine eigenen Anwendungssysteme ein. Wenn der Dienstleister die bisher genutzten Systeme einsetzt, muss die Anwendungslandschaft bei dem auslagernden Unternehmen nicht abgebaut werden. Es ist möglich, die Verantwortung über die betroffenen Teile der Anwendungslandschaft an den Dienstleister zu übergeben.

Zweitens muss das Programm neue unternehmensübergreifende Schnittstellen in den Geschäftsprozessen oder in den Anwendungen gestalten. Es muss hierzu unter Umständen existierende Schnittstellentechniken ersetzen. Während z.B. unternehmensintern eine enge Kopplung vertretbar ist, sind über Unternehmensgrenzen hinweg eher lose Formen der Anwendungsintegration zu verwenden.

2.2.4 Umsetzung unternehmensübergreifender IT-Prozesse

Die bisher betrachteten Programme zielen vornehmlich auf die Kosteneffizienz und Korrektheit einer Anwendungslandschaft. Programme zur Umsetzung unternehmensübergreifender IT-Prozesse zielen auf eine bessere Automatisierung übergreifender Geschäftsprozesse ab. Sie erhöhen damit die Effektivität der Anwendungslandschaft. Eine Anwendungslandschaft ist effektiv, wenn sie das Geschäft bestmöglich unterstützt. Um die Vorteile des höheren Automatisierungsgrads langfristig sicherzustellen, muss das Programm leicht anpassbare Schnittstellen zu Partnern bereitstellen – auf Seiten des Geschäfts und der Anwendungslandschaft.

Ein Programm zur Unterstützung des Supply Chain Management hat z.B. zum Ziel, Schnittstellen zwischen dem Vertrieb des Lieferanten und der eigenen Beschaffung zu optimieren. Es verbessert die Automatisierung, um die Lieferflexibilität, Lieferzuverlässigkeit und Liefergenauigkeit zu erhöhen. Es senkt damit Prozess- und Lagerkosten.

Beispiel: Logistik-Unternehmen bieten Versandhändlern neben der Kommissionierung auch Leistungen wie variable Lagerkapazität, Qualitätskontrollen der versendeten Waren, elektronisch abrufbare Ablieferquittungen oder den Rechnungsdruck an. Das Logistik-Unternehmen bekommt z.B. im letzten Fall die Auftragsdaten vom Versandhändler, druckt die Rechnungen und legt sie den Paketen bei. Auf diese Weise kommt der Beleg schneller und günstiger zum Abnehmer als mit der Post. Der Versandhändler kommt so schneller an sein Geld. Der Unterschied zu Programmen zur Auslagerung von Geschäftsprozessen ist, dass das Logistik-Unternehmen bereits weit mehr Dienste anbietet, als zur reinen Auslagerung aus Sicht des Versandhändlers benötigt würden. Aufgrund der Spezialisierung des Logistik-Unternehmens kann der Versandhändler die Mehrwertdienste zur Steigerung der Effektivität nutzen.

Ebenso wie Programme zur Auslagerung von Geschäftsprozessen ermöglichen Programme dieser Art den Unternehmen eine Konzentration auf ihre Kernkompetenzen (höhere Effektivität). Gleichzeitig wird mit derartigen Programmen in der Regel auch das Ziel verfolgt, die Geschwindigkeit und Flexibilität bei der Umsetzung neuer Geschäftsstrategien und -prozesse zu verbessern. Hierzu werden Geschäft und Anwendungslandschaft entsprechend gestaltet. Die Eigenschaft der Anwendungslandschaft, entsprechend der Veränderungen im Geschäft ebenfalls schnell und flexibel anpassbar zu sein, heißt Agilität.

Zukünftig sind derartige Ziele – Steigerung der Effektivität und Agilität – starke Treiber von Programmen zur Umgestaltung von Anwendungslandschaften. Ein Grund ist, dass diese Ziele früher aufgrund fehlender technischer Möglichkeiten nur schwer erreichbar waren. Einen Überblick über Ziele, die Programme bei der Gestaltung von Anwendungslandschaften verfolgen, geben wir im nächsten Abschnitt.

2.3 Gestaltungsziele für Anwendungslandschaften

2.3.1 Ableitung von Gestaltungszielen

Wirtschaftsunternehmen verfolgen ein gemeinsames Ziel: Gewinnmaximierung. Sie können dieses Ziel erreichen, indem sie sich am Markt differenzieren und damit Wettbewerbsvorteile erlangen. Ein Unternehmen differenziert sich am Markt z.B. durch qualitativ hochwertige, kostengünstige oder innovative Produkte bzw. Dienstleistungen. Es legt mit seiner Geschäftsstrategie fest, in welcher Form es sich differenziert.

Anwendungslandschaften unterstützen Unternehmen darin, sich am Markt zu differenzieren. Sie tragen beispielsweise dazu bei, Prozesse zu automatisieren und damit Kosten zu reduzieren. Sie unterstützen Mitarbeiter z.B. darin, Informationen schnell aufzufinden, um damit Kunden nachhaltig zu binden.

Hierbei verfolgen Unternehmen Ziele auf unterschiedlichen Ebenen [HG02]:

- Finanzielle Ziele
- Kundenbezogene Ziele
- Prozessbezogene Ziele
- IT-bezogene Ziele

Diese stehen in einem engen Zusammenhang. Abbildung 2–3 zeigt exemplarisch diesen Sachverhalt. Idealisiert betrachtet leiten Unternehmen Ziele und Anforderungen von oben nach unten ab. Ausgangspunkt sind finanzielle Ziele, aus denen sich kundenbezogene Ziele, prozessbezogene Ziele und schließlich IT-bezogene Ziele ableiten. In der Realität sind die zugehörigen Vorgänge natürlich iterativ und sowohl top-down als auch bottom-up getrieben.

Die *primären* IT-bezogenen Ziele mit Blick auf eine Anwendungslandschaft sind:

- Korrektheit
- Kosteneffizienz
- Effektivität
- Agilität
- Innovation

Diese heißen auch *Gestaltungsziele* der Anwendungslandschaft. In den Beispielen des vorherigen Abschnitts 2.2 wurden sie bereits informell eingeführt. Wir fassen die Definitionen hier noch einmal zusammen:

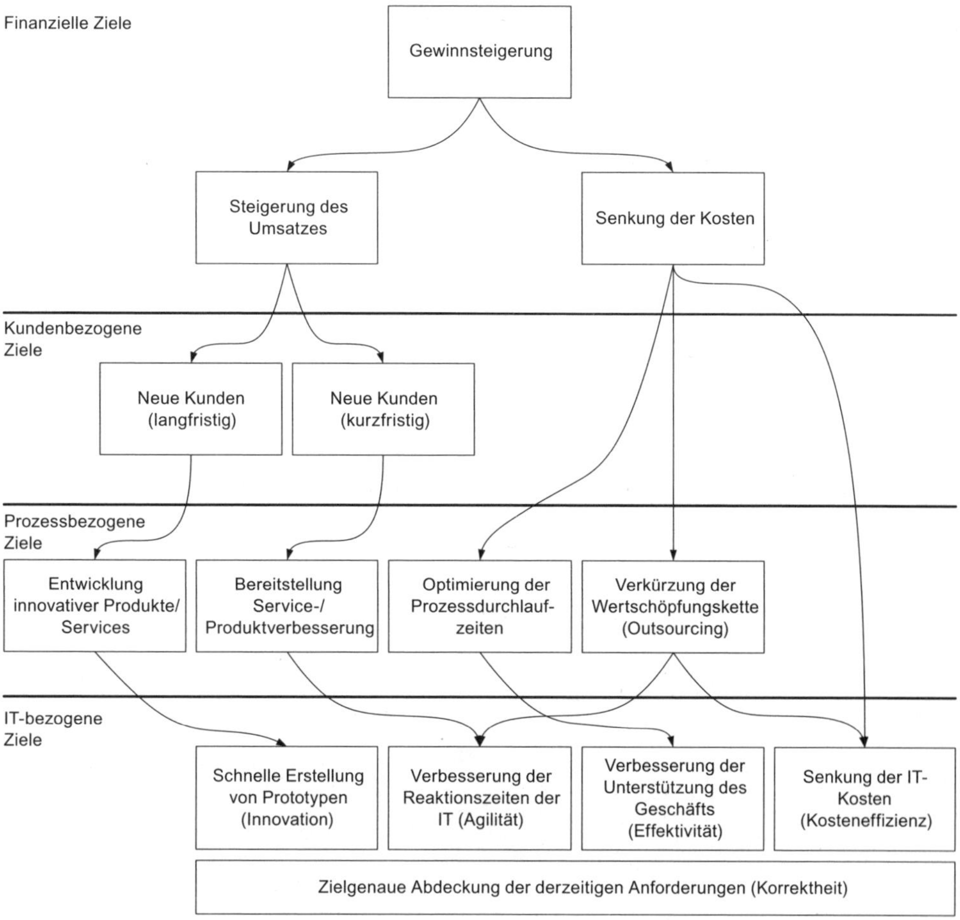

Abb. 2–3 Exemplarische Ableitung von IT-bezogenen Zielen

Eine Anwendungslandschaft ist ***korrekt*** (correct), wenn ihre IT-Systeme einzeln und im Zusammenspiel die funktionalen und nichtfunktionalen Anforderungen des Geschäfts erfüllen.

- Sie ist ***kosteneffizient*** (cost-efficient), wenn sie dies auch zu möglichst geringen Kosten tut.
- Sie ist ***effektiv*** (effective), wenn sie das Geschäft bestmöglich unterstützt.
- Sie ist ***agil*** (agile), wenn sie entsprechend der Veränderungen im Geschäft ebenfalls schnell und flexibel anpassbar ist.
- Sie ist ***innovativ*** (innovative), wenn sie das Geschäft bestmöglich unterstützt, neue Produkte und Dienstleistungen zu entwickeln und am Markt zu platzieren.

2.3.2 Gestaltungsziele nach Typen von Geschäftsprozessen

Im Rahmen von Programmen zur Umgestaltung der Anwendungslandschaft müssen die Gestaltungsziele – fallspezifisch gewichtet – berücksichtigt werden. Dabei gibt es grundsätzlich einen Trade-off zwischen den einzelnen Gestaltungszielen. So geht beispielsweise die Erhöhung der Agilität möglicherweise zu Lasten der Kosteneffizienz.

Um hier als Architekt steuern zu können, ist es hilfreich zu unterscheiden, mit welchem Typ von Geschäft bzw. Geschäftsprozess man es bei der Gestaltung der Anwendungslandschaft bzw. von Teilen davon zu tun hat. Die folgenden vier Typen von Geschäftsprozessen können grundsätzlich unterschieden werden (ähnlich in [Kel06, WP02, Fin00]):

- Geschäftsprozesse zur *Unterstützung* des Kerngeschäfts,
- Geschäftsprozesse zur Abwicklung des *Kerngeschäfts,*
- Geschäftsprozesse zur Bereitstellung von *strategischen Dienstleistungen und Produkten,*
- Geschäftsprozesse für die Erarbeitung und Verprobung von *Innovation.*

Entlang der beiden Dimensionen *Beitrag zu derzeitigen bzw. zukünftigen Ergebniszielen* kann man diese vier Typen von Geschäftsprozessen in eine 2×2-Matrix einsortieren.

Abhängig vom Typ haben die genannten Gestaltungsziele ein unterschiedliches Gewicht (Abb. 2–4). Im Folgenden erläutern wir für jeden Quadranten die Gewichtungen und den Trade-off zwischen den einzelnen Gestaltungszielen.

Zunächst ist festzuhalten, dass die Korrektheit die wichtigste Eigenschaft einer Anwendungslandschaft ist. Dabei ist zu beachten, dass man aus der Korrektheit der einzelnen IT-Systeme nicht notwendigerweise auf die Korrektheit der Anwendungslandschaft schließen kann.

Ein Beispiel: Ein Kunde hatte explizit Verfügbarkeitsanforderungen für seine einzelnen IT-Systeme definiert. Seine IT-Systeme genügten diesen Anforderungen, wenn man diese einzeln betrachtete. Trotzdem konnte der Kunde aufgrund der starken Abhängigkeit der IT-Systeme untereinander die geforderte Dienstleistungsqualität nicht sicherstellen.

Wenn eine Anwendungslandschaft nicht korrekt ist, so muss ein Unternehmen ihre Korrektheit mit oberster Priorität herstellen. Das Unternehmen vergleicht hierzu die Kosten unterschiedlicher Varianten.

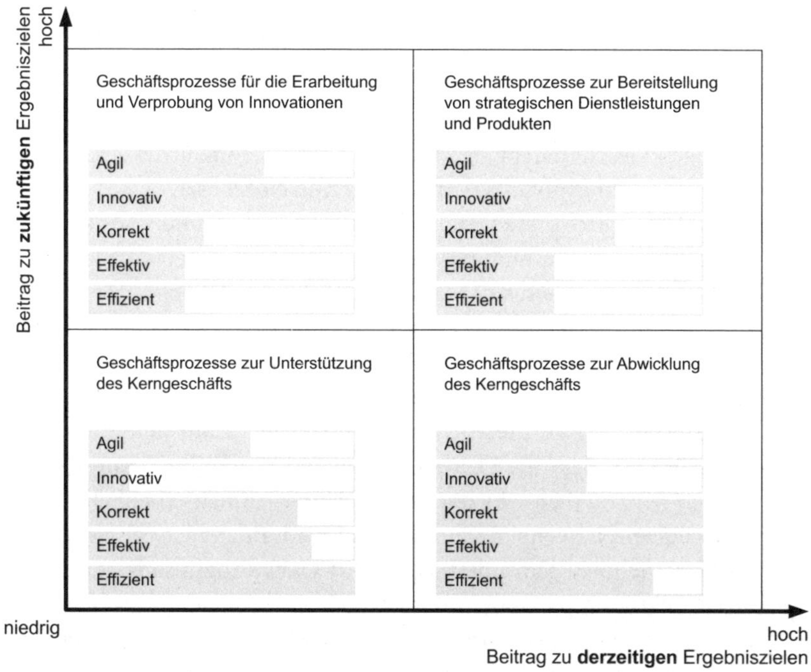

Abb. 2-4 Gewichtung von Gestaltungszielen nach Typen von Geschäftsprozessen

Geschäftsprozesse zur Unterstützung des Kerngeschäfts

Geschäftsprozesse zur Unterstützung des Kerngeschäfts sind nur indirekt notwendig, um Dienstleistungen zu erbringen oder Produkte bereitzustellen. Wir bezeichnen diese als *unterstützende Geschäftsprozesse*. Hierzu gehören Geschäftsprozesse, wie z.B. Finanz- oder Personalwesen. Sie müssen in erster Linie kosteneffizient sein. Das primäre Gestaltungsziel ist es, Kosten zu reduzieren, indem man Abläufe standardisiert.

Indem IT-Systeme diese Geschäftsprozesse unterstützen, leisten sie nur einen mittelbaren Beitrag zu den Ergebniszielen. COTS-Produkte adressieren vornehmlich Geschäftsprozesse in diesem Quadranten. Sie haben hier ein hohes Potenzial, die Kosten zu reduzieren und Abläufe zu standardisieren, um die Kosteneffizienz zu steigern. Outsourcing ist in diesem Quadranten eine Alternative zum Einsatz von COTS-Produkten. Eine Harmonisierung der verwendeten Technologien wirkt unterstützend.

Geschäftsprozesse zur Abwicklung des Kerngeschäfts

Geschäftsprozesse in diesem Quadranten müssen in erster Linie effektiv und korrekt sein. Das Ziel ist es, Produkte und Dienstleistungen mit den zur Verfügung stehenden Ressourcen in möglichst großer Zahl und bester Qualität anzubieten. Geschäftsprozesse dieses Quadranten leisten derzeit einen hohen Beitrag zur Differenzierung, während ihr zukünftiger Beitrag zur Differenzierung des Unternehmens eher als gering prognostiziert wird. Wir bezeichnen diese als *Kerngeschäftsprozesse*. Der Verkauf von hochwertigen Pauschalreisen ist hierfür ein Beispiel, wenn dies zur Zeit ein wichtiges Geschäftsfeld darstellt, das Unternehmen dessen zukünftiges Differenzierungspotenzial aber als gering einschätzt.

Indem IT-Systeme diese Geschäftsprozesse effektiv und korrekt unterstützen, leisten sie einen unmittelbaren Beitrag zu den derzeitigen Ergebniszielen. IT-Systeme dieses Quadranten bilden das Rückgrat des Unternehmens [Kel06]. Zum einen müssen sie das Geschäft wirksam unterstützen (Effektivität). Es hat z.B. direkte finanzielle Konsequenzen, wenn das Unternehmen Zwischenprodukte zu lange zwischenlagert. Eine höhere Automatisierung kann diesem entgegenwirken. Zum anderen muss sichergestellt sein, dass die IT-Systeme die an sie gestellten Anforderungen erfüllen (Korrektheit). Es hat für das Unternehmen erhebliche finanzielle Konsequenzen, wenn Systeme dieses Quadranten nicht korrekt sind.

Ein Unternehmen kann den Mehrwert eines Programms zur Steigerung der Effektivität teilweise nur qualitativ vorhersagen. Er schlägt sich z.B. in höherer Mitarbeiterproduktivität, höherer Kundenzufriedenheit oder einer besseren Arbeitsplatzauslastung nieder.

Geschäftsprozesse zur Bereitstellung von strategischen Dienstleistungen und Produkten

Geschäftsprozesse in diesem Quadranten tragen heute und mit hoher Wahrscheinlichkeit auch in Zukunft dazu bei, dass sich das Unternehmen am Markt differenziert. Wir bezeichnen diese als *strategische Geschäftsprozesse*. Sie sollen z.B. flexibel neue Produktvariationen und Produkterweiterungen bereitstellen, neue Kundenmärkte durch Nutzung neuer Kanäle erschließen und bestehende Kunden stärker binden.

Indem IT-Systeme diese Geschäftsprozesse agil und korrekt unterstützen, leisten sie einen Beitrag zu den Ergebniszielen des Unternehmens. Eine Steigerung der Agilität dieser Systeme befähigt ein Unternehmen, neue Produkte und Dienstleistungen am Markt schneller zu platzieren sowie die Wertschöpfungskette schneller zu verändern.

Geschäftsprozesse für die Erarbeitung und Verprobung von Innovationen

Geschäftsprozesse in diesem Quadranten haben ein hohes Potenzial, in Zukunft zur Differenzierung beizutragen. Wir bezeichnen diese als *innovative Geschäftsprozesse*. Sie helfen, neue Produkte und Dienstleistungen zu entwickeln und am Markt zu platzieren.

Ein Unternehmen spezifiziert Produkte anhand von Kundenwünschen, legt Prozesse fest und analysiert das Marktpotenzial sowie erwartete Herstellungskosten. Indem IT-Systeme diese Geschäftsprozesse innovativ unterstützen, leisten sie einen Beitrag zu potenziellen zukünftigen Ergebniszielen. Bei Dienstleistungsunternehmen sind das häufig Systeme zur Marktforschung, im produzierenden Gewerbe sind das Systeme für Forschung und Entwicklung, beispielsweise Systeme zur schnellen Erstellung und Verprobung von prototypischen Lösungen.

IT-Systeme dieses Quadranten sind häufig wenig mit dem Rest der Anwendungslandschaft integriert. Anforderungen an die Korrektheit, Effektivität und Effizienz stehen bei diesen IT-Systemen nicht im Vordergrund.

Tabelle 2–1 fasst die Gestaltungsziele noch einmal zusammen und gibt Beispiele für strategische Ansätze zu ihrer Erreichung.

Gestaltungsziele	Strategische Ansätze	Nutzen
Korrektheit	Synchronisation der in den Geschäftsprozessen verwalteten Informationen	Vermeidung von Dateninkonsistenz
	Erhöhung der Integration von Anwendungssystemen	Vermeidung von Inkonsistenzen durch manuelle Übertragung
Kosteneffizienz	Outsourcing	Reduzierung der Faktorkosten
	Einsatz von COTS-Produkten	Reduzierung von Entwicklungskosten
Effektivität	Höhere Automatisierung	Reduzierung von Personalkosten
		Reduzierung von Lagerkosten
Agilität	Verwendung technischer Schnittstellenstandards	Bessere Austauschbarkeit von Anwendungssystemen
		Bessere Integration neuer Anwendungssysteme
	Verwendung fachlicher Schnittstellenstandards	Bessere Integration mit Partnerunternehmen
Innovation	Wenig Vorgaben für die Gestaltung	Größtmögliche Freiheit bei der Erschließung neuer Geschäftsfelder

Tab. 2–1 Überblick über Gestaltungsziele und strategische Ansätze für ihre Umsetzung

2.4 Unternehmensarchitektur als Gestaltungsdisziplin

Wie kann ein Architekt sicherstellen, dass eine Anwendungslandschaft die in Abschnitt 2.3 genannten Gestaltungsziele bestmöglich erfüllt? Er erstellt eine Architektur.

Wir unterscheiden zwischen der Architektur eines Systems und der Disziplin der Architektur. Die *Architektur eines Systems* beschreibt seine grundlegende Organisation, bestehend aus Artefakten und ihren Beziehungen. Die *Disziplin der Architektur* beschreibt eine Menge von Prinzipien und Methoden, um die Architektur eines Systems zu erstellen.

In den Abschnitten 2.2 und 2.3 haben wir gezeigt, dass erfolgreiche Programme zur Gestaltung von Anwendungslandschaften Anforderungen aus Geschäft und IT berücksichtigen. Entsprechend unterscheidet der Architekt zwischen *Geschäfts-* und *IT-Architektur.*

Die *Unternehmensarchitektur* als Disziplin umfasst Prinzipien und Methoden, um Geschäfts- und IT-Architektur eines Unternehmens zu entwerfen und umzusetzen [Kel06, Lan05, Sch06]. Sie stellt den Zusammenhang zwischen der Geschäfts- und IT-Architektur her (Abb. 2–5).

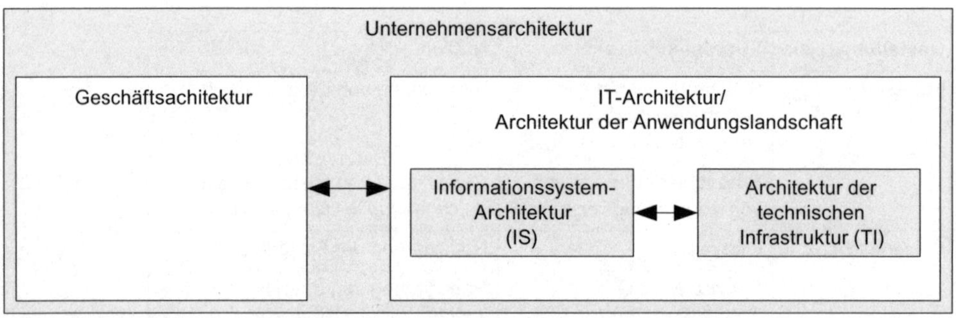

Abb. 2–5 Teilbereiche der Unternehmensarchitektur

Die Artefakte der *Geschäftsarchitektur* sind Geschäftsprozesse, Geschäftsservices, Geschäftsobjekte und die Organisation eines Unternehmens. Der *Geschäftsarchitekt* [Der06] gestaltet die Geschäftsarchitektur anhand der Geschäftsstrategie und der Wertschöpfungskette. Er definiert die Artefakte der Geschäftsarchitektur und deren Zusammenhänge. Er verwendet hierfür die Geschäftsarchitektur als Disziplin.

Die Artefakte der *IT-Architektur* sind die *Informationssystem-Architektur (IS-Architektur)* und die *Architektur der technischen Infrastruktur (TI-Architektur)* [Kel06, Lan05]. Hierbei beschreibt die IS-Architektur die Strukturierung der Anwendungslandschaft aus fachlicher Sicht, während die TI-Architektur insbesondere die verwendeten technischen Plattformen und Systemsoftwarekomponenten beschreibt. Wenn wir im Kontext dieses Buchs von der Architektur der Anwendungslandschaft sprechen, meinen wir damit diese Artefakte und ihre Zusammenhänge.

Der *IT-Unternehmensarchitekt* [Kel06, Der06] gestaltet die Architektur der Informationssysteme und technischen Infrastruktur unter Berücksichtigung der Geschäftsarchitektur. Er verwendet hierfür die IT-Architektur als Disziplin. Im Gegensatz zum klassischen *Softwarearchitekten*, der sich um die Architektur einer einzelnen Anwendung kümmert, verantwortet der IT-Unternehmensarchitekt eine Vielzahl von Anwendungen, also eine Anwendungslandschaft. Er entscheidet beispielsweise, ob Anwendungen sinnvoll in die Anwendungslandschaft zu integrieren oder abzulösen sind. Wenn eine Verwechslung ausgeschlossen ist, bezeichnen wir diese Rolle im Folgenden auch kurz als *Architekt*.

Programme zur Gestaltung der IT-Architektur ändern ggf. auch die Geschäftsarchitektur eines Unternehmens (Abschnitt 2.2). Im Zuge solcher Programme gestalten Geschäftsarchitekten die Geschäftsarchitektur anhand der Geschäftsstrategie (Abb. 2–6).

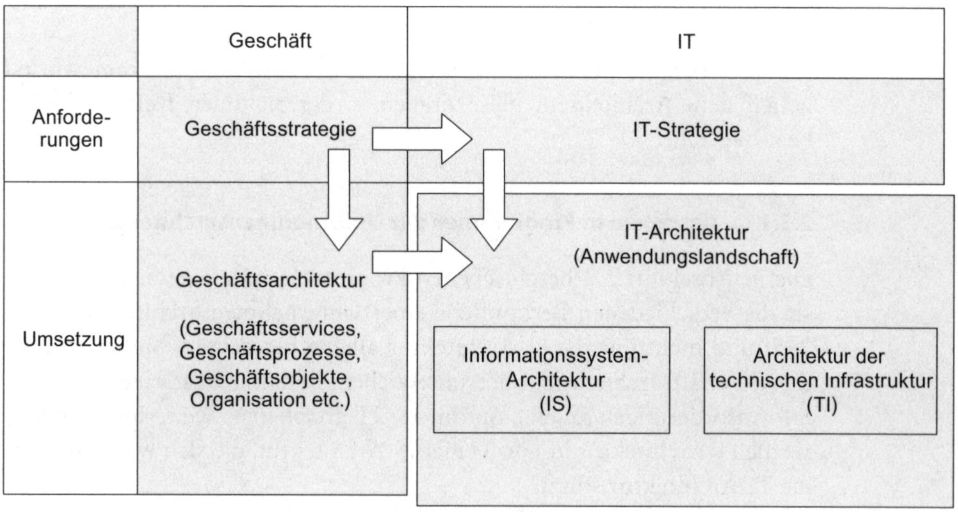

Abb. 2–6 Zusammenhänge zwischen Strategie und Architektur

IT-Unternehmensarchitekten verwenden die Geschäftsarchitektur und die IT-Strategie als Startpunkt, um die zukünftige IT-Architektur zu bestimmen. Der IT-Unternehmensarchitekt ermittelt die für ihn relevanten Teile der Geschäftsarchitektur, wenn diese nicht vorliegen.

An dieser Stelle sei es noch einmal ganz deutlich gesagt: Alle diese Aktivitäten führt der Architekt, der die Anwendungslandschaft nachhaltig managen will, nicht nur am Beginn des Projekts zur Orientierung durch und auch nicht nur in vereinzelten großen Programmen. Architektur und Architekturmanagement müssen als kontinuierliche und iterative Prozesse etabliert und gelebt werden.

2.5 Frameworks für Unternehmensarchitektur

Wie geht ein Architekt vor, wenn er die IT-Architektur gestaltet? Bevor er die IT-Architektur im Rahmen eines Programms ändert, muss er erst einmal Fragen beantworten, die sowohl die Geschäftsarchitektur als auch die IT-Architektur betreffen, wie z.B.:

- Was sind die aktuellen und zukünftigen Geschäftsprozesse im Unternehmen?
- Wie werden die (zukünftigen) Geschäftsprozesse durch die IT unterstützt?
- Welche Potenziale ergeben sich für das Unternehmen durch das Umgestalten von Geschäftsprozessen und der Anwendungslandschaft?

Frameworks für Unternehmensarchitektur (Architektur-Frameworks) helfen dem Architekten, diese Fragen in der richtigen Reihenfolge zu beantworten.

2.5.1 Vorgehen in Programmen zur Unternehmensarchitektur

Die in Abschnitt 2.2 beschriebenen Programme haben gemeinsam, dass sie die verschiedenen Bestandteile einer Unternehmensarchitektur (Abb. 2–5) und nicht nur die IT-Architektur alleine betrachten. Sie optimieren die Geschäftsarchitektur oder unterziehen sie zumindest einer Analyse, um Anforderungen an eine optimierte IT abzuleiten. Weiterhin gestalten sie die IT-Architektur in Form einer IS-Architektur, die sich wiederum auf die TI-Architektur stützt.

Programme zur Gestaltung von Anwendungslandschaften berücksichtigen diese verschiedenen Architekturen typischerweise in einer bestimmten Reihenfolge (vgl. auch Abb. 2–6):

- Vorgaben aus der Geschäftsstrategie bilden den *Kontext* für die Gestaltung der Geschäftsarchitektur. Sie legen fest, *warum* das Unternehmen ein Projekt zur Unternehmensarchitektur durchführt.
- Geschäftsservices bilden den Ausgangspunkt für die Konzeption der IT-Architektur. Sie sind Leistungen des Unternehmens gegenüber seinen Kunden oder auch innerbetriebliche Leistungen. Sie definieren gemeinsam mit den von ihnen verwalteten Informationen, *was* die Geschäftsarchitektur abbilden muss.
- Programme, die die Geschäftsarchitektur selber gestalten, definieren über die Beschreibung von Geschäftsprozessen und Organisation, *wie* Geschäftsservices erbracht und Informationen verwaltet werden.

- Die IS- und TI-Architektur beschreiben in Form von Anwendungsservices der Informationssysteme und Services der technischen Infrastruktur, *was* die IT bereitstellen soll. Programme leiten diese Services aus Geschäftsservices und den zu verwaltenden Informationen ab.
- Programme definieren dann idealtypisch auf einer logischen Ebene, *wie* Services durch Komponenten der IS- und TI-Architektur zusammengefasst und erbracht werden.
- Schließlich legen Programme fest, *womit* diese Komponenten physisch implementiert werden. Hierzu berücksichtigen sie vorhandene Anwendungen und Infrastrukturen und integrieren neue Komponenten. Bei den neuen Komponenten kann es sich um COTS-Produkte oder Individualentwicklungen handeln.

Typischerweise wenden Programme das Vorgehen iterativ an. Sie führen die oben beschriebenen Schritte mehrfach durch. Sie berücksichtigen damit die strategischen Randbedingungen des Kontexts sowie die Wechselwirkungen zwischen den verschiedenen Architekturaspekten.

2.5.2 Architektur-Frameworks im Überblick

Architektur-Frameworks stellen für die oben genannten Fragestellungen einen ordnenden Rahmen bereit, um verschiedene, zusammenhängende Architekturen zu entwickeln und die entsprechenden Artefakte einzusortieren. Weiterhin definieren sie in der Regel ein Vorgehen – wie im vorherigen Abschnitt beschrieben –, um zusammenhängende Architekturen zu gestalten und weiterzuentwickeln.

Der Markt bietet eine breite Palette an Architektur-Frameworks. Unter anderem bieten Beratungsunternehmen und Werkzeughersteller Architektur-Frameworks an. Beispiele sind das Integrated Architecture Framework (IAF) [IAF] oder das Zachmann Framework [Zac87, SZ92]. Eine weitere Quelle für Architektur-Frameworks sind öffentliche Einrichtungen wie z.B. das Amerikanische Verteidigungsministerium (DoDAF – Department of Defense Architecture Framework [DoD07a, DoD07b, DoD07c]). Weiterhin sind Architektur-Frameworks auch Gegenstand von Standardisierungsbemühungen. Ein bekanntes Beispiel hierfür ist das Architektur-Framework TOGAF (The Open Group Architecture Framework) der Open Group [TOGAF06]. Ein ausführlicher Vergleich verschiedener Architektur-Frameworks findet sich in [Sch06].

Die verschiedenen Architektur-Frameworks haben unterschiedliche Schwerpunkte, besitzen aber trotzdem eine Reihe von Gemeinsamkeiten:

- Sie unterscheiden verschiedene Ebenen und Sichten der Geschäfts- und IT-Architektur.
- Sie definieren Artefakte, um sowohl Geschäfts- als auch IT-Aspekte zu beschreiben.
- Sie thematisieren den Zusammenhang zwischen Geschäfts- und IT-Zielen.
- Sie beschreiben Geschäftsprozesse und Geschäftsservices sowie ihre Abbildungen in die IT.

2.5.3 Integrated Architecture Framework

Als ein Beispiel für ein Architektur-Framework betrachten wir das *Integrated Architecture Framework (IAF)* von Capgemini [IAF]. Das IAF bietet einen ordnenden Rahmen für Fragen, die typischerweise im Kontext der Entwicklung einer Unternehmensarchitektur zu beantworten sind. Die Grundstruktur des Rahmens ist dabei geprägt durch zwei Dimensionen (Abb. 2–7):

- *Aspect Areas (Architekturaspekte)*
  IAF bezeichnet die verschiedenen in einem Unternehmen zu berücksichtigenden Architekturen als Architekturaspekte. Es unterscheidet die Architekturaspekte *Business*, *Information*, *Information Systems* und *Technology Infrastructure*. Ergänzt werden diese durch zwei übergeordnete Architekturaspekte *Governance* und *Security*. Die *Security Architecture* umfasst effiziente Strukturen zur Herstellung einer sicheren und verlässlichen Umgebung. Die *Governance Architecture* betrach-

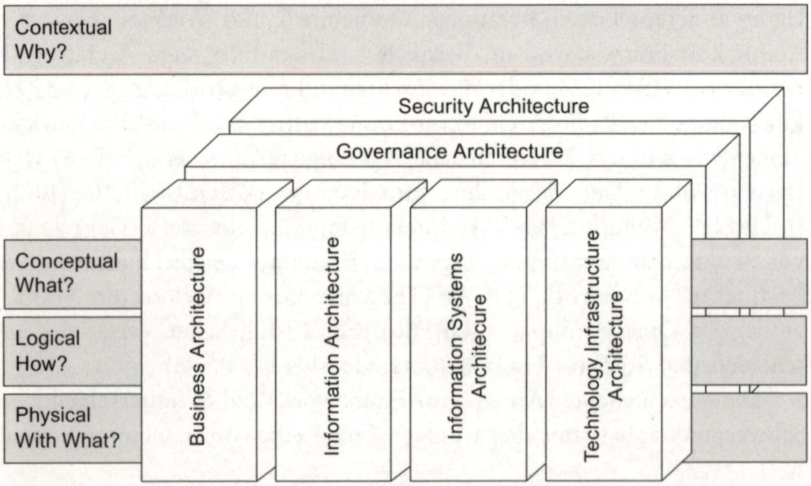

Abb. 2–7 Grobstruktur des Integrated Architecture Framework (IAF) [IAF]

tet effiziente Strukturen zur Herstellung einer änder- und betreibbaren Umgebung.

- *Layers (Architekturebenen)*
  Neben den Architekturaspekten führt das IAF vier verschiedene Architekturebenen ein (*Contextual*, *Conceptual*, *Logical*, *Physical*).

Die *Business Architecture* und *Information Architecture* beschreiben das Geschäft des Unternehmens. Die Business Architecture strukturiert die Geschäftsprozesse und Geschäftsservices zur Erreichung der Geschäftsziele und die Organisation des Unternehmens. Die Information Architecture strukturiert die in der Business Architecture benötigte Information. Die Unterteilung in Business und Information detailliert die in Abschnitt 2.4 eingeführte Geschäftsarchitektur.

Die *Information System Architecture* und *Technology Infrastructure Architecture* beschreiben die IT des Unternehmens. Sie sind identisch zu den in Abschnitt 2.4 eingeführten Artefakten der IT-Architektur.

Die Architekturebenen lassen sich mit den Fragen *Warum?*, *Was?*, *Wie?* und *Womit?* illustrieren. Ein Architekt beantwortet die Fragen zu den Architekturaspekten in einer bestimmten Reihenfolge. Er bestimmt zuerst, was die Anforderungen sind, die das Unternehmen an die Architektur stellt und berücksichtigt dabei, warum diese Anforderungen so gestellt werden – das ist der Bezug zu den strategischen Zielen. Danach entwirft er die Architektur auf der logischen Ebene, für die er abschließend eine passende physische Implementierung wählt. Das IAF bietet zu den Architekturebenen der Architekturaspekte spezifische Fragestellungen und Ergebnistypen. IAF verfolgt dabei in allen Aspekten Konzepte wie Services und Komponenten.

Der Architekt beantwortet die obigen Fragen in der Praxis selten sequenziell, sondern eher iterativ. Er berücksichtigt so z.B. die Wechselwirkungen zwischen einer idealen Architektur der Anwendungslandschaft und der konkreten (physischen) Architektur von COTS-Produkten.

Ein im Projekt gewähltes Vorgehen zur Beantwortung der Fragen lässt sich im Koordinatensystem von IAF als *Roadmap* darstellen. Abbildung 2–8 zeigt ein Beispiel für eine Roadmap, wie sie im Zusammenhang mit Projekten zur Gestaltung von Anwendungslandschaften zum Einsatz kommen kann.

Für diese Roadmap in Abbildung 2–8 ist kennzeichnend, dass sie zu den Aspekten Geschäft und Information keine Fragen behandelt, die den Entwurf neuer Strukturen betreffen. Es werden keine Festlegungen auf der logischen und physischen Ebene der Geschäftsarchitektur getroffen. In den Aspekten IS und TI gestaltet ein Architekt jedoch neue Strukturen, wenn er gemäß dieser Roadmap vorgeht.

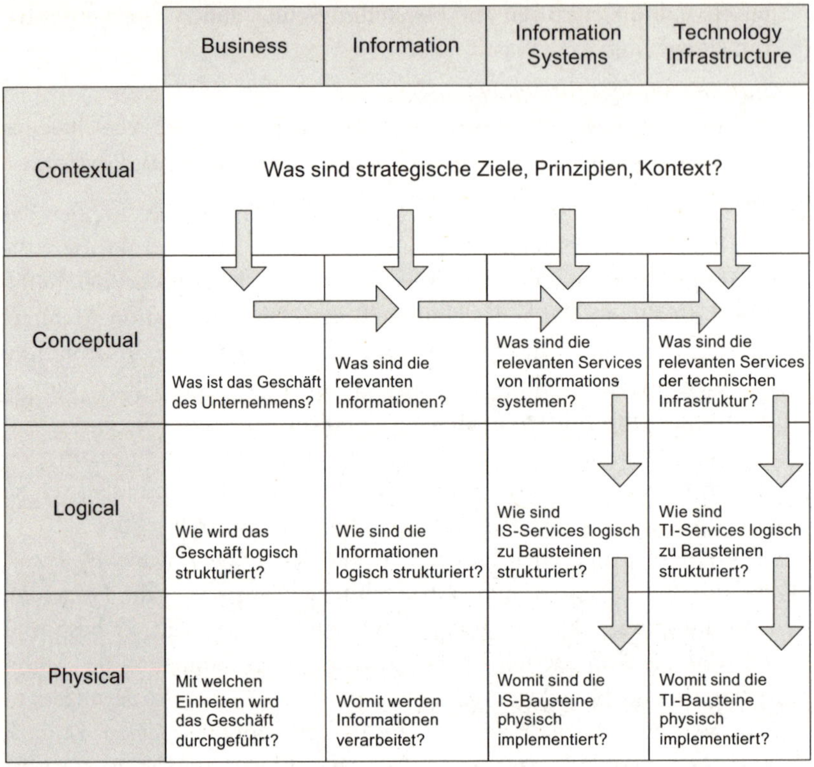

Abb. 2–8 Beispiel für eine IAF Roadmap

Unterstützt wird er dabei durch unterschiedliche Werkzeuge für den Bereich Enterprise Architecture Management (siehe beispielsweise [Kel06, sebis05, Pey07]).

2.6 Werkzeuge für die Gestaltung von Unternehmensarchitekturen

Werkzeuge für die Gestaltung von Unternehmensarchitekturen zeichnen sich dadurch aus, dass sie neben der Modellierung von Architekturen weitere Aufgaben im Bereich der Unternehmensarchitektur unterstützen. Umfassende Werkzeuge unterstützen einen Architekten z.B. bei folgenden Aufgaben:

- *Modellierung von Prozessen, Anwendungslandschaften und weiteren Architektur-Ergebnissen*
  In [Kel06] werden Ergebnisse aus dem noch jungen Bereich der *Softwarekartografie* beschrieben. Es werden Methoden und Modelle zur Beschreibung, Bewertung und Gestaltung von Anwendungslandschaf-

ten dargestellt. Ziel ist eine möglichst weitgehende Unterstützung durch Werkzeuge.

- *IT-Anwendungsportfolio-Management*
  Dahinter steht ein zyklisch durchlaufender Planungsprozess, der die Entwicklung von Anwendungen in der Anwendungslandschaft vergleichbar zu sonstigen Investitionen des Unternehmens steuert.
- *Projektportfolio-Management*
  Hier werden die konkreten Projekte geplant, verwaltet, überwacht und gesteuert, die ein Unternehmen durchführt.

Die Studie *Enterprise Architecture Management Tool Survey* [sebis05] der TU München beschreibt marktgängige Werkzeuge für die Gestaltung von Unternehmensarchitekturen anhand von Anwendungsszenarien aus der Praxis eines Unternehmensarchitekten. Eine weitere umfangreiche Studie stammt von Forrester Research [Pey07]. Forrester beleuchtete ca. 35 Hersteller anhand einer Vielzahl von Kriterien.

Der weitere Verlauf des Buchs berührt im Wesentlichen die Teilbereiche aus dem Funktionsumfang eines Architekturmanagement-Werkzeugs, die in den Bereich der Softwarekartografie fallen. Ein Beispiel hierfür ist Abbildung 2–1, ein Ergebnis, das in der Softwarekartografie *Clusterkarte* genannt wird [MW04a].

2.7 Quasar Enterprise

Architektur-Frameworks sind wichtig als Ordnungsrahmen für die Arbeit des Architekten. Aber nach welchen konkreten Methoden und Regelwerken soll ein Architekt die einzelnen Ergebnisse erarbeiten? Eine umfassende Antwort auf diese Frage liefert Quasar Enterprise.

Quasar Enterprise beschreibt konkrete Verfahrensbausteine in Form von Methoden, Regeln, Mustern und Referenzarchitekturen, um Architekturen von Anwendungslandschaften serviceorientiert zu entwerfen und umzusetzen. Hierzu konkretisiert Quasar Enterprise die Teile von Architektur-Frameworks, die IT-Architektur betreffen.

2.7.1 Von Quasar zu Quasar Enterprise

Quasar [DS00, Sie03, Sie04, Sie06, HHS05] – die Qualitätssoftwarearchitektur von sd&m – ist eine seit vielen Jahren bewährte Referenz, um die Architektur einzelner Informationssysteme zu entwerfen. Quasar gibt hierzu Prinzipien und Methoden vor. Mit Quasar beschreibt ein Architekt die Architektur von Informationssystemen mit Komponenten und deren Beziehungen, ohne Rücksicht auf Details der Implementierung, Algorithmen oder Datenrepräsentationen [IEE00, Has06, RH06] zu nehmen.

Quasar schafft damit eine Basis für das Verständnis guter Architekturen im Allgemeinen. Quasar verwendet zentrale Artefakte zur Beschreibung von Architekturen – Komponenten und deren Beziehungen – und grundlegende Architekturprinzipien, wie z.B. die Trennung von Zuständigkeiten [Par72].

Trotzdem adressiert Quasar – stellvertretend für die Disziplin der klassischen *Softwarearchitektur* – nicht die konkreten Probleme, die ein Architekt lösen muss, wenn er Anwendungslandschaften gestaltet. Die Gründe hierfür sind vielfältig.

So ist z.B. die Granularität der Komponenten auf der Ebene von Anwendungslandschaften gröber, und ihr Technikbezug ist geringer als bei klassischen Softwarearchitekturen. Die Unterschiede in der Granularität und der Art der Komponenten führen dazu, dass die aus Quasar bekannten und bewährten Softwarekategorien (A-, T-, 0-Software) für das Design von Informationssystemen auf der Ebene von Anwendungslandschaften nicht geeignet sind.

Ein weiterer Unterschied ist, dass ein Architekt bei der Gestaltung von Anwendungslandschaften die Ausrichtung an der Geschäftsarchitektur expliziter berücksichtigen muss als bei der Gestaltung einzelner Informationssysteme. Vergleicht man dies etwa mit der Struktur des Integrated Architecture Framework in Abbildung 2–7, so beschränkt sich Quasar im Wesentlichen auf die beiden Säulen der IS- und TI-Architektur. Quasar Enterprise hingegen umfasst alle vier Säulen und stellt damit den Bezug zwischen Geschäft und IT her.

Klassische Softwarearchitektur hatte ihren Schwerpunkt auf der Neuentwicklung von Informationssystemen. Erst in letzter Zeit gehen Themen der Evolution mehr und mehr auch in das moderne Software Engineering ein. Auf Ebene von Anwendungslandschaften ist es jedoch grundsätzlich so, dass sich die Architektur um laufende Weiterentwicklung dreht. Aufgrund der hohen Investition, die eine Anwendungslandschaft darstellt, ist es niemals möglich, die existierende Anwendungslandschaft zu entsorgen und eine neue auf der grünen Wiese zu gestalten.

Zusammenfassend halten wir fest, dass Quasar gut geeignet ist, um hochwertige Architekturen von Informationssystemen zu entwickeln. Allerdings konzentriert sich Quasar auf einzelne Geschäftsfälle, die durch eine neu zu entwickelnde Anwendung zu unterstützen sind. Quasar Enterprise verfolgt dagegen einen ganzheitlichen, unternehmensweiten Ansatz. Es berücksichtigt übergreifende Gestaltungsziele.

Andererseits entstehen auch bei der Gestaltung von Anwendungslandschaften mit Quasar Enterprise Anforderungen für neue Informationssysteme. Deren Architekturen können natürlich prinzipiell mit Quasar entwickelt werden. Allerdings ergibt sich hier der Bedarf, Quasar um Vorschriften zu erweitern, wie derartige Anwendungen als leicht integrierbare Einheiten für eine Anwendungslandschaft zu konstruieren sind. Eine erste Liste von derartigen Bauvorschriften hatten wir bereits in Episode 6 im Teil I des Buchs kennengelernt.

Abbildung 2–9 verdeutlicht den Zusammenhang zwischen Quasar und Quasar Enterprise. Einfach gesagt: Quasar Enterprise verhält sich zu Quasar wie die Städteplanung zum Hausbau.

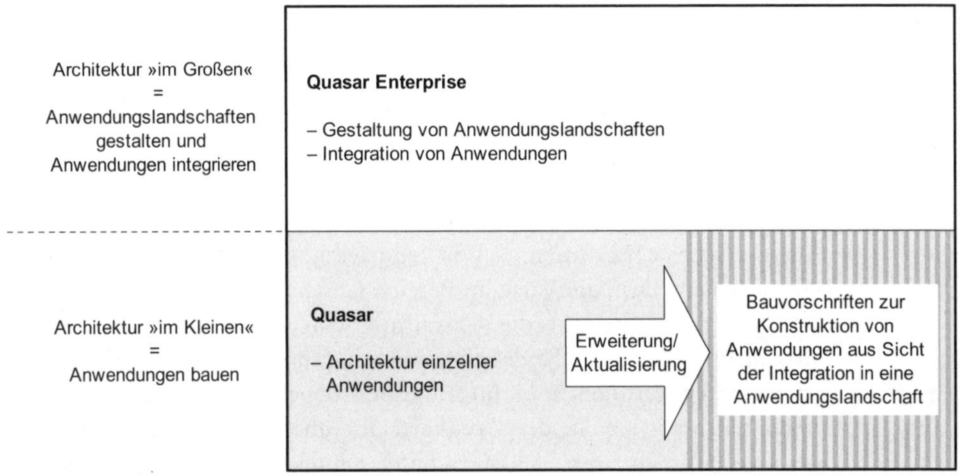

Abb. 2–9 Quasar und Quasar Enterprise

2.7.2 Der Beitrag von Quasar Enterprise

Das Schlagwort der Serviceorientierten Architektur (SOA) [RHS05] beherrscht die Diskussion über die Gestaltung von Anwendungslandschaften. Zahlreiche Veröffentlichungen adressieren das Thema SOA (z.B. [BBF+05, KBS04, Erl05]). Diese beschäftigen sich vornehmlich mit Technologien – z.B. Web Services – und Produkten, die den Aufbau Serviceorientierter Architekturen unterstützen. Die Literatur gibt jedoch nur wenige Hinweise darauf, wie Anwendungslandschaften systematisch nach serviceorientierten Prinzipien gestaltet werden können, obwohl SOA heutzutage nicht mehr als Technik, sondern als Gestaltungsprinzip angesehen wird.

Andere Veröffentlichungen über Anwendungslandschaften interpretieren IT-Architektur als Managementaufgabe [WR04, Kel06]. Diese Publikationen konzentrieren sich auf Führungsthemen und Prozesse zur strategischen Verwaltung von IT-Architekturen. Sie liefern allerdings keine methodischen Hinweise zur Gestaltung von Anwendungslandschaften.

Genau diese Lücke füllt Quasar Enterprise. Mit Quasar Enterprise beantworten wir, wie eine Anwendungslandschaft nach serviceorientierten Prinzipien zu gestalten ist. Wir zeigen, wie sich der ideale Schnitt einer Anwendungslandschaft aus der Geschäftsarchitektur eines Unternehmens ableiten lässt, wie man die richtigen Services findet und gestaltet. Weiterhin zeigen wir, wie Services mit Hilfe geeigneter Infrastrukturen realisiert werden können. Quasar Enterprise bietet hierfür konkrete Verfahrensbausteine in Form von Methoden, Regeln, Mustern und Referenzarchitekturen.

2.7.3 Die Landkarte von Quasar Enterprise

Wir betten Quasar Enterprise in das IAF gemäß Abbildung 2–10 ein. Dabei schaffen wir uns eine spezielle Landkarte, mit der wir die Inhalte dieses Buchs strukturieren. Wir reduzieren bei dieser Einbettung die Detaillierung der Landkarte im Bereich Geschäft gegenüber dem IAF, da Quasar Enterprise auf die Gestaltung von Anwendungslandschaften fokussiert. IAF unterscheidet im Bereich Geschäft zwischen den Architekturaspekten Business und Information sowie zwischen verschiedenen Architekturebenen. In der Landkarte für unser Buch vereinfachen wir dies zu einer einzigen Sicht Geschäftsarchitektur. Auf der Seite der IT-Architektur berücksichtigt Quasar Enterprise hingegen die verschiedenen Architekturaspekte und Architekturebenen des IAF.

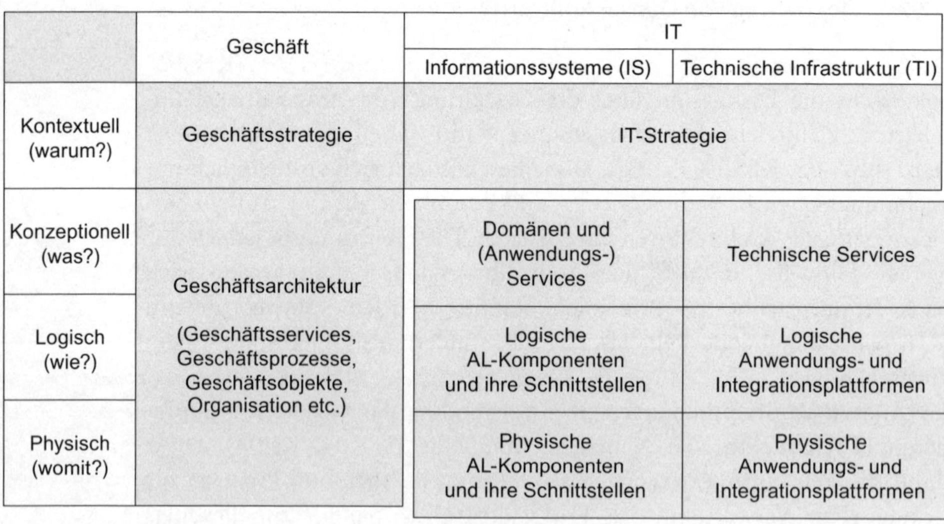

Abb. 2–10 Quasar Enterprise eingebettet in IAF

IAF gibt Roadmaps vor, die beschreiben, in welcher Reihenfolge ein Architekt die verschiedenen Architekturelemente sinnvollerweise betrachtet. Quasar Enterprise geht bei der Gestaltung der IT-Architektur weiter und liefert konkrete Verfahrensbausteine, die einen Architekten bei der Gestaltung der IT-Architektur unterstützen.

Quasar Enterprise ergänzt zusätzlich die beiden Dimensionen der Architekturebenen und Architekturaspekte um eine dritte Dimension, die zwischen Ist, Soll und Ideal unterscheidet. Mit dieser dritten Dimension kann ein Architekt die Evolution einer bestehenden Anwendungslandschaft planen und steuern. Wir erhalten damit als Ergebnis eine dreidimensionale *Landkarte von Quasar Enterprise.* Sie ist in Abbildung 2–11 dargestellt.

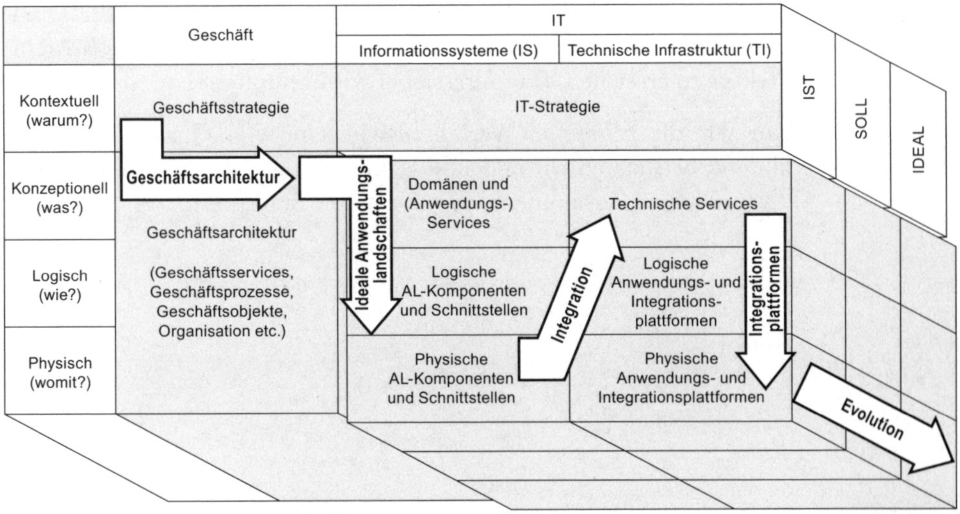

Abb. 2–11 Landkarte von Quasar Enterprise – Landkarte des Buchs

In Abbildung 2–11 sind die konstruktiven Kapitel als Pfeile ähnlich einer Roadmap in IAF eingezeichnet.

- In Kapitel 4 beschreiben wir die wesentlichen Artefakte der Geschäftsarchitektur, die ein Architekt als Startpunkt kennen muss. Weiterhin beschreiben wir ein Vorgehen, das ein Architekt anwenden kann, um die für ihn notwendige Information zur Geschäftsarchitektur zu erheben.
- In Kapitel 5 beschreiben wir Methoden, um aus der Geschäftsarchitektur eine ideale Anwendungslandschaft abzuleiten. Die Anwendungslandschaft besteht auf der konzeptionellen Ebene aus Domänen und Anwendungsservices. Auf der logischen Ebene besteht sie aus logischen Komponenten, ihren Schnittstellen und Beziehungen.

- Ein Architekt muss wissen, wie Anwendungen physisch miteinander integriert werden, um die Gestaltung der Anwendungslandschaft zu planen. Hierzu zeigen wir in Kapitel 6 die notwendigen Grundlagen.
- Ein Unternehmen integriert Anwendungen effizient, indem es Dienste von Integrationsplattformen verwendet. In Kapitel 7 beschreiben wir Referenzarchitekturen konzeptionell in Form von technischen Services. Ein Architekt kann diese z.B. nutzen, um geeignete Integrationsplattformen auszuwählen.
- Anwendungslandschaften entwickeln sich. Die Ideal-Anwendungslandschaft beschreibt ein Fernziel. Sie dient als Leuchtturm, auf den der Architekt seine Aktivitäten ausrichtet. Wenn der Architekt die Weiterentwicklung plant, stellt er eine Balance her zwischen strategischen und operativen Zielen sowie zwischen Anforderungen aus Geschäft und IT. Das Ergebnis ist ein tatsächlich angepeiltes Zwischenziel (Soll). Der Architekt plant die Schritte, um die Soll-Architektur zu erreichen. Das adressieren wir in Kapitel 8.

Bevor wir die genannten Verfahrensbausteine von Quasar Enterprise erläutern, beleuchten wir in dem folgenden Kapitel erst noch das Thema SOA und seinen Zusammenhang mit Quasar Enterprise.

3 Serviceorientierte Architekturen heute

Die Begriffe *Serviceorientierung* und *Serviceorientierte Architektur* (SOA) sorgen oftmals für Verwirrung, da kein einheitliches Verständnis dieser Begriffe besteht. Vielfach erfolgt die Definition der Begriffe nur aus einem spezifischen Blickwinkel heraus. Hersteller von SOA-Produkten verwenden sehr IT-nahe Definitionen des Begriffs Service. Web-Service-Technologien bilden oftmals einen zentralen Bestandteil dieser Definitionen. Unternehmensberater hingegen sprechen im Kontext der Strukturierung des Geschäfts von Geschäftsservices und Serviceorientierung, ohne auf Aspekte der IT einzugehen.

Der IT-Unternehmensarchitekt muss das Gedankengut der Serviceorientierung auf den Ebenen des Geschäfts und der IT miteinander verknüpfen. In diesem Kapitel werden die grundlegenden Eigenschaften und Prinzipien Serviceorientierter Architekturen aus Sicht des Architekten beschrieben. Damit legen wir die Grundlage des Verständnisses des Begriffs *SOA* für dieses Buch.

Serviceorientierte Architektur stellt eine Methode zur Strukturierung von Anwendungslandschaften dar. Das Besondere an Serviceorientierter Architektur ist, dass sie den Übergang von einer rein technisch orientierten hin zu einer fachlich orientierten Sichtweise der IT bewirkt hat. Über eine SOA wird die Ausrichtung der Anwendungslandschaft auf das Geschäft vorgenommen – SOA ist die Brücke zwischen Geschäft und IT.

3.1 Serviceorientierung im Geschäft

Die informationsbasierte Dienstleistungindustrie steht in einer Umbruchphase, in der für den Unternehmenserfolg nicht mehr nur einmal optimierte Geschäftsprozesse entscheidend sind. Heute sind mehr denn je eine hohe Wirtschaftlichkeit und Flexibilität bei der Anpassung der Unternehmensstrukturen und Geschäftsprozesse an sich wandelnde Marktanforderungen entscheidend. Nur so kann ein Unternehmen neue

Produkte und Dienstleistungen schneller und kostengünstiger als seine Mitbewerber auf den Markt bringen, um sich von ihnen zu differenzieren und einen Wettbewerbsvorteil zu erlangen.

Um dieses Ziel zu erreichen, strukturieren die Unternehmen ihre Geschäftsmodelle und ihre eigene Organisation anhand von in sich abgeschlossenen Bausteinen geschäftlicher Leistung, den *Geschäftsservices*. Die variable Kombination dieser Bausteine zu neuen Geschäftsprozessen ermöglicht ihnen eine erhöhte Flexibilität und eine effiziente Umsetzung neuartiger Produkte und Dienstleistungen.

3.1.1 Services sind alltäglich und überall

Die meisten Organisationen – sowohl öffentliche Einrichtungen als auch Wirtschaftsunternehmen – bieten ihren Kunden Services an. Ein Reisebüro unterstützt seine Kunden z.B. bei der Planung und dem Kauf von Reisen. Hierzu bietet es verschiedene Services an: eine Beratung bei der Suche nach einer Reise, das Buchen von Pauschalreisen, den Abschluss von Reiseversicherungen oder sogar die Planung von Individualreisen.

In modern ausgestatteten Reisebüros schlägt sich die serviceorientierte Ausrichtung sogar in der Raumplanung nieder (Abb. 3–1). Anhand der Raumgestaltung kann ein Kunde verschiedene Verantwortungsbereiche identifizieren. Jeder dieser Bereiche bietet unterschiedliche Services an. So finden sich z.B. Schalter zum Buchen von Bahnreisen und Flügen oder Schalter zum Buchen von Urlaubsreisen. Im Eingangsbereich befindet sich eine Information, die einen Kunden abhängig von seinem Anliegen weitervermittelt oder kleinere Services erbringt, wie das Aushändigen von Tickets oder Reisekatalogen.

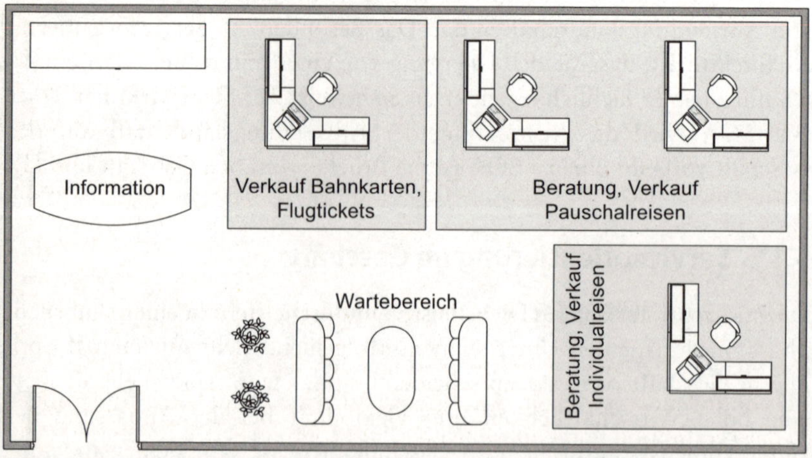

Abb. 3–1 Raumgestaltung in einem modernen, serviceorientierten Reisebüro

Engagierte Reisebüros ermöglichen durch die geschickte Kombination der Services von Hotel, Flug- und Bahngesellschaften den Verkauf von Individualreisen. In diesem Fall integrieren sie existierende Services, um einen neuen, höherwertigen Service zu schaffen. Für den Kunden ist lediglich das Ergebnis, der Verkauf der Individualreise, interessant. Die internen Abläufe des Reisebüros bleiben vor ihm verborgen. So nutzt z.B. der Kundenberater den Service zum Buchen von Bahnreisen, um eine Individualreise zu komplettieren. Der Kunde selbst muss nicht mit verschiedenen Mitarbeitern in der Filiale sprechen.

In der Regel bietet ein Reisebüro seine Services nicht nur lokal, sondern auch über verschiedene weitere Kommunikationskanäle an. So kann ein Flug auch über das Telefon gebucht werden. In diesem Fall bekommt der Kunde ein elektronisches (Etix) oder ein Papier-Ticket, das er zu einem vereinbarten Zeitpunkt beim Empfang abholt. Zusätzlich kann ein Reisebüro seine Services zum Buchen von Reisen auch über das Internet anbieten.

Letztendlich unterscheidet sich das Ergebnis, das ein Service im Internet produziert, nicht von dem des lokal angebotenen Service. Am Ende erhält der Kunde seine Reisedokumente und kann die Reise antreten. Abhängig vom gewählten Kommunikationskanal achtet der Kunde auf unterschiedliche Details. Während er im Reisebüro z.B. freundlich und kompetent beraten werden möchte, soll die Buchung über das Internet möglichst zeitsparend erfolgen. In beiden Fällen ist für den Kunden nicht transparent und auch nicht relevant, wie das Reisebüro eine Reise bucht. In der Regel greift das Reisebüro auf die Services eines Reiseveranstalters zurück. Die Abwicklung der Reise obliegt dann dem Reiseveranstalter.

Die serviceorientierte Gestaltung eines Unternehmens zeigt sich jedoch nicht nur an der Beziehung zwischen dem Kunden und dem Unternehmen. Das Prinzip der Serviceorientierung kann auch innerhalb eines Unternehmens angewendet werden. Verschiedene Abteilungen bieten ihre Services anderen Abteilungen an und nutzen selbst wiederum vordefinierte Services. Damit stehen die verschiedenen Abteilungen in einer Kunden-Lieferantenbeziehung [Hal05, BKR05]. Auch in diesem Fall ist es für eine servicenutzende Abteilung unbedeutend, mit welchen Mitteln ein Service erbracht wird.

3.1.2 Entwicklung der Serviceorientierung in Unternehmen

Die Arbeitsweise von Unternehmen hat sich über die Zeit stark gewandelt und weiterentwickelt. Am offensichtlichsten sind diese Änderungen in der Produktion von Gütern. Unter der Produktion bzw. einem Produktionsprozess versteht man einen vom Menschen bewirkten Transformationsprozess, um aus Ausgangsstoffen unter Einsatz von Energie, Arbeitskraft und Produktionsmitteln Gebrauchsgüter (Produkte) zu erstellen [WD05, DR03].

Eine wirtschaftliche, wettbewerbsfähige Güterproduktion verläuft heute anders als z.B. noch vor hundert Jahren. Die Motive der Veränderung sind vergleichbar mit den Gestaltungszielen für Anwendungslandschaften (Abschnitt 2.3):

- Erhöhung der produzierten Stückzahlen bei gleichbleibenden oder sinkenden Produktionskosten (höhere Effizienz),
- Steigerung des Absatzes durch die Produktion von Gütern in der vom Kunden gewünschten Qualität (höhere Effektivität),
- Flexibilisierung des Produktionsprozesses, um schneller auf geänderte interne (Strategie) und externe (Marktumfeld) Einflüsse reagieren zu können (höhere Agilität).

Vor der industriellen Revolution war die Produktion von Gütern handwerklich geprägt. Sie erfolgte in Einzelfertigung mit einer hohen Fertigungstiefe (Anteil der Eigenfertigung bei der Gütererstellung). Die Effektivität der Produktion war nur gering. Die Qualität der produzierten Produkte variierte stark, da die zur Produktion verwendeten Materialien in ihrer Qualität variierten und die verwendeten Werkzeuge kein exaktes Arbeiten zuließen. Auch die Effizienz der Produktherstellung war aus heutiger Sicht gering, da automatisierbare Leistungen manuell erbracht wurden.

Im Zuge der industriellen Revolution erfolgte ein Wechsel von einer individuellen handwerklichen Tätigkeit hin zu einer standardisierten industrialisierten Tätigkeit. Ermöglicht wurde dies durch einen tief greifenden technologischen Wandel. Die damit aufkommende Automatisierung adressierte Aspekte der Effizienz bei gleichbleibender Qualität.

Zudem findet man bei heutigen Unternehmen eine Konzentration auf ihre Kernkompetenzen vor. Dies führt zu einer Umgestaltung, die eine starke Spezialisierung und Arbeitsteilung verfolgt. Jede Schlüsselindustrie verfügt heute über ein weitverzweigtes Netz von Produktherstellern mit mehr oder weniger abhängigen Zulieferern. Die Verzahnung der Produktionsprozesse ist teilweise so weit fortgeschritten, dass die Grenzen zwischen den beteiligten Unternehmen zunehmend verschwimmen. Es ist keine Seltenheit, dass ein Produkthersteller exakte Vorgaben über Gestalt oder Qualität eines eingekauften Vorprodukts macht oder ein Zulieferer ein Lager auf dem Gelände seiner Kunden betreibt, um direkt in die weitergehende Fertigung anzuliefern. Die Berührungspunkte zwischen den Fertigungsprozessen der beteiligten Partner können dabei sehr gut als Services mit einer wohldefinierten Leistung und einem klaren Vertrag aufgefasst werden.

Der Gedanke hinter der Serviceorientierung ist ähnlich. Ein Service definiert eine Leistung mit spezifischen Eigenschaften. Damit ist die Produktion eines Guts als ein Service zu begreifen. Wenn nun die Unternehmen ihre Produktionsketten aufbrechen und Vorprodukte von Zulieferern integrieren, so ist dies die Verknüpfung von Services über Unternehmensgrenzen hinweg. Die sogenannte *Supply Chain* eines Produktherstellers ist eine Kette von Services. Jeder Service legt die Eigenschaften der gelieferten Produkte einschließlich ihrer Lieferung exakt fest. Die Auffassung einer Supply Chain als Servicekette erlaubt Unternehmen eine flexible Auswahl und Integration ihrer Zulieferer in die eigene Produktionskette. Eine weitreichende Standardisierung und Normierung von Bauteilen in der industriellen Fertigung unterstützen diese Flexibilisierung.

3.1.3 Geschäftsservices und Geschäftsprozesse

In den vorausgehenden Abschnitten haben wir den Begriff Service in Form des Geschäftsservice grob anhand eines Beispiels eingeführt. Später werden wir ihn gegen den Begriff des Anwendungsservice abgrenzen. Jetzt wollen wir den Begriff Geschäftsservice weiter detaillieren. Dazu wenden wir uns erst noch einmal unserem Reisebeispiel aus Abschnitt 3.1.1 zu.

Das Reisebüro bietet seinen Kunden verschiedene Geschäftservices als fest definierte Dienstleistungen (z.B. die Beratung zu Pauschalreisen) an. Der Beratungsservice ist dem Geschäftsbereich Verkauf Pauschalreisen zugeordnet. Im Fall der in Abbildung 3–1 dargestellten Filiale ist der Service sogar physisch einem eigenen Raumbereich zugeordnet.

Allgemein stellt ein Geschäftsservice eine geschäftliche Leistung dar, die ein Unternehmen für seine Kunden erbringt. In unserem Beispiel ist die geschäftliche Leistung die Organisation und Durchführung einer Urlaubsreise für einen Kunden. Im Bereich Banken ist die Bearbeitung von Überweisungsaufträgen ein Beispiel für einen Service. Seine geschäftliche Leistung ist die Umbuchung eines Geldbetrags zwischen zwei Konten.

Die Nutzung eines Service ist klar definiert. Bei dem Buchungsservice gibt das Formular des Reisebüros eindeutig die benötigten Informationen für die Buchung einer Reise vor. Dazu gehören z.B. Reiseziel, Name des Kunden oder seine Kreditkarteninformationen. Als direktes Ergebnis der Servicenutzung bekommt der Kunde eine Durchschrift des ausgefüllten Formulars als Auftragsbestätigung. Wenn der Kunde eine Reise über das Internet bucht, ist die Nutzung des Buchungsservice ähnlich. Der Kunde wählt ein Reiseziel und füllt die notwendigen Webformulare aus. Als Bestätigung für seine Buchung erhält der Kunde eine E-Mail.

Neben diesen in einer Filiale oder im Internet beobachtbaren Ergebnissen ergeben sich bei einer Servicenutzung noch zusätzliche Seiteneffekte. Der Kunde kann diese Seiteneffekte nicht direkt beobachten, sie sind aber dennoch zentrale Bestandteile des Service. Es wird z.B. ein Hotelzimmer für den Kunden reserviert, und seine Kreditkarte wird belastet. Diese Seiteneffekte sind einem Servicenutzer bekannt zu machen, auch wenn er die Details der Realisierung eines Service nicht kennen muss.

Mit der Nutzung eines Service einigen sich Anbieter und Kunde auf einen Vertrag. Der Vertrag besteht auf beiden Seiten aus Pflichten und Nutzen. Der Kunde geht die Verpflichtung ein, die gebuchte Reise zu bezahlen und als Nutzen kann er einen gut organisierten Urlaub genießen. Der Reiseveranstalter hat neben dem wirtschaftlichen Gewinn den Nutzen der Planungssicherheit, da der Kunde sich für eine Reise zu einem bestimmten Zeitpunkt entscheidet. Der Reiseveranstalter geht dafür die Verpflichtung ein, die Reise zu veranstalten. Der Buchungsservice umfasst jedoch nicht nur die Buchung einer Reise. Neben dieser eigentlichen Dienstleistung gehört zu einem umfassenden Buchungsservice z.B. die Möglichkeit, eine Reise – innerhalb gewisser Fristen – abzusagen. Ein Geschäftsservice umfasst also eine Menge von Dienstleistungen und Regelungen zu einem bestimmten Themenbereich. Wir definieren:

> Ein ***Geschäftsservice*** (business service) ist ein Element geschäftlichen Verhaltens. Er stellt eine geschäftliche Leistung dar, die ein Servicegeber gegenüber Servicenehmern erbringt. Der Servicegeber ist eine Einheit des Unternehmens – Abteilungen oder einzelne Stellen. Servicenehmer sind Kunden oder andere externe Partner des Unternehmens oder andere Einheiten im Unternehmen. Jedem Geschäftsservice liegt ein Vertrag zugrunde. Dieser legt die ein- und ausgehenden Informationen und Güter fest. Er beschreibt die im Rahmen des Service durchzuführenden Schritte und ihre Reihenfolge, sofern sie für den Servicenehmer relevant sind. Diese Schritte heißen ***Geschäftsserviceaktionen*** (business service actions), kurz ***Aktionen***. Des Weiteren legt er alle relevanten Randbedingungen fest.

Realisiert werden Geschäftsservices durch Geschäftsprozesse. Wir definieren:

> Ein ***Geschäftsprozess*** (business process) ist eine funktions- und stellenübergreifende Folge von Schritten zur Erreichung eines geplanten Arbeitsergebnisses in einem Unternehmen. Diese Schritte heißen ***Geschäftsprozessaktivitäten*** (business process activities), kurz ***Aktivitäten***. Der Geschäftsprozess dient direkt oder indirekt zur Erzeugung einer Leistung für einen Kunden oder den Markt.

Im Vergleich der beiden Begriffe Geschäftsservice und Geschäftsprozess zeigt sich, dass Geschäftsservices die Außensicht an der Schnittstelle zum Servicenehmer beschreiben und Geschäftsprozesse die Innensicht des Serviceerbringers. Dieser Zusammenhang ist in Abbildung 3–2 dargestellt.

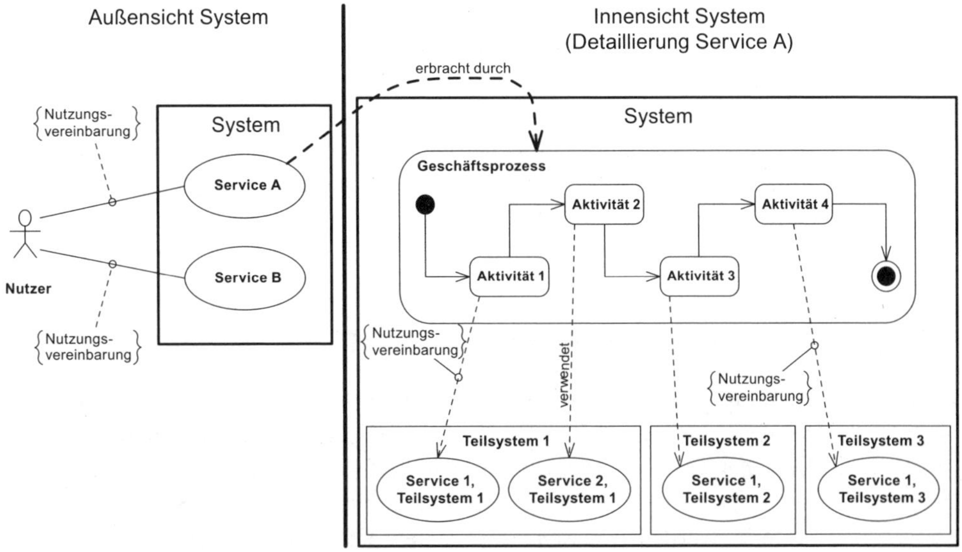

Abb. 3–2 Innen- und Außensicht eines Systems

Wir betrachten ein System als eine abgeschlossene Einheit in einer definierten Umgebung. Beispiele für ein System können ein Unternehmen am Markt, eine Abteilung in einem Unternehmen oder die IT des Unternehmens sein [UM06].

Ein System bietet an seiner Systemgrenze eine Menge von Services und damit eine Menge von Leistungen für seine Umgebung an. Die Services bestimmen, wie ein Nutzer das System verwenden kann. Services stellen die Außensicht eines Systems dar.

Ein System erbringt die Services durch interne Prozesse, ihre Details sind für den Nutzer irrelevant. Die Prozesse ordnen die notwendigen Aktivitäten der Leistungserbringung in einer zeitlichen Achse und koordinieren das Zusammenspiel der internen Bestandteile des betrachteten Systems und weiterer zuliefernder Systeme. Prozesse stellen die Innensicht eines Systems dar.

Die einzelnen Aktivitäten eines Prozesses in der Innensicht eines Systems verwenden wiederum Services zur Erbringung ihrer Leistung im Geschäftsprozess. Die Services werden von Teilsystemen zur Verfügung gestellt. Bei diesen Teilsystemen handelt es sich um abgeschlossene Einheiten, deren definierte Umgebung der Rest des Systems ist.

Die Schachtelung von Systemen und Teilsystemen mit ihren Interaktionen erlaubt es, ein Gesamtsystem auf unterschiedlichen Granularitätsebenen zu betrachten. Bei der Wahl einer feineren Granularitätsebene stehen neue Systemgrenzen und neue, verfeinerte Services im Fokus. Innerhalb eines Unternehmens kann es sich bei den Teilsystemen z. B. um Abteilungen handeln, die unterschiedliche Services erbringen. Die Teilsysteme strukturieren das übergeordnete Gesamtsystem, und die Prozesse stellen die Realisierung der Services dar.

Die Betrachtung von Geschäftsservices als Strukturierungsmerkmal für ganze Unternehmen, das Zusammenspiel ihrer inneren Teile sowie der Beziehungen nach außen lässt sich auch auf die IT eines Unternehmens erweitern. Im folgenden Abschnitt wollen wir zeigen, wie dies die Qualität der Anwendungslandschaft verbessert.

3.2 Serviceorientierung in der IT

Heutzutage unterstützen große Unternehmen nahezu alle ihre Geschäftsprozesse mit Informationstechnologie. Die innerhalb und außerhalb eines Unternehmens zu erbringenden Geschäftsservices bestimmen die Funktionen, die von den Systemen ihrer Anwendungslandschaft zur Verfügung gestellt werden müssen. Für eine zielgerichtete Unterstützung des Geschäfts muss die Architektur der Anwendungslandschaft geplant werden. Wie in Abschnitt 2.3 gezeigt, werden dabei übergeordnete Gestaltungsziele verfolgt. Mit dem Einsatz Serviceorientierter Architekturen zur Gestaltung von Anwendungslandschaften geht das Versprechen einher, die genannten Gestaltungsziele einfacher als mit früheren Ansätzen zu erreichen.

Heutige Anwendungslandschaften sind historisch gewachsen (Abschnitt 2.1) und nicht serviceorientiert. Sie sind typischerweise geprägt durch große, monolithische Systeme, die jeweils einzelne oder eine Menge von Geschäftsservices vollständig oder ausschnittsweise abdecken. Ein Unternehmen integriert verschiedene Systeme, wenn ein Geschäftsservice nicht nur mit einem einzelnen System realisiert werden kann oder wenn unterschiedliche Systeme auf dieselben Geschäftsobjekte zugreifen. Oftmals hat das Unternehmen die Systeme dann über individuell und ad hoc gestaltete Punkt-zu-Punkt-Verbindungen integriert. Dies führt zu einer engen Kopplung in heutigen Anwendungslandschaften, die häufig durch eine zu geringe Kapselung der fachlichen Funktionen sowie unklare Datenhoheiten verstärkt wird [Ric05]. Geänderte Geschäftsservices können nur so weit unterstützt werden, wie es die Flexibilität der Systeme zulässt. Um grundlegend geänderte Geschäftsservices zu unterstützen, kauft oder entwickelt ein Unternehmen in der Regel neue Systeme. Auch diese werden über individuell gestaltete Punkt-zu-Punkt-Verbindungen mit den existierenden Systemen integriert.

Derart natürlich gewachsene Anwendungslandschaften unterstützen zwar die aus dem Geschäft kommenden Anforderungen (Gestaltungsziel Korrektheit), jedoch enthalten sie eine Vielzahl von stark miteinander vernetzten Systemen. Die dadurch entstehenden komplexen Strukturen (Abb. 3–3, erste Zeile) sind oftmals undokumentiert und nur schwer wartbar. Auch die Beziehung zwischen dem in der Regel gut organisierten Geschäft und der Anwendungslandschaft ist unstrukturiert: Ähnliche Geschäftsservices werden von verschiedenen Anwendungssystemen mit redundanten Funktionen unterstützt, und Geschäftsobjekte werden redundant in verschiedenen Anwendungssystemen verwaltet. Zwischen Geschäft und IT klafft eine Lücke.

Aufgrund der hohen Komplexität wirkt sich eine Änderung in der Anwendungslandschaft oftmals auf eine nur schwer überschaubare Menge weiterer Systeme und Geschäftsservices aus. Eine derart unstrukturierte Anwendungslandschaft erfüllt die Gestaltungsziele Effektivität, Effizienz und Agilität nicht.

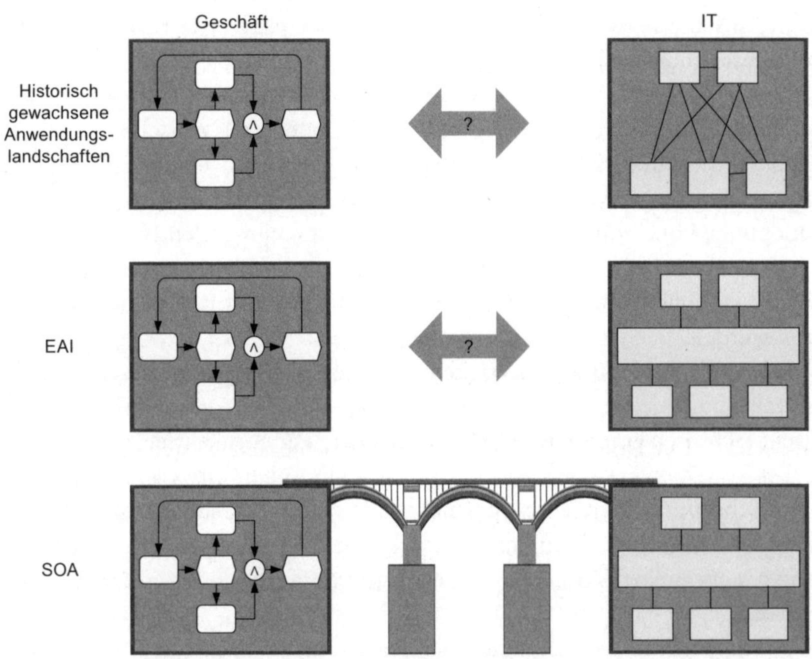

Abb. 3–3 Zusammenhang Geschäft und IT: Entwicklung hin zu Serviceorientierten Architekturen

Enterprise Application Integration (EAI) [CHK+05, Kel02] stellt einen ersten Ansatz dar, um die Komplexität von Anwendungslandschaften zu reduzieren. In der Literatur werden die Begriffe SOA und EAI leider häufig gemeinsam verwendet. Hier ist jedoch sorgfältig zu trennen.

Enterprise Application Integration im Kontext betrieblicher Informationssysteme vereinfacht die Integration heterogener Anwendungssysteme zu einer vernetzten Anwendungslandschaft. Der Schwerpunkt von EAI liegt auf der technischen, werkzeuggestützten Integration. EAI-Produkte enthalten unter anderem vorgefertigte Adapter für gängige Standardsoftware und unterstützen etablierte Schnittstellentechnologien. Dadurch entfällt die Notwendigkeit, bestehende Systeme anzupassen, falls die benötigten Schnittstellen über eine dieser Technologien verfügbar sind. Entsprechend sinkt der Integrationsaufwand gegenüber herkömmlichen, individuell entwickelten Systemkopplungen. Zusätzlich enthalten viele EAI-Produkte eine Prozesssteuerung, die eine Konfiguration der Interaktion zwischen zwei oder mehreren Anwendungssystemen erlaubt. Hierdurch wird es möglich, existierende isolierte Punkt-zu-Punkt-Verbindungen aufzuräumen und Nutzungsbeziehungen in der Anwendungslandschaft zu strukturieren (Zeile EAI in Abb. 3–3).

Ein Unternehmen erreicht also mit dem Einsatz von EAI-Produkten die Gestaltungsziele Effizienz und Agilität einfacher, da EAI die physische Kopplung existierender Anwendungssysteme über ihre Schnittstellen vereinfacht. Jedoch bleibt weiterhin der Zusammenhang zwischen Geschäft und IT unstrukturiert. Der Grund ist, dass EAI auf einem rein technischen Integrationsverständnis basiert. Fragen, wie mit Systemen mit redundanten Funktionen umgegangen wird oder wie fehlende Funktionen dem Geschäft effizient zur Verfügung gestellt werden, beantwortet EAI nicht. Die Lücke zwischen Geschäft und IT kann mit EAI nicht geschlossen werden.

Um die Beziehungen zwischen dem Geschäft und der IT zu strukturieren, muss sich die Sichtweise auf die IT und ihre Ausrichtung ändern. Rein technisch orientierte Ordnungsbegriffe zur Strukturierung der IT – Host-Systeme vs. Client-Server-Systeme – sind nicht ausreichend, um die Wertschöpfungskette des Unternehmens optimal zu unterstützen. Hier setzen Serviceorientierte Architekturen an. Sie ergänzen die eher technisch geprägten EAI-Technologien um eine fachlich orientierte Sichtweise.

Das wichtigste Ziel einer Serviceorientierten Architektur ist eine klare fachliche Strukturierung von Anwendungslandschaften. Über eine SOA wird die Anwendungslandschaft auf die Geschäftsservices und Geschäftsobjekte ausgerichtet. Die Effizienz und Agilität einer Anwendungslandschaft werden damit gegenüber dem einfachen Einsatz von

EAI-Technologien erhöht. Wenn ein Unternehmen die Geschäftsprozesse ändert, kann es die davon betroffenen Stellen in der Anwendungslandschaft leichter eingrenzen und so unnötige Redundanzen vermeiden.

Erreicht wird die Ausrichtung einer Anwendungslandschaft auf das Geschäft, indem das Unternehmen im Rahmen der Einführung einer Serviceorientierten Architektur eine Abstraktionsschicht zwischen Geschäft und IT einführt [ACK+03, Erl05, KBS04, LMS03]. Die Abstraktionsschicht enthält neue, technologieunabhängige Artefakte, wie z.B. Domänen und Anwendungsservices. Diese neuen Artefakte werden genutzt, um zu beschreiben, wie die Geschäftsprozesse und Geschäftsservices eines Unternehmens unterstützt bzw. automatisiert werden. Realisiert werden diese Artefakte mit den Systemen der Anwendungslandschaft. Mit den neuen Artefakten wird in diesem Sinne die Lücke zwischen dem Geschäft und der IT überbrückt. Sie bilden eine Brücke zwischen den Artefakten, die im Geschäft bzw. der IT bislang genutzt werden – die *SOA-Brücke* (Abb. 3–4).

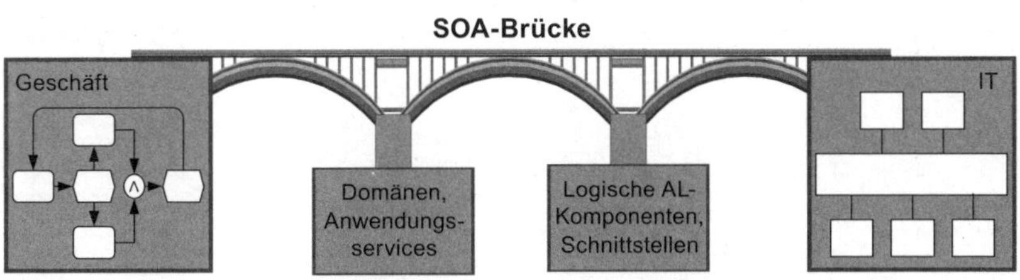

Abb. 3–4 SOA-Brücke: Eine SOA bildet eine Brücke zwischen Geschäft und IT

Diese Artefakte einer SOA beschreiben wir im folgenden Abschnitt 3.3. Sie stellen jedoch nur eine notwendige Basis dar. Ähnlich wie bei der Objektorientierung [BR05, Fow96, Mey97] oder anderen Paradigmen existieren auch für Serviceorientierte Architekturen verschiedene Prinzipien, nach denen diese Artefakte zu gestalten sind, damit sich die in Abschnitt 2.3 formulierten Gestaltungsziele mit einer SOA erreichen lassen. Auf die methodischen Aspekte gehen wir in den folgenden Kapiteln ein.

3.3 Artefakte Serviceorientierter Architekturen

Im Folgenden geben wir einen Überblick über die grundlegenden Artefakte Serviceorientierter Architekturen, wie sie vergleichbar in der Literatur (z.B. [Sim03, KBS04, BBF+05, Woo04]) zu finden sind. Wir beziehen uns bei der Beschreibung der Artefakte nicht auf konkrete Standards, Technologien oder spezifische Implementierungsdetails. Die dargestellten Artefakte können unabhängig von konkreten Umsetzungen Serviceorientierter Architekturen verwendet werden. Der gewählte Abstraktionsgrad ist vergleichbar mit dem der OASIS-Spezifikation »Reference Model for Service Oriented Architecture 1.0« [MLM+06]. Die Spezifikation definiert ein abstraktes Begriffsgebäude, um die zentralen Begriffe einer SOA zu normieren. Sie bildet damit eine Basis für Referenzarchitekturen, Implementierungen und Standards im Kontext Serviceorientierter Architekturen.

Wir unterscheiden zwischen Artefakten des Geschäfts und der IT. Die Artefakte der SOA-Brücke (Abb. 3–5) zeichnen wir aus. Detaillierte Definitionen der Artefakte geben wir in den folgenden Kapiteln. Dort beschreiben wir, wie ein Architekt diese bei der Gestaltung einer Anwendungslandschaft erstellt und verwendet.

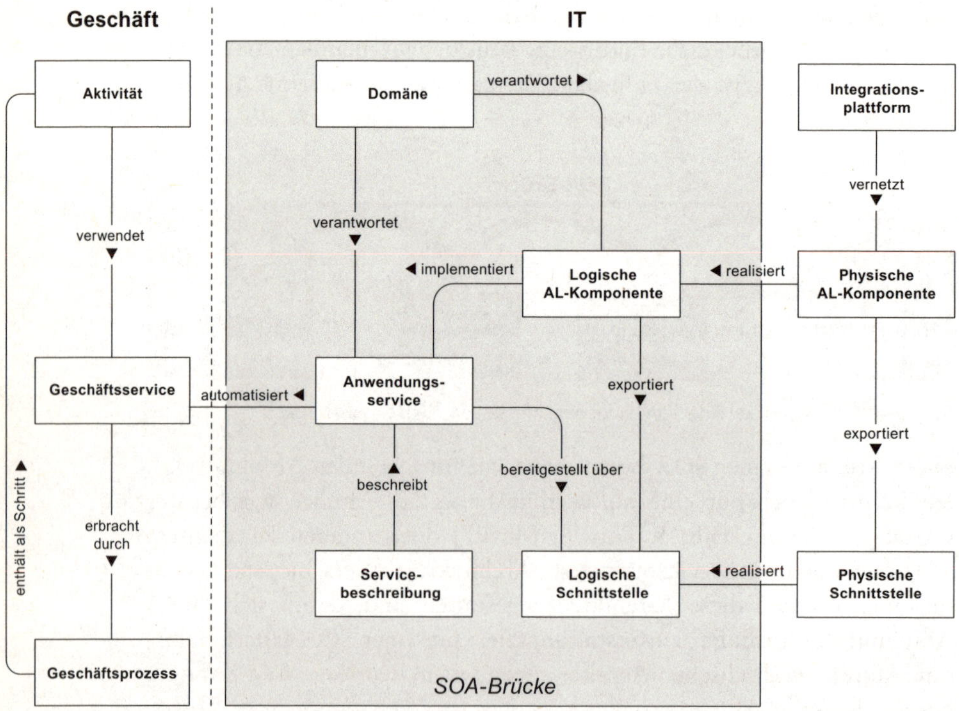

Abb. 3–5 Artefakte Serviceorientierter Architekturen und ihre Abhängigkeiten

Zentral im Kontext Serviceorientierter Architekturen ist der Begriff des Service. Wir unterscheiden zwischen den Artefakten Geschäfts- und Anwendungsservice. Die Zusammenhänge zwischen Geschäftsservices und Geschäftsprozessen haben wir bereits erläutert.

Anwendungsservices automatisieren Geschäftsservices in der IT. Sie werden von logischen Anwendungslandschaftskomponenten – kurz logische AL-Komponenten – über ihre logischen Schnittstellen bereitgestellt, die wiederum über zugehörige physische Schnittstellen realisiert werden.

Ein Anwendungsservice wird von einem spezifischen Verantwortungsbereich, einer *(Anwendungs-)Domäne* verwaltet bzw. verantwortet. Der Verantwortungsbereich kann eine geschäftliche Aufgabe, ein Geschäftsbereich oder eine andere logische Gruppierung sein.

Für die Verwendung eines Service muss ein Servicenutzer wissen, wie er mit diesem interagieren kann. Die notwendigen Informationen werden in öffentlichen *Servicebeschreibungen* festgehalten. In ihrer einfachsten Form enthält eine Servicebeschreibung die Beschreibung der Schnittstelle, über die der Service bereitgestellt wird. Dazu gehören Name, Adresse sowie Ein- und Ausgabeparameter der zugehörigen Operationen. Diese einfache Form der Beschreibung ist oftmals nicht ausreichend, da sie nur syntaktische Informationen enthält und keine Aussagen über das Verhalten eines Service macht.

Zusätzlich kann eine Servicebeschreibung mit semantischen Informationen in Form von beschreibendem Text oder einer formalen Semantik angereichert werden. Mit diesen semantischen Informationen wird zum einen dafür gesorgt, dass Servicenutzer und Serviceanbieter ein gemeinsames Verständnis der an einer Schnittstelle zur Verfügung gestellten Information besitzen. Beide müssen wissen, was z.B. unter einer Reise oder einer Reiseversicherung zu verstehen ist. Hierzu können global oder für den Kontext eines Service standardisierte Ontologien [BHL01, GW02, DHK+05] oder Informationsmodelle verwendet werden. Zum anderen wird das Verhalten eines Service beschrieben. Wenn ein Kunde eine Urlaubsreise mit Flugtransfer bucht, so wird für den Kunden auch ein Hotelzimmer reserviert und ein Bustransfer organisiert. Dieses Verhalten bzw. die Effekte eines Service müssen dem Servicenutzer bekannt gemacht werden.

Physische AL-Komponenten und ihre Schnittstellen sind implementiert und werden in einem Rechenzentrum betrieben. Eine physische AL-Komponente ist z.B. ein Siebel CRM oder ein SAP-CO oder auch ein individuell entwickeltes Softwaresystem. Um eine Anwendungslandschaft am Geschäft auszurichten, bestimmt ein Architekt jedoch zunächst ideale, logische AL-Komponenten. Logische AL-Komponenten abstrahieren von konkreten Implementierungen. Sie werden mit physischen AL-Komponenten realisiert.

Ein weiteres Artefakt der IT ist eine *Integrationsplattform*. Eine bekannte Ausprägung ist ein Enterprise Service Bus (ESB). Eine Integrationsplattform vernetzt physische AL-Komponenten und bietet ihnen eine Ablaufumgebung.

Quasar Enterprise berücksichtigt die genannten Artefakte Serviceorientierter Architekturen und macht darüber hinaus konkrete Aussagen zu ihrer Gestaltung und Verwendung.

3.4 SOA im Kontext der Landkarte von Quasar Enterprise

In Abschnitt 2.7.3 wurde die Landkarte von Quasar Enterprise beschrieben. Jetzt sortieren wir die SOA-Brücke (Abb. 3–4) in diese Landkarte ein. In Abbildung 3–6 bilden wir die Quasar-Enterprise-Artefakte auf die SOA-Artefakte ab, um den Zusammenhang zwischen SOA und den Architekturaspekten von Quasar Enterprise zu verdeutlichen. So wird klar, dass die Verfahrensbausteine von Quasar Enterprise einem Architekten auch eine Systematik bieten, um eine SOA-Brücke vom Geschäft zur IT zu schlagen und Anwendungslandschaften serviceorientiert zu gestalten.

Startpunkt der SOA-Brücke ist das Geschäft. Quasar Enterprise berücksichtigt die Artefakte der Geschäftsarchitektur, die ein Architekt kennen muss, um Anwendungslandschaften gemäß den Vorgaben des Geschäfts serviceorientiert strukturieren zu können.

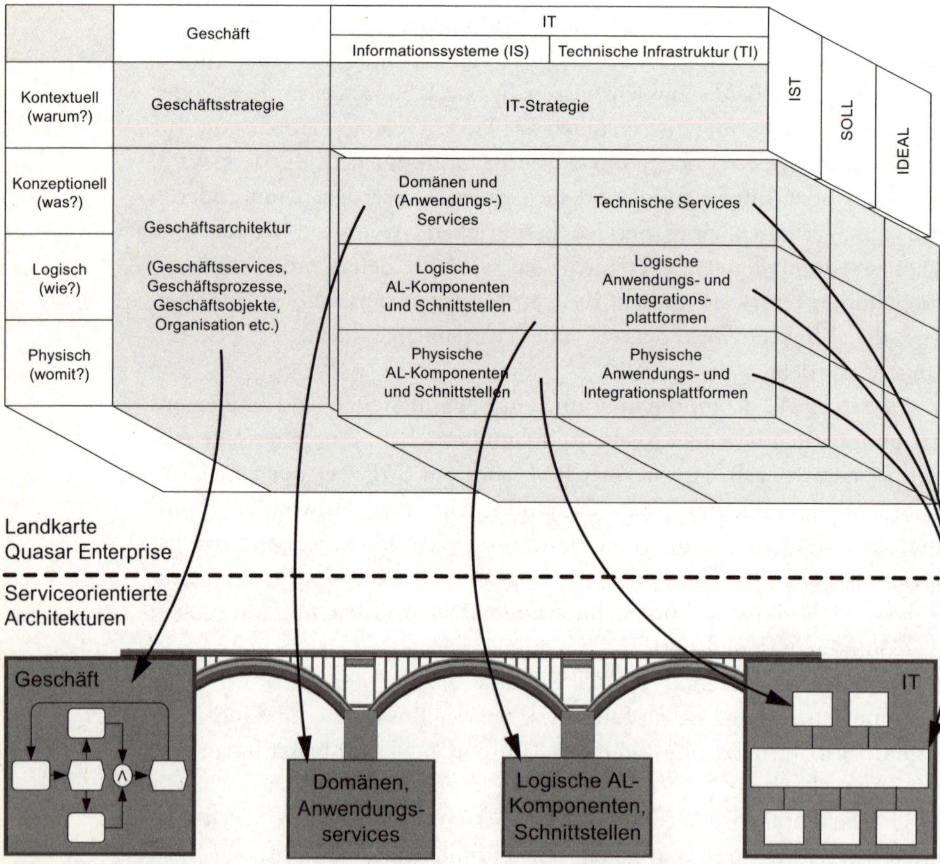

Abb. 3–6 SOA im Kontext der Landkarte von Quasar Enterprise

Die Artefakte der SOA-Brücke selbst berücksichtigt Quasar Enterprise auf der konzeptionellen und logischen Ebene in der IS-Architektur. Auf der konzeptionellen Ebene verwendet Quasar Enterprise Domänen und Anwendungsservices. Sie werden direkt aus der Geschäftsarchitektur abgeleitet. Auf der logischen Ebene verwendet Quasar Enterprise logische Anwendungslandschaftskomponenten (AL-Komponenten) und logische Schnittstellen. Sie werden aus den Domänen und Anwendungsservices abgeleitet. Sie erbringen die Leistung eines Anwendungsservice.

Die Artefakte der IT im engeren Sinne berücksichtigt Quasar Enterprise auf der physischen Ebene der IS-Architektur und der gesamten TI-Architektur. Physische AL-Komponenten und ihre Schnittstellen gehören zur IS-Architektur. Die Integrationsplattform einer SOA detailliert Quasar Enterprise auf den unterschiedlichen Ebenen der TI-Architektur.

3.5 Einführung von Serviceorientierung im Unternehmen

Serviceorientierte Architekturen strukturieren Anwendungslandschaften, indem sie eine Brücke vom Geschäft zur IT schlagen. Damit bewirkt eine SOA den Übergang von einer technisch orientierten hin zu einer fachlich orientierten Sichtweise der IT. Die Einführung von SOA in einem Unternehmen kann somit nicht auf die Einführung neuer Technologien reduziert werden. Sie beeinflusst das gesamte Unternehmen, wie z.B. die Managementprozesse in der IT. Unsere Erfahrungen zeigen, dass der Weg zur Umsetzung einer SOA aufwendig ist und nur schrittweise erfolgen kann.

So verstanden ist die Einführung von SOA im Unternehmen nicht ein Projekt, sondern ein Programm, ein Bündel von Projekten, das koordiniert durchgeführt wird. Die Einführung von SOA im Unternehmen ist eine evolutionäre Weiterentwicklung der Anwendungslandschaft und von Teilen der Organisation im Unternehmen. Kapitel 8 beschreibt dazu grundsätzliche Aspekte und Vorgehensweisen. Die Evolution einer Anwendungslandschaft in eine SOA ist eine spezielle Ausprägung dieses Vorgehens mit folgenden Phasen:

- *Vorstudie*
  Die SOA-Vorstudie dient dazu, zunächst eine SOA-Strategie für das Unternehmen zu entwickeln, die Anwendungslandschaft über den ersten Wurf eines Domänenmodells zu strukturieren, ein Pilotprojekt zu definieren sowie die weiteren Phasen des SOA-Programms zu strukturieren. Das im Teil I des Buchs beschriebene Projekt bei Christoph Kolumbus Reisen ist eine solche Vorstudie.

- *Pilot*
  Das SOA-Pilotprojekt weist nach, dass es möglich ist, Services im Unternehmen einzuführen, indem die festgelegten Pilotservices auf der Basis der vorhandenen Anwendungslandschaft zur Verfügung gestellt werden. Erprobt wird dabei insbesondere die technische Grundlage einer Serviceorientierten Architektur. Die IT-Organisation kann SOA-Aufgaben einüben.
- *Programm*
  Das SOA-Programm realisiert über einen Zeitraum von circa zwei Jahren Services gemäß ihrer festgelegten Priorität in einzelnen Projekten. Diese Projekte werden durch eine zentrale Architekturmanagement-Funktion im Unternehmen mit dem generellen Projektportfolio abgestimmt. Das zentral gesteuerte Programm verankert SOA als Grundprinzip und etabliert die notwendigen organisatorischen Veränderungen in den Bereichen SOA-Governance sowie der Schnittstelle zwischen Fachbereich und IT. Die vollständige SOA-Transformation einer Anwendungslandschaft ist damit üblicherweise aber noch nicht beendet. Diese dauert zumeist deutlich länger als zwei Jahre und umfasst weitere Programme oder Einzelprojekte.
- *Linienaufgabe*
  Mit dem Ende des SOA-Programms kann die weitere Entwicklung der Anwendungslandschaft nach SOA-Prinzipien über etablierte Linienaufgaben erfolgen. Um diesen Übergang zu unterstützen ist der Aufbau eines SOA-Kompetenzzentrums sinnvoll, das für die Vermittlung von Wissen und Erfahrung sorgt.

3.5.1 SOA-Vorstudie

Wesentliche Aufgabe der Vorstudie ist die Entwicklung einer SOA-Strategie. Diese beginnt mit einer Positionsbestimmung: Ist das Unternehmen für die Einführung einer SOA bereit? Was bringt die Einführung einer SOA dem Unternehmen? In welchen Bereichen ist die Anwendung von SOA nützlich? Faktoren, die dies beeinflussen, liegen in der fachlichen Aufgabenstellung, im Bereich der Anwendungslandschaft und in der generellen Situation des Unternehmens.

- Der Einsatz Serviceorientierter Architekturen ist sinnvoll, wenn das Geschäft des Unternehmens so beschaffen ist, dass sich verschiedene Services finden lassen, die zur Differenzierung des Unternehmens beitragen. Konzentriert sich ein Unternehmen hingegen im Wesentlichen auf Geschäftsfunktionen, die wenig zur Differenzierung beitragen, so gestaltet es seine Anwendungslandschaft besser über kosteneffiziente COTS-Systeme von wenigen Lieferanten.

- Serviceorientierte Architektur ist auch sinnvoll, wenn die Geschäftsseite mehr Agilität fordert. Wenn die IT nur selten mit neuen Anforderungen konfrontiert wird und die Umsetzung der Anforderungen lange im Voraus planbar ist, lohnt sich der Einsatz einer unternehmensweiten SOA oftmals nicht, da sich das Verhältnis von Kosten zu Nutzen nicht rechnet. (Zu Kosten und Nutzen einer Veränderung von Anwendungslandschaften siehe Kapitel 8.)
- Ein Unternehmen mit einer einfachen und überschaubaren Anwendungslandschaft benötigt keine SOA. SOA ist nur sinnvoll als Antwort auf geschäftliche Herausforderungen und in einer geeigneten IT-Umgebung.
- Wer sich über die Eignung von SOA Gedanken macht, sollte außerdem berücksichtigen, dass die Umsetzung effizienter Prozessketten in einer SOA nach wie vor eine technische Herausforderung ist. Das Aufbrechen einer auf Durchsatz ausgerichteten Massendaten-Verarbeitung ist nur sinnvoll, wenn dadurch ein zusätzlicher Vorteil erreicht werden kann.
- Beispiele für einen sinnvollen Einsatz von SOA können sein: Anwendungen sollen entkoppelt werden, um sie unabhängig voneinander optimieren oder austauschen zu können. Services sollen über Anwendungen hinweg genutzt werden. Integration von Systemen über Datenbanken soll durch Logik-Integration ersetzt werden. Die Komplexität eines monolithischen Verbunds von Prozessketten soll aufgebrochen und besser beherrschbar gemacht werden.
- Auch die Situation im Unternehmen selbst muss für eine erfolgreiche Einführung von SOA passen. Wenn ein Unternehmen sich bislang noch wenig mit der Gestaltung seiner Geschäftsprozesse beschäftigt hat, ist es für die Einführung einer SOA in der Regel zu früh.
- Das mit SOA verbundene Dienstleistungsprinzip bedingt zusätzlich, dass im Projekt eine kooperative Form der Zusammenarbeit über verschiedene Fachbereiche und Projekte hinweg möglich sein muss. Diese Kooperation wird z.B. auf die Probe gestellt, wenn ein Fachbereich die Entwicklung eines Service mit finanzieren muss, der später in einem anderen Fachbereich eingesetzt werden soll und dort Kosten spart.
- Zuletzt sollte die wirtschaftliche Lage des Unternehmens so sein, dass eine kurzfristige Kostenreduktion nicht im Kernfokus steht. Die Umsetzung eines SOA Programms kostet Geld, und der damit verbundene Nutzen ist kein quick win.

Teil der SOA-Strategie ist eine erste, grobe Identifikation von Domänen. Domänen sind ein wichtiger Startpunkt, um die Brücke von den Geschäftsprozessen zu den physisch implementierten IT-Systemen zu schlagen. Sie erlauben es, ausgehend vom Geschäft mit einer fachlichen Sichtweise ein SOA-Pilotprojekt zu definieren.

Der technische Teil der SOA-Strategie umfasst eine Bewertung der jeweiligen Strategien wesentlicher Softwarelieferanten des Unternehmens und die Entwicklung von Lösungsansätzen zur technischen Architektur unter Berücksichtigung der vorhandenen Client/Server-Infrastruktur.

Teil der Vorstudie sind außerdem eine Empfehlung für den organisatorischen Aufbau des Pilotprojekts sowie eine Strukturierung des generellen SOA-Vorhabens.

3.5.2 SOA-Pilot

Ein SOA-Pilotprojekt überprüft, ob eine SOA in einem Unternehmen prinzipiell umgesetzt werden kann. Hierzu stellt es Pilotservices auf der Basis der vorhandenen Anwendungslandschaft zur Verfügung. Erprobt wird dabei insbesondere der technische Teil der SOA, es erfolgt aber auch ein Einüben von SOA-Aufgaben in der IT-Organisation.

Im Bereich der Technik steht die Evaluation eines Enterprise Service Bus im Vordergrund. Neben den grundlegenden Aufgaben einer Kapselung von bestehenden Schnittstellen in der Anwendungslandschaft als Services sind dabei auch weitergehende Aufgaben der Integration zu lösen. Eine der hierbei zu lösenden Aufgaben ist die Umsetzung der Anforderung eines Single Sign-On (SSO): Die Abbildung von Geschäftsprozessen über verschiedene Anwendungen hinweg soll über eine einmalige und in allen Systemen nachvollziehbare Authentifizierung des Benutzers erfolgen. Die Schwierigkeit besteht darin, dass aktuelle SSO-Standards bislang nur begrenzt helfen, da sie in der Regel von den vorhandenen Anwendungen nicht unterstützt werden.

Daneben gibt es Risiken für SOA-Pilotprojekte. Es ist z.B. typisch, dass das Projekt aufgrund ambitionierter Zeitpläne grundlegende SOA-Prinzipien durch Behelfslösungen verletzt. Höhere Fehlerquoten und erhöhter Zeitaufwand aufgrund der neuen Technologie unterminieren die Unterstützung für SOA innerhalb des Pilotprojekts. Interimslösungen im Pilotprojekt zur Einhaltung von Zeitplänen und Budget können dabei die Reputation einer SOA innerhalb eines Unternehmens nachhaltig schädigen. Ein erhöhter Aufwand zur Einführung neuer Technologien muss im Zeitplan des Pilotprojekts explizit berücksichtigt werden. Dieser kann aber nur in seltenen Fällen dem beauftragenden Fachbereich des Pilotprojekts in Rechnung gestellt werden.

Um hier den Kurs halten zu können ist ein Unterstützer aus dem Top-Management des Unternehmens ab der SOA-Pilotphase in allen Bereichen der Umsetzung erforderlich.

Im planerischen Teil der Pilotphase wird die SOA-Strategie verfeinert, indem entlang der Domänen-Struktur ein Service-Portfolio definiert wird. Dabei kann der in Abbildung 3–7 dargestellte Entscheidungsbaum grundsätzlicher Umsetzungsalternativen herangezogen werden.

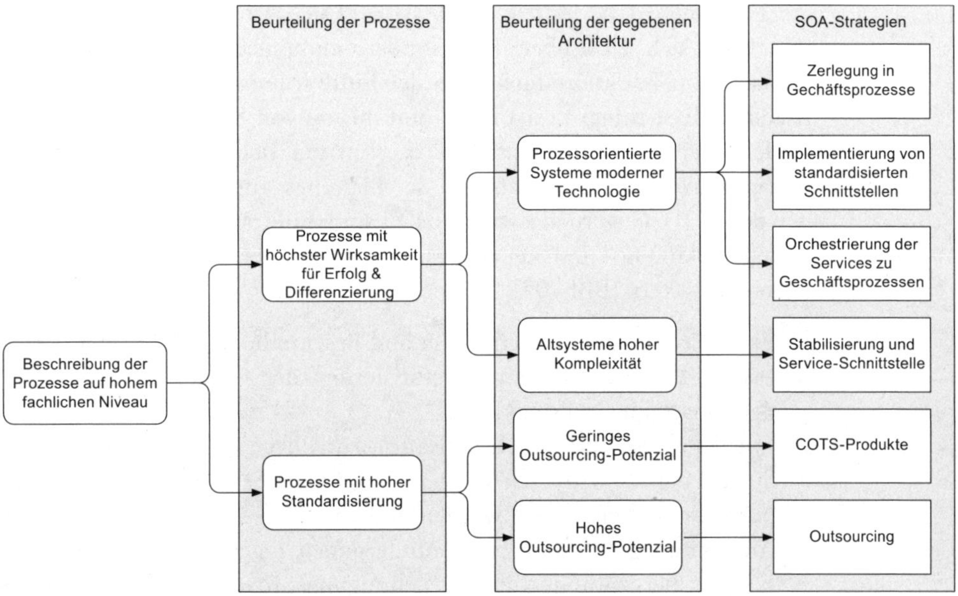

Abb. 3–7 Grundsätzliche Umsetzungsalternativen für Services

Abhängig von den vorhandenen Vorarbeiten kann zu dieser Verfeinerung eine umfangreichere Betrachtung der Geschäftsprozesse notwendig sein. Sie dient dazu, das geplante Service-Portfolio an den Geschäftseinheiten und Geschäftsprozessen auszurichten, bei denen SOA den größten Nutzen stiftet. Ausgeklammert werden Prozesse, die nur wenig zur Differenzierung des Unternehmens beitragen. Diese können über COTS-Produkte abgebildet werden. Wenn ein Dienstleister (z.B. aufgrund von Skaleneffekten) diese günstiger abwickeln kann als das Unternehmen selbst, können diese eventuell als ein extern erbrachter Geschäftsservice sogar ausgelagert werden.

Dort, wo die Geschäftsprozesse den größten Beitrag für den Erfolg des Unternehmens und seine Differenzierung gegenüber dem Wettbewerb leisten, hängt die Strategie auch vom Zustand der Ist-Anwendungslandschaft ab. Systeme mit einer guten, an Geschäftsprozessen ausgerichteten Architektur können in Komponenten mit Services und standardisierten technischen Schnittstellen zerlegt werden. Die Abbildung von Geschäftsprozessen kann hier durch Orchestrierung der Services mit Funktionen zur Prozesssteuerung existierender SOA-Produktsuiten erfolgen.

Wenn ein Altsystem nicht zerlegt werden kann, ist folgendes Vorgehen möglich: Zunächst werden alle Funktionen des Altsystems unter Verzicht auf zusätzliche Flexibilität unverändert als »großer« Service gekapselt und in die SOA eingebracht. Eine Restrukturierung und ggf. schrittweise Ablösung kann dann hinter dieser Service-Fassade erfolgen.

Für einen dauerhaften Erfolg von SOA darf das IT-Management diese nicht sich selbst überlassen, sondern muss sie über eine Architekturmanagement-Funktion auch nach der Einführung kontinuierlich vorantreiben. Meist bringt deshalb die Einführung von SOA organisatorische Änderungen bei Rollen und IT-Prozessen mit sich, die im Umfeld des Architekturmanagements als Teil der Planungs- und Steuerungsfunktionen der IT (IT-Governance) angesiedelt sind. Eine SOA-Governance muss folgende Planungs- und Steuerungsprozesse definieren und in der Organisation verankern [BBF+05]:

- Einen Prozess zur Identifikation und Beschreibung von Geschäftsprozessen, einschließlich einer Priorisierung der Geschäftsprozesse bei der Umsetzung in Projekten.
- Einen Prozess und die Organisation zur Pflege und Entwicklung der SOA. Hiermit wird sichergestellt, dass neue Services in das Serviceportfolio aufgenommen werden und das Ideal-Bild einer zukünftigen Anwendungslandschaft bei Veränderungen angepasst wird.
- Einen Überprüfungs- und Genehmigungsprozess für die gewählte Architektur von Entwicklungsprojekten inklusive Regeln, wann ein Projekt von unternehmensweiten Vorgaben abweichen darf.
- Einen Prozess zur Kommunikation der SOA. Er stellt sicher, dass die SOA überall wo notwendig bekannt und verstanden ist.

SOA verändert die Art und Weise, wie Fachbereiche und IT zusammen Anforderungen definieren und koordinieren. In den Vordergrund rückt eine Diskussion mit Fachbereichen über Anwendungsservices als Bausteine für Geschäftsprozesse. Konsequent betrieben steht am Ende der Abschluss von Leistungsverträgen mit Preisen für die Bereitstellung und den Betrieb von Anwendungsservices anstelle eines Verkaufs von Systemen.

3.5.3 SOA-Programm

Im Rahmen des SOA-Programms wird eine gesteuerte Evolution für die Weiterentwicklung der Anwendungslandschaft etabliert. Eine solche gesteuerte Evolution zielt auf eine Balance zwischen technischer und fachlicher bzw. operativer und strategischer Weiterentwicklung der Anwendungslandschaft. Operative und primär geschäftsgetriebene Ziele werden mit strategischen Zielen in Einklang gebracht. Einzelne Projekte werden dabei als Motor der Weiterentwicklung so gesteuert, dass sie die

Anwendungslandschaft in beiderlei Hinsicht auf das definierte Ziel hin entwickeln.

Damit dies geschehen kann, muss die SOA-Governance integrierter Teil des Projektportfolio-Managements im Unternehmen werden. Das SOA-Programm sorgt für die Umsetzung eines initialen Satzes von priorisierten Services. Dies erfolgt durch die Definition entsprechender Projekte, die als Teil des Projektportfolios durchgeführt werden. Ein Planungshorizont von zwei Jahren sorgt dabei für ein Einüben der SOA-Governance im Management des Unternehmens im Rahmen der jährlichen Planungsprozesse. Ziel ist es, dass am Ende des SOA-Programms zusammen mit einem ersten Satz von Services auch die Prozesse und Organisation zur Weiterentwicklung der Anwendungslandschaft nach SOA-Prinzipien im Unternehmen etabliert sind.

3.5.4 SOA-Linienaufgabe

Mit Abschluss des SOA-Programms wird SOA-Governance als etablierte Managementaufgabe in eine Linienfunktion überführt. Damit ist die Weiterentwicklung hin zu einer Anwendungslandschaft, die komplett nach SOA-Prinzipien arbeitet, jedoch nicht abgeschlossen:

Die Umsetzung einer SOA kann nur schrittweise erfolgen. Eine Vielzahl technischer Systeme muss im Verlauf der Migration hin zu einer Serviceorientierten Architektur angepasst werden. Verschiedene Bereiche werden unterschiedlich schnell eine Migration durchführen können. Dies führt oftmals zu einer Folge von Architekturen, die aus verteilten alten und auf eine SOA-Architektur migrierten Anwendungen bestehen.

Die Entwicklung hin zu einer Serviceorientierten Architektur hat zudem nicht nur technische Auswirkungen. Auch die organisatorischen Auswirkungen sind zu beachten. Hier sind nicht nur Zuständigkeiten von (aufzuspaltenden) Systemen zu berücksichtigen. Während der Migration hin zu einer Serviceorientierten Architektur ist auch das Vertrauen der Mitarbeiter des Unternehmens für das neue Paradigma zu gewinnen.

Trotz dieser notwendigen Veränderungen stellt die hier dargestellte Verwendung von Serviceorientierten Architekturen in Unternehmen ein erstrebenswertes und erreichbares Fernziel dar. Die folgenden Kapitel dieses Buchs detaillieren dieses erstrebenswerte Ziel genauer und zeigen Mittel und Wege zur Erreichung dieses Ziels.

4 Geschäftsarchitektur

Im Kapitel 2 über Anwendungslandschaften haben wir verschiedene Arten von Programmen zur Unternehmensarchitektur dargestellt. Abhängig von der Art der Umgestaltung der Anwendungslandschaft ändert ein Programm Elemente der Geschäftsarchitektur wie Geschäftsstrategie, Geschäftsprozesse oder Aufbauorganisation zusammen mit der Anwendungslandschaft oder sie bilden nur den Startpunkt für die Weiterentwicklung der Anwendungslandschaft.

In jedem Fall ist es notwendig, dass die Architekten die Geschäftsarchitektur des Unternehmens kennen, um daraus z.B. Anwendungsdomänen, AL-Komponenten und Anwendungsservices als wesentliche Elemente der Anwendungslandschaft ableiten zu können. Ausgangspunkt für die Gestaltung der Anwendungslandschaft ist damit immer die Geschäftsarchitektur des Unternehmens.

Das vorliegende Kapitel beschreibt deshalb die wesentlichen Elemente der Geschäftsarchitektur als Startpunkt der Reise entlang der Landkarte von Quasar Enterprise (QE) (Abbildung 4–1). Startpunkt sind die *Geschäftsstrategie*, die *Geschäftsservices* und *Geschäftsprozesse* sowie die *Informationen*, die im Rahmen der Geschäftsprozesse benötigt und erzeugt werden. Ableitungen für die IT-Architektur im Unternehmen werden im folgenden Kapitel behandelt.

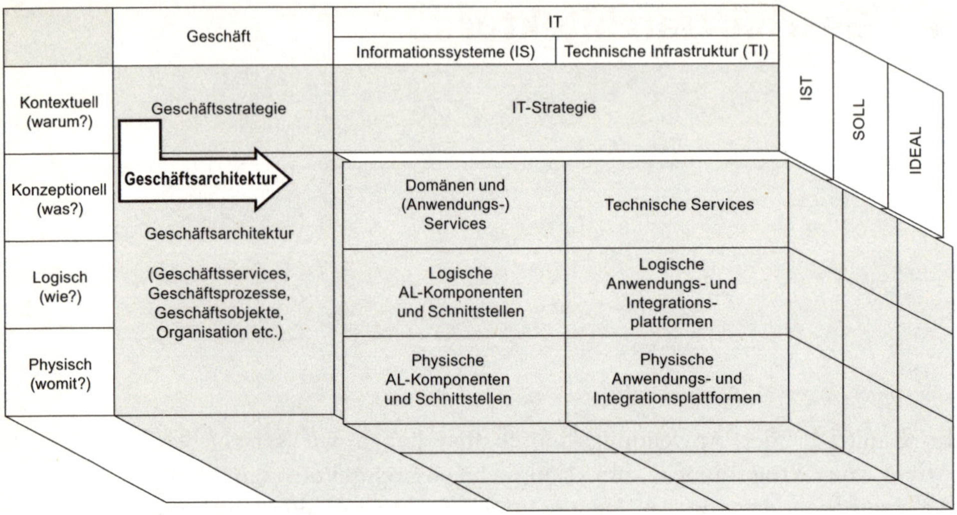

Abb. 4–1 Das Kapitel im Kontext des Buchs

4.1 Geschäftsarchitektur als Startpunkt für die Gestaltung der IT

Der für die Gestaltung der Anwendungslandschaft notwendige Startpunkt in der Geschäftsarchitektur kann schrittweise aus dem Kontext der Geschäftsstrategie abgeleitet werden. Abbildung 4–2 gibt einen Überblick.

Eingeordnet in die von uns verwendete QE-Landkarte ist die Geschäftsstrategie mit daraus abgeleiteten geschäftlichen Zielen, Anforderungen und Architekturleitlinien ein Element der kontextuellen Ebene der Unternehmensarchitektur.

Dabei spielen *geschäftliche Ziele und Anforderungen* eine wesentliche Rolle für die Gestaltung der IT-Architektur: Sie liefern Hinweise darauf, was *passende* Geschäftsservices sind. Zusammen mit *Geschäftsobjekten* und *Rollen* der an den Services beteiligten Akteure bilden *Geschäftsservices* die wesentlichen Elemente der konzeptionellen Architekturebene, die das Verhalten des Geschäfts beschreiben.

Ausgehend hiervon können Geschäftsarchitekten passende Strukturen für die Geschäftsarchitektur ableiten (z. B. Geschäftsprozesse, Organisationseinheiten). Passend bedeutet hier, dass die geschäftlichen Ziele möglichst optimal unterstützt werden. *Architekturleitlinien* sind dabei ein weiteres Element, das ein Geschäftsarchitekt für die Gestaltung der Geschäftsarchitektur verwendet: Es sind Regeln, die aus dem Kontext der Geschäftsarchitektur abgeleitet sind und die er beim Entwurf der Geschäftsarchitektur berücksichtigt. Sie geben Hinweise darauf, wie geschäftliche Ziele und Anforderungen erfüllt werden sollen. Da sich die-

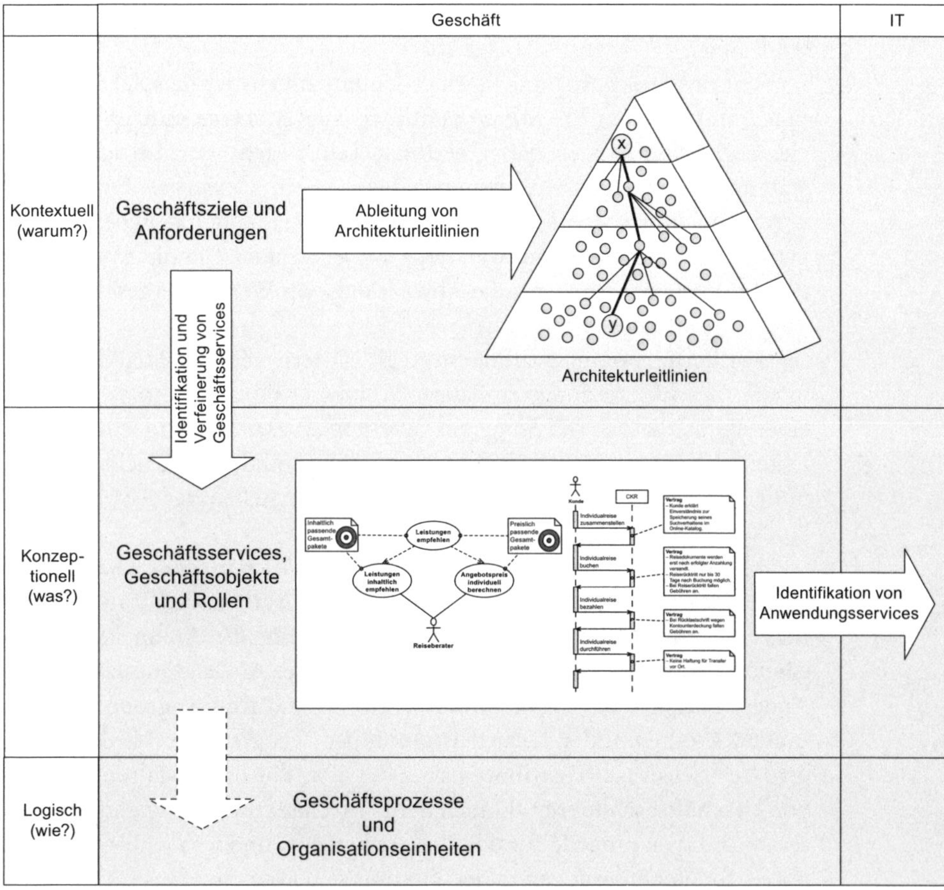

Abb. 4–2 Einordnung der Geschäftsarchitektur

ses Buch in erster Linie mit der Gestaltung der IT-Architektur auf Basis einer verstandenen Geschäftsarchitektur beschäftigt, wird der Aspekt der detaillierten Gestaltung der Geschäftsarchitektur hier nicht behandelt. Hinweise dazu finden sich beispielsweise in [WM04, RWR06].

Den Übergang von der Geschäftsarchitektur zur IT-Architektur (z.B. Anwendungsdomänen, AL-Komponenten) beschreibt das folgende Kapitel 5.

4.2 Der strategische Kontext der Geschäftsarchitektur

Die Geschäftsstrategie eines Unternehmens liefert sowohl Kriterien für die Strukturierung des Geschäfts selbst als auch Kriterien für die Strukturierung der IT-Anwendungslandschaft. Konkret sind es geschäftliche Ziele und Anforderungen sowie das Geschäftsmodell des Unternehmens, aus denen sich Leitlinien für die Gestaltung der IT im Unternehmen ableiten lassen.

Teil des Geschäftsmodells eines Unternehmens ist beispielsweise die Frage, mit welchen *Produkten* es auf welchen *Märkten* auftritt und welche *Fertigungstiefe* es dabei verfolgt. Der Begriff der Fertigungstiefe stammt ursprünglich aus dem produzierenden Gewerbe. Zunehmend wird er auch in anderen Branchen im Zusammenhang mit Arbeitsteilung zwischen Unternehmen verwendet, z.B. bei Banken, die die Abwicklung des Zahlungsverkehrs oder die Abwicklung von Wertpapiergeschäften an Transaktionsbanken auslagern.

Ein Beispiel dafür, wie die Strategie Kriterien für die Strukturierung in der Geschäftsarchitektur liefert: Wenn die Option bestehen soll, in einer Bank die *Abwicklung von Wertpapiergeschäften* an ein anderes Unternehmen auszulagern, sind klare, einfache und wenige Schnittstellen in den Prozessen wie auch an den betroffenen Stellen der Anwendungslandschaft eine zwingende Konsequenz.

Märkte und Produkte sind Beispiele für *Geschäftsdimensionen*, entlang derer ein Unternehmen seine Prozesse und Aufbauorganisation strukturieren kann. Diese Dimensionen berücksichtigt der Architekt als prägende Einflussfaktoren für die Strukturierung der Anwendungslandschaft. Andere Beispiele für solche Einflussfaktoren sind Kundengruppen, Lieferanten, Produkt- oder Dienstleistungstypen, geografische Niederlassungen, Vertriebswege (Distributionskanäle) usw. Für die Gestaltung sowohl von Geschäftsarchitektur als auch der IT-Architektur ist es wichtig zu wissen, was davon prägend für das Unternehmen ist und was realistische Szenarien für Veränderungen in der Zukunft sein können.

Ein Beispiel für prägende Einflussfaktoren: Unterschiede im Prozess für verschiedene Kundengruppen können dadurch entstehen, dass Großhandelsaufträge anders abgewickelt werden als Kleinaufträge (Großkundenprozesse, Einzelkundenprozesse). Der Architekt sollte ein Bild davon haben, ob eine Differenzierung wesentlich für das Geschäft ist und in der Geschäftsarchitektur berücksichtigt werden muss oder ob diese Unterschiede ein Thema für Prozessoptimierungen sind, indem eine Vereinheitlichung der Prozesse durchgeführt wird.

4.2.1 Geschäftsziele und Architekturleitlinien

Unmittelbarer als das Geschäftsmodell prägen geschäftliche Ziele die Geschäfts- und IT-Architektur, indem sich Architekturleitlinien aus ihnen ableiten lassen. Wir definieren:

Ein ***Geschäftsziel*** (business goal) beschreibt einen grundlegenden und eindeutigen Beitrag zum Geschäftszweck eines Unternehmens. Die Menge aller Geschäftsziele beschreibt, was das Unternehmen erreichen muss, um seinen Geschäftszweck erfüllen zu können. Geschäftsziele liefern die Begründung für alle wertschöpfenden geschäftlichen Aktivitäten eines Unternehmens im Sinn von verfolgten Zielen.

Eine ***Architekturleitlinie*** (architectural guideline) ist eine Aussage, die ein Ziel oder eine einschränkende Randbedingung für die Architektur definiert. Architekturleitlinien werden als Regeln verwendet, um Elemente und Aufbau der Architektur abzuleiten.

Zur Erläuterung ein Beispiel: Ein Unternehmen hat sich auf eine Architekturleitlinie *Eindeutige Verantwortung für Geschäftsobjekte* verständigt, die besagt, dass es für jedes Geschäftsobjekt genau eine Einheit im Unternehmen geben soll, die für Integrität und Konsistenz des entsprechenden Datenbestands verantwortlich ist. Mit der Leitlinie kann ein Qualitätsanspruch verbunden sein, beispielsweise die Baubarkeit von Fertigungsaufträgen. Eine Konsequenz aus dieser Leitlinie für die Geschäftsarchitektur kann damit z.B. sein, dass es genau eine Organisationseinheit geben wird, die die Regeln definiert, wann ein Fertigungsauftrag baubar ist. Für die IT-Architektur kann man dann ableiten, dass es passend hierzu genau einen Anwendungsservice *Baubarkeitsprüfung* geben wird, der in allen Prozessen Verwendung findet, in denen Fertigungsaufträge entstehen.

Geschäftliche *Architekturleitlinien* steuern auf einer strategischen Ebene, wie geschäftliche Ziele erreicht werden sollen. Sie haben eine Schlüsselrolle für die Entwicklung einer Architektur, indem sie die Rechtfertigung für Architekturentscheidungen liefern. Bei einer idealen Ableitung der Architektur liefern sie die Antwort auf die Frage, *warum* ein Architekt Entwurfsentscheidungen in der einen oder anderen Form getroffen hat.

4.2.2 Eine Methode zur Ableitung von Architekturleitlinien

Hier geben wir ein Verfahren an (Abb. 4–3), mit dem aus wenigen Geschäftszielen detaillierte Leitlinien als Regeln für die Gestaltung der Architektur abgeleitet werden können:

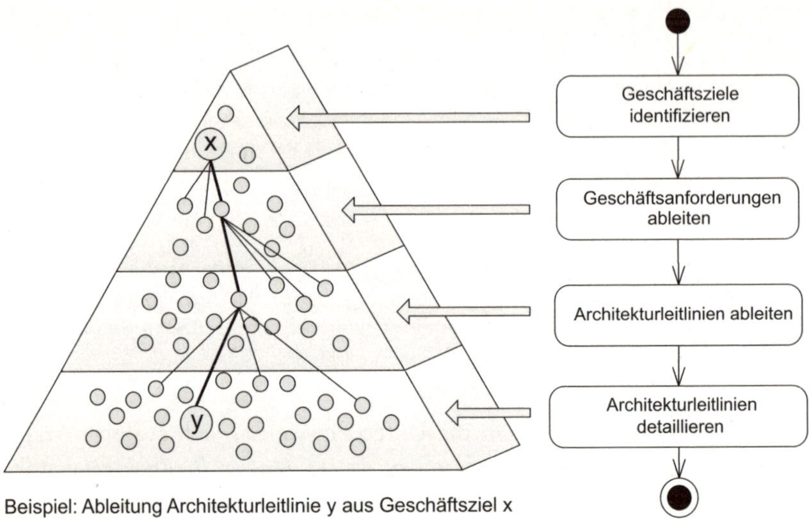

Abb. 4–3 Ableitung von Architekturleitlinien aus Geschäftszielen

1. *Geschäftsziele identifizieren*
   Die Geschäftsziele in der Geschäftsstrategie identifizieren.
2. *Geschäftsanforderungen ableiten*
   Abgeleitete Ziele identifizieren, die erreicht werden müssen, um das übergeordnete Ziel zu erreichen. Solche Ziele sind oftmals als Anforderung zur Veränderung einer Ist-Situation formuliert.
3. *Architekturleitlinien ableiten*
   Architekturleitlinien ableiten und mit dem Geschäft abstimmen.
4. *Architekturleitlinien detaillieren*
   Abgestimmte Leitlinien detaillieren.

Leitlinien können bereits als Anforderungen an eine zukünftige Architektur explizit formuliert sein, häufig werden sie von Architekten aber auch erst als Regel formuliert und im Unternehmen abgestimmt. Ergänzend kann es auch Leitlinien für die Gestaltung der Architektur geben, die nicht aus aktuellen Geschäftszielen ableitbar sind, sondern mehr zum kulturellen Erbgut des Unternehmens gehören.

Die folgenden Abschnitte erläutern das Verfahren ausschnittsweise am Beispiel der Christoph Kolumbus Reisen AG aus Teil I.

Geschäftsanforderungen ableiten

Wenn im Fall der Christoph Kolumbus Reisen (CKR) für das Unternehmen das Geschäftsziel formuliert wird, *führend in der Kundenzufriedenheit* zu sein, kann man daraus beispielsweise die Geschäftsanforderung ableiten, die *Anzahl der Reklamationsfälle zu reduzieren* (Abb. 4–4). Aus anderen geschäftlichen Zielen können sich verwandte Anforderungen ergeben. So kann ein Architekt z.B. aus einem Profitabilitätsziel ableiten, dass es notwendig ist, eine *Reduktion von Kosten aus Minderungen* des Reisepreises aufgrund von Reklamationen zu erreichen.

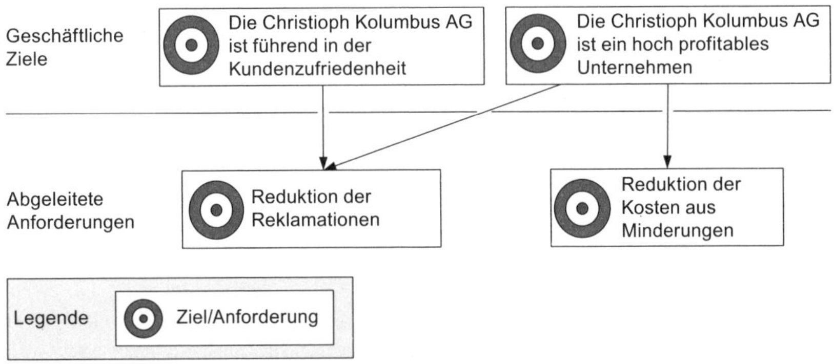

Abb. 4–4 Ableitung von geschäftlichen Zielen

Wichtig ist, dass abgeleitete Anforderungen immer in Verbindung mit dem damit verbundenen Ziel gesehen werden. Nicht die Reduktion der Reklamationen ist das geschäftliche Ziel, sondern die Kundenzufriedenheit.

Architekturleitlinien ableiten

Für die Geschäftsarchitektur sind mögliche abgeleitete Leitlinien eine *präventive Qualitätsverbesserung* oder eine *abschließende Bearbeitung von Reklamationen* (Abb. 4–5): Präventive Qualitätsverbesserung beschreibt als Leitlinie für Organisation und Prozesse, dass es Mechanismen geben muss, die Qualitätsmängel unabhängig von Kundenreklamationen feststellen. Abschließende Bearbeitung von Reklamationen beschreibt, dass ein Sachbearbeiter, der Reklamationen bearbeitet, zum einen die Kompetenz für eine unmittelbare Entscheidung der Reklamationsforderung haben soll und auch alle notwendigen Informationen hierfür im unmittelbaren Zugriff hat. Hieraus lassen sich dann wiederum Anforderungen an eine notwendige IT-Unterstützung ableiten.

Aus anderen geschäftlichen Zielen können sich verwandte Anforderungen ergeben. So kann ein Architekt z.B. aus dem Profitabilitätsziel die Leitlinie ableiten, dass es trotz allem Streben nach Kundenzufriedenheit notwendig ist, die *Ablehnung von unberechtigten Reklamationsansprüchen* konsequent zu verfolgen.

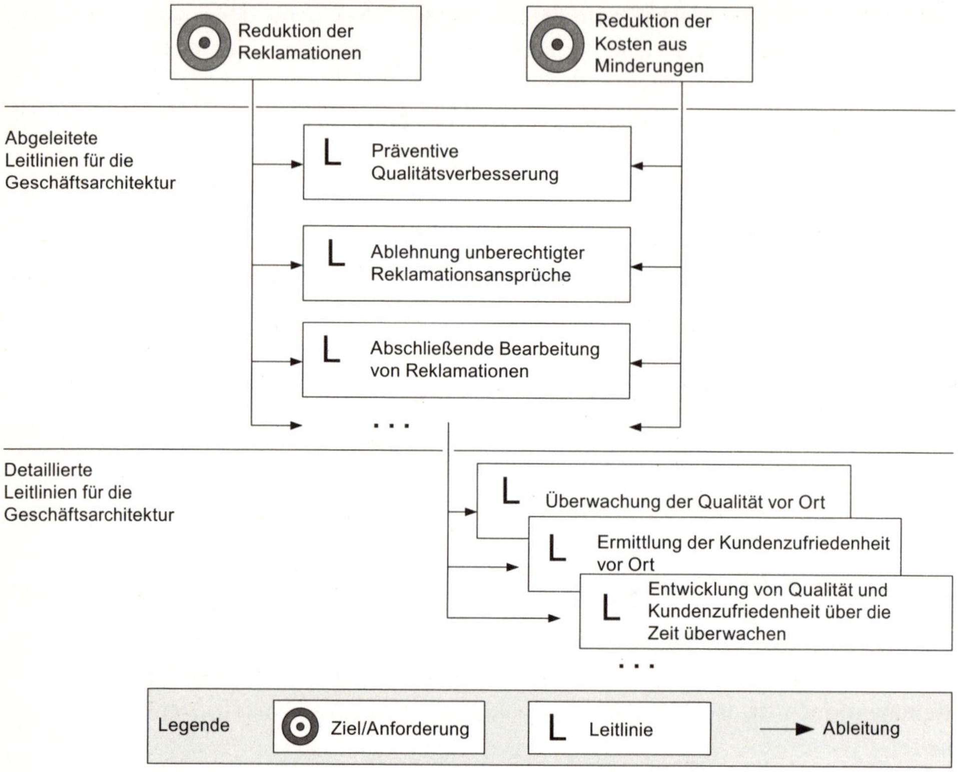

Abb. 4–5 Ableitung von Leitlinien für die Geschäftsarchitektur

In Summe ergibt sich hieraus eine Hierarchie von Geschäftszielen und geschäftlichen Architekturleitlinien, die so weit detailliert sind, dass sie ein Architekt konkret bei der Gestaltung der Geschäftsarchitektur, d.h. der Ableitung von Geschäftsservices und ihrer Ausgestaltung in Form von Geschäftsprozessen und Organisation, berücksichtigen kann.

4.3 Elemente der Geschäftsarchitektur

Was ist Geschäftsarchitektur? Wir definieren:

Die ***Geschäftsarchitektur*** (business architecture) als System umfasst Geschäftsservices, Geschäftsprozesse, Geschäftsobjekte und die Organisation eines Unternehmens. Die Geschäftsarchitektur als Disziplin wird durch die Rolle des Geschäftsarchitekten abgedeckt. Er gestaltet die Geschäftsarchitektur anhand der Geschäftsstrategie und der Wertschöpfungskette. Er definiert unmittelbar die Geschäftsservices und Geschäftsprozesse des Unternehmens.

In der Praxis werden diese Geschäftsprozesse oft in Form von Modellen aufgeschrieben. Wir definieren:

Ein ***Geschäftsprozessmodell*** (business process model) ist die Beschreibung und Darstellung aller relevanten Aspekte von Geschäftsprozessen in einer definierten Beschreibungssprache. Ziel und Ergebnis ist die modellhafte Nachbildung der Realität.

Der Geschäftsarchitekt benötigt explizite Modelle zur Konkretisierung der Geschäftsarchitektur, die er bis auf die Ebene der Organisation ausgestaltet. Aber wozu benötigt der IT-Unternehmensarchitekt eine modellhafte Nachbildung der Realität?

Zunächst kann er daraus ableiten, welche Teile des Geschäfts sinnvoll mit IT unterstützt werden und welche Informationen dabei erzeugt, benötigt und ausgetauscht werden. Hieraus lassen sich Schlussfolgerungen für Anwendungsservices, Schnittstellen und Datenflüsse in der Anwendungslandschaft ziehen.

Ein etwas anders gelagerter Grund für das Interesse an den Geschäftsprozessen besteht darin, dass es zunehmend Ziel ist, Geschäftsprozesse vollständig als ausführbares Modell in IT-Systemen abzubilden und den Prozess damit unter der Kontrolle von IT-Systemen durchzuführen. Die verschiedenen Bedeutungen der Abkürzung *BPM* von *Business Process Management* [JN06, Bur01] bis hin zu *Business Performance Measurement* [BWM+05] stehen für diesen Aspekt der Geschäftsprozessmodellierung.

Allerdings liegt zu Beginn eines Projekts, das die IT-Architektur gestaltet, nicht immer ein detailliertes Prozessmodell vor. Häufig besteht aus Zeit und/oder Budgetgründen auch nicht die Möglichkeit, eine fehlende Prozessmodellierung vollständig nachzuholen. Wir beschreiben deshalb nun diejenigen Kernelemente der Geschäftsarchitektur, die als Startpunkt für die Gestaltung der IT-Architektur mindestens vorhanden sein müssen. In Abschnitt 4.4 beschreiben wir dann eine Methode, wie man auf Basis der Geschäftsziele diese Elemente identifizieren kann.

4.3.1 Kernelemente der Geschäftsarchitektur als Startpunkt für die IT-Architektur

Die Kernelemente der Geschäftsarchitektur, die als Ausgangspunkt für die Gestaltung der IT grundsätzlich eine Rolle spielen, zeigt Abbildung 4–6.

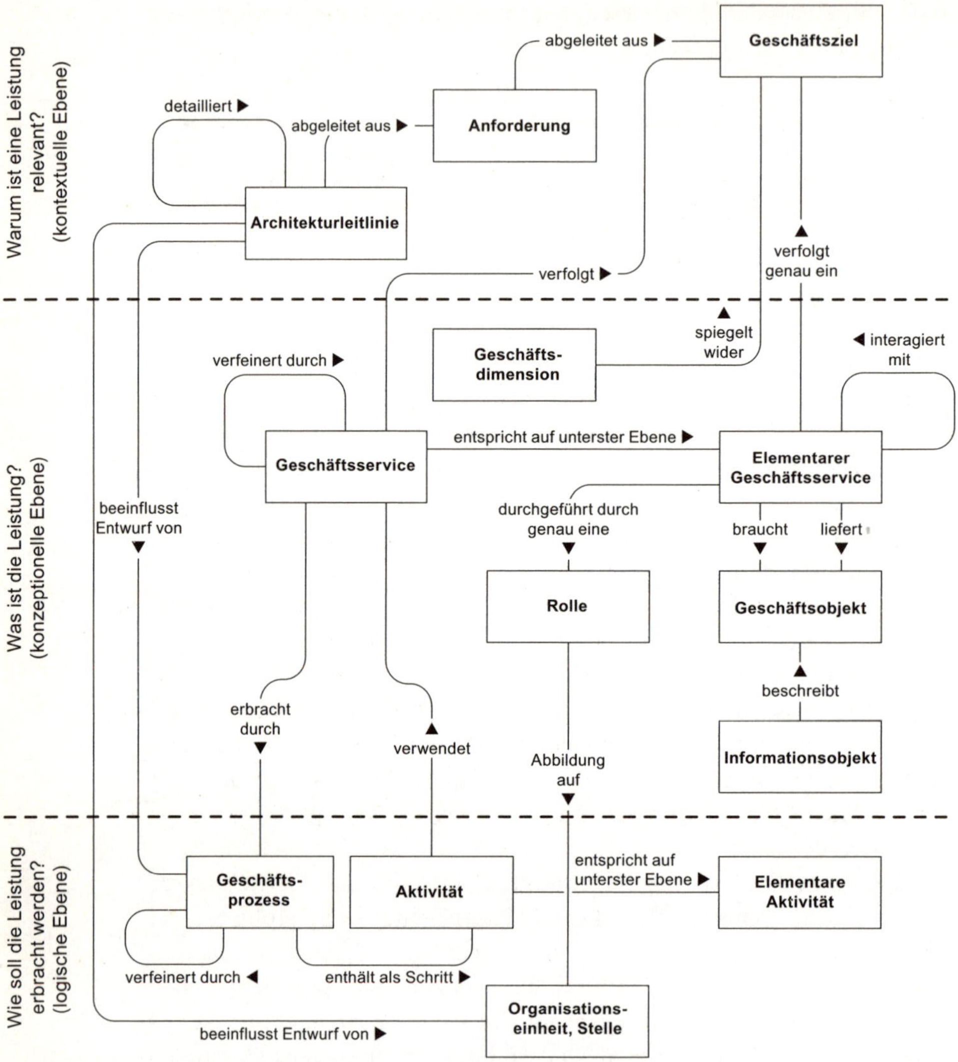

Abb. 4–6 Elemente der Geschäftsarchitektur und ihre Beziehungen

Geschäftsservices und Geschäftsprozesse haben wir in Abschnitt 3.1 bereits eingeführt. Ebenso haben wir in Abschnitt 4.2 schon über Geschäftsziele, Anforderungen und Architekturleitlinien gesprochen. Die weiteren in Abbildung 4–6 illustrierten Begriffe erläutern wir im Folgenden.

4.3.2 Geschäftsdimensionen

Ein wichtiges Hilfsmittel bei der späteren Gestaltung der IT-Architektur sind die Geschäftsdimensionen. Wir definieren:

> ***Geschäftsdimensionen*** (business dimensions) strukturieren das Geschäft, indem sie die prägenden Merkmale eines Geschäfts festlegen. Ihre als relevant anzusehenden Ausprägungen spiegeln die Geschäftsziele des Unternehmens wider.

Beispiel

Im Beispiel der Christoph Kolumbus Reisen AG aus Teil I werden die folgenden Geschäftsdimensionen unterschieden (Abb. 4–7):

- *Kunden/Marken*
  CKR adressiert verschiedene Kundensegmente über unterschiedliche Marken: Billigmarke, Premiummarke und weitere.
- *Produkte*
  CKR bietet sowohl Pauschal- als auch Individualreisen an.
- *Kundenkanäle*
  CKR verkauft Reisen in Reisebüros, über das Internet und ein Callcenter.
- *Anteil an der Wertschöpfungskette*
  CKR besitzt eine eigene Fluglinie und eigene Hotels. Zusätzlich kauft es Flugsitze und Hotelbetten von Partnern im Voraus ein (Lagerhaltung). Außerdem kauft CKR für Individualreisen auch Leistungen bei Bedarf, also während der Buchung, ein (virtuelles Lager).

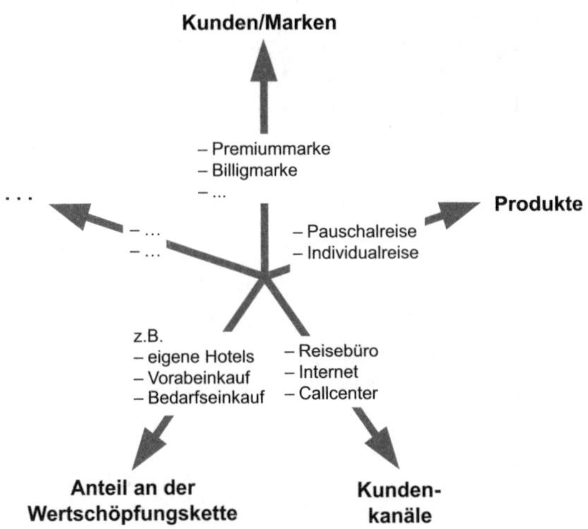

Abb. 4–7 Geschäftsdimensionen und ihre Ausprägungen

Die Dimensionen sind ähnlich wie für Unternehmen anderer Branchen auch. Auch ein Automobilhersteller hat Kunden, Produkte, Kundenkanäle und einen festgelegten Anteil an der Wertschöpfungskette. Die Essenz liegt aber im Detail – hier in den Ausprägungen der Dimensionen.

Der Anbieter eines Reisebuchungsportals im Internet unterscheidet sich wesentlich von CKR darin, dass er keine Reisebüros bedient (Dimension Kundenkanal). Das Wesen einer Direktbank besteht darin, dass sie kein Filialgeschäft betreibt (Dimension Kundenkanal). Eine Privatbank zeichnet sich dadurch aus, dass sie ihr Geschäft mit vermögenden Privatkunden macht (Dimension Kunde). Wie viele Teile ein Automobilhersteller selbst produziert und wie viel er von Zulieferern produzieren lässt – also die Fertigungstiefe –, ist eine wesentliche geschäftsstrategische Entscheidung (Dimension Anteil an der Wertschöpfungskette).

4.3.3 Elementare Geschäftsservices

Ein in seiner Außensicht als Leistung beschriebener Geschäftsservice basiert in seiner Innensicht auf anderen Geschäftsservices. Das Zusammenwirken der Geschäftsservices als Aktivitäten beschreibt einen Geschäftsprozess. Damit ist klar, dass für Geschäftsservices und Geschäftsprozesse eine hierarchische Verfeinerung möglich ist. Ein Geschäftsprozess kann sich wieder aus mehreren anderen Teilprozessen zusammensetzen. So baut sich sukzessive ein Baum auf. Auf der untersten Ebene besteht ein Geschäftsprozess aus Aktivitäten im Sinn von elementaren Tätigkeiten.

> Eine ***elementare Prozessaktivität*** (elementary process activity) ist eine Tätigkeit an einem oder mehreren Gegenständen oder Informationen, die auf die Erreichung eines bestimmten Ziels ausgerichtet ist. Diese beschreibt kontextfrei, wie Eingangsgrößen in Ausgangsgrößen umgewandelt werden. Sie ist die kleinste betriebliche Teilleistung, die ein Akteur in einer bestimmten Rolle immer vollständig oder gar nicht durchführt.

Geschäftsservices treten als Aktivitäten in Geschäftsprozessen auf. Ein Prozess ist damit aus mehreren Services zusammengesetzt, ebenso kann ein Service in mehreren Prozessen verwendet werden. Abbildung 4–6 illustriert diesen Zusammenhang zwischen Geschäftsprozessen und Geschäftsservices. Entsprechend führen wir auch für Geschäftsservices eine Verfeinerung durch. Die Blätter dieser Hierarchie bilden elementare Geschäftsservices.

Als ***elementaren Geschäftsservice*** (elementary business service) bezeichnen wir einen Geschäftsservice mit folgenden drei Eigenschaften:

(1) Er repräsentiert eine elementare Prozessaktivität.
(2) Die Rolle des Akteurs, der die Aktivität ausführt, ist eindeutig bestimmt.
(3) Das Geschäftsziel, das mit der Durchführung der Aktivität verbunden ist, ist eindeutig bestimmt.

Zur Erläuterung, warum wir diese Eigenschaften so betonen, folgendes Beispiel: Eine Führungskraft in einem IT-Dienstleistungsunternehmen führt eine Aktivität »Mitarbeiter disponieren« aus. Mögliche Ziele, die damit verbunden sind, können sein:

- Ein Projekt möglichst optimal besetzen,
- ein Bild über die Auslastung des eigenen Geschäftsbereichs bekommen oder
- den Bedarf für Neueinstellungen von Mitarbeitern mit einem bestimmten Profil ermitteln.

Abhängig vom jeweiligen Prozesskontext ist diese Unterscheidung möglicherweise einfach. Falls ein Unternehmen jedoch so organisiert ist, dass verschiedene Rollen von einer Person gemeinsam ausgefüllt werden, muss die Unterscheidung jedoch nicht immer offensichtlich sein. Gleichzeitig ist eine differenzierte Betrachtung aber von Bedeutung, denn abhängig vom Ziel ist im Beispiel entweder ein Projektplanungssystem ein geeignetes Werkzeug (Fall 1) oder es wird ein System zur Personalplanung benötigt (Fälle 2 und 3), wobei dies von einer einfachen Tabellenkalkulation bis hin zu einem vollständigen Personalwirtschaftssystem reichen kann. Man sieht: Das Geschäftsziel ist für die Einschätzung und die spätere Realisierung von Services wesentlich.

4.3.4 Geschäftsobjekte und Informationsobjekte

Viele Geschäftsservices benötigen Informationen und liefern neue Informationen, die im Prozessverlauf von anderen Geschäftsservices verarbeitet werden. Insbesondere sind es die informationsverarbeitenden Geschäftsservices, die aus IT-Sicht interessant sind. Aus diesem Grund benötigen wir für die Gestaltung der Geschäftsarchitektur Wissen über die im Unternehmen verarbeiteten Informationen und die Geschäftsobjekte, von denen diese Informationen abgeleitet sind.

Geschäftsobjekte (business objects) sind reale Objekte der Geschäftswelt. Dabei können sie materieller Art sein – z. B. ein Bestellformular – oder immaterieller Art – z. B. die Bestellung des Kunden im Lokal, die der Kellner sich im Gedächtnis merkt.

Materielle Geschäftsobjekte sind physisch transformierbar und können damit im Kontext einer Tätigkeit als Materialfluss als Teil von Geschäftsprozessen erscheinen. Geschäftsobjekte können aber auch als Träger von Informationen für Geschäftsprozesse von Bedeutung sein. Da wir uns im Rahmen von Quasar Enterprise nicht mit den materiellen Aspekten von Geschäftsprozessen beschäftigen, sondern mit der Abbildung von Prozessen in IT-Systemen, sind vor allem *Informationsobjekte* von Bedeutung.

Informationsobjekte (information objects) sind modelltechnische Verkürzungen der Geschäftsobjekte. Sie beschreiben diejenigen Eigenschaften, Zustände, Verhaltensweisen und Beziehungen von Geschäftsobjekten, die für die Abbildung in Informationssystemen relevant sind.

Wenn Informatiker über Geschäftsprozesse sprechen, spielt diese Unterscheidung von Geschäftsobjekten und Informationsobjekten meist keine Rolle, da ohnehin nur der Teil der Prozesse betrachtet wird, der in IT-Systemen abgebildet wird. Informatiker verwenden dann die beiden Begriffe Geschäftsobjekt und Informationsobjekt synonym. Insbesondere geschieht das auch in den anderen Kapiteln dieses Buchs – wir sprechen dort nur noch von Geschäftsobjekten.

Mit der obigen Definition von elementaren Geschäftsservices ist immer auch die Rolle des Akteurs mit identifiziert, die den Service erbringt. Aus diesem Grund bilden wir die Informationsbedürfnisse von Rollen im Unternehmen über den Austausch von Informationsobjekten zwischen Geschäftsservices ab.

Zur Beschreibung von Informationsobjekten als Teil von Geschäftsprozessen ist im Allgemeinen kein detailliertes Datenmodell oder Klassenmodell notwendig. Eine Definition des Informationsobjekts in Form von wenigen, präzise formulierten Sätzen, ergänzt durch die Attribute, die das Informationsobjekt eindeutig identifizieren können, ist zumeist ausreichend. Eine detaillierte Modellierung braucht erst im Rahmen der Beschreibung von AL-Komponenten erfolgen.

4.4 Eine Methode zur Identifikation und Verfeinerung von Geschäftsservices

Sofern eine Geschäftsprozessmodellierung vorliegt, kann ein Architekt diese verwenden, um Geschäftsservices und Geschäftsobjekte zu identifizieren, auch wenn die Modellierung nicht mit Blick auf SOA durchgeführt wurde.

Häufig liegt zu Beginn eines Architekturprojekts jedoch kein ausreichend detailliertes Modell vor, oder es liegt genau die umgekehrte Situation vor, dass die Detaillierung zu hoch ist. Letzteres ist der Fall, wenn die Modellierung bis zur Beschreibung von nicht unterbrechbaren elementaren Aktivitäten detailliert wurde, ohne dass eine darüberliegende, grobe Darstellung existiert. In beiden Fällen hilft das folgende Vorgehen.

4.4.1 Die Methode in der Übersicht

Abbildung 4–8 zeigt das Vorgehen zur Identifikation und Verfeinerung von Geschäftsservices in der Übersicht.

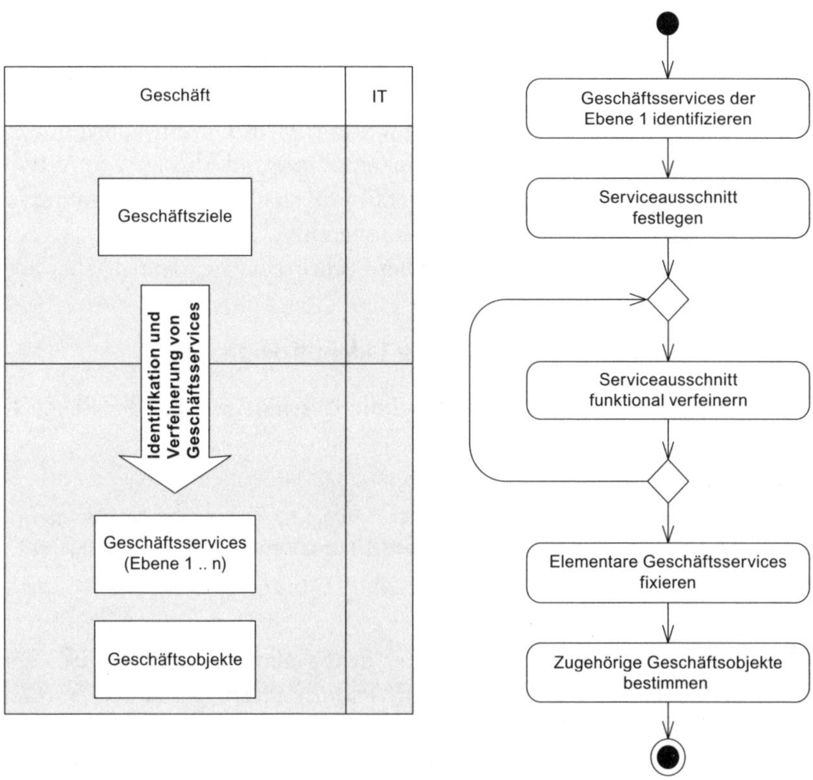

Abb. 4–8 Services identifizieren und verfeinern

1. *Geschäftsservices der Ebene 1 identifizieren*
   Geschäftsservices auf oberster Ebene werden identifiziert.
2. *Serviceausschnitt festlegen*
   Es wird festgelegt, welche dieser Geschäftsservices betrachtet werden. Gegebenenfalls werden die Services dazu entlang relevanter Dimensionen um eine Ebene verfeinert.

3. *Serviceausschnitt funktional verfeinern*
   Innerhalb des Serviceausschnitts wird eine funktionale Dekomposition der Services entlang einer Betrachtung von Serviceaktionen und allgemeinen Anforderungen vorgenommen.
4. *Elementare Geschäftsservices fixieren*
   Anhand der Ziele und Rollen werden die elementaren Geschäftsservices bestimmt.
5. *Zugehörige Geschäftsobjekte bestimmen*
   Für die so identifizierten Geschäftsservices wird deren Interaktion auf Basis benötigter bzw. gelieferter Geschäftsobjekte beschrieben.

Auf diese Weise kann ein Architekt bei einem fehlenden Soll-Prozessmodell die relevanten Startpunkte für die IT-Architektur ermitteln, ohne dass ein vollständiges Prozessmodell erstellt wird. Für ein vollständiges Prozessmodell würde er die genaue Gruppierung und Abfolge von Aktivitäten mit ihren Verzweigungen im Detail festlegen und die Zuordnung zu Stellen und Organisationseinheiten definieren.

Im Folgenden schauen wir uns diese Schritte nacheinander näher an.

4.4.2 Geschäftsservices der Ebene 1 identifizieren

Ausgangspunkt für die Methode sind die Geschäftsservices der Ebene 1. Wir definieren:

Geschäftsservices der Ebene 1 (level 1 business services) sind die intern und extern angebotenen Leistungen des Unternehmens, die es erbringt, um seinen Geschäftszweck zu erfüllen.

Andere gängige Bezeichnungen, unter denen man Geschäftsservices der Ebene 1 finden kann, sind die Begriffe *Hauptgeschäftsprozesse* oder *Elemente der Wertschöpfungskette* des Unternehmens. Beispiele sind »Produkte und Dienstleistungen als Angebot für den Markt entwickeln«, »Marketing und Vertrieb durchführen«, »Produkte fertigen und Dienstleistungen erbringen« oder alle unterstützenden Funktionen wie »Management von Finanzen und Ressourcen des Unternehmens«.

Wir unterscheiden bei den Geschäftsservices der Ebene 1 zwischen *Kerngeschäftsservices* und *unterstützenden Geschäftsservices*. Kerngeschäftsservices beziehen sich auf das Kerngeschäft des Unternehmens – Reisen verkaufen, Autos bauen etc. Unterstützende Geschäftsservices sind ebenfalls essenziell, um das Geschäft durchzuführen. Aber sie haben nicht direkt mit dem Kerngeschäft zu tun: Buchhaltung, Controlling etc.

Beispiel

Die Abbildungen 4–9 und 4–10 zeigen die Geschäftsservices der Ebene 1 der Christoph Kolumbus Reisen AG. Wir unterscheiden dabei auch hier zwischen Kerngeschäftsservices und unterstützenden Geschäftsservices.

Abb. 4–9 Kerngeschäftsservices der Ebene 1

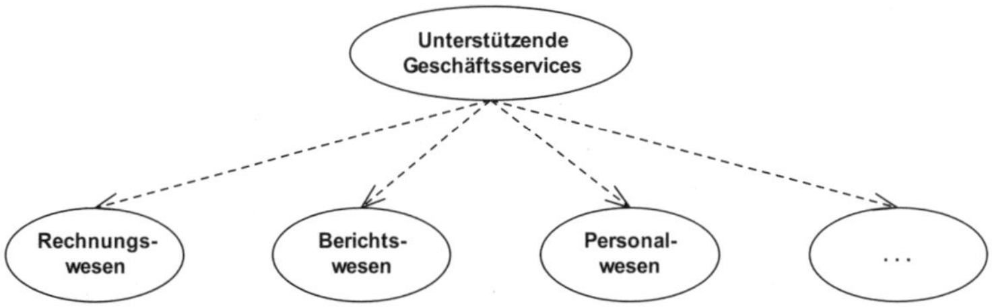

Abb. 4–10 Unterstützende Geschäftsservices der Ebene 1

Die Kerngeschäftsservices sind:

- *Planung*
  Die letzte Reisesaison wird ausgewertet, und für jedes Reiseziel wird die Anzahl der Gäste geplant.
- *Leistungseinkauf*
  Rahmenverträge mit Partnern werden abgeschlossen. Eingekaufte Leistungen umfassen Flüge und Hotelbetten.
- *Produktgestaltung*
  Reiseangebote werden geschnürt und mit einem Preis versehen. Kataloge werden gedruckt.
- *Verkauf*
  In Reisebüros oder online im Internet werden Reisen verkauft.
- *Abwicklung*
  Reisedokumente werden gedruckt und versandt. Hotels und Fluggesellschaften werden informiert. Gäste werden vom Flughafen zum Hotel gebracht. Reiseleiter stehen für alle Fragen zur Verfügung.

Interessanterweise sind die Bezeichnungen der Kerngeschäftsservices von CKR der Ebene 1 so allgemeingültig, dass sie so oder so ähnlich für Unternehmen aller Branchen gelten. Auch ein Automobilhersteller plant, kauft ein, produziert, verkauft und liefert aus.

Während Kerngeschäftsservices großer Unternehmen häufig als Individualsoftware implementiert werden, werden unterstützende Geschäftsservices fast immer durch ERP-Produkte (Enterprise Resource Planning) abgedeckt. So kann man die unterstützenden Geschäftsservices der Ebene 1 häufig an den Komponenten des eingesetzten ERP-Produkts ablesen.

4.4.3 Serviceausschnitt festlegen

In diesem Schritt werden die für das Projekt relevanten Geschäftsservices der Ebene 1 ausgewählt. Diese Geschäftsservices lassen sich meist sinnvoll um eine Ebene entlang einer im Kontext relevanten Dimension verfeinern, um hierüber den Gestaltungsbereich eines Architekturprojekts einzugrenzen. Auf dieser Detailebene müssen auch geschäftliche Ziele beschrieben sein.

Beispiel

Zur Festlegung des Serviceausschnitts, der im Projekt bei CKR behandelt wird, wird der Ebene 1 Service *Verkauf* entlang der Dimension *Produkttyp* verfeinert in *Individualreise verkaufen* und in *Pauschalreise verkaufen*, wobei *Pauschalreisen verkaufen* nicht im betrachteten Serviceausschnitt liegt (Abb. 4–11).

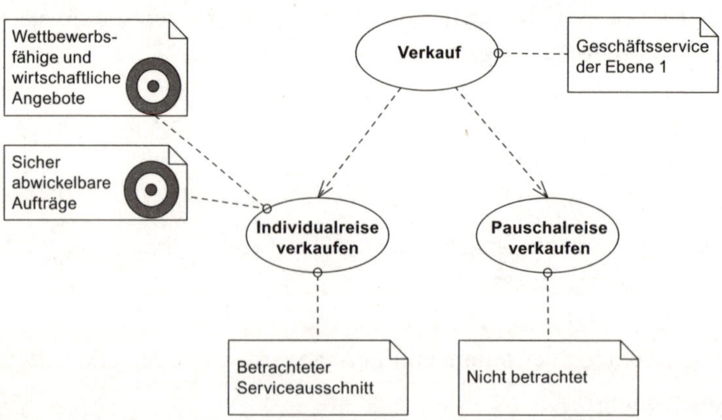

Abb. 4–11 Serviceausschnitt *Individualreise verkaufen*

Die Ziele, die auf Detaillierungsebene des Serviceausschnitts definiert sind, lauten wie folgt:

- *Sicher abwickelbare Angebote*
  Es muss sichergestellt sein, dass alle Bestandteile der Individualreise inhaltlich miteinander verträglich und im zeitlichen Verlauf sicher durchführbar sind.
- *Wettbewerbsfähige und wirtschaftliche Angebote*
  Es muss sichergestellt sein, dass die zusammengestellten Angebote als Gesamtpaket wettbewerbsfähig sind und dass die angestrebten Gewinnziele erreicht werden.

4.4.4 Serviceausschnitt funktional verfeinern

In diesem Schritt verfeinert man die Services im relevanten Serviceausschnitt hierarchisch mittels Services, die einzelne Teile der Gesamtfunktion abdecken. Diese nennen wir *Teilservices*. Folgende Kontrollen helfen, die passende Detaillierung zu finden und Vollständigkeit abzusichern:

- Eine hierarchische Verfeinerung in Teilservices erfolgt dann, wenn die Rolle desjenigen, der den Service ausführt, oder das geschäftliche Ziel, das mit dem Service verbunden ist, noch nicht eindeutig ist. Im Idealfall liegt hierzu eine Liste von Rollen im Unternehmen zu Beginn des Verfahrens bereits vor. Falls dies nicht der Fall ist, können alternativ die verschiedenen Rollen auch parallel zur Anwendung des Verfahrens identifiziert werden. Eine neue Rolle liegt z.B. dann vor, wenn für die Durchführung der Aktivitäten eine spezifische Ausbildung notwendig ist.
- Eine Verfeinerung durch weitere Teilservices erfolgt dann, wenn die beschriebenen Services noch nicht alle verfolgten Ziele und Anforderungen sicherstellen.
- Abgrenzung zu einer zu starken Detaillierung: Ziel ist es, elementare Geschäftsservices zu finden, aus denen Anwendungsservices abgeleitet werden können. Eine Verfeinerung der Service-Hierarchie bis auf die Ebene elementarer, nicht unterbrechbarer Prozessaktivitäten ist für die Ableitung von Anwendungsservices jedoch nicht immer notwendig. Als Teil von Prozessmodellen kann eine solche Detaillierung zwar sinnvoll sein, wenn hierüber z.B. Arbeitsanweisungen für Mitarbeiter dokumentiert werden sollen. Für die Zwecke der Geschäftsarchitektur ist dies jedoch nicht sinnvoll. Gleiches gilt für die IT-Architektur: Eine detaillierte Modellierung von Anwendungsservices kann für die Zwecke der IT besser über die Beschreibung von *Anwendungsfällen* erfolgen.

Beispiel

Die weitere hierarchische Verfeinerung im Projekt bei CKR kann mit den in der Außensicht des Service sichtbaren Serviceaktionen starten (Abb. 4–12).

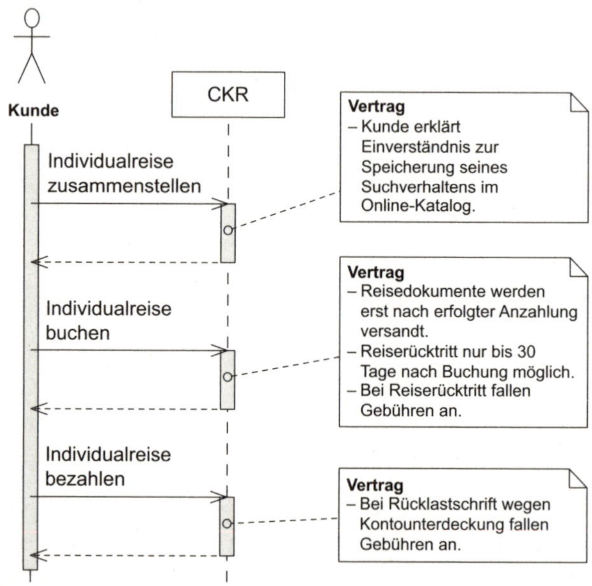

Abb. 4–12 Aktionen des Service *Individualreise verkaufen*

Allerdings sind nicht immer Serviceaktionen in der Innensicht eines Service als direkte Verfeinerung des Service anzusehen. Anhand der in Abbildung 4–13 dargestellten hierarchischen Verfeinerung kann man z.B. erkennen, dass die in der Außensicht zugehörige Aktion *Individualreise bezahlen* in der Innensicht nicht dem Ebene 1 Service *Verkauf* zuzurechnen ist, denn er steht mit keinem der Geschäftsziele dieses Service im Zusammenhang. Zudem ist *Individualreise bezahlen* in der Außensicht des Kunden zwar eine zutreffende Bezeichnung, aus Sicht von CKR ist die entsprechende Leistung aber treffender mit *Zahlung abwickeln* bezeichnet. *Zahlung abwickeln* wird daher dem Ebene 1 Service *Rechnungswesen* als Verfeinerung zugerechnet.

Die direkt aus den Aktionen abgeleiteten Services *Individualreise zusammenstellen* und *Individualreise buchen* können dagegen als Verfeinerung des Service *Individualreise verkaufen* angesehen werden, denn sie dienen den Zielen, die mit diesem Service verbunden sind.

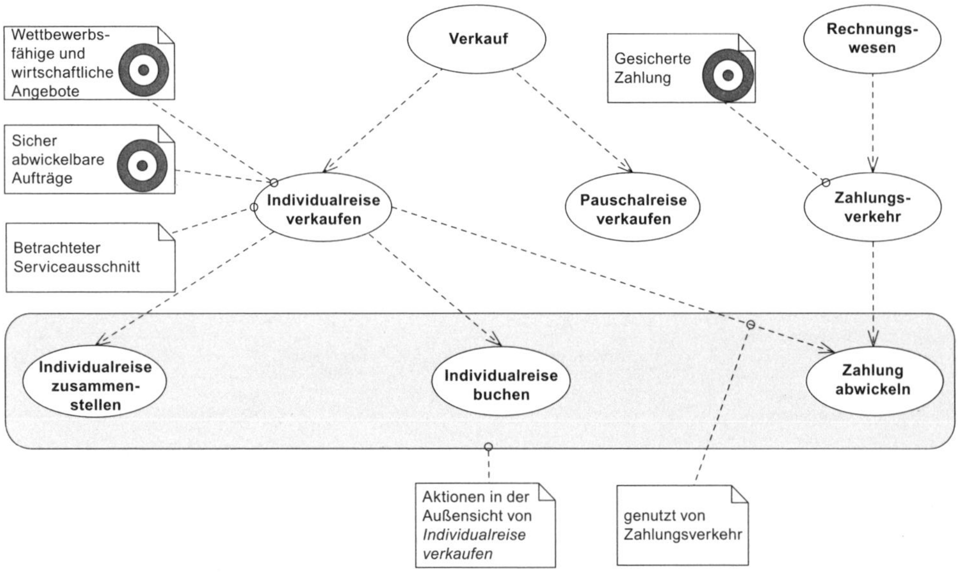

Abb. 4–13 Aktionen in der Hierarchie

Zur weiteren Erläuterung wird die Fachlichkeit bei CKR um zwei spezielle Anforderungen erweitert:

- Als Erweiterung des Verkaufs von Individualreisen für Firmenkunden soll ein Geschäftsservice *Individuelle Gruppenreisen verkaufen* konzipiert werden.
- In dem Rahmen soll auch ein Service *Leistungen empfehlen* entwickelt werden, der den Kunden beim Zusammenstellen der Bausteine für eine solche Individualreise unterstützt.

Eine einfache Zerlegung des Service *Individualreise zusammenstellen* könnte lediglich eine Zerlegung in die beiden Services *Leistungen selektieren* und *Plausibilität prüfen* vorsehen. Aufgrund der speziellen Anforderungen kommt nun zum einen der Service *Leistungen empfehlen* hinzu. Zum anderen ist auch ein Service *Angebot individuell erstellen* zu betrachten, denn die Regeln für die Preisgestaltung von individuellen Gruppenreisen unterscheiden sich für die Regeln zur Preisgestaltung von Individualreisen von Privatkunden. Diese Notwendigkeit ergibt sich auch aus dem Ziel der wettbewerbsfähigen und wirtschaftlichen Angebote. Nachdem die Preisgestaltung erst im Kontext des Verkaufs stattfindet, muss der Service *Individualreise verkaufen* dies sicherstellen. Auch deshalb ist in der Verfeinerung der Service *Angebot individuell erstellen* zu ergänzen, der die Preisermittlung enthält. Schließlich führt das Ziel der sicher abwickelbaren Aufträge dazu, dass der Service *Individualreise zusammenstellen* sicherstellen muss, dass die Leistungen auch verfügbar sind. Die Verfeinerung umfasst also auch noch den Service *Verfügbarkeit prüfen*. Diese Verfeinerung des Service *Individualreise zusammenstellen* in fünf Teilservices sowie die Verfeinerung für den Service *Individualreise buchen* zeigt Abbildung 4–14.

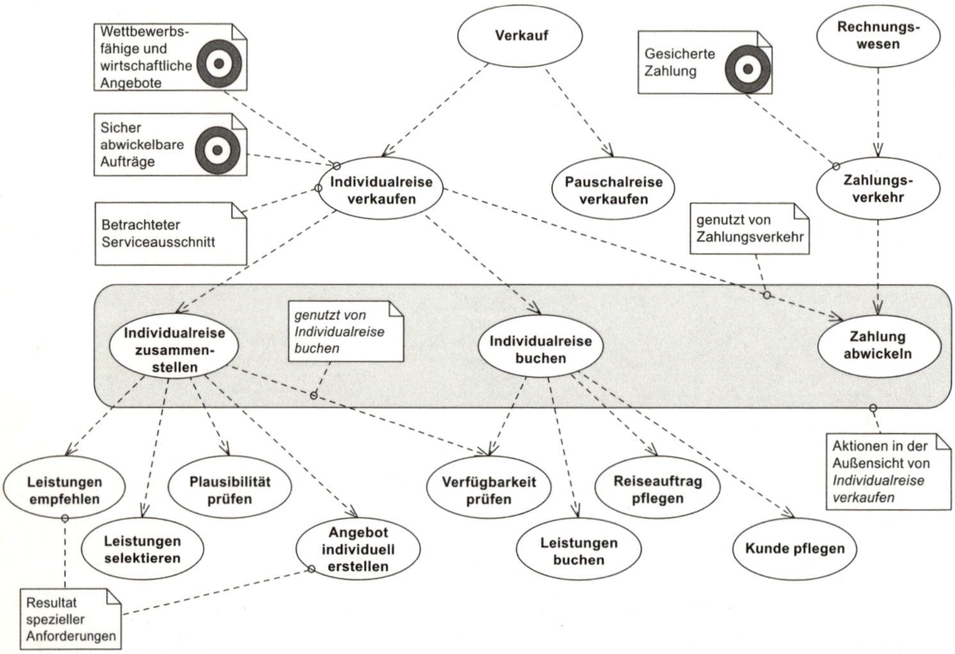

Abb. 4–14 Weitere Verfeinerung des Service *Individualreise verkaufen*

Damit ist der Serviceausschnitt des Projekts endgültig umrissen. Ein solcher klar umrissener Serviceausschnitt hilft dem Architekten zu unterscheiden, wo Services detailliert verfeinert werden müssen und wo es reicht, diese nur grob zu betrachten.

4.4.5 Elementare Geschäftsservices fixieren

Aktivitäten, die von *einer* Rolle im Unternehmen ausgeführt werden und *ein* geschäftliches Ziel verfolgen, sind – wie bereits erläutert – sinnvolle elementare Geschäftsservices, auf deren Basis ein Architekt sowohl Aufbauorganisation und Prozesse im Unternehmen gestaltet als auch passende Anwendungsservices ableiten kann.

In diesem Schritt der Methode wird für die bislang gefundenen Geschäftsservices in der Verfeinerung überprüft, ob sie dem Kriterium für elementare Geschäftsservices genügen. Wenn nicht, müssen sie erneut verfeinert werden.

Beispiel

Die Verfeinerung des Geschäftsservice *Leistungen empfehlen* im Projekt bei CKR kann anhand der Ziele erfolgen, die mit ihm verbunden sind (Abb. 4–15):

- *Preislich passende Gesamtpakete*
  Die vorgeschlagenen Reisebausteine passen als Gesamtpaket in den vom Kunden vorgegebenen Preisrahmen.
- *Inhaltlich passende Gesamtpakete*
  Die vorgeschlagenen Reisebausteine erfüllen die vom Kunden vorgegebenen inhaltlichen Auswahlkriterien.

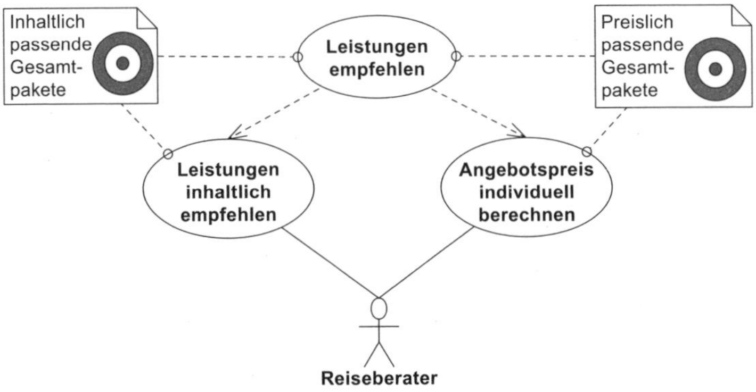

Abb. 4–15 Verfeinerung des Service *Individualreise verkaufen*

In der Ableitung dieser beiden Ziele kann ein Architekt die beiden Services *Leistungen inhaltlich empfehlen* und *Angebotspreis individuell berechnen* als sinnvoll identifizieren. Dies sind auch elementare Geschäftsservices, denn sie verfolgen jeweils genau ein Ziel und werden von jeweils genau einer Rolle erbracht – hier in beiden Fällen durch die Rolle *Reiseberater.*

Wie passt *Angebotspreis individuell berechnen* zum bisherigen Service *Angebot individuell erstellen*? In unserem Beispiel unterscheiden sich individuelle Gruppenreisen als spezielles Angebot für Firmenkunden dadurch von Individualreisen für Privatkunden, dass deren Gesamtpreis nicht nur kalkuliert, sondern tatsächlich auch individuell verhandelt wird.

In diesem Fall identifiziert ein Architekt die Rolle *Kundenverantwortlicher*, der den Service *Preisverhandlung durchführen* erbringt – in Ergänzung zu dem bereits existierenden Service *Angebotspreis individuell berechnen*. Den bisherigen Service *Angebot individuell erstellen* verfeinert er aufgrund dieser Überlegungen zu den beiden Services *Angebotspreis individuell berechnen* und *Preisverhandlung durchführen* (Abb. 4–16).

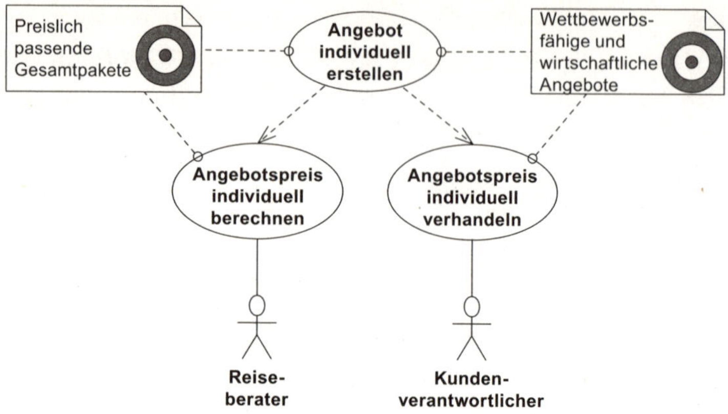

Abb. 4–16 Verfeinerung des Service *Angebot individuell erstellen*

Beide Services erfüllen die Regeln für elementare Geschäftsservices:

- *Angebotspreis individuell berechnen* wird als Service von einem *Reiseberater* erbracht und verfolgt das Ziel *Preislich passende Gesamtpakete.*
- *Preisverhandlung durchführen* wird als Service von einem *Kundenverantwortlichen* erbracht und verfolgt das Ziel *Wettbewerbsfähige und wirtschaftliche Angebote.*

Und noch an einer dritten Stelle muss weiter verfeinert werden. Für die Services *Verfügbarkeit prüfen* und *Leistungen buchen* muss beachtet werden, dass diese sowohl auf dem eigenen Lager als auch auf dem Lager des Mittlers stattfinden und somit zwei unterschiedliche Rollen betroffen sind. Dies zeigt Abbildung 4–17. Dabei sind die durch den Mittler zu erbringenden Services gestrichelt dargestellt. Dies symbolisiert, dass diese nicht durch das Unternehmen CKR selber erbracht werden.

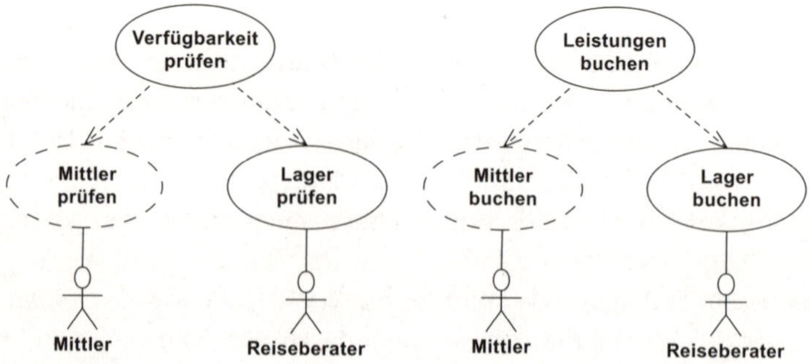

Abb. 4–17 Verfeinerung der Services *Verfügbarkeit prüfen und Leistungen buchen*

Abbildung 4–18 stellt die aus der Verfeinerung resultierenden elementaren Geschäftsservices dar, wobei die Zuordnung von Services zu Zielen der Übersichtlichkeit wegen weggelassen ist. *Angebotspreis individuell berechnen* ist in der Hierarchie unterhalb von *Angebot individuell erstellen* einsortiert, die gleichzeitige Verwendung als Teil von *Leistungen empfehlen* ist entsprechend kommentiert.

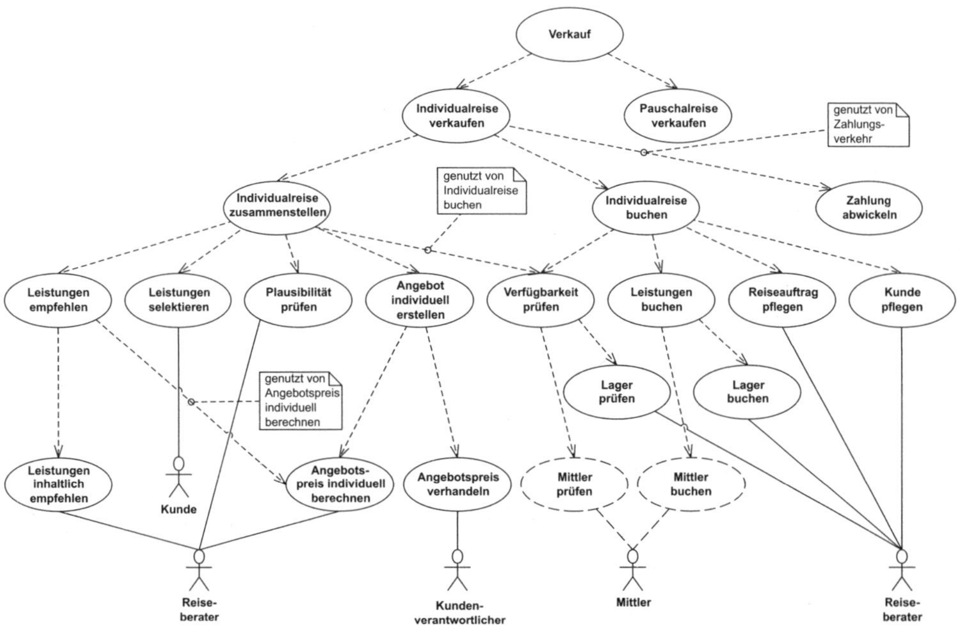

Abb. 4–18 Verfeinerte Services von *Individualreise verkaufen* (ohne Ziele)

In einer solchen hierarchischen Verfeinerung repräsentiert ein übergeordneter Service einen Kandidaten für einen Geschäftsprozess. Als Teil des hier beschriebenen Verfahrens und zu diesem Zeitpunkt steht der Aspekt der genauen Geschäftsprozesse jedoch nicht im Fokus.

Ziel ist es vielmehr hier, die zu den geschäftlichen Zielen des Unternehmens passenden elementaren Geschäftsservices zu finden. In diesem Zusammenhang sind die in der Hierarchie übergeordneten Services inhaltliche Gruppierungen der untergeordneten Services. Die Zuordnung von anderswo eingeordneten Services als Service-Aktionen zu einem Service kann man dabei weiterhin mitführen. Abbildung 4–18 tut dies dadurch, dass die Zuordnung gestrichelt dargestellt wird.

4.4.6 Zugehörige Geschäftsobjekte bestimmen

Zugehörige Geschäftsobjekte lassen sich ausgehend von den Geschäftsservices dadurch identifizieren, dass man klärt, welche Informationen zur Durchführung des Service benötigt werden und welche Informationen ein Service liefert. Hieraus lässt sich dann auch das notwendige Zusammenspiel zwischen den Geschäftsservices identifizieren.

Geschäftsobjekte können ausgehend von Services und anhand des Zusammenspiels von Services ermittelt werden. Jeder Service benötigt Geschäftsobjekte und liefert neue oder veränderte Geschäftsobjekte.

Beispiel

Einige Beispiele im Zusammenhang mit CKR zeigt Tabelle 4–1.

Service	Benötigt	Liefert
Leistungen empfehlen	Leistungen, aus denen Bausteine ausgewählt werden können, sowie Auswahlkriterien des Kunden	Angebote, die ein Kunde weiter modifizieren kann, allerdings noch ohne ermittelten Preis für das Gesamtpaket
Angebotspreis individuell berechnen	Ein noch unbepreistes Angebot bestehend aus einzelnen Leistungen	Ein bepreistes Angebot
Plausibilität prüfen	Ein Angebot bestehend aus einzelnen Leistungen	Ein buchbares Angebot, für das die Durchführbarkeit gesichert ist
Leistungen buchen	Ein bepreistes und auf Durchführbarkeit geprüftes Angebot	Ein Reiseauftrag, bestehend aus gegenüber den Lieferanten fest gebuchten Leistungen

Tab. 4–1 Services mit benötigten und gelieferten Geschäftsobjekten

Verdichtet auf Services der Ebene 1 sind nicht alle Geschäftsobjekte sichtbar. Als Ergebnis einer eingehenden Analyse identifiziert ein Architekt die folgenden Geschäftsobjekte für CKR als relevant auf Ebene 1:

- *Kunde*
  Endkunden, die Reisen buchen
- *Produkt*
  Kombination von Leistungen, die angeboten werden kann
- *Angebot*
  Reiseangebote zu Produkten, die gebucht werden können
- *Reiseauftrag*
  Konkrete Buchungen
- *Lieferant*
  Fluglinien, Hoteliers etc.
- *Leistung*
  Flugsitze, Hotelbetten etc.

Abbildung 4–19 zeigt diese Geschäftsobjekte auf Ebene 1.

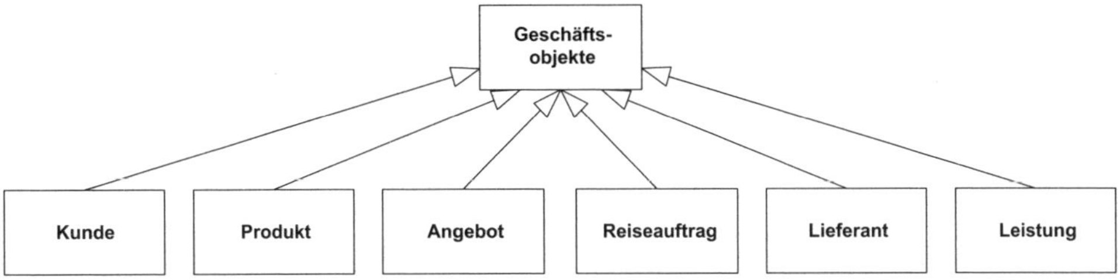

Abb. 4–19 Geschäftsobjekte der Ebene 1

Ähnlich wie bei den Kerngeschäftsservices der Ebene 1 sind die zentralen Geschäftsobjekte von CKR ähnlich denen von Unternehmen aller Branchen. Auch Automobilhersteller haben Kunden, Angebote bzw. Produkte (Autos), Aufträge, Lieferanten und deren Zulieferleistungen.

Die Tatsache, dass externe Partner des Unternehmens (Kunden, Lieferanten) je nach Kontext entweder als Servicegeber und Servicenehmer oder aber als Geschäftsobjekte behandelt werden, ist übrigens der Normalfall.

Die Vollständigkeit und Stimmigkeit der identifizierten Geschäftsobjekte lässt sich im Zusammenspiel der Geschäftsservices prüfen. Abbildung 4–20 stellt dieses Zusammenspiel für den Service *Individualreise verkaufen* in Form von Aktivitätsdiagrammen dar. Wohlgemerkt geht es hierbei nicht darum, eine vollständige Prozessmodellierung durchzuführen. Das Vorgehen dient nur zur Plausibilitätsprüfung der Geschäftsservices.

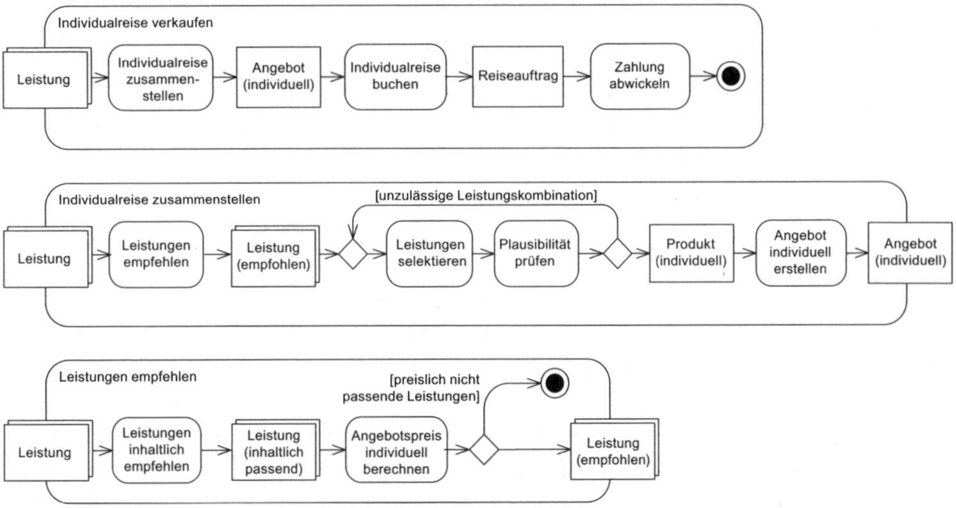

Abb. 4–20 Zusammenspiel beim Service *Individualreise verkaufen*

Geschäftsservices und Geschäftsobjekte geben die Antwort auf die Frage danach, *was* den entsprechenden Ausschnitt des Geschäfts ausmacht, für den eine Architektur konzipiert werden soll. Eingeordnet in das von uns verwendete Architektur-Framework IAF sind sie wesentliche Elemente der konzeptionellen Ebene der Unternehmensarchitektur in den beiden Architekturaspekten Geschäft und Information.

4.5 Gestaltung der Geschäftsarchitektur

Geschäftsservices in der oben beschriebenen Form sind nicht nur Startpunkte für die Ableitung von Anwendungsservices, sondern auch ein möglicher Zwischenschritt in der Gestaltung von Soll-Aufbauorganisation und Soll-Geschäftsprozessen eines Unternehmens nach den Prinzipien einer Serviceorientierung.

Nachdem Quasar Enterprise den Schwerpunkt bei der Gestaltung von IT-Unternehmensarchitektur setzt, wird die Gestaltung der Geschäftsarchitektur hier nur gestreift. Im Folgenden geben wir lediglich zwei Hinweise zu einzelnen Aspekten der Gestaltung von Geschäftsarchitektur:

Indem Geschäftsservices die Verbindung von Aktivitäten zu Rollen und Geschäftszielen herstellen, können Geschäftsarchitekten auf dieser Basis diskutieren, wie sie Rollen auf Stellen und Organisationseinheiten im Unternehmen abbilden.

Im Beispiel können die beiden Rollen *Reiseberater* und *Kundenverantwortlicher* auf die Stelle *Firmenkundenberater* abgebildet werden, die beim Verkaufen von individuellen Gruppenreisen sowohl die eigentliche Beratung durchführen als auch die Kompetenz für Preisverhandlungen haben.

Bei der Gestaltung von Geschäftsprozessen und Organisation wird ein Geschäftsarchitekt sich wo immer möglich auf Architekturleitlinien beziehen. Zur Illustration ein letztes Beispiel: Für die Behandlung von Kundenreklamationen wird ein Service *Reklamationen bearbeiten* etabliert. Gleichzeitig gibt es Services rund um das *Qualitätsmanagement,* die einen wesentlichen Beitrag zum Unternehmensziel *Kundenzufriedenheit* darstellen.

Nachdem es die Architekturleitlinie *Abschließende Bearbeitung von Reklamationen* gibt, wird ein Geschäftsarchitekt die Services und ihre Rollen so zu Stellen und Prozessen zuordnen, dass für die Bearbeitung von Reklamationen alle benötigten Informationen unmittelbar im Zugriff sind und beim Bearbeiter die Kompetenz für das Zugestehen von Minderungen vorhanden ist.

4.6 Von der Geschäftsarchitektur zur IT-Architektur

Die Ableitung einer IT-Architektur aus der Geschäftsarchitektur kann auf verschiedenen Ebenen erfolgen. Eingeordnet in das von uns verwendete Architektur-Framework IAF entspricht das verschiedenen Roadmaps mit unterschiedlichen Übergängen zwischen den Architekturaspekten. Drei dieser Roadmaps beschreiben wir kurz:

- Ausgehend von Geschäftsservices der Ebene 1, wesentlichen Geschäftsobjekten und den Geschäftsdimensionen lassen sich bereits Anwendungsdomänen in der Anwendungslandschaft ableiten. Hierfür sind keine detaillierten Geschäftsservices notwendig. Das in Abschnitt 4.4 beschriebene Vorgehen muss hierzu nur in Teilen durchgeführt werden. Der Übergang von Geschäftsarchitektur zur IT-Architektur erfolgt auf der konzeptionellen Ebene des Architektur-Frameworks.
- Wenn für einen bestimmten Ausschnitt der Geschäftsservices unterstützende AL-Komponenten in der Anwendungslandschaft definiert werden sollen, die Anwendungsservices erbringen, so können diese aus elementaren Geschäftsservices abgeleitet werden. In diesem Fall wird man – nur für den betroffenen Service-Ausschnitt – Geschäftsservices bis auf die Ebene von elementaren Geschäftsservices verfeinern. Das in Abschnitt 4.4 beschriebene Vorgehen muss hierzu vollständig durchgeführt werden. Der Übergang von Geschäftsarchitektur zur IT-Architektur erfolgt ebenfalls auf der konzeptionellen Ebene des Architektur-Frameworks.
- Wenn zusätzlich Soll-Geschäftsprozesse und Soll-Organisationseinheiten vorliegen, kann man diese bei der Definition von Anwendungsdomänen in der Anwendungslandschaft als eine Randbedingung berücksichtigen. In diesem Fall erfolgt der Übergang von der Geschäftsarchitektur zur IT-Architektur auf der logischen Ebene des Architektur-Frameworks.

Die Einbeziehung der logischen Ebene der Geschäftsarchitektur ist optional. Eine Ausrichtung der IT an geschäftlichen Zielen kann auch durch eine direkte Berücksichtigung der geschäftlichen Ziele aus der kontextuellen Architekturebene sichergestellt werden. Das folgende Kapitel beschreibt folglich einen Übergang von der Geschäftsarchitektur zur IT-Architektur ausgehend von den Übergängen der ersten beiden Roadmaps.

5 Ideale Anwendungslandschaften

Die Gestaltung von Anwendungslandschaften ist das zentrale Thema dieses Buchs. In Kapitel 2 haben wir Anwendungslandschaften mit Städten verglichen. Städte werden selten neu auf der grünen Wiese erbaut. In der Regel haben sie eine lange Historie und eine lange Zukunft. Städteplaner gestalten die Stadtentwicklung – ihr Instrument ist der Flächennutzungsplan. Immer wenn ein Abriss, Neu- oder Umbau von einzelnen Gebäuden ansteht, geschieht dies im Kontext des Flächennutzungsplans.

Was der Flächennutzungsplan für den Städteplaner ist, ist die ideale Anwendungslandschaft für den Architekten im IT-Bereich eines Unternehmens: der Leuchtturm, an dem sich alle Veränderungen der Anwendungslandschaft – Einführung neuer Systeme, Umbau, Auslagerung und Abschaltung existierender Systeme – auszurichten haben. Der Entwurf der idealen Anwendungslandschaft ist eine höchst verantwortungsvolle Aufgabe. Der Architekt muss dafür viel Erfahrung – sowohl im Geschäft als auch in der IT – mitbringen. Aber muss er alle Entscheidungen aus dem Bauch heraus treffen, basierend auf seiner Erfahrung? Nein, es gibt konkrete Vorgehensweisen, Regeln und Muster – und davon handelt dieses Kapitel [HHV06, VHH06].

Dieses Kapitel folgt auf das Kapitel über die Geschäftsarchitektur. Denn die Geschäftsarchitektur ist der Antrieb für die ideale Anwendungslandschaft. Anwendungslandschaften sind Mittel zum Zweck, nämlich Geschäftsservices zu unterstützen. Die in diesem Kapitel beschriebenen Methoden geben Anleitungen, wie man schrittweise aus der Geschäftsarchitektur die ideale Anwendungslandschaft ableitet. Ein solches Vorgehen ist sinnvoll, damit das Ergebnis auch wirklich ideal ist und kein Kompromiss mit der Ist-Anwendungslandschaft. Erst bei der Planung konkreter Schritte wird man die Ist-Anwendungslandschaft gegen das Ideal halten – davon mehr in Kapitel 8.

Abbildung 5–1 ordnet dieses Kapitel in die Quasar Enterprise Landkarte ein. Wir beschreiben den Übergang vom Aspekt *Geschäft* zum

Aspekt *Informationssysteme (IS)*. Dabei werden Geschäftsservices schrittweise in *Domänen*, *logische AL-Komponenten* und deren *Schnittstellen* umgesetzt.

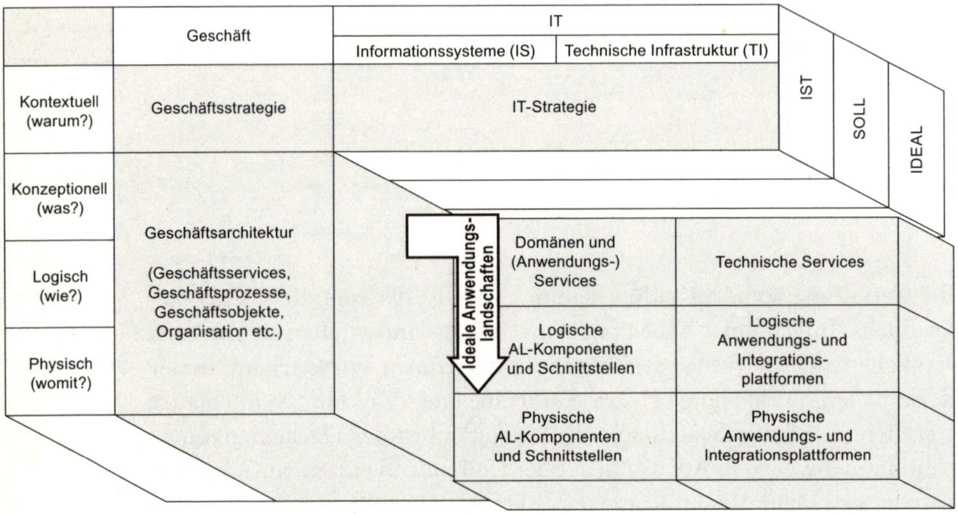

Abb. 5–1 Das Kapitel im Kontext des Buchs

5.1 Anwendungslandschaften schrittweise gestalten

Anwendungslandschaften sind komplex. Eine schrittweise Verfeinerung über Abstraktionsebenen hilft, die Komplexität zu beherrschen. Wir führen dafür *Ebenen* in Anwendungslandschaften ein.

- *Ebene 0*
  Die Anwendungslandschaft als Ganzes ist die Ebene 0.
- *Ebenen 1..n*
  Die Anwendungslandschaft wird in Form von *Domänen* strukturiert (Abschnitt 5.2.1). Bei großen Anwendungslandschaften können Domänen auch in Subdomänen geschachtelt werden. Die Nummer der Ebene n drückt die Schachtelungstiefe aus.
- *Ebene n+1*
  Komponenten der Anwendungslandschaft (logische AL-Komponenten) werden auf der untersten Domänenebene angesiedelt (Abschnitt 5.4.1). Sie sind daher auf Ebene n+1.

Die ideale Anwendungslandschaft kann schrittweise top-down entlang der Ebenen entworfen werden. Abbildung 5–2 gibt einen Überblick.

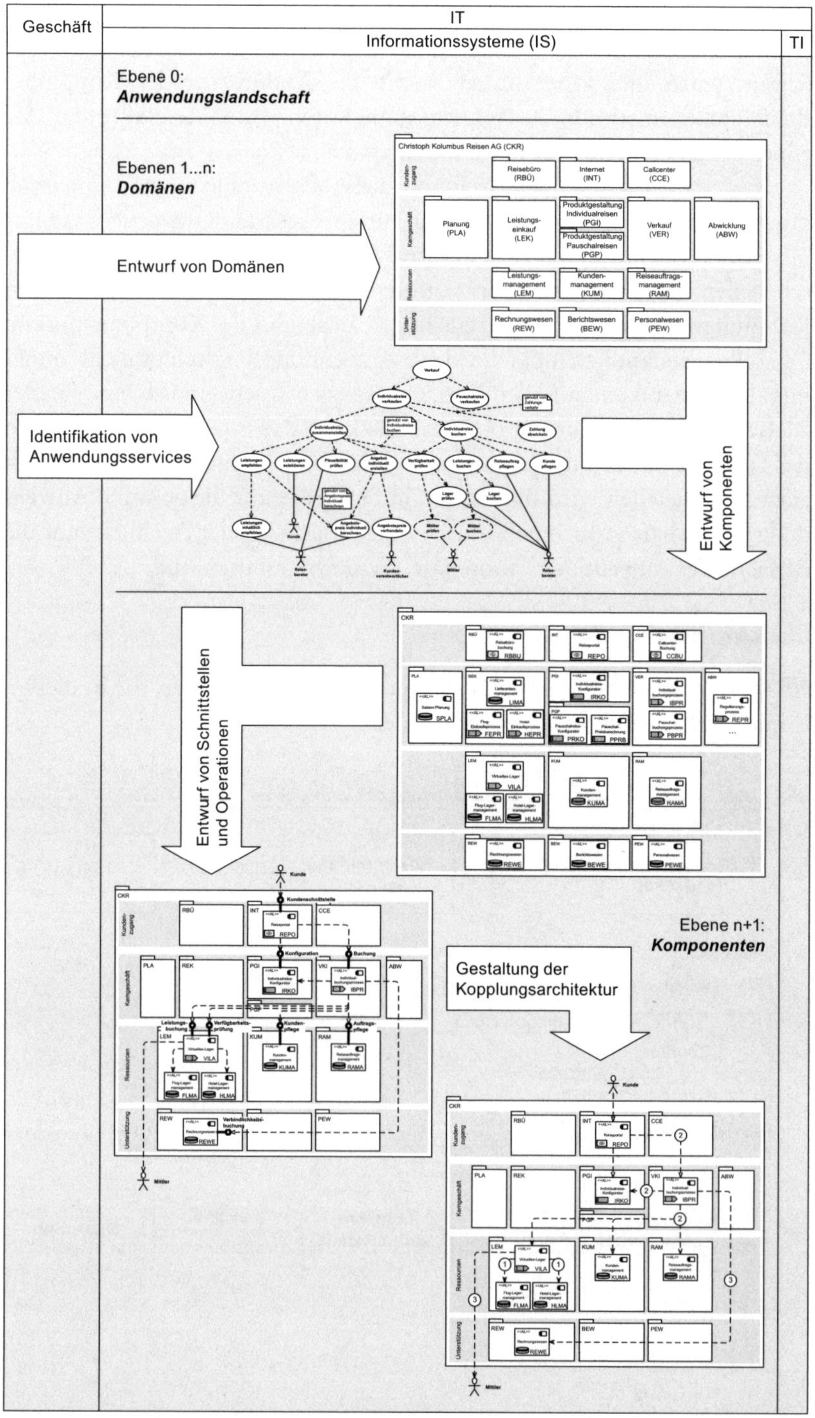

Abb. 5–2 Schrittweise Gestaltung von Anwendungslandschaften

Artefakte, die dabei entstehen, sind in der Abbildung durch Beispiele verdeutlicht: Domänen, Anwendungsservices, AL-Komponenten mit ihren Schnittstellen und Operationen sowie die Architektur der Kopplung. Pfeile stellen methodische Schritte zum Entwurf der Artefakte dar. Sie entsprechen den Abschnitten dieses Kapitels.

In der Praxis führt der Architekt diese Schritte nie streng sequentiell durch. Vielmehr gewinnt er im Entwurfsprozess laufend neue Erkenntnisse und wiederholt Schritte iterativ. Auch gibt es Abhängigkeiten zwischen den Schritten. So gehen Grundannahmen über Schnittstellen und Kopplungen beispielsweise bereits in den Zuschnitt der Komponenten ein.

Selbstverständlich muss die ideale Anwendungslandschaft nicht immer mit allen Artefakten auf allen Ebenen beschrieben sein – das hängt von der Zielsetzung des Beratungsprojekts ab. So kann das Ergebnis ausschließlich das Domänenmodell der Ebene 1 sein. Die Komponentenmodellierung mit allen Schnittstellen wird man selten in der Breite für die gesamte Anwendungslandschaft vornehmen. Hier konzentriert sich der Architekt auf die Bereiche der Anwendungslandschaft, die umzugestalten sind.

Übersicht der Begriffe

Abbildung 5–3 gibt eine Übersicht der wichtigsten Begriffe, die in diesem Kapitel definiert und verwendet werden.

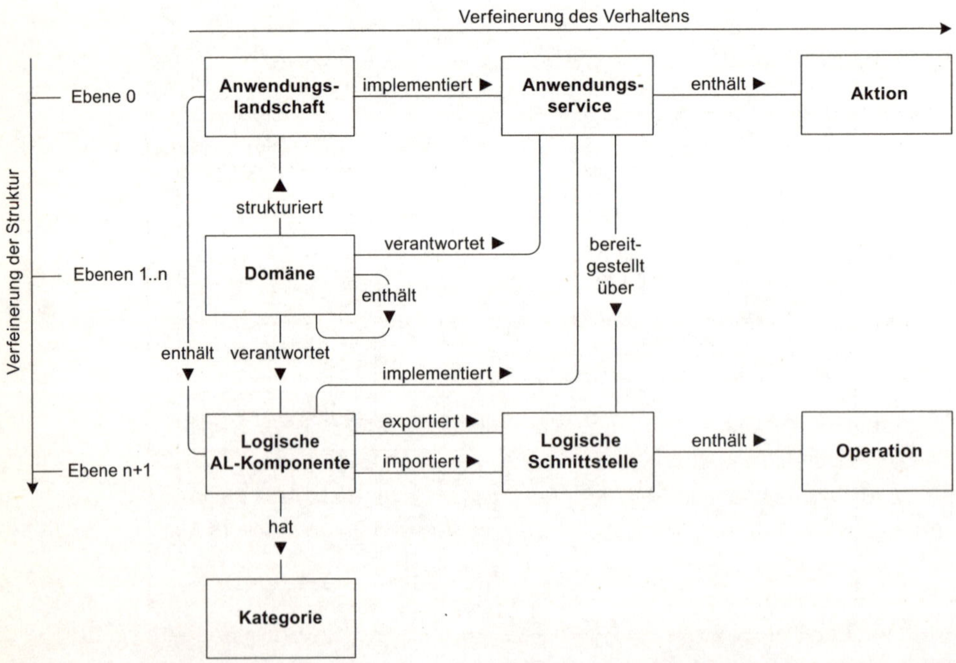

Abb. 5–3 Begriffe von Anwendungslandschaften in der Übersicht

Anwendungslandschaften implementieren *Anwendungsservices* und ihre *Aktionen* (Abschnitt 5.3). Anwendungslandschaften werden hierarchisch in *Domänen* strukturiert (Abschnitt 5.2.1). Auf der untersten Ebene enthalten Domänen *Komponenten* der Anwendungslandschaft (Abschnitt 5.4.1). Diese exportieren und importieren *Schnittstellen* und ihre *Operationen* (Abschnitt 5.5.1).

5.2 Entwurf von Domänen

5.2.1 Domänen

Teile und herrsche – dieses in der Softwaretechnik oft angewandte Prinzip hilft auch, die Komplexität von Anwendungslandschaften in den Griff zu bekommen. Das Hilfsmittel dafür sind *Domänen.*

> ***Domänen*** (domains) gruppieren die Komponenten einer Anwendungslandschaft. Die Gruppierung erfolgt nach fachlichen Gesichtspunkten. Domänen können hierarchisch geschachtelt sein. Komponenten der Anwendungslandschaft werden jeweils den am tiefsten geschachtelten Domänen zugeordnet.

Komponenten der Anwendungslandschaft (AL-Komponenten, Abschnitt 5.4.1) implementieren einen Ausschnitt der Geschäftslogik des Unternehmens.

Nutzen von Domänen

Warum nutzt die Domänenbildung? Domänen dienen der Kommunikation zwischen Fachbereichen und IT, besonders wenn es um Verantwortung geht. Idealerweise gibt es für jede Domäne einen verantwortlichen Fachbereichsmanager. Darüber hinaus tragen sie zu einer gemeinsamen Begriffsbildung zwischen Fachbereichen und IT bei.

Für den Architekten sind Domänen ein wichtiges Werkzeug für die Planung und Durchführung der Evolution von Anwendungslandschaften. Fusionieren beispielsweise zwei Unternehmen, so helfen die Domänen bei der Beantwortung der Frage: »Welche Komponenten der Anwendungslandschaften ergänzen sich und welche sind redundant?« In Kapitel 8 beschreiben wir das detaillierter.

Schließlich liefert der Domänenschnitt dem Architekten wichtige Kriterien für den Entwurf von AL-Komponenten, deren Schnittstellen und Kopplung. Eine Architekturvorgabe könnte beispielsweise sein: »Inter-Domänen-Kommunikation muss über den Enterprise Service Bus gehen.«

Domänen sind immer am Geschäft des Unternehmens orientiert. Beispiele sind *Vertrieb* oder *Partnermanagement*. Domänennamen wie *Host-Systeme* oder *Java-Systeme* sind ein Indiz für unpassende Domänenschnitte.

Domänen als Kartengrund

Schaubilder der Anwendungslandschaft (z.B. Abb. 2–1) sind enorm wichtig. Sie sollen in jedem Büro von IT-Mitarbeitern hängen. Sie verdeutlichen, wie die vielen AL-Komponenten zusammenspielen. Die Domänen sind die primäre Gliederung solcher Schaubilder. In Anlehnung an Landkarten oder Stadtpläne werden sie auch als *Kartengrund* [MW04a] bezeichnet – also in Abbildung 2–1 die Flächen, auf denen die einzelnen AL-Komponenten platziert sind. Wenn eine Anwendungslandschaft wie eine Stadt ist, so sind die Domänen die Stadtteile.

Geschachtelte Domänen

Domänen können hierarchisch in Subdomänen geschachtelt werden (Abb. 5–4).

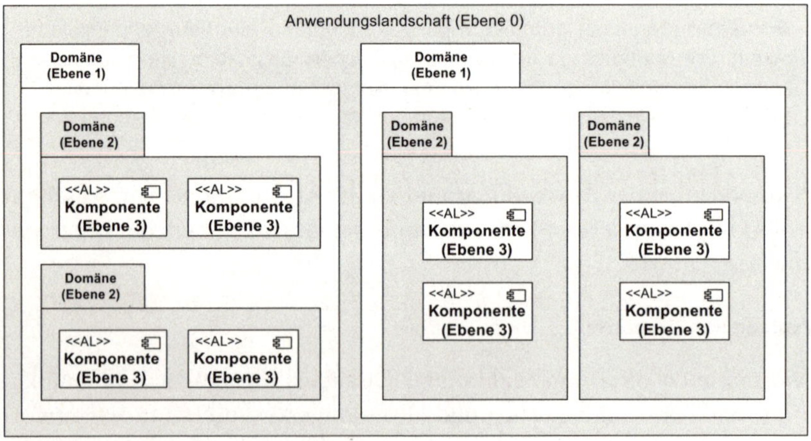

Abb. 5–4 Domänen der Anwendungslandschaft

Die Schachtelungstiefe hängt dabei von der Größe der Anwendungslandschaft ab. Meist reichen ein bis zwei Hierarchieebenen aus. Für die Anwendungslandschaften großer Konzerne kann man auch mehr Ebenen benötigen. Tabelle 5–1 gibt eine Übersicht über Erfahrungswerte.

Größe der AL	Domänentiefe	# Domänen	# AL-Komponenten
klein	1	< 10	< 30
mittel	1 – 2	10 – 30	30 – 100
groß	2 – 3	30 – 100	100 – 1.000
sehr groß	≥ 3	> 100	> 1.000

Tab. 5–1 Erfahrungswerte für Domänen und AL-Komponenten

Abgrenzung zu anderen Domänenbegriffen

Der Begriff der Domäne für die Strukturierung von Anwendungslandschaften beginnt sich zu etablieren [AS07a, HLÖ06, Ric05]. Der Begriff wird jedoch in der IT auch in vielen weiteren Kontexten verwendet. So spricht man von den Domänen Bankwesen oder Touristik als Anwendungsbereiche. Domänenspezifische Sprachen, Domänen in Komponententechnologien wie .NET oder Domänen in der Datenmodellierung sind wieder andere Verwendungen desselben Begriffs, die von der Verwendung in diesem Buch abweichen.

Gegebene Domänenmodelle

Für einige Branchen wie Banken, Versicherungen oder Telekommunikation gibt es fachliche Referenzarchitekturen, die mehr oder weniger den hier beschriebenen Domänenmodellen entsprechen. Im Projekt prüft der Architekt daher immer zuerst, ob es ein fertiges Domänenmodell gibt und ob er davon profitieren kann – sei es, indem er sich weitgehend daran anlehnt oder indem er es lediglich zur Plausibilitätsprüfung nutzt.

5.2.2 Eine Methode zum Entwurf von Domänen

In den folgenden Abschnitten beschreiben wir eine Methode für den Entwurf von Domänen [HHV+07]. Die Methode hat drei wesentliche Eingaben und besteht aus fünf Schritten. Um eines vorwegzuschicken: Selbstverständlich ersetzt diese Methode nicht die Erfahrung. Mechanisches Anwenden der Methode führt nicht automatisch zu einem guten Domänenschnitt.

Das A&O des Domänenentwurfs ist die Kommunikation: Finden sich Fachbereiche und IT in dem Zuschnitt und den Bezeichnungen für die Domänen wieder? Nur eine gelebte Domänenstruktur ist von Nutzen.

Für die Methode benötigt der Architekt als Eingabe die folgenden Informationen über das Geschäft des Unternehmens:

- Geschäftsdimensionen und deren Ausprägungen (Abschnitt 4.3.2)
- Geschäftsservices (Abschnitt 4.4)
- Geschäftsobjekte (Abschnitt 4.4.6)

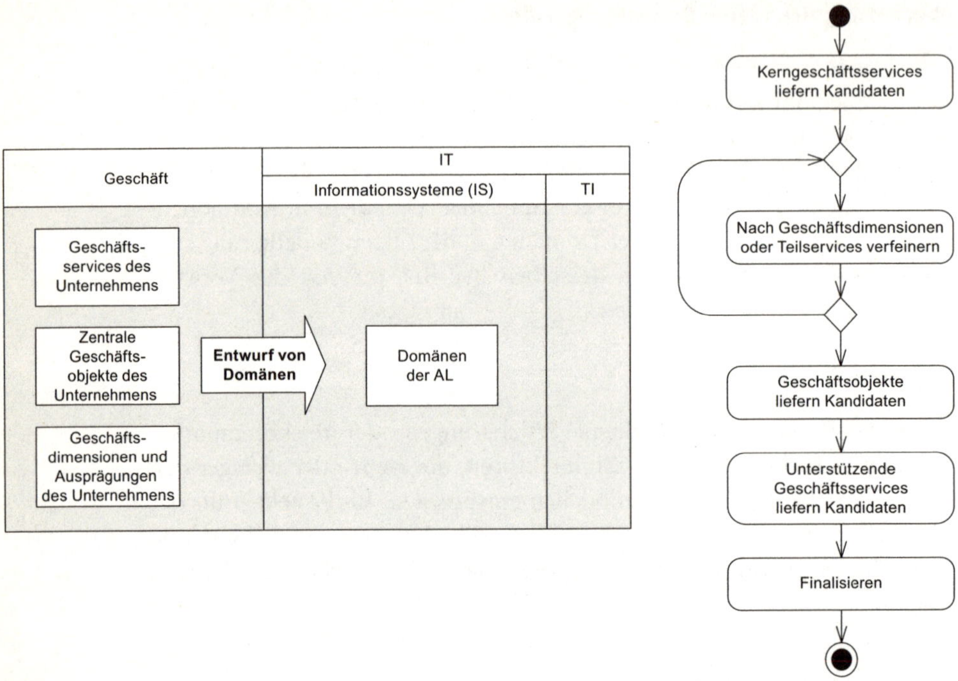

Abb. 5–5 Entwurf von Domänen

Unter Verwendung dieser Informationen können die folgenden Schritte durchgeführt werden (Abb. 5–5):

1. *Kerngeschäftsservices liefern Kandidaten*
   Die Kerngeschäftsservices der Ebene 1 liefern Domänenkandidaten.
2. *Nach Geschäftsdimensionen oder Teilservices verfeinern*
   Domänenkandidaten werden nach Geschäftsdimensionen bzw. nach den Kerngeschäftsservices der nächsten Ebene geteilt.
3. *Geschäftsobjekte liefern Kandidaten*
   Die wichtigsten Geschäftsobjekte werden Domänenkandidaten.
4. *Unterstützende Geschäftsservices liefern Kandidaten*
   Unterstützende Geschäftsservices der Ebene 1 werden Domänenkandidaten.
5. *Finalisieren*
   Die Domänen werden auf Vollständigkeit überprüft, sinnvoll benannt, hierarchisch gruppiert und dargestellt.

Die einzelnen Schritte beschreiben wir in den nachfolgenden Abschnitten und erläutern sie anhand des Beispiels von Christoph Kolumbus Reisen (CKR) aus Teil I.

Kerngeschäftsservices liefern Kandidaten

Im ersten Schritt liefern die Kerngeschäftsservices der Ebene 1 die ersten Kandidaten für Domänen. Wir sprechen vorerst von Domänenkandidaten – erst im letzten Schritt bilden diese dann die finalen Domänen der Ebene 1 (Abb. 5–6).

Abb. 5–6 Domänenkandidaten aus Kerngeschäftsservices

Nach Geschäftsdimensionen oder Teilservices verfeinern

Im zweiten Schritt werden die Domänenkandidaten aufgespaltet, wenn sie sich wesentlich bezüglich der Ausprägungen von Geschäftsdimensionen oder bezüglich ihrer Teilservices, d.h. Kerngeschäftsservices der nächsten Ebene (Abschnitt 4.4.4), unterscheiden.

Beispiel: Die Produktgestaltung von Pauschalreisen unterscheidet sich wesentlich von der Produktgestaltung von Individualreisen. Pauschalreisen werden komplett bepreist, Individualreisen nicht. Pauschalreisen unterliegen festen Zeitrastern (7 Tage, 14 Tage), Individualreisen nicht. Und so weiter. Daher wird der Domänenkandidat *Produktgestaltung* in die beiden Domänenkandidaten *Produktgestaltung Pauschalreisen* und *Produktgestaltung Individualreisen* aufgespaltet (Abb. 5–7).

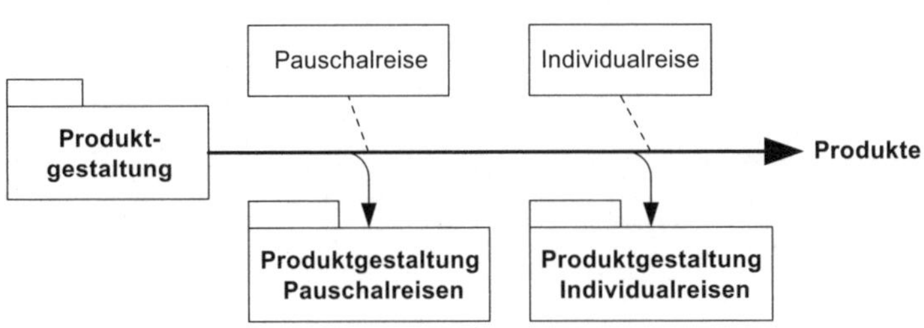

Abb. 5–7 Aufspaltung von Produktgestaltung nach Produkten

Domänenkandidaten können auch über mehrere Dimensionen hinweg aufgespaltet werden (Abb. 5–8).

Der Geschäftsservice *Verkauf* besteht aus den Teilservices *Reise zusammenstellen* und *Reise buchen*. Das Zusammenstellen der Reise ist kundenkanalspezifisch. Es erfolgt im Reisebüro durch den Reiseberater grundsätzlich anders als im Internet durch den Endkunden. Daher wird der Domänenkandidat *Verkauf* aufgespaltet in die neuen Domänen *Reisebüro*, *Internet* und *Callcenter* einerseits und *Reisebuchung* andererseits.

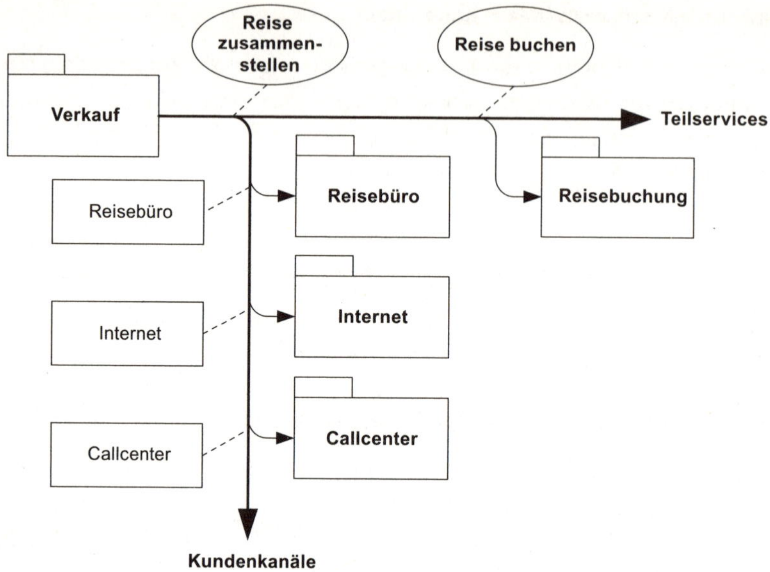

Abb. 5-8 Aufspaltung von Verkauf nach Kundenkanälen und Teilservices

Um Domänenkandidaten passend aufzuspalten, benötigt man intime Kenntnisse des Geschäfts. Im Schritt 2 der Methode werden die Domänenkandidaten so lange verfeinert, wie dies aus geschäftlicher Sicht sinnvoll ist (Abb. 5–9). Für den Domänenkandidat *Reisebuchung* greifen wir auf den bislang übergeordneten Begriff *Verkauf* zurück, um auszudrücken, dass er alle Backend-Systeme für den Verkauf von Reisen umfasst.

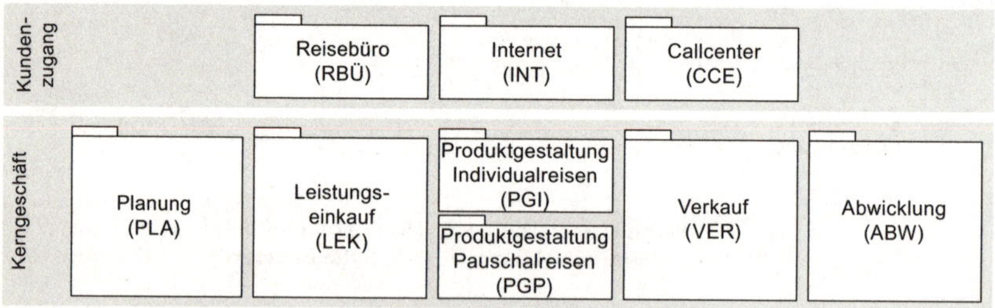

Abb. 5-9 Domänen nach Verfeinerung entlang der Geschäftsdimensionen

Geschäftsobjekte liefern Kandidaten

Im dritten Schritt werden die zentralen Geschäftsobjekte betrachtet. In welchen der bisherigen Domänenkandidaten werden sie geschrieben (angelegt, geändert, gelöscht)? Siehe Tabelle 5–2 für das Beispiel CKR.

Geschäftsobjekt	Geschrieben in
Kunde	Reisebüro-Anwendungen, Internet-Portale, Callcenter, Buchung
Produkt	Produktgestaltung Pauschal- und Individualreisen
Reiseauftrag	Buchung, Abwicklung
Lieferant	Einkauf
Leistung	Leistungseinkauf, Verkauf

Tab. 5–2 Zuordnung von Geschäftsobjekten zu Domänenkandidaten

Wird ein zentrales Geschäftsobjekt in mehreren Domänen geschrieben, so wird eine eigene Domäne für die Verwaltung dieses Geschäftsobjekts vorgesehen. Hiermit wird die Zuständigkeit für übergreifend relevante Geschäftsobjekte klar geregelt. Im Beispiel sind dies die Geschäftsobjekte *Kunde*, *Produkt*, *Reiseauftrag* und *Leistung*. So werden neue Domänen *Kundenmanagement*, *Reiseauftragsmanagement* und *Leistungsmanagement* identifiziert. Wir verzichten jedoch auf eine neue Domäne für Produktmanagement, da sich Produkte aufteilen in *Individualreiseprodukte* und *Pauschalreiseprodukte*, die jeweils nur in den Domänen *Produktgestaltung Individualreisen* und *Produktgestaltung Pauschalreisen* geschrieben werden. Genauso kann das Lieferantenmanagement in der Domäne *Einkauf* subsumiert werden. Wir erhalten also schließlich nur drei neue Domänenkandidaten (Abb. 5–10).

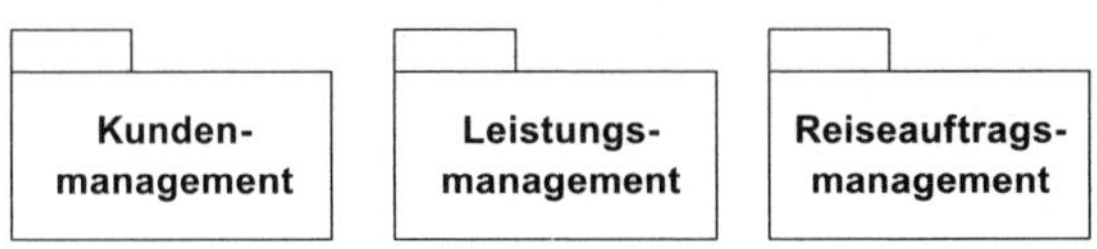

Abb. 5–10 Domänenkandidaten aus Geschäftsobjekten

Unterstützende Geschäftsservices liefern Kandidaten

Unterstützende Geschäftsservices liefern neue Domänenkandidaten. Sie orientieren sich häufig an der Struktur der eingesetzten ERP-Produkte (Abb. 5–11).

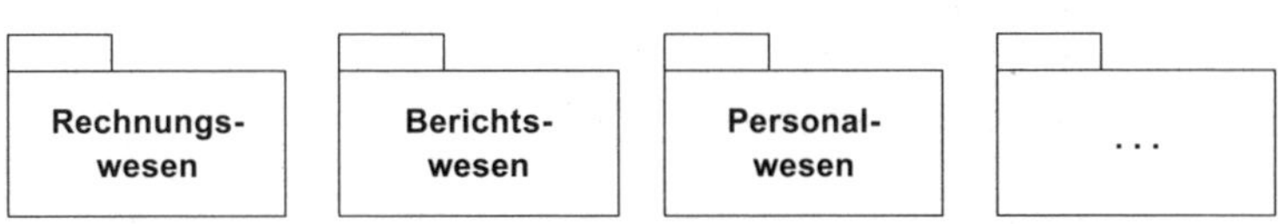

Abb. 5–11 Domänenkandidaten aus unterstützenden Geschäftsservices

Finalisieren

Im letzten Schritt sind die Domänenkandidaten zu überprüfen.

Zunächst stellt sich dabei die Frage nach der hierarchischen Gruppierung von Domänen. Das Konzept hierarchischer Domänen wurde in Abschnitt 5.2.1 vorgestellt. Hierzu legt der Architekt zuerst die notwendige Schachtelungstiefe anhand der Größe der Anwendungslandschaft fest. Tabelle 5–1 enthält dafür Richtwerte. In Schritt 2 der Methode zum Entwurf von Domänen hat der Architekt entlang der Geschäftsdimensionen bzw. der Teilservices bereits mehrere punktuelle hierarchische Verfeinerungen von Domänenkandidaten vorgenommen. Diese liefern Hinweise für die finale Hierarchie. Die endgültige Festlegung ist ein kreativer Prozess, den der Architekt durchführt.

Beispiel: Soll die Anwendungslandschaft von CKR auf zwei Domänenebenen beschrieben werden, so können die Domänen der Ebene 2 *Produktgestaltung Individualreisen* und *Produktgestaltung Pauschalreisen* zur Domäne der Ebene 1 *Produktgestaltung* zusammengefasst werden.

Darüber hinaus gehören in der Praxis zwei weitere wesentliche Schritte zur Finalisierung einer Domänenstruktur – die Überprüfung der Vollständigkeit und die Überprüfung sinnvoller Namensgebung. Beides ist möglicherweise sehr aufwendig. Der Architekt muss mit Fach- und IT-Abteilungen intensiv sprechen. Die Vollständigkeit wirklich auf Plausibilität zu prüfen erfordert zudem oft auch einen Abgleich mit der Ist-Anwendungslandschaft, die möglicherweise erst aufgenommen werden muss.

Ist all das geklärt, haben wir die finalen Domänen. Nun werden sie sinnvoll grafisch angeordnet, denn gute Bilder verbessern die Kommunikation (Abb. 5–12).

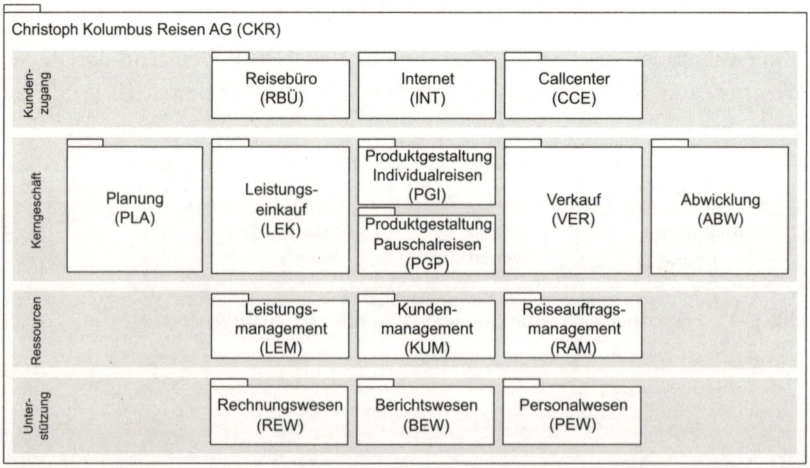

Abb. 5–12 Schritt 5: Finale Domänen (ohne weitere Hierarchisierung)

5.3 Identifikation von Anwendungsservices

5.3.1 Anwendungsservices

In Kapitel 3 haben wir den Begriff des Geschäftsservice eingeführt: die Leistungen, die ein Unternehmen seinen Kunden und Partnern anbietet. In Abschnitt 4.4 haben wir eine Methode vorgestellt, wie Geschäftsservices identifiziert und über mehrere Ebenen verfeinert werden. In diesem Abschnitt beschreiben wir, wie aus diesen Geschäftsservices die Anwendungsservices der Informationssysteme abgeleitet werden. Hierzu definieren wir:

Ein ***Anwendungsservice*** (application service) ist ein Geschäftsservice oder ein Teil davon, der mittels IT von der Anwendungslandschaft erbracht wird. Die durchzuführenden Schritte, sofern für den Servicenehmer relevant, heißen ***Anwendungsserviceaktionen*** (application service actions), kurz ***Aktionen.***

5.3.2 Eine Methode zur Identifikation von Anwendungsservices

Wie identifiziert der Architekt Anwendungsservices? Da die IT dem Geschäft folgt, werden Anwendungsservices aus den Geschäftsservices abgeleitet. Selbstverständlich ist dies ein kreativer Prozess des Architekten, der nicht automatisiert werden kann. Die folgende einfache Methode gibt dem Architekten aber eine Richtschnur für das Vorgehen (Abb. 5–13).

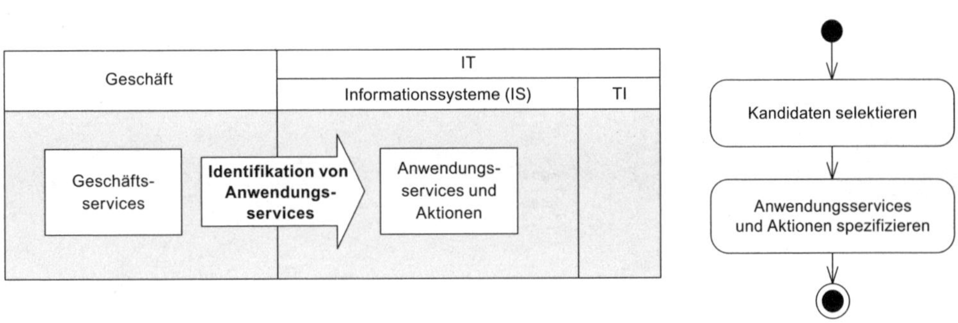

Abb. 5–13 Von Geschäftsservices zu Anwendungsservices

1. *Kandidaten selektieren*
   Ausgewählt werden die Geschäftsservices, die zumindest teilweise IT-gestützt erbracht werden. Diese werden Kandidaten für Anwendungsservices.
2. *Anwendungsservices und Aktionen spezifizieren*
   Die Kandidaten für Anwendungsservices werden analysiert, sinnvoll benannt und spezifiziert.

Kandidaten selektieren

Im ersten Schritt identifiziert der Architekt, welche der Geschäftsservices zumindest teilweise durch IT unterstützt erbracht, d.h. automatisiert, werden sollen. Für den Verkauf einer Individualreise bei CKR, den wir bereits in Kapitel 4 vorgestellt haben, zeigt Abbildung 5–14 nochmals die Verfeinerung der Geschäftsservices.

Wir betrachten beispielhaft die beiden Geschäftsservices *Angebotspreis individuell berechnen* und *Angebotspreis verhandeln*. Diese Geschäftsservices sind von unterschiedlicher Natur. Der Service *Angebotspreis individuell berechnen* soll – wie alle anderen Services des Akteurs Reiseberater auch – durch IT-Systeme automatisiert werden. Er wird damit ein Kandidat für einen Anwendungsservice. Der Service *Angebotspreis verhandeln* ist im Gegensatz dazu eine rein manuelle Tätigkeit. Die Verantwortung des Kundenverantwortlichen, dem Kunden ggf. einen individuellen Rabatt einzuräumen, soll nicht automatisiert werden. Daher gibt es für diesen Geschäftsservice auch keinen entsprechenden Anwendungsservice.

Im Beispiel aus Abbildung 5–14 ist *Angebotspreis verhandeln* tatsächlich der einzige nicht wenigstens teilweise durch IT zu unterstützende Geschäftsservice. Tabelle 5–3 fasst diesen Sachverhalt zusammen.

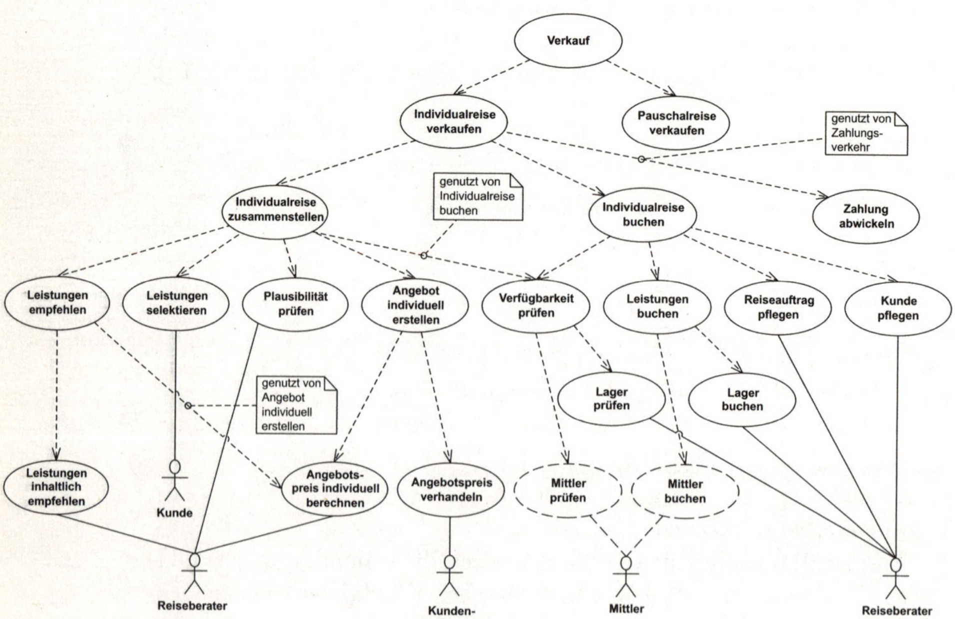

Abb. 5–14 Geschäftsservices

Geschäftsservice	(Teilweise) durch IT erbracht
Individualreise verkaufen	Ja
Individualreise zusammenstellen	Ja
Leistungen empfehlen	Ja
Leistungen inhaltlich empfehlen	Ja
Leistungen selektieren	Ja
Plausibilität prüfen	Ja
Angebot individuell erstellen	Ja
Angebotspreis individuell berechnen	Ja
Angebotspreis verhandeln	Nein
Individualreise buchen	Ja
Verfügbarkeit prüfen	Ja
Lager prüfen	Ja
Leistungen buchen	Ja
Lager buchen	Ja
Reiseauftrag pflegen	Ja
Kunde pflegen	Ja

Tab. 5-3 Kandidaten für Anwendungsservices bei CKR

Anwendungsservices und Aktionen spezifizieren

Im zweiten Schritt spezifiziert der Architekt nun die einzelnen Anwendungsservices. Er vergibt einen sinnvollen Namen und beschreibt die Außensicht des Anwendungsservice sowie ggf. die Innensicht, jeweils in der für den konkreten Fall sinnvollen Detaillierung. Insbesondere wird für nur teilweise zu automatisierende Geschäftsservices hierbei genau festgelegt, wie der durch IT unterstützte Teil aussieht.

Die Außensicht orientiert sich an den Bedürfnissen des Servicenehmers. Ihre Spezifikation umfasst

- den Servicenutzer (im Sinne einer Rolle),
- auslösendes Ereignis bzw. Vorbedingungen,
- im Falle von Services mit mehreren Serviceaktionen deren Beschreibung und eine Beschreibung des Service-Protokolls im Sinne von Reihenfolgen und Restriktionen bei der Auslösung dieser Aktionen,
- Ergebnis bzw. Nachbedingungen,
- nichtfunktionale Anforderungen (optional).

Insbesondere werden Interna des Servicegebers zur Diensterbringung nur dann offengelegt, wenn sie für den Servicenehmer relevant sind.

In der Innensicht wird ggf. spezifiziert, wie der Service im Sinne eines Geschäftsprozesses zu erbringen ist (Abschnitt 3.1.3).

In einem typischen Projekt zur Gestaltung auf Ebene einer ganzen Anwendungslandschaft werden Anwendungsservices üblicherweise nicht vollständig und detailliert spezifiziert, sondern nur in den wichtigsten Aspekten beschrieben. Den richtigen Grad der Detaillierung zu finden ist Aufgabe des Architekten. Die Sprache zur Spezifikation wählt er entsprechend.

Wir zeigen hier daher lediglich zur Illustration den Ausschnitt einer textuellen Spezifikation des Anwendungsservice *Angebotspreis individuell berechnen* (Tab. 5–4).

Eine formalere Spezifikation könnte für den Punkt Service-Interaktion beispielsweise auf Beschreibungen ähnlich denen in Abbildung 4–12 zurückgreifen. Ansätze für eine formalere Definition von Vor- und Nachbedingungen sowie der Innensicht gibt beispielsweise Abbildung 4–20.

Die Spezifikation von Anwendungsservices und ihren Serviceaktionen hat Parallelen zur Modellierung von Anwendungsfällen (Use Cases). Wir verwenden deshalb auch an dieser Stelle die entsprechende Notation der UML – mit dem Ellipsensymbol aus den Anwendungsfalldiagrammen als durchgängiges Symbol für Services. Entsprechend können bekannte Techniken zur Identifikation von Anwendungsfällen hier ebenfalls angewendet werden [Coc00, UM06].

Name	*Angebotspreis individuell berechnen*
Außensicht	
Servicenutzer	Reiseberater
Auslösendes Ereignis/ Vorbedingungen	Preisanfrage durch Reiseberater. Eine Individualreise (Produkt) ist bereits zusammengestellt, ihre Plausibilität ist geprüft.
Aktionen und Service-Protokoll	Kein Protokoll, da nur eine einzige Serviceaktion zum Service gehört.
Ergebnis/ Nachbedingungen	Es wird ein Gesamtpreis für die Individualreise (Angebot) in EUR geliefert. Standardermäßigungen sind berücksichtigt.
Nichtfunktionale Anforderungen	Die Antwortzeit beträgt < 1 s.
Innensicht	
Prozess	Zuerst werden die Preise (inkl. Marge) der einzelnen Reisebestandteile (Leistungen) ermittelt. Dann werden anzusetzende Standardermäßigungen ermittelt. Zuletzt wird der Gesamtpreis aus Preisen und Ermäßigungen berechnet.

Tab. 5–4 Servicespezifikation *Angebotspreis individuell berechnen*

5.4 Entwurf von Komponenten

Domänen sind Artefakte der *logischen* Architekturebene: Sie dienen der Gliederung, Übersicht und Kommunikation, aber sie existieren nicht physisch als Code in Anwendungen. Aber Anwendungslandschaften bestehen aus installierten, betriebenen und real ablaufenden, also aus *physischen* Anwendungen.

Der Begriff der *Anwendung* ist schwer zu fassen. Die Buchungsmaske im Reisebüro wird als andere Anwendung wahrgenommen als das Buchungsportal im Internet. Beiden liegt aber dieselbe Buchungskomponente zugrunde – und mit Komponenten im softwaretechnischen Sinne beschäftigen wir uns hier. Wenn wir in diesem Buch von *Anwendungen* sprechen, dann nur informell. Wir meinen damit die von Anwendern als zusammengehörig empfundenen Komponenten.

5.4.1 AL-Komponenten

In diesem Kapitel sprechen wir von Komponenten der Anwendungslandschaft, also Komponenten im Großen. Wir definieren:

Eine ***Anwendungslandschaftskomponente*** (application landscape component), kurz ***AL-Komponente*** (AL-component), ist eine geschlossene Einheit innerhalb einer Anwendungslandschaft mit den folgenden Eigenschaften:

1. Sie implementiert Anwendungsservices.
2. Sie ist umfangreich.
3. Sie hat explizite und wohldefinierte Schnittstellen für Operationen, die sie anbietet.
4. Sie hat explizite und wohldefinierte Schnittstellen für Operationen, die sie benötigt.
5. Sie kann mit anderen AL-Komponenten gekoppelt werden, d.h., sie nutzt Schnittstellen mit benötigten Operationen, die andere AL-Komponenten anbieten.

Die Definition von AL-Komponenten spezialisiert allgemeine Komponentendefinitionen wie die von D'Souza und Wills [DW99]. Datenbanken, Application Server oder ein Enterprise Service Bus (ESB) gehören zur technischen Infrastruktur. Sie implementieren keine Geschäftslogik in Form von Anwendungsservices, sind also keine AL-Komponenten.

Was bedeutet »umfangreich«? Ab 1 Mio. Codezeilen? Quantitativ möchten wir uns hier nicht festlegen. Intuitiv ist aber klar: Ein SAP-Modul ist eine AL-Komponente, ein Datentyp-Prüfmodul jedoch nicht. Eine hilfreiche Kontrollfrage ist: »Wird die Komponente im IT-Controlling aufgeführt?« AL-Komponenten umfassen sowohl Individual- als auch Standardsoftware (COTS).

Wenn wir im Folgenden einfach von *Komponenten* sprechen, meinen wir stets AL-Komponenten in diesem Sinne. In einer klar strukturierten Anwendungslandschaft ist jede Komponente genau einer Domäne zugeordnet (Abb. 5–15).

In der SOA-Literatur (z.B. [Erl04, BBF+05]), besonders in Zusammenhang mit Web Services [BHM+04], wird der Begriff Service häufig synonym mit den Begriffen Schnittstelle oder Operation und manchmal auch mit dem der Komponente verwendet. Wir halten das für wenig hilfreich. In diesem Buch verwenden wir den Begriff Service nur für Geschäfts- und Anwendungsservices im Sinne der Definitionen in den Abschnitten 3.1.3 und 5.3. Ansonsten bleiben wir bei den in der Softwaretechnik etablierten Begriffen Komponente, Schnittstelle und Operation.

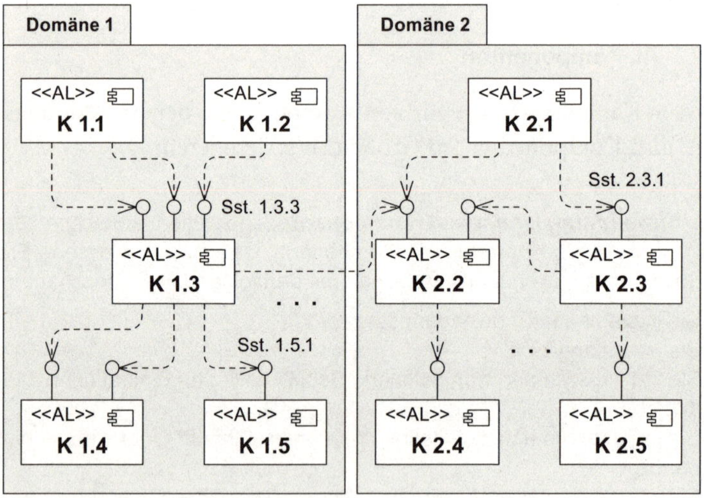

Abb. 5–15 AL-Komponenten und Domänen

Komponententypen und -instanzen

Komponenten können, auch in einer Anwendungslandschaft, mehrfach installiert und betrieben werden. Das ist selten der Fall – in einer Anwendungslandschaft reicht meist ein SAP-FI-Modul aus –, aber es kommt immer wieder vor. Auf Übersichtsgrafiken der Anwendungslandschaft werden stets Instanzen dargestellt. In diesem Buch unterscheiden wir Typen und Instanzen nur dann, wenn es in dem Zusammenhang wichtig ist. Ansonsten sprechen wir einfach von Komponenten.

Logische und physische Komponenten

Physische Komponenten sind implementiert, installiert, werden in einem Rechenzentrum betrieben und von Anwendern genutzt. Sie sind im Unternehmen unter bestimmten Namen bekannt – bei Standardsoftware ist dies meist der Produktname: Siebel CRM, SAP-CO etc.

Bei der Gestaltung von Anwendungslandschaften ist es aber sinnvoll, von den konkreten Implementierungen zunächst zu abstrahieren. Schließlich werden Produkte mitunter ausgetauscht. Wenn der Architekt statt von den Produktnamen *Siebel CRM* oder *SAP-CO* von *Kundenmanagement* oder *Controlling* spricht, so verwendet er *logische Komponenten*. Logische Komponenten haben alle Komponenteneigenschaften, insbesondere bieten sie (logische) Schnittstellen an. Die Schnittstellen logischer Komponenten können auf Basis eines ESB implementiert werden und verbergen dann Implementierungsdetails des physischen Produkts. In diesem Buch sprechen wir einfach von Komponenten, wenn die Unterscheidung zwischen logischen und physischen Komponenten nicht relevant ist.

Komponentenorientierung in Anwendungslandschaften

Komponenten und Schnittstellen sind grundlegende und mittlerweile etablierte Konzepte zum Entwurf und der Implementierung einzelner Anwendungen. Für die Gestaltung von Anwendungslandschaften sind sie ebenso zentral.

> Komponentenorientierung ist eines der zentralen Konzepte der Gestaltung von Anwendungslandschaften.

Grundlagen der Komponentenorientierung wurden ausgiebig erforscht und vielfach angewendet. Zu nennen sind hier beispielsweise das *Geheimnisprinzip* [Par72], die *Trennung der Belange* [Dij82] und *enger Zusammenhalt und lose Kopplung* [YC86]. All diese Prinzipien gelten für Komponenten im Kleinen wie im Großen.

Ein wichtiges zusätzliches Konzept ist die Kategorisierung von Komponenten. Sie ist eine für die Gestaltung von Anwendungslandschaften wesentliche Spezialisierung des allgemeinen Prinzips der Trennung der Belange.

5.4.2 Kategorien

Anwendungsservices in einer vollständigen Verfeinerung gemäß Abschnitt 4.4.4 lassen sich eindeutig kategorisieren. Die folgenden Kategorien unterscheiden wir:

- *Bestand*
  Verwaltung von Datenbeständen und Zugriff auf diese
- *Funktion*
  IT-unterstützte Geschäftsservices mit algorithmischem Charakter
- *Prozess*
  IT-unterstützte Geschäftsprozesse
- *Interaktion*
  Interaktion mit einer Anwendungslandschaft durch Anwender oder andere Anwendungslandschaften

Diese Kategorisierung überträgt sich auf Operationen von AL-Komponenten, die diese Services implementieren. Eine Operation `findeKunde(int kundenNr)` beispielsweise ist eine Bestandsoperation; `berechnePauschalpreis(int auftragsNr)` eine Funktionsoperation. Sind alle Operationen einer AL-Komponente von einer Kategorie, so ist auch die Komponente von dieser Kategorie. Beispiel: `Kundenmanagement` ist eine Bestandskomponente, `Pauschalpreisberechnung` eine Funktionskomponente.

Genau hier – bei den Komponenten – liegt der tiefere Sinn und Zweck dieser Kategorisierung. AL-Komponenten unterschiedlicher Kategorie unterscheiden Bereiche der Anwendungslandschaft, die verschiedenen Konstruktionsprinzipien folgen und sich im Lebenszyklus auch unterschiedlich schnell ändern. In idealen Anwendungslandschaften sind alle Komponenten eindeutig kategorisiert.

Ähnliche Kategorien finden sich in der Literatur, z.B. in [Coh07]. Mit der Drei-Schichten-Architektur einzelner Anwendungen [DK76] sind sie nicht zu verwechseln – auf diesen Aspekt gehen wir in Abschnitt 5.4.4 noch näher ein.

Im Folgenden erläutern wir die Kategorisierung von Komponenten genauer.

Bestandskomponenten

Bestandskomponenten haben die Hoheit über jeweils einen Ausschnitt der Geschäftsobjekte eines Unternehmens, d.h., Datenzugriffe erfolgen ausschließlich über ihre Schnittstellen. Ihre Schnittstellen umfassen CRUD-Operationen (Create, Read, Update, Delete) sowie darauf aufbauend komplexe Pflegeoperationen und lesende Sichten auf die gespeicherten Geschäftsobjekte. Bestandskomponenten kennen fachliche Konsistenzbedingungen und überwachen diese bei der Datenpflege. Sie implementieren elementare, auf die Daten bezogene fachliche Logik wie beispielsweise die Buchung eines Umsatzes oder Historienführung für Daten. Darüber hinausgehendes fachliches Wissen besitzen sie nicht.

Funktionskomponenten

Funktionskomponenten implementieren fachliche Verfahren – oft mittels komplexer Algorithmen. Beispiele sind die Einplanung von Aufträgen, die Bonitätsprüfung, die Klassifikation von Kunden sowie die Erstellung von Abrechnungen. Viele dieser Operationen sind für sich allein sinnvoll, andere lassen sich nur im Kontext und unter der Kontrolle eines Prozesses ausführen. Funktionskomponenten nutzen ausschließlich Schnittstellen von Bestandskomponenten und ggf. die anderer Funktionskomponenten.

Prozesskomponenten

Jede *Prozesskomponente* unterstützt einen oder mehrere durch IT zu unterstützende Geschäftsprozesse. Ihre Aufgabe ist die Steuerung von Abläufen – meist über verschiedene Funktions- und Bestandskomponenten hinweg. Darunter fallen sowohl vollständig automatisierte Abläufe als auch Abläufe mit Benutzerinteraktion. Prozesse sind meist lang laufend und können zwischen einzelnen Verarbeitungsschritten pausieren. Die Operationen von Funktionskomponenten können im Gegensatz dazu nicht unterbrochen werden und müssen vollständig durchlaufen werden. Prozesskomponenten nutzen Operationen anderer Prozesskomponenten sowie die Operationen von Funktions- und Bestandskomponenten.

Hinweis: Eine Prozesskomponente muss keine manuell programmierte und unabhängig installierbare Einheit sein. Zunehmend werden Geschäftsprozesse mit Werkzeugen zur Prozessautomatisierung modelliert und ausgeführt. Aber auch dann ist es sinnvoll, Einheiten zusammengehöriger Geschäftsprozesse zu bilden – auch diese nennen wir Komponenten.

Achtung: Eine Process Engine gehört zur technischen Infrastruktur – somit ist sie keine Prozesskomponente! Prozesskomponenten sind Gruppen darin programmierter Geschäftsprozesse.

Interaktionskomponenten

Zahlreiche Anwender verschiedener Gruppen nutzen die Services einer Anwendungslandschaft. Dabei werden häufig gleiche Informationen und Funktionen über verschiedene Kanäle angeboten. Beispiele sind Intranet-Portale für Innendienstmitarbeiter, Anwendungen auf mobilen Endgeräten für Außendienstmitarbeiter sowie Internet-Portale für Kunden.

Interaktionskomponenten ermöglichen Anwendern den Zugang zu den Services einer Anwendungslandschaft. Nach außen bieten sie eine einheitliche, kanalspezifische Sicht auf unterschiedliche Komponenten und Anwendungen, die in einem gemeinsamen Rahmen integriert werden. Idealerweise ist die Grenze zwischen einzelnen Anwendungen in einem Kanal für den Anwender nicht mehr sichtbar. Dies wird beispielsweise unterstützt durch ein einheitliches Layout und durch Funktionen wie Single Sign-On.

5.4.3 Eine Methode zum Entwurf von Komponenten

Nachfolgend beschreiben wir eine Methode zum Entwurf von logischen AL-Komponenten (Abb. 5–16).

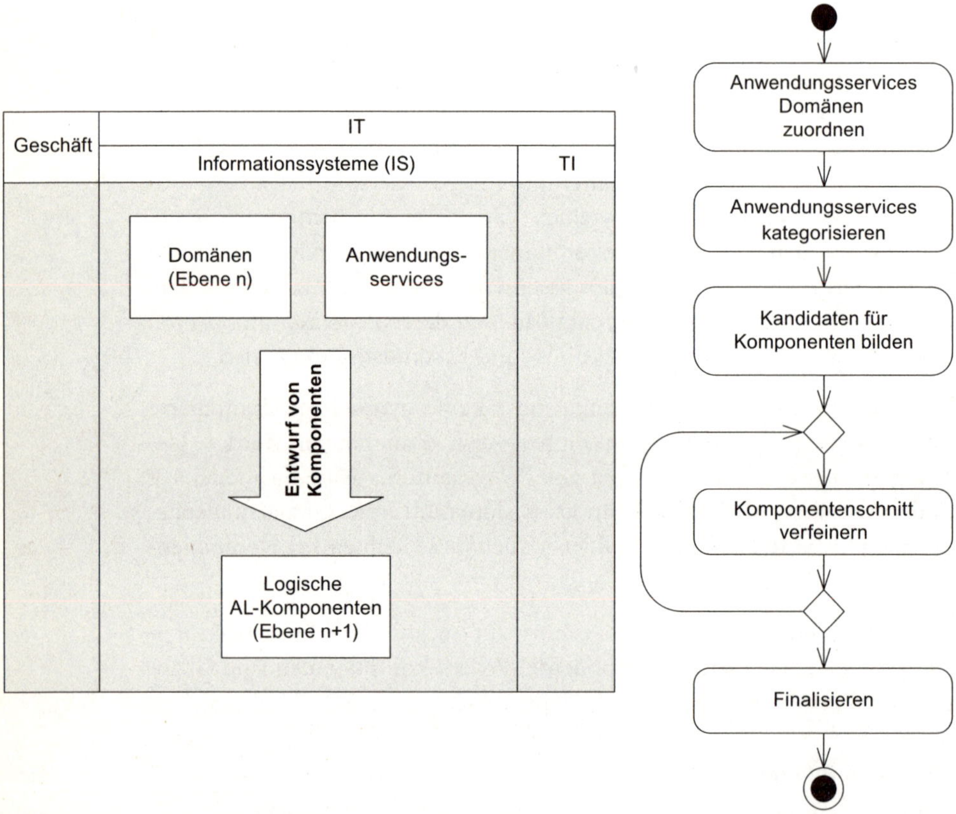

Abb. 5–16 Entwurf von Komponenten

1. *Anwendungsservices Domänen zuordnen*
   Die Anwendungsservices werden den Domänen zugeordnet.
2. *Anwendungsservices kategorisieren*
   Die Anwendungsservices werden in die Kategorien *Bestand*, *Funktion*, *Prozess* und *Interaktion* eingeordnet.

3. *Kandidaten für Komponenten bilden*
   Für alle Anwendungsservices ein und derselben Domäne und Kategorie wird je ein Komponentenkandidat erstellt.
4. *Komponentenschnitt verfeinern*
   Die Komponentenkandidaten werden gemäß den Regeln für den Komponentenschnitt (Abschnitt 5.4.4) verfeinert.
5. *Finalisieren*
   Die Komponentenkandidaten werden auf Vollständigkeit überprüft, sinnvoll benannt und dargestellt.

Im Folgenden veranschaulichen wir die Methode am Beispiel der ausgewählten Anwendungsservices von CKR aus Tabelle 5–3.

Anwendungsservices Domänen zuordnen und kategorisieren

Im ersten Schritt werden die Anwendungsservices den Domänen zugeordnet, im zweiten Schritt den Kategorien *Bestand, Funktion, Prozess* und *Interaktion* (Tab. 5–5).

Anwendungsservice	Domäne	Kategorie
Individualreise verkaufen	Reisebüro (RBÜ)	Interaktion
Individualreise verkaufen	Internet (INT)	Interaktion
Individualreise verkaufen	Callcenter (CCE)	Interaktion
Individualreise zusammenstellen	Reisebüro (RBÜ)	Interaktion
Individualreise zusammenstellen	Internet (INT)	Interaktion
Individualreise zusammenstellen	Callcenter (CCE)	Interaktion
Leistungen inhaltlich empfehlen	Produktgestaltung Individualreisen (PGI)	Funktion
Leistungen selektieren	Produktgestaltung Individualreisen (PGI)	Funktion
Plausibilität prüfen	Produktgestaltung Individualreisen (PGI)	Funktion
Angebotspreis individuell berechnen	Produktgestaltung Individualreisen (PGI)	Funktion
Individualreise buchen	Verkauf (VER)	Prozess
Verfügbarkeit prüfen	Leistungsmanagement (LEM)	Prozess
Lager prüfen	Leistungsmanagement (LEM)	Bestand
Leistungen buchen	Leistungsmanagement (LEM)	Prozess
Lager buchen	Leistungsmanagement (LEM)	Bestand
Reiseauftrag pflegen	Reiseauftragsmanagement (RAM)	Bestand
Kunde pflegen	Kundenmanagement (KUM)	Bestand

Tab. 5–5 Anwendungsservices kategorisieren

Individualreise verkaufen und dessen erster Teilservice *Individualreise zusammenstellen* stellen Interaktionen mit dem Kunden dar. Wir ordnen sie daher der Kategorie *Interaktion*, sowie den Domänen *Internet (INT)*, *Reisebüro (RBÜ)* und *Callcenter (CCE)* zu. *Leistungen inhaltlich empfehlen*, *Leistungen selektieren*, *Plausibilität prüfen* und *Angebotspreis individuell berechnen* stellen Geschäftslogik mit algorithmischem, funktionalem Charakter dar. Wir ordnen diese Services daher der Kategorie *Funktion* und der Domäne *Produktgestaltung Individualreisen (PGI)* zu. *Individualreise buchen* ist ein Geschäftsprozess, der *Verfügbarkeit prüfen*, *Leistungen buchen*, *Reiseauftrag pflegen*, *Kunde pflegen* und schließlich *Zahlung abwickeln* anstößt. Wir ordnen den Service der Kategorie *Prozess* und der Domäne *Verkauf (VER)* zu. *Reiseauftrag pflegen* und *Kunde pflegen* sind Services zur Verwaltung von Beständen von Geschäftsobjekten. Wir ordnen sie daher der Kategorie *Bestand* und den Domänen *Reiseauftragsmanagement (RAM)* bzw. *Kundenmanagement (KUM)* zu. *Leistungen buchen* und *Verfügbarkeit prüfen* haben eigentlich einen ähnlichen Charakter. Da CKR aber für Individualreisen ein virtuelles Lager betreibt, in dem einige Leistungen bei Partnern – Hotels und Fluglinien – gepflegt werden, ordnen wir diese Services der Kategorie *Prozess* zu. In diesen Prozessen werden Anfragen an Partner angestoßen. Die Antwort kann aber möglicherweise erst zu einem späteren Zeitpunkt eintreffen.

Kandidaten für Komponenten bilden

Im nächsten Schritt wird für alle Anwendungsservices je Domäne und Kategorie je ein Komponentenkandidat gebildet (Tab. 5–6).

Domäne	Kategorie	Anwendungsservices	Komponenten-kandidat
Reisebüro (RBÜ)	Interaktion	Individualreise verkaufen, Individualreise zusammenstellen	Reisebüro-buchung (RBBU)
Internet (INT)	Interaktion	Individualreise verkaufen, Individualreise zusammenstellen	Reiseportal (REPO)
Callcenter (CCE)	Interaktion	Individualreise verkaufen, Individualreise zusammenstellen	Callcenter-Buchung (CCBU)
Produktgestaltung Individualreisen (PGI)	Funktion	Leistungen inhaltlich empfehlen, Leistungen selektieren, Plausibilität prüfen, Angebotspreis individuell berechnen	Individualreise-Konfigurator (IRKO)

Domäne	Kategorie	Anwendungsservices	Komponenten-kandidat
Verkauf (VER)	Prozess	Individualreise buchen	Individual-buchungs-prozess (IBPR)
Leistungs-management (LEM)	Prozess	Verfügbarkeit prüfen, Leistungen buchen	Virtuelles Lager (VILA)
Leistungs-management (LEM)	Bestand	Lager prüfen, Lager buchen	Lager-management (LAMA)
Reiseauftrags-management (RAM)	Bestand	Reiseauftrag pflegen	Reiseauftrags-management (RAMA)
Kunden-management (KUM)	Bestand	Kunde pflegen	Kunden-management (KUMA)

Tab. 5–6 Komponentenkandidaten

Komponentenschnitt verfeinern

Im nächsten Schritt werden die Komponentenkandidaten auf die Regeln zum Entwurf von Komponenten hin überprüft. Wo notwendig sind Komponentenkandidaten zu verfeinern. Auf diese Regeln gehen wir in Abschnitt 5.4.4 genauer ein.

Im Beispiel bei CKR wird der Komponentenkandidat *Lagermanagement (LAMA)* nach den Regeln *fachliche Komponenten* und *enger Zusammenhalt, geringe Kopplung* (Abschnitt 5.4.4) aufgeteilt in die beiden Komponenten *Fluglagermanagement (FLMA)* und *Hotellagermanagement (HLMA)*.

Finalisieren

Die Komponenten werden nun final benannt und im Diagramm der Anwendungslandschaft dargestellt (Abb. 5–17). In diesem Ideal-Bild sind die AL-Komponenten kategorienrein.

In der Praxis empfiehlt sich häufig eine Plausibilitätsprüfung der Vollständigkeit anhand der physischen Komponenten der Ist-Anwendungslandschaft. Die Benennung der Komponenten muss vor allem von den Beteiligten verstanden und akzeptiert werden.

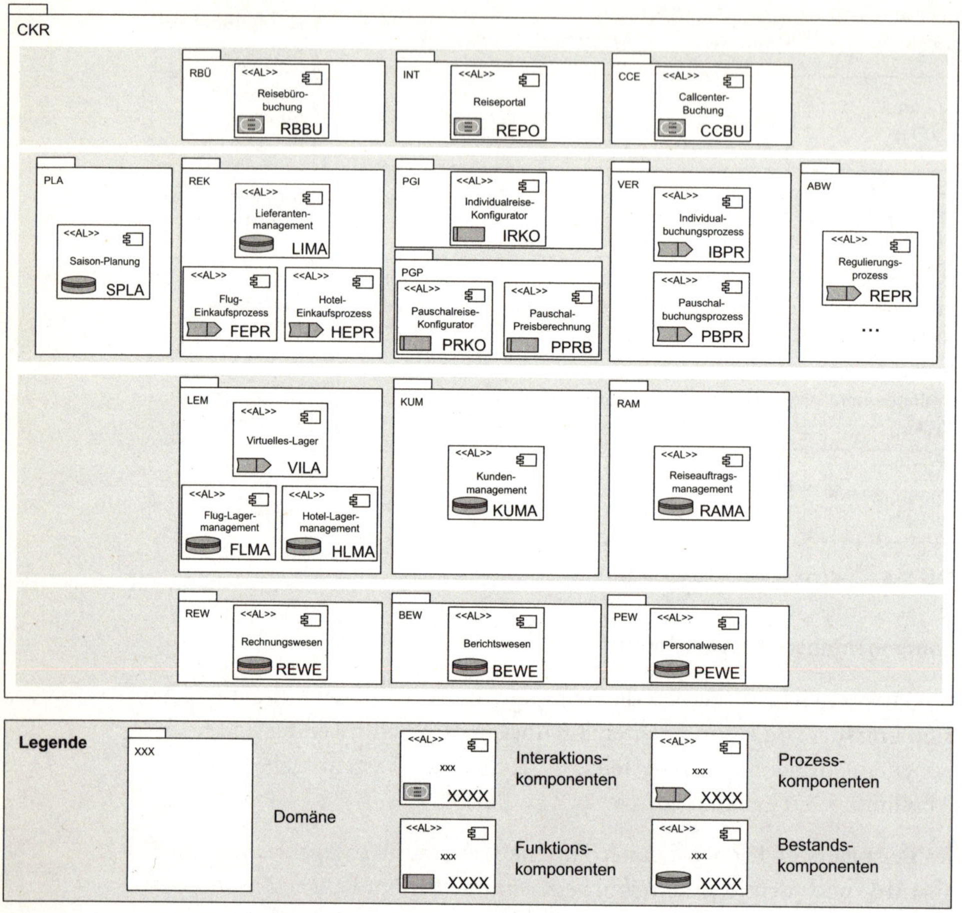

Abb. 5–17 Finale Komponenten

6

5.4.4 Regeln für den Entwurf von Komponenten

In den folgenden Abschnitten beschreiben wir Regeln für den Komponentenschnitt. In der zuvor beschriebenen Methode haben wir diese im Schritt *Komponentenschnitt verfeinern* bereits informell verwendet. Sie geben Hilfestellungen aus architektonischer Sicht mit dem Ziel, Anwendungslandschaften wartbar und flexibel erweiterbar zu gestalten (siehe Qualitätskriterien *Effizienz* und *Agilität* aus Abschnitt 2.3). Die Regeln sollen für alle logischen Komponenten gelten. Für physische Komponenten werden in der Praxis jedoch selten durchgängig alle Kriterien eingehalten – das wäre aufgrund unterschiedlicher Randbedingungen auch nicht adäquat. Auch stehen die Regeln im praktischen Einsatz manchmal untereinander im Konflikt. Entscheidet sich jedoch ein Architekt explizit für die Verletzung einer der Regeln, so sollte er wissen, was er tut, und die möglichen Folgen bewusst abwägen.

Die im Folgenden dargestellten Regeln verstehen sich als Mittel zur Konstruktion idealer AL-Komponenten (Abschnitt 5.4.1). Sie können aber auch zur qualitativen Bewertung einer Ist-Anwendungslandschaft herangezogen werden (siehe hierzu auch Kapitel 8).

Komponenten und Domänen

> Komponenten sollen eindeutig einer Domäne zugeordnet werden.

Mit den Kriterien für den Domänenschnitt (Abschnitt 5.2.2) ergibt sich daraus:

- Geschäftslogik, die sich bezüglich der unterstützten Geschäftsservices unterscheidet, soll getrennt, d.h. durch unterschiedliche AL-Komponenten implementiert werden.
- Geschäftslogik, die sich bezüglich Geschäftsdimensionen wie Kundengruppen/Märkten, Produkten oder Kundenkanälen unterscheidet, soll getrennt werden.
- Geschäftslogik soll entlang der Wertschöpfungskette getrennt werden.
- Geschäftslogik für unterschiedliche Geschäftsobjekte soll getrennt werden.

Fachliche Komponenten

> Komponenten sollen nach fachlichen Kriterien gebildet werden.

In den Domänenschnitt sind aus Sicht des Geschäfts relevante fachliche Kriterien bereits eingegangen. Neben diesen Kriterien bestimmen weitere Kriterien fachlicher Art die Komponentenbildung. Beispiele:

- Geschäftslogik, die sich z.B. aufgrund rechtlicher Bestimmungen unterschiedlich häufig ändert, soll getrennt werden.
- Für die Verwaltung von Bewegungsdaten (z.B. Reiseaufträge) und Stammdaten (z.B. Kunden) sollen unterschiedliche Bestandskomponenten verwendet werden.

Die Komponentenbildung nach fachlichen – und nicht nach technischen – Kriterien erleichtert die Weiterentwicklung der Anwendungslandschaft bei sich ändernden Geschäftsanforderungen.

Kategorienreine Komponenten

> Alle Operationen einer Komponente sollen von genau einer Kategorie (Bestand, Funktion, Prozess, Interaktion) sein.

Die konsequente Anwendung der Methode aus Abschnitt 5.4.3 führt zu kategorienreinen Komponenten. Leider sind aber AL-Komponenten in der Praxis selten kategorienrein. Gerade Bestandskomponenten sind selten von Funktionskomponenten getrennt. Probleme, die aus der Vermischung der Kategorien resultieren, zeigen sich häufig erst Jahre später, z.B. wenn redundante Stammdatenbestände harmonisiert werden sollen. Dann besteht ein beträchtlicher Projektaufwand darin, die Datenverwaltung von Geschäftsfunktionen der Anwendungen zu trennen – Aufwand, der bei einer sorgfältigen Trennung zu Beginn hätte vermieden werden können.

Kopplung gemäß Kategorien

Nutzt eine Komponente die Schnittstelle einer anderen, so ist sie mit dieser gekoppelt. Wir fordern:

- Interaktionskomponenten können mit Komponenten beliebiger Kategorie gekoppelt sein.
- Prozesskomponenten sollen höchstens untereinander oder mit Funktions- und Bestandskomponenten gekoppelt sein.
- Funktionskomponenten sollen höchstens untereinander oder mit Bestandskomponenten gekoppelt sein.
- Bestandskomponenten sollen höchstens untereinander gekoppelt sein.

Diese Abhängigkeiten folgen einer Systematik. Dies ist eine Form von *Schichtung*, und zwar in einer nicht strikten Form: Komponenten höherer Schichten können auch über mehrere Schichten hinweg auf Komponenten niederer Schichten zugreifen bzw. auch Komponenten derselben Schicht nutzen.

> Die Kopplungen zwischen AL-Komponenten unterschiedlicher Kategorien sollen einer Schichtung folgen. Die Reihenfolge ist:
>
> Interaktion → Prozess → Funktion → Bestand.

Das Prinzip der Schichtung ist ein etabliertes Mittel zur Trennung von Zuständigkeiten. Es erleichtert den Austausch von Komponenten. Besonders bekannt ist die *Drei-Schichten-Architektur* [DK76] zum Entwurf einzelner betrieblicher Informationssysteme. In der Drei-Schichten-

Architektur werden einzelne Anwendungen nach *Präsentation*, *Logik* und *Datenhaltung* strukturiert.

Die Kategorien von AL-Komponenten haben auf den ersten Blick Ähnlichkeit mit den Schichten einzelner Anwendungen. Aber Vorsicht: Die Kategorien von AL-Komponenten sind mit der Drei-Schichten-Architektur nicht zu verwechseln! Komponenten aller vier Kategorien können alle drei Schichten enthalten (Abb. 5–18).

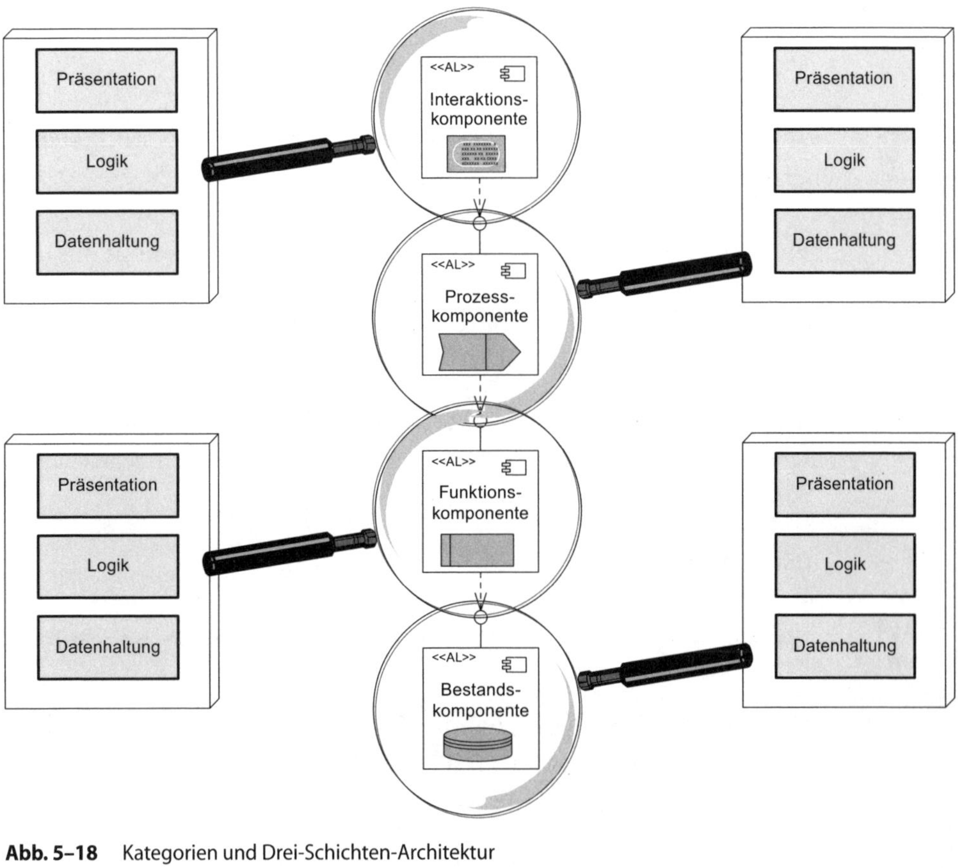

Abb. 5–18 Kategorien und Drei-Schichten-Architektur

Beispielsweise ist die AL-Komponente `Kundenmanagement` von der Kategorie *Bestand*. Sie umfasst jedoch sowohl einfache Dialoge zur Kundenpflege (Präsentation), einen einfachen Anwendungskern mit Plausibilitätsprüfungen als auch – als wesentlichen Bestandteil – die Datenhaltung.

Interaktionskomponenten wie Internet-Portale speichern Texte und Bilder (Datenhaltung). Prozesskomponenten haben Dialoge für die fachliche Administration (Präsentation). Funktionskomponenten speichern Konfigurationsdaten für Algorithmen (Datenhaltung).

Keine zyklischen Kopplungen

> Die Kopplungen zwischen Komponenten sollen einen gerichteten azyklischen Graphen bilden.

Diese Regel ist hinreichend aus der Literatur bekannt (z.B. [GJM91, Par79]) – sie ist auch für Komponenten in Anwendungslandschaften wichtig, da sie deren Austausch vereinfacht (Gestaltungsziel *Agilität*).

Enger Zusammenhalt, geringe Kopplung

> Komponenten sollen so geschnitten werden, dass sie intern einen engen Zusammenhalt haben und untereinander gering gekoppelt sind.

Eine Kopplung zwischen zwei Komponenten ist gering, wenn sie nur über wenige bzw. schmale Schnittstellen erfolgt. Auch diese bekannte Entwurfsregel [YC86] gilt analog für Komponenten auf der Ebene von Anwendungslandschaften. Die Regel erleichtert Änderungen von Komponenten aufgrund fachlicher oder technischer Gegebenheiten. Der Begriff der geringen Kopplung ist von dem der losen Kopplung zu unterscheiden. Auf die lose Kopplung zwischen Komponenten gehen wir in Abschnitt 5.6.1 detailliert ein.

Datenhoheit

> Bestandskomponenten sollen die Datenhoheit über die Geschäftsobjekte haben.

Das bedeutet: Der Zugriff auf alle Geschäftsobjekte soll ausschließlich über Bestandskomponenten erfolgen. Jede Bestandskomponente soll einen disjunkten Ausschnitt aller Geschäftsobjekte des Unternehmens verwalten. Schreibende Zugriffe (anlegen, ändern, löschen) sowie möglichst auch lesende Zugriffe auf die Geschäftsobjekte sollen ausschließlich über Operationen der Bestandskomponente erfolgen. Dabei sollen sie jederzeit die fachliche Integrität der Daten sicherstellen. Hierdurch wird eine eindeutige Verantwortlichkeit für die fachliche Konsistenz und Integrität der Informationen gewährleistet. Auch ist das zugrunde liegende physische Datenmodell nur an einer Stelle bekannt. Dies dient der klaren Entkopplung der Komponenten, die die Informationen nutzen.

In realen Anwendungslandschaften ist Datenredundanz die Regel, nicht die Ausnahme. Dennoch ist es möglich, mit Mitteln der Datenintegration redundante Datenbestände zu harmonisieren und über Bestandsoperationen nutzenden Komponenten zur Verfügung zu stellen. Darauf gehen wir detaillierter in Kapitel 6 ein.

Das Prinzip der Datenhoheit geht auf die grundlegenden Arbeiten von Parnas zur Modularisierung zurück (z. B. [Par72]). Es erleichtert die Implementierung fachlicher Änderungen.

5.4.5 Referenzarchitektur kategorisierte Anwendungslandschaft

7

Abbildung 5–19 verdichtet die wichtigsten Regeln zur Gestaltung von Komponenten in Anwendungslandschaften:

- AL-Komponenten sind eindeutig Domänen zugeordnet.
- Die Komponenten sind eindeutig einer Kategorie zugeordnet.
- Die Komponentenabhängigkeiten folgen einer Schichtung.

Wir nennen sie die *Referenzarchitektur kategorisierte Anwendungslandschaft*.

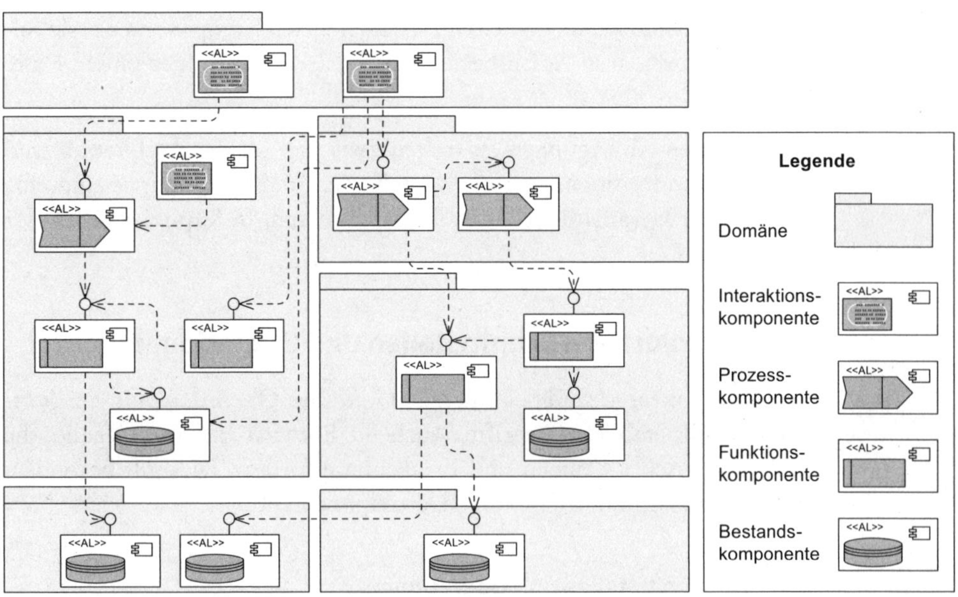

Abb. 5–19 Referenzarchitektur kategorisierte Anwendungslandschaft

Die *Referenzarchitektur kategorisierte Anwendungslandschaft* ist eines der wichtigsten Werkzeuge des Architekten. Er verwendet sie bei der Ideal- und Sollkonzeption von Anwendungslandschaften sowie bei der kritischen Bewertung einer Anwendungslandschaft im Rahmen der Ist-Analyse. Einen Aspekt der Referenzarchitektur möchten wir nochmals besonders hervorheben: die Trennung der Prozesslogik von Funktions- und Bestandskomponenten.

Die Trennung der Prozesslogik von Funktions- und Bestandskomponenten ist eine der wichtigsten architektonischen Maßnahmen zur Gestaltung von Anwendungslandschaften.

Der Grund dafür ist, dass sich die Anforderungen an Prozess- und Funktionskomponenten unterschiedlich schnell ändern. Gerade die rasche Implementierung neuer Geschäftsprozesse fördert die *Agilität* eines Unternehmens.

Ideale und reale Welt

Die Referenzarchitektur stellt eine idealisierte Sicht von Anwendungslandschaften dar. Reale Anwendungslandschaften sind aber nie ideal:

- Eine Domänenstruktur existiert nicht oder Komponenten können nicht eindeutig Domänen zugeordnet werden.
- In Komponenten werden Kategorien vermischt. Der Komponentenschnitt erfolgt nach technischen und nicht nach fachlichen Kriterien.
- Es gibt wilde Abhängigkeiten zwischen vielen Komponenten – sie folgen keiner klaren Aufrufbeziehung gemäß den oben genannten Kategorien.

Die richtigen Abwägungen zu treffen zwischen idealer Architektur und anderen Randbedingungen wie Kosten, Zeit und Performance sind eine der größten Herausforderungen des Architekten. In Kapitel 8 gehen wir darauf ein.

5.5 Entwurf von Schnittstellen und Operationen

Wie Komponenten sind *Schnittstellen* und ihre *Operationen* in der Softwaretechnik etablierte Begriffe. Auch ihr Entwurf ist eine Aufgabe, die architektonisches Können und Erfahrung erfordert. Dies gilt besonders auch für die Schnittstellen von AL-Komponenten.

5.5.1 Schnittstellen und Operationen

Wir definieren:

Eine ***Schnittstelle*** (interface) fasst Operationen zusammen. Sie wird spezifiziert durch:

(1) einen eindeutigen Namen
(2) die Menge der zugehörigen Operationen
(3) ein Schnittstellenprotokoll im Sinne von Reihenfolgen und Restriktionen beim Aufruf der Operationen

Und weiter:

Operationen (operations) beschreiben das Verhalten von Komponenten. Sie werden spezifiziert durch:

(1) *Signatur*
Name der Operation, Parameter und Rückgabewerte und deren Typen, Ausnahmen

(2) *Semantik*
Verhalten der Operation

(3) *nichtfunktionale Eigenschaften*
z.B. Performance, Verfügbarkeit, Kosten etc.

Die Definitionen gelten nicht nur für Schnittstellen von AL-Komponenten, sondern auch für Schnittstellen von Komponenten im Kleinen. Sie sind angelehnt an [Sie04].

Logische AL-Komponenten bieten *logische Schnittstellen* an. Diese können, je nach Verwendungszweck, weniger detailliert spezifiziert werden als physische Schnittstellen. So kann beispielsweise die Typisierung der Parameter entfallen.

Schnittstellen und ihre Operationen von AL-Komponenten werden spezifiziert wie in der Entwicklung einzelner Anwendungen üblich. Der Architekt muss eine entsprechende Notation wählen, beispielsweise *Object Contraint Language* (*OCL*) [OMG03], *Web Service Description Language* (*WSDL*) [BL07, CMR+07, CHL+07] oder *Quasar Specification Language (QSL)* [Sie04].

5.5.2 Regeln für den Entwurf von Schnittstellen und Operationen

Bevor wir eine Methode zum Entwurf von Schnittstellen und deren Operationen vorstellen (Abschnitt 5.5.3), stellen wir in diesem Abschnitt Regeln vor. Schnittstellen und deren Operationen sollen dementsprechend bestimmte Eigenschaften haben – sie sollen *geschäftsbezogen, grobgranular, idempotent, kompensierbar* und *kontextfrei* sein. Ähnliche Eigenschaften werden beispielsweise in [Mul04] und [HF06] genannt. Mit diesen Eigenschaften eignen sie sich besonders gut für die *Orchestrierung* – die Komposition zu Geschäftsprozessen mit Hilfe einer Integrationsplattform. Orchestrierung beschreiben wir in Abschnitt 6.3.1.

Geschäftsbezogen

Operationen von AL-Komponenten sollen geschäftsbezogen sein, d.h., die Spezifikation soll sich nur auf die Geschäftslogik beziehen und nichts über die Implementierung verraten.

Implementierung umfasst die eingesetzten Programmiersprachen, die Softwarearchitektur der Komponente, das physische Datenmodell, die technische Infrastruktur wie Datenbanken, Betriebssysteme und Hardwareplattformen. Die Regel reduziert den Anpassungsaufwand an einer rufenden Komponente, wenn Änderungen an der Implementierung der gerufenen Komponente durchgeführt werden.

Grobgranular

Wenige Aufrufe, die viel bewirken, sind besser als viele Aufrufe, die erst zusammen den gewünschten Effekt erzielen. So führt die Operation *Auszahlung* in einem Geldautomaten alle folgenden Schritte durch: *Kontosperre prüfen*, *Umsatz disponieren*, *Buchung durchführen* und *Geld bereitstellen*. Dabei können die ersten beiden Schritte jeweils dazu führen, dass keine Auszahlung erfolgt. Umfassende Operationen wie *Auszahlung* nennen wir *grobgranular*.

Ein weiterer Aspekt ist, den angemessenen Abstraktionsgrad einer Operation zu wählen. Eine Operation `findeKundenGeburtsdatumNachId(int id)` ist zu feingranular. Eine Operation `findeAlleKundendatenNachId(int id)` kann zu grobgranular sein, wenn die Daten eines Kunden umfangreich sind und der Nutzer möglicherweise wirklich nur das Geburtsdatum benötigt. Eine angemessene Abstraktion kann die Operation `findeKundendatenNachId(int id, KundenStruktur benoetigteDaten)` darstellen. Der Nutzer kann im zweiten Parameter den Umfang des Suchergebnisses bestimmen: nur das Geburtsdatum, alle Kundendaten oder sogar die gesamte Kontakthistorie.

Operationen von AL-Komponenten sollen angemessen grobgranular sein.

Grobgranularität reduziert die Anzahl von Operationen und deren Erstellungs- und Änderungsaufwand. Die Orchestrierung von Prozessen aus Operationen gestaltet sich als weniger komplex, wenn die Operationen grobgranular sind. Auch wird ein Servicenutzer von der Aufgabe entlastet, die richtige Reihenfolge beim Aufruf von feingranularen Operationen zu beachten. Dies führt zu einer fachlichen Entkopplung und verhindert darüber hinaus Redundanzen in den Implementierungen der unterschiedlichen Servicenutzer.

Idempotent

Idempotente Operationen zeichnen sich dadurch aus, dass ein mehrmaliger Aufruf mit denselben Argumenten denselben Effekt hat wie der einmalige Aufruf. Beispiel: Einmal stornieren genügt; ein zweiter Aufruf der Storno-Operation bleibt ohne Wirkung und richtet daher keinen Schaden an.

> Operationen von AL-Komponenten sollen, falls fachlich sinnvoll und möglich, idempotent sein.

Idempotenz wirkt sich positiv auf die Robustheit von Anwendungen aus, da dadurch fälschliche Mehrfachaufrufe von Operationen nicht zu Problemen führen. Die Orchestrierung robuster Prozesse aus Operationen ist einfacher, wenn diese idempotent sind.

Kompensierbar

In Geschäftsprozessen können Ausnahmesituationen auftreten, die es zu behandeln gilt. Dies können fachliche Probleme sein, z.B. der Ausfall eines Flugzeugs, aufgrund dessen alle auf diese Maschine gebuchten Gäste umgebucht werden müssen. Das können auch technische Probleme sein, wie das nicht verfügbare oder fehlerhafte Reservierungssystem der Fluglinie. Aus diesem Grund muss es möglich sein, Geschäftsprozessse zurückzurollen. Dies sind fachliche Aktivitäten und keine technischen Rollbacks. So können Kompensationszahlungen anfallen für Umbuchungen, die vom Reiseveranstalter verschuldet sind. Für solche Rückabwicklungen von Geschäftstransaktionen sind in der Anwendungslandschaft Vorkehrungen zu treffen.

> Für alle Operationen einer AL-Komponente sollen entsprechende kompensierende Operationen angeboten werden, die deren Auswirkungen fachlich rückgängig machen.

Kontextfrei

> Operationen einer AL-Komponente sollen minimales Wissen über den Kontext haben, in dem sie aufgerufen werden, und entsprechend über den Aufrufkontext so wenige Annahmen wie möglich machen.

Es gibt verschiedene Arten von Aufrufkontexten:

- *Sessionkontext*
  Operationen sollen möglichst weder Benutzer noch Sessions kennen und kein Wissen über den Aufrufkontext benötigen. Sie sollen ausschließlich fachliche Funktionen implementieren. Die Berechtigungsprüfung soll, falls fachlich möglich, außerhalb der Operation erfolgen.
- *Transaktionskontext*
  Operationen sollen keine Annahmen über ihren Transaktionskontext machen. Regeln zur transaktionalen Kopplung von Operationsaufrufen beschreiben wir in Abschnitt 5.6.3.
- *Batch-/Online-Betrieb*
  Idealerweise sollen Operationen sowohl im Batch- als auch im Online-Betrieb nutzbar sein und keine Annahmen über den Modus machen. Dies steht allerdings häufig mit Performanceanforderungen im Konflikt.

Diese Regel gilt vor allem für Funktions- und Bestandskomponenten. Die Kontextfreiheit hat den Zweck, rufende und gerufene Komponente zu entkoppeln. Sie erhöht die Wiederverwendbarkeit von Operationen.

5.5.3 Eine Methode zum Entwurf von Schnittstellen und Operationen

In diesem Abschnitt beschreiben wir eine Methode zum Entwurf von Schnittstellen und Operationen der AL-Komponenten. Dabei wird zudem die Kopplung der AL-Komponenten festgelegt. Abbildung 5–20 gibt einen Überblick über die Ein- und Ausgaben und den Ablauf der Methode.

1. *Serviceaktionen liefern Kandidaten*
   Die Aktionen der Anwendungsservices werden Kandidaten für Operationen.
2. *Operationen verfeinern*
   Die Kandidaten werden auf die Regeln aus Abschnitt 5.5.2 überprüft und bei Bedarf modifiziert.
3. *Zu Schnittstellen gruppieren*
   Die Operationen werden fachlich sinnvoll zu Schnittstellen gruppiert. Kriterien für die Gruppierung können sein: (a) nach Nutzergruppen, (b) nach Zugriffsart (schreibend/lesend) etc.
4. *Schnittstellen validieren und Kopplung definieren*
   Die Kandidaten werden auf Vollständigkeit überprüft. Grundlage für die Überprüfung sind die Anwendungsservices, für die die Interaktion der beteiligten AL-Komponenten definiert wird. Bei Bedarf ist

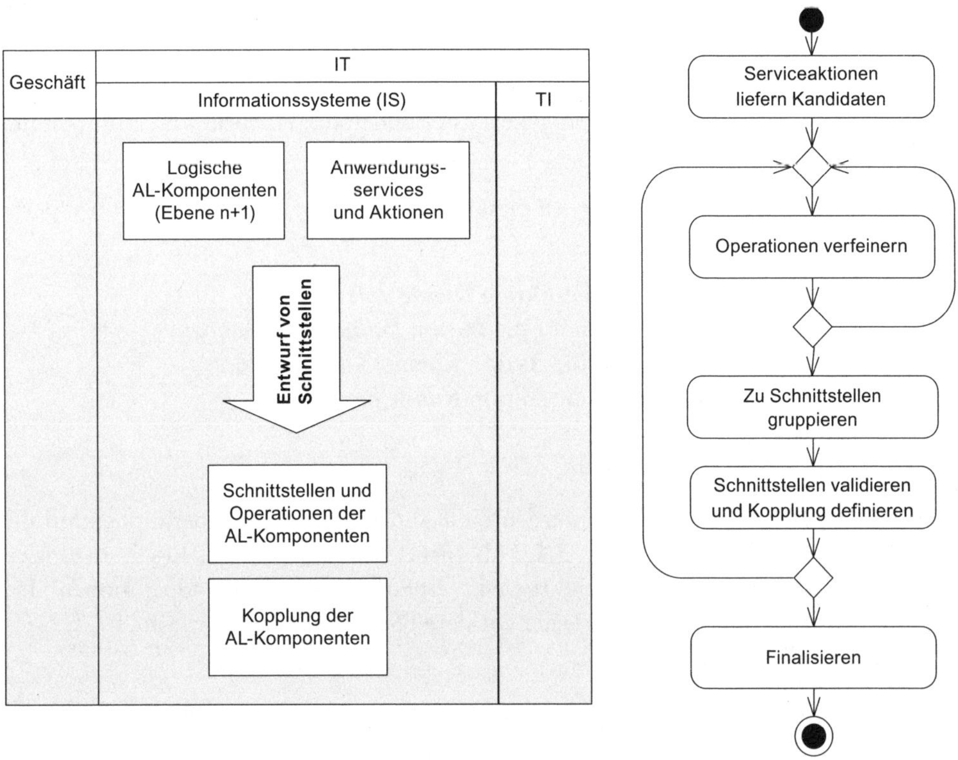

Abb. 5-20 Entwurf von Schnittstellen, Operationen und Kopplung

nachzubessern. Existieren bereits entsprechende physische Komponenten in der Ist-Anwendungslandschaft, so wird auch mit deren Schnittstellen die Vollständigkeit der Kandidaten überprüft.

5. *Finalisieren*
   Die Schnittstellen und ihre Operationen werden mit Namen versehen, die von allen Beteiligten verstanden und akzeptiert werden.

Wir erläutern die einzelnen Schritte wieder am Beispiel CKR.

Serviceaktionen liefern Kandidaten

Wir betrachten den Anwendungsservice *Kunde pflegen* (Domäne/Komponente *Kundenmanagement*). Dieser Service umfasst gemäß seiner Spezifikation folgende Serviceaktionen:

- *Kunde anlegen*, dabei Kundendaten auf ihre Plausibilität prüfen, z.B. korrekte Adresse
- *Dubletten behandeln*, d.h. Bestandskunden wiedererkennen und doppelte Datenpflege vermeiden

- *Kundendaten ändern,* z.B. bei Namensänderung oder Umzug; dabei Kundendaten auf ihre Plausibilität prüfen
- *Kunde löschen,* z.B. bei Todesfall; dabei den Kundendatensatz als gelöscht markieren, aber aus Gründen der Historie weiter im Bestand führen

Im ersten Schritt werden diese Serviceaktionen zu Kandidaten für Operationen:

- `legeKundeAn` für die Aktion *Kunde anlegen*
- `behandleDubletten` für die Aktion *Dubletten behandeln*
- `aendereKunde` für die Aktion *Kundendaten ändern*
- `loescheKunde` für die Aktion *Kunde löschen*

Operationen verfeinern

Im nächsten Schritt werden die Kandidaten für die Operationen auf die Regeln aus Abschnitt 5.5.2 überprüft, und auf Basis des Ergebnisses wird die Menge der Operationen verfeinert. Damit die Operationen den Regeln entsprechen, legen wir deren Semantik wie folgt fest:

- `legeKundeAn`
  Diese Option führt als Erstes eine Dublettenprüfung durch. Ist ein exakt gleicher Kundendatensatz vorhanden, so wird keine Neuanlage durchgeführt. Stattdessen wird eine entsprechende Information zurückgegeben. Wird ein ähnlicher Datensatz gefunden, so wird nur eine vorbehaltliche Neuanlage durchgeführt. Zurückgeliefert werden beide Datensätze, die von den nutzenden Prozessen einer manuellen Dublettenprüfung unterzogen werden müssen. Wird kein hinreichend ähnlicher Kundendatensatz gefunden – was der Normalfall sein sollte –, so wird ein neuer Kundendatensatz angelegt.

  In allen Fällen werden die Attribute des Kunden auf Plausibilität geprüft, z.B. korrekte Postleitzahl, plausibles Alter etc.
- `behandleDubletten`
  Diese Operation führt das Ergebnis einer manuellen Dublettenprüfung in der Komponente *Kundenmanagement* durch. Hat der Anwender die beiden Datensätze als identisch identifiziert, so wird der vorbehaltlich angelegte Datensatz mit dem ursprünglichen zusammengeführt. Im anderen Fall wird der neu angelegte Datensatz nun nicht mehr als vorbehaltlich markiert.

- `aendereKunde`
  Bevor Änderungen an einem bestehenden Datensatz vorgenommen werden können, müssen – wie bei der Neuanlage – die Attribute auf Plausibilität geprüft werden.
- `loescheKunde`
  Diese Operation setzt den Kundenstatus auf *gelöscht*. Sie löscht den Kundendatensatz jedoch nicht physisch.

Mit dieser Semantik erfüllen die Operationen alle Regeln aus Abschnitt 5.5.2:

- *Geschäftsbezogen*
  Die Spezifikationen der Operationen beziehen sich nur auf die Geschäftslogik und verraten nichts über die Implementierung.
- *Grobgranular*
  Die Operationen sind fachlich umfassend. So geht `legeKundeAn` mit der Dublettenprüfung und Validierung über die reine Anlage eines Datensatzes hinaus.
- *Idempotent*
  Alle Operationen sind idempotent. `aendereKunde` ist von sich aus idempotent: Eine zweifache Änderung mit denselben Parametern hat keine Auswirkung. Da Löschen nur eine Statusänderung ist, verhält es sich bei `loescheKunde` genauso. `legeKundeAn` wird durch die Dublettprüfung idempotent. Wird diese Operation versehentlich zweimal mit identischen Parametern aufgerufen, so wird im zweiten Aufruf die Dublette erkannt und kein neuer Datensatz angelegt. Auch `behandleDubletten` kann idempotent implementiert werden: Ist die Dublettenbehandlung bereits durchgeführt, so geschieht einfach nichts.
- *Kompensierbar*
  Alle Operationen sind kompensierbar. Ein Aufruf von `legeKundeAn` kann durch einen Aufruf von `loescheKunde` kompensiert werden und umgekehrt. Ein Aufruf von `aendereKunde` kann durch einen weiteren Aufruf von `aendereKunde` kompensiert werden. Dabei müssen die ursprünglich gültigen Attributwerte als Parameter übergeben werden. Auch die fehlerhafte Benutzung von `behandleDubletten` kann kompensiert werden, wenn auch etwas komplizierter: Wurden fälschlicherweise zwei Kundendatensätze zusammengelegt, so kann dies durch einen erneuten Aufruf von `legeKundeAn` und `behandleDubletten` kompensiert werden. Wurden fälschlicherweise zwei identische Kundendatensätze nicht zusammengelegt, so kann dies durch den erneuten Aufruf von `behandleDubletten` kompensiert werden.

- *Kontextfrei*
  - *Sessionkontext*
    Die Operationen kennen keine Benutzer und keine Sessions.
  - *Transaktionskontext*
    Die Operationen machen keine Annahmen über den Transaktionskontext.
  - *Batch-/Online-Betrieb*
    Die Spezifikationen der Operationen enthalten keine Spezifika über den Betriebsmodus.

Anmerkung: Die Spezifikation dieser Operationen enthält Redundanzen. So wird dieselbe Plausibilitätsprüfung sowohl von `legeKundenAn` als auch von `aendereKunde` durchgeführt. Redundante *Implementierungen* zu vermeiden ist wichtig. Das reduziert den Erstellungs- und Änderungsaufwand von Komponenten [HJ06]. Nichts einzuwenden ist jedoch gegen Redundanzen in *Schnittstellen*, wenn sie – wie in diesem Fall – umfassende Geschäftslogik für unterschiedliche Nutzungsszenarien bündeln.

Zu Schnittstellen gruppieren

Die Operationen `legeKundeAn`, `behandleDubletten`, `aendereKunde` und `loescheKunde` werden zu einer Schnittstelle mit Namen `Kundenpflege` zusammengefasst.

Schnittstellen validieren und Kopplung definieren

Die Stimmigkeit von Schnittstellen und Operationen lässt sich erst im Zusammenspiel der Komponenten endgültig überprüfen. Eine Möglichkeit, die bisher erarbeiteten Schnittstellen zu validieren und dabei gleichzeitig die Kopplung der AL-Komponenten zu definieren, besteht in der Nutzung von Sequenzdiagrammen.

Für jeden Anwendungsservice werden Sequenzdiagramme der Interaktion der beteiligten AL-Komponenten erstellt – das liefert die Informationen zur Kopplung. Zusätzlich wird damit überprüft, ob die Anwendungsservices über Schnittstellen und ihre Operationen vollständig abgedeckt werden. In Abbildung 5–21 wird dies anhand des Anwendungsservice *Individualreise buchen* gezeigt.

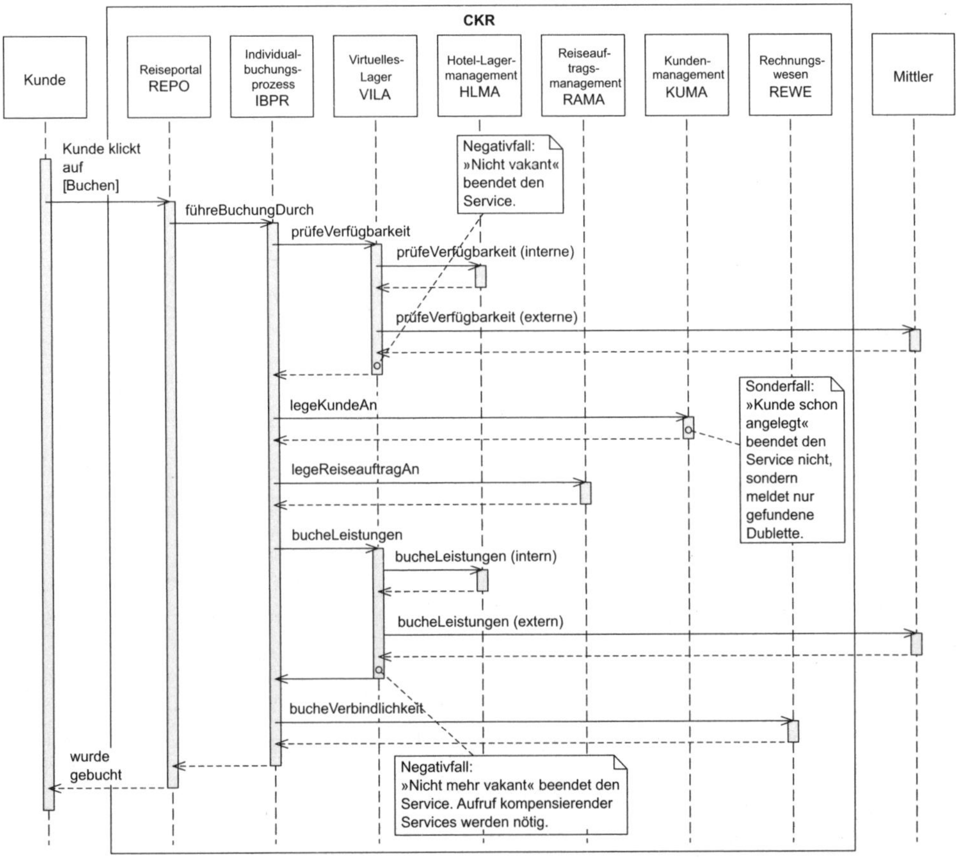

Abb. 5–21 Sequenzdiagramm zur Validierung der Schnittstellen und Definition der Kopplung

Finalisieren

Die Schnittstellen und ihre Operationen können nun final benannt werden (Abb. 5–22).

Damit haben wir alle Informationen zusammen, die die logische Architektur der Anwendungslandschaft ausmachen. Wir definieren:

> Die ***logische Architektur*** (logical architecture) einer Anwendungslandschaft umfasst die logischen AL-Komponenten, deren Schnittstellen und Operationen sowie deren Kopplung.

Folgt der Architekt den beschriebenen Methoden und Regeln, so ist die logische Architektur, die er entwirft, eine Instanz der in Abschnitt 5.4.5 eingeführten *Referenzarchitektur kategorisierte Anwendungslandschaft* (Abb. 5–19).

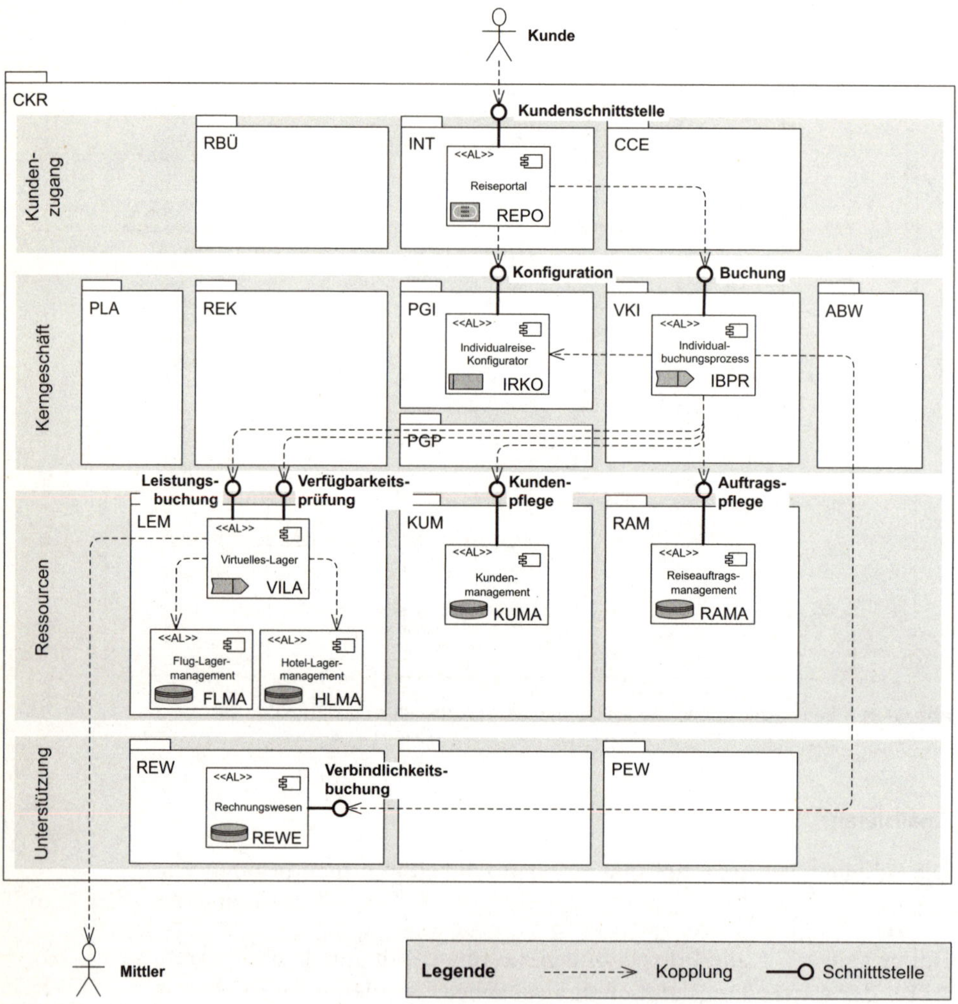

Abb. 5–22 Finale Schnittstellen und Kopplungen (Ausschnitt)

10

5.6 Regeln zur Gestaltung der Kopplungsarchitektur

In den bisherigen Abschnitten haben wir sukzessive eine ideale Anwendungslandschaft aus AL-Komponenten mit Schnittstellen und Operationen sowie deren prinzipielle Kopplung erarbeitet. Im nächsten Schritt muss nun diese Kopplung weiter detailliert werden. Dabei geht es vor allem um den *Grad* der Kopplung der AL-Komponenten, d.h. um eine Detaillierung dahingehend, wie eng oder lose und auf Basis welcher grundsätzlichen Mechanismen gekoppelt wird. Wir nennen diese Detaillierung auch die *Kopplungsarchitektur.* Sie macht Vorgaben, die in der späteren Realisierung Auswirkungen bis hin zu Aspekten des Laufzeitverhaltens haben.

Die ***Kopplungsarchitektur*** (coupling architecture) einer Anwendungslandschaft legt für alle ihre Komponenten fest, ob diese eng oder lose gekoppelt sind und welche grundsätzlichen Mechanismen bei der Kopplung eingesetzt werden.

In langfristig beherrschbaren Anwendungslandschaften sollten die Komponenten tendenziell lose gekoppelt sein.

5.6.1 Lose Kopplung

Eines der Grundprinzipien von Serviceorientierten Architekturen ist die *lose Kopplung* (z.B. [TTW05]). Lose Kopplung fördert die Unabhängigkeit zwischen AL-Komponenten. Das erhöht die Stabilität im Betrieb und unterstützt die Wartbarkeit und Austauschbarkeit von AL-Komponenten. Aber lose Kopplung kostet auch viel: erhöhten Aufwand für Integrationstechnik, Fehlerbehandlung und Sicherheit sowie unter Umständen auch eine geringere Performance. Die Kunst des Architekten besteht darin, den angemessenen Grad der Kopplung zu wählen. In diesem Abschnitt stellen wir dazu Regeln vor. Zunächst stellen wir über die Analogie von Ritterburgen und Boten die Extremform der losen Kopplung vor.

Von Ritterburgen und Boten

Die Analogie von Ritterburgen und Boten übernehmen wir aus [Hel02]. In dem Bild stellen wir uns Ritter vor, die über Burgen herrschen und miteinander Handel treiben. Dafür haben Sie Boten, die die Geschäfte vor Ort abwickeln (Abb. 5–23).

Abb. 5–23 Von Ritterburgen und Boten

Betrachten wir den Fall, dass Ritter A von Ritter B Waren einkaufen möchte. Der Handel hat folgende Charakteristika:

1. Der Bote von A braucht Zeit, um zur Burg B zu gelangen, den Handel abzuschließen und mit den Waren zurückzukehren. Derweil geht das Leben in Burg A weiter.
2. Boten sind Gefahren ausgesetzt. Sie können ausgeraubt werden oder gar nicht mehr zurückkehren. Ritter A ist sich der Gefahr bewusst und trifft dafür Vorkehrungen.
3. Ritter B möchte zwar Handel treiben, traut dem Boten von A aber nur bedingt. Der Verkauf findet im Burghof statt. Zum Warenlager oder gar zur Schatzkammer hat der Bote keinen Zutritt.
4. Ritter A ist auf den Handel angewiesen. Aber auch er traut B nur bedingt. Vor der Benutzung werden die Waren genau inspiziert.

So wie der Handel in dieser Analogie findet auch die Interaktion zwischen lose gekoppelten Komponenten statt: auf Basis eines gesunden Misstrauens.

Lose Kopplung zwischen Komponenten

Was ist nun also *lose Kopplung*? Wir definieren:

> Sei A eine Komponente, die mit B gekoppelt ist. A ist mit B ***lose gekoppelt*** (loosely coupled), falls die folgenden Bedingungen gelten:
>
> (1) *Wissen*
> A verfügt nur über so viel Wissen über B, wie für die korrekte Nutzung der verwendeten Operationen notwendig ist. Dies umfasst die Syntax und Semantik der Schnittstellen sowie die Struktur der übergebenen und zurückgelieferten Daten.
>
> (2) *Abhängigkeit von der Verfügbarkeit*
> A erbringt den Anwendungsservice, den es implementiert, auch dann, wenn B oder die Kommunikationsverbindung zu B nicht verfügbar ist.
>
> (3) *Vertrauen*
> B vertraut nicht darauf, dass A Vorbedingungen von Operationen erfüllt. A vertraut nicht darauf, dass B die Nachbedingungen von Operationen erfüllt.

Wissen, Abhängigkeit von der Verfügbarkeit und Vertrauen nennen wir die *Dimensionen der Kopplung* zwischen Komponenten (Abb. 5–24).

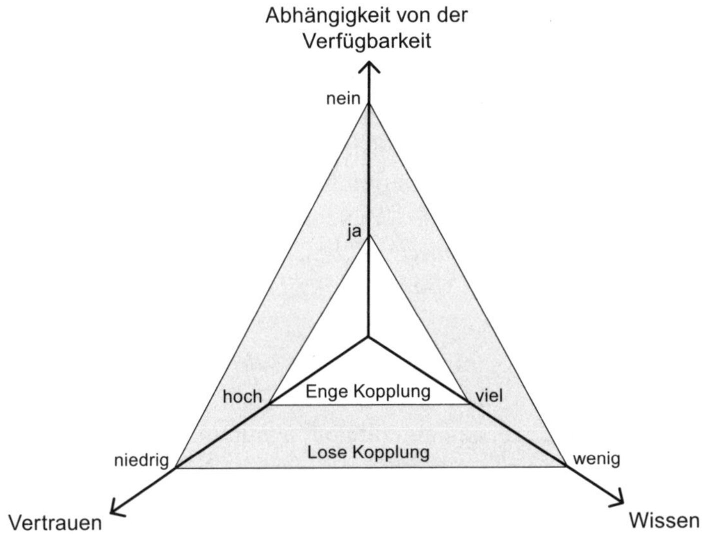

Abb. 5–24 Dimensionen der Kopplung

Lose Kopplung am Beispiel

Betrachten wir ein Beispiel für zwei lose gekoppelte Komponenten: die Reisebuchungskomponente von CKR (A) und die Flugbuchungskomponente eines Mittlers (B, siehe Abb. 5–25).

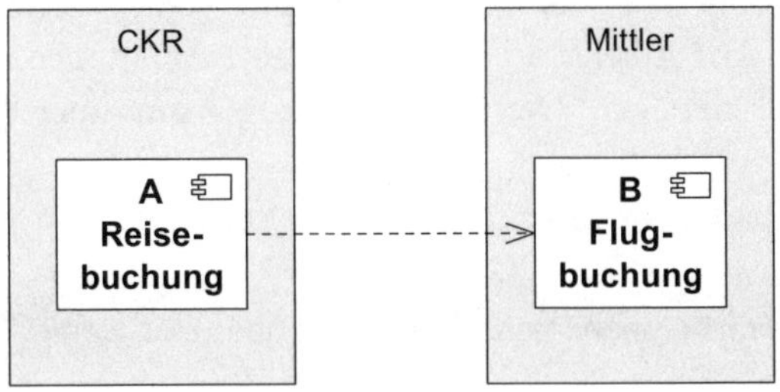

Abb. 5–25 Lose Kopplung im Beispiel

Die Buchung einer Reise bei CKR enthalte im Beispiel eine Flugbuchung. Die folgenden Charakteristika gelten für die Kommunikation von A mit B:

- *Wissen*
  Komponenten A und B teilen keinen gemeinsamen Datenbestand, insbesondere nutzen sie keine gemeinsame Datenbank. Die Komponenten wissen nur wenig voneinander. Ihr jeweiliges Wissen in Form ihrer jeweiligen Daten ist weitgehend disjunkt.

- *Abhängigkeit von der Verfügbarkeit*
  Solange die Flugbuchung von B nicht bestätigt ist, bleibt die Reisebuchung in A unter Vorbehalt. Die Reisebuchung kann weitergeführt werden, auch wenn – in Ausnahmefällen – die Bestätigung von B länger dauert. Der Kunde wird über den Vorbehalt der Buchung informiert. Zu einem späteren Zeitpunkt erhält er die finale Buchungsbestätigung, z.B. per E-Mail. Diese kann auch eine Änderung der Abflugzeit beinhalten. Durch die beschriebene Form der Interaktion wird eine Abhängigkeit von der Verfügbarkeit vermieden.
- *Vertrauen*
  B prüft die Buchungsanfrage von A auf Korrektheit. Mögliche Fehlerquellen sind technische Fehler, z.B. ein veraltetes XML-Schema, oder fachliche Fehler, z.B. eine ungültige Flugnummer. Bei Fehlern weist B die Anfrage zurück. Andererseits rechnet A damit, dass bei der Anfrage Fehler auftreten: Kommunikationsfehler, Nicht-Verfügbarkeit von B oder Zurückweisung durch B.

5.6.2 Mechanismen für die lose Kopplung

Getrennte Datenbasen

Der wichtigste Mechanismus, im Bereich der Dimension *Wissen* lose zu koppeln, ist die Vermeidung einer gemeinsamen Datenbank. Das Beispiel zeigt das – A und B operieren nicht auf einer gemeinsamen Datenbasis. Grundsätzlich darf A bei loser Kopplung keine Annahmen über die Technologie von B machen. Die Vermeidung gemeinsamer Daten ist ein wesentlicher Spezialfall.

Als Regel halten wir fest:

> Lose gekoppelte Komponenten sollen nicht über eine gemeinsame Datenbank kommunizieren.

In der Praxis besteht eine wesentliche Aufgabe bei der Migration einer bestehenden hin zu einer ideal strukturierten Anwendungslandschaft darin, dass die bestehende Kopplung von Komponenten über eine gemeinsame Datenbank langfristig aufgelöst werden muss. Mehr dazu in Kapitel 6.

Fachliche Asynchronität

Das Beispiel zeigt: Lose Kopplung ist aufwendig. Aufwand ist zu treiben für die Fehlerprüfung bei B, die Infrastruktur für die Kommunikation mit zugesicherten Eigenschaften und für Synchronisation und Fehlerbehandlung bei A.

Aber die lose Kopplung bietet auch Vorteile. Durch die beschriebene *fachliche Asynchronität* ist die Verfügbarkeit von A nicht von der Verfügbarkeit von B abhängig – das ist besonders wichtig, wenn A mit vielen Nachbarsystemen kommuniziert. Wäre die Verfügbarkeit von A von der Verfügbarkeit aller Nachbarsysteme abhängig, so wäre sie stark eingeschränkt. Anders bei loser Kopplung: Der Endkunde bekommt eine ausgezeichnete Dienstleistung. Er kann Reisen buchen, und im Normalfall bekommt er direkt eine Bestätigung. Aber selbst im Fehlerfall von B bekommt er mit der vorbehaltlichen Buchung eine angemessene Dienstleistung. Nicht akzeptabel wäre gewesen: »Das System einer unserer Partner ist derzeit nicht verfügbar. Versuchen Sie es bitte in einer halben Stunde nochmals!«

Und in vielen Fällen sind Aufrufe an Nachbarsysteme nicht zeitkritisch. Einem Bankkunden reicht es vollkommen, wenn seine Überweisung angestoßen wurde – auch wenn das Geld erst zwei Tage später ankommt.

Als Regel halten wir fest:

> Lose gekoppelte Komponenten sollen fachlich asynchron kommunizieren.

Mechanismen zur Umsetzung fachlich asynchroner Kommunikation sind:

- Nachrichtenbasierte Kommunikation für Einzelsatzverarbeitung
- Batchverarbeitung für Massendaten
- Caching und Replikation in beiden Fällen

Auf diese Mechanismen gehen wir in Kapitel 6 ein.

Kein gemeinsamer Transaktionskontext

Transaktionen [GR93] wurden ursprünglich für Datenbanken entwickelt und werden heute auch in der Programmierung verteilter Systeme verwendet. Sie garantieren die ACID-Eigenschaften:

- *Atomicity*
  Eine Transaktion wird entweder ganz oder gar nicht durchgeführt.
- *Consistency*
  Eine Transaktion überführt das System von einem konsistenten Zustand zu einem anderen.

- *Isolation*
  Parallele konkurrierende Transaktionen erscheinen serialisiert, so dass sich deren Effekte nicht überlagern.
- *Durability*
  Die Effekte einer erfolgreichen Transaktion werden auf einen permanenten Datenträger gespeichert.

Transaktionen sind ein hervorragendes Mittel, um die Konsistenz von Komponenten oder einer Gruppe von Komponenten auf technischem Wege sicherzustellen. Innerhalb von AL-Komponenten werden fast immer Transaktionen verwendet. Aber Transaktionen koppeln eng: Alle Beteiligten müssen ein Transaktionsprotokoll implementieren und sind von der Verfügbarkeit des Transaktionsmanagers sowie der beteiligten Ressourcen abhängig. Daher halten wir folgende Regel fest:

> Lose gekoppelte Komponenten sollen in keinem gemeinsamen Transaktionskontext laufen.

Kompensierende Operationen

Wie kann die Konsistenz von lose gekoppelten Komponenten sichergestellt werden, wenn Transaktionen verboten sind? Mittels *kompensierender Aktionen* (z.B. [CCC+04]). Für alle zustandsändernden, also schreibenden Operationen einer Komponente muss eine entsprechende kompensierende Operation angeboten werden. Die kompensierende Operation annulliert die Effekte des ersten Operationsaufrufs.

Eine Kompensation ist kein technischer Rollback, sondern eine fachliche Funktion! In der Zwischenzeit können viele Dinge geschehen sein, die bei der Kompensation zu berücksichtigen sind. So können Storno-Gebühren anfallen. Möglicherweise sind für eine Kompensation auch Entscheidungen menschlicher Anwender notwendig.

Anfragen und Bestätigungen

Eine Variante zu kompensierenden Operationen sind *Anfragen* und *Bestätigungen*. Anstatt eine Operation aufzurufen, die später möglicherweise kompensiert werden muss, wird erst eine Anfrageoperation gerufen. Ihr muss später eine Bestätigung folgen, sonst wird die Anfrage annulliert. Ein Beispiel aus der Touristikbranche ist eine Reiseanfrage, die noch nicht den bindenden Charakter einer Reisebuchung hat.

Dieser Mechanismus ist gegenüber dem Mechanismus mit kompensierenden Operationen vorzuziehen, wenn Annullierungen nicht die Ausnahme, sondern die Regel sind. Dann kann das System abhängig von der

Anzahl nicht bestätigter Anfragen fachliche Entscheidungen über neue Anfragen treffen.

5.6.3 Angemessene Kopplung

Entfernung von Komponenten

Lose Kopplung nutzt, aber kostet auch viel. Ist sie immer erstrebenswert? Nein: Der Grad der Kopplung muss der Situation angemessen sein. Klar ist: Innerhalb einer AL-Komponente wird man nicht lose koppeln – zwischen AL-Komponenten unterschiedlicher Anwendungslandschaften sehr wohl. Dazwischen liegt ein weites Spektrum.

Ein wichtiges Kriterium für die Wahl eines angemessenen Grads von Kopplung ist die *Entfernung* einer rufenden Komponente zu einer gerufenen Komponente (Abb. 5–26).

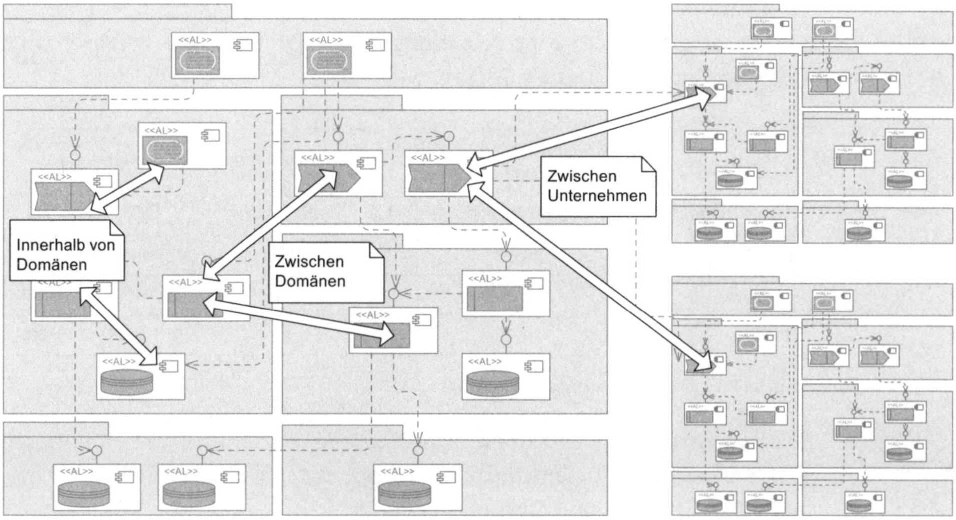

Abb. 5–26 Entfernung von Komponenten

Die Entfernung zweier Komponenten hat zwei Dimensionen: die *fachliche Entfernung* und die *technische Entfernung*. Komponenten sind fachlich weit entfernt, wenn sie wenig fachliche Gemeinsamkeiten haben, besonders wenn sie unterschiedlichen Domänen zugeordnet sind oder gar Anwendungslandschaften unterschiedlicher Unternehmen angehören. Komponenten sind technisch weit entfernt, wenn sie unterschiedlichen Kategorien zugeordnet sind. Ein numerisches Maß für die Entfernung von Komponenten kennen wir nicht – definitiv ist dies nicht der Abstand der Komponentensymbole auf einem Schaubild der Anwendungslandschaft in Zentimetern! Dennoch gelingt es in der Praxis häufig intuitiv, Komponenten als mehr oder weniger entfernt einzustufen.

Allgemein kann man sagen:

Der angemessene Grad der Kopplung hängt von der inhaltlichen Entfernung zweier Komponenten ab. Inhaltlich weit entfernte Komponenten sollen lose gekoppelt werden. Nahe Komponenten können enger gekoppelt werden.

Wie kann der allgemeine Merksatz konkret umgesetzt werden? Davon handelt der nächste Abschnitt.

Kopplungsstufen

Genauso wenig wie es ein numerisches Maß für die inhaltliche Entfernung von Komponenten gibt, gibt es ein numerisches Maß für den Grad der Kopplung. Um den Kopplungsgrad zwischen den Komponenten einer Anwendungslandschaft zu planen, empfehlen wir, konkrete *Kopplungsstufen* zu definieren. Eine Kopplungsstufe legt konkrete Eigenschaften der Kopplung fest (siehe z.B. Tab. 5–7).

	Abhängigkeit der Verfügbarkeit		Vertrauen	Wissen	
Kopplungsstufen	**Kommunikation**	**TX**	**Validierung**	**DB**	**DT**
1. eng	synch.	ja	nein	gemeinsam	fachl.
2. mittel	synch.	nein	ja	getrennt	techn.
3. lose	asynch.	nein	ja	getrennt	techn.

Tab. 5–7 Beispiel für Kopplungsstufen

Die Eigenschaften der Kopplungsstufen *eng*, *mittel* und *lose* orientieren sich an den drei Dimensionen für Kopplung: Abhängigkeit der Verfügbarkeit, Vertrauen und Wissen.

- *Kommunikation*
  Muss die Kommunikation fachlich asynchron erfolgen oder kann sie auch synchron erfolgen?
- *Transaktionen (TX)*
  Ist ein gemeinsamer Transaktionskontext verboten oder erlaubt?
- *Validierung*
  Müssen die Parameter von Aufrufen stets auf fachliche und technische Korrektheit überprüft werden oder vertrauen Komponenten einander?

- *Datenbank (DB)*
  Müssen getrennte Datenbanken verwendet werden oder darf die Konsistenz von Daten über gemeinsame Datenbanken sichergestellt werden?
- *Datentypen (DT)*
  Machen die Komponenten minimale Annahmen über gemeinsame technische Datentypen (numerisch, alphanumerisch, Datum) oder liegt ihnen ein gemeinsames fachliches Datentypmodell zugrunde?

Hierzu definieren wir:

> ***Kopplungsstufen*** (degrees of coupling) legen konkrete Eigenschaften der Kopplung entlang der Kopplungsdimensionen fest.

Dabei gilt:

> Wir empfehlen wenige Kopplungsstufen, die die konkreten Gestaltungsziele der Anwendungslandschaft widerspiegeln.

Der Architekt entwirft die Kopplungsstufen unternehmensspezifisch. Sie können auch technische Aussagen enthalten wie: Die Kommunikation muss über den Enterprise Service Bus (ESB) erfolgen.

Ideale Kopplungsarchitektur

Abschließend wollen wir zusammenfassen, was eine ideale Kopplungsarchitektur ist:

> In der ***idealen Kopplungsarchitektur*** (ideal coupling architecture) wird jeder Kopplung zwischen voneinander abhängigen Komponenten eine *angemessene* Kopplungsstufe zugewiesen.

Der Architekt legt die ideale Kopplungsarchitektur unternehmensspezifisch über Regeln fest. Beispiele sind:

- Komponenten von Partnerunternehmen (AL-übergreifende Kommunikation) werden stets lose gekoppelt (Kopplungsstufe 3).
- Domänenübergreifende Kommunikation zwischen den Domänen *Planung, Einkauf, Produktgestaltung, Verkauf* und *Abwicklung* erfolgt stets mit loser Kopplung (Kopplungsstufe 3).
- Prozesskomponenten kommunizieren mit Funktions- oder Bestandskomponenten über eine mittlere oder lose Kopplung (Kopplungsstufe 2 oder 3).

- Funktionskomponenten dürfen eng an Bestandskomponenten gekoppelt sein (Kopplungsstufe 1), solange sie in derselben Domäne sind.

Wie das am Beispiel von CKR aussehen kann, zeigt Abbildung 5–27.

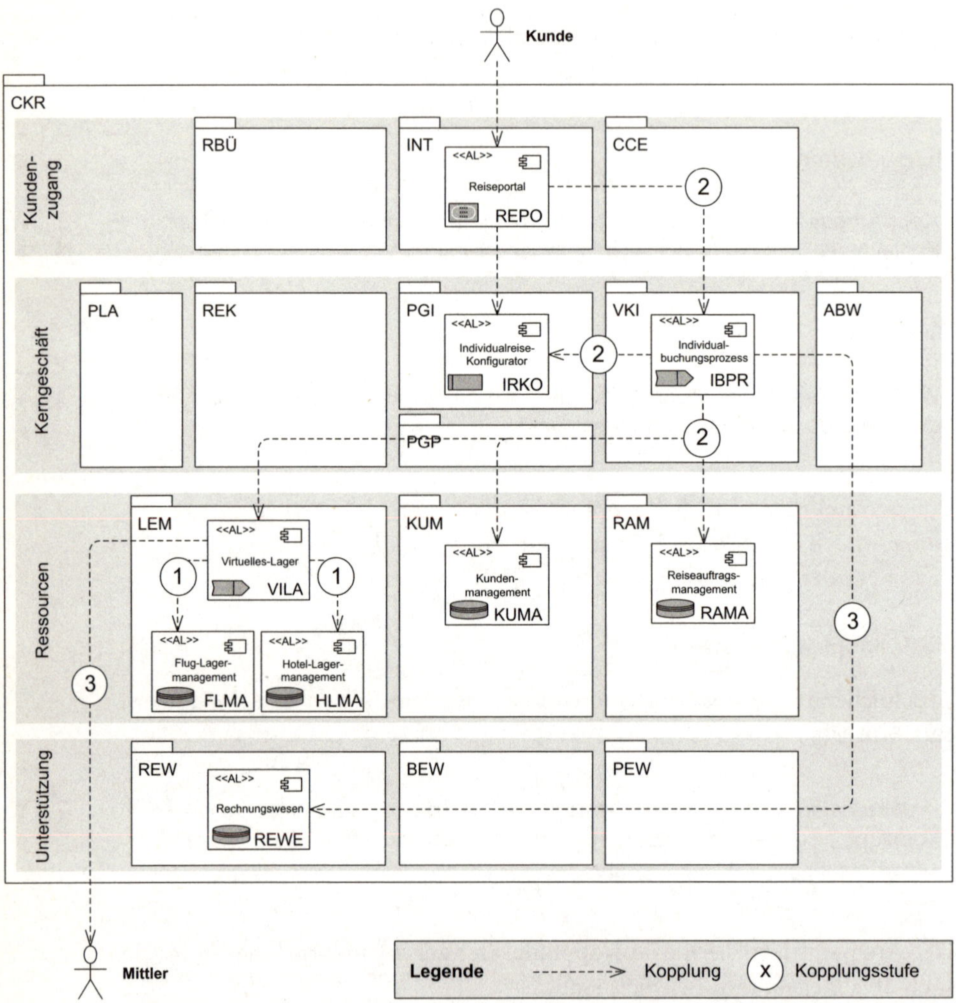

Abb. 5–27 Kopplungsstufen der idealen Anwendungslandschaft bei CKR

In realen Anwendungslandschaften wird die ideale Kopplungsarchitektur selten durchgängig eingehalten. Sie bietet aber Leitlinien beim Um- oder Neubau einzelner Komponenten.

6 Integration in Anwendungslandschaften

In dem vorausgegangenen Kapitel zur Gestaltung der idealen Anwendungslandschaft haben wir AL-Komponenten auf einer logischen Ebene betrachtet. Die zwischen ihnen existierenden Beziehungen wurden dabei eher als abstrakte Nutzungsbeziehungen über logische Schnittstellen aufgefasst. Physische Komponenten und physische Schnittstellen standen nicht im Fokus.

Diese Konzentration auf logische Komponenten und Schnittstellen ist im Zusammenhang mit der Erstellung eines Ideal-Bilds der Anwendungslandschaft als Mittel der architektonischen Orientierung sinnvoll. Um konkrete Maßnahmen für den Um- oder Neubau einer Anwendungslandschaft zu planen, muss der Architekt seine Architekturbetrachtung allerdings über die logische Ebene hinaus auf der physischen Ebene konkretisieren. Dabei wandelt sich auch der Blick vom Ideal-Bild zur Orientierung hin zu einem konkret umzusetzenden Soll der Anwendungslandschaft.

Wie ein solches Soll ausgehend vom Ist und orientiert am Ideal gefunden wird, beschreibt Kapitel 8. In diesem Kapitel werden zunächst die auf der physischen Ebene relevanten Methoden, Regeln und Muster vorgestellt, mit denen der Architekt die Integration physischer AL-Komponenten planen kann (vgl. auch [HLV+07]). Dabei werden die Maßnahmen serviceorientierter Gestaltung auch auf der physischen Ebene konsequent fortgesetzt. Das Ergebnis der Arbeit des Architekten in diesem Bereich ist die Integrationsarchitektur – eine Verfeinerung der im vorherigen Kapitel eingeführten Kopplungsarchitektur auf der physischen Ebene. Diese Integrationsarchitektur legt unter anderem fest, welche technischen Services der Integration benötigt werden. Auf deren Basis werden in Kapitel 7 konkrete Integrationsplattformen ermittelt. Dieses Kapitel thematisiert damit neben der Gestaltung einer Anwendungslandschaft auf der physischen Ebene auch den Übergang von den Informationssystemen zur technischen Infrastruktur. Abbildung 6–1 stellt das in Form der Einordnung in die Landkarte von Quasar Enterprise dar.

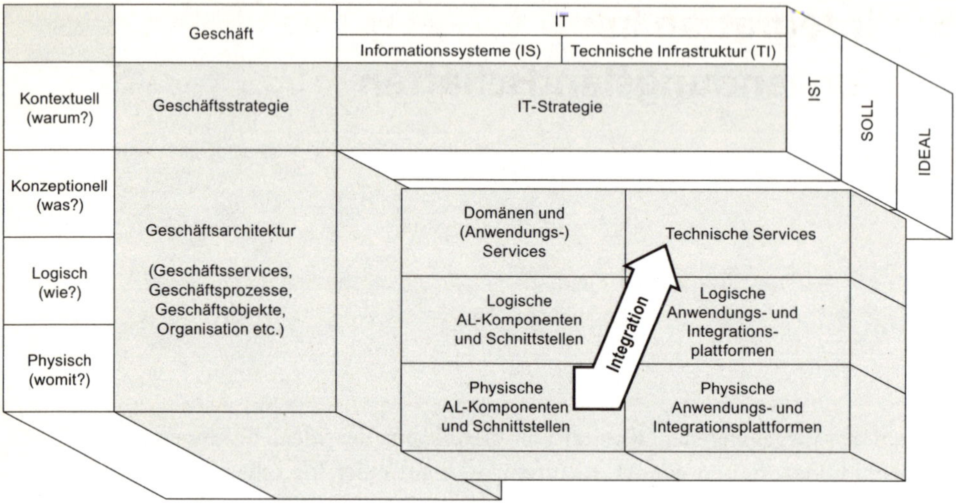

Abb. 6–1 Das Kapitel im Kontext des Buchs

6.1 Integrationsarchitektur

6.1.1 Von der logischen zur physischen Sicht

Der Übergang von einer logischen zu einer physischen Sicht auf die Anwendungslandschaft hat zwei wesentliche Aspekte, in denen der Architekt die Anwendungslandschaft weiter detaillieren muss – die physische Umsetzung der Kopplung und die physische Realisierung von logischen Komponenten.

Physische Umsetzung der Kopplung

In Kapitel 5 haben wir logische AL-Komponenten eingeführt. Deren Schnittstellen haben den Charakter eines Funktions- oder Prozeduraufrufs, wie wir ihn aus der Softwareentwicklung kennen – Daten werden als Eingabe an eine in der AL-Komponente gekapselte Funktion übermittelt, und diese liefert Ergebnisse zurück.

Bei der Implementierung entsprechender physischer Schnittstellen von physischen AL-Komponenten wird dieser Charakter meist beibehalten. So werden funktionale Schnittstellen angeboten, über die auf in AL-Komponenten gekapselte Geschäftslogik zugegriffen werden kann. Typische Mechanismen für die Realisierung dieser Form von Kopplung sind RPC (Remote Procedure Call) oder Messaging.

Diese Form der Kopplung durch Aufruf von Geschäftslogik entspricht dem intuitiven Verständnis, wie sie auch in der gängigen Literatur zur Serviceorientierten Architektur dargestellt wird (z.B. [KBS04]). Ein Architekt kann mit dieser Art von physischen Schnittstellen bereits verschiedene funktionale und nichtfunktionale Anforderungen abdecken.

Für eine vollständige Betrachtung des Themas der physischen Kopplung muss man allerdings berücksichtigen, dass es noch andere Arten von physischen Schnittstellen gibt, über die ein Anwendungsservice, den eine physische AL-Komponente implementiert, in Anspruch genommen werden kann:

- *Zugriff auf die persistente Datenhaltung einer physischen AL-Komponente*
  Zur Erbringung des Anwendungsservice notwendige Informationen werden in die Datenbank der AL-Komponente geschrieben und/oder Informationen als Ergebnis des Anwendungsservice werden aus der Datenbank gelesen.
- *Verwendung der Benutzerschnittstelle einer physischen AL-Komponente*
  Zur Erbringung des Anwendungsservice notwendige Informationen werden über die Oberflächenelemente an die AL-Komponente übergeben und/oder Informationen als Ergebnis des Anwendungsservice werden mittels der Oberflächenelemente angeboten.

Wir haben es also beim Übergang von logischen zu physischen Schnittstellen mit unterschiedlichen Arten von physischen Schnittstellen zu tun. Dazu später mehr.

Diese zuletzt genannten Formen der Kopplung werden selten im Zusammenhang mit Serviceorientierten Architekturen genannt, stehen aber *nicht* im Widerspruch zu den Prinzipien der Serviceorientierung. Auch mit diesen Kopplungsformen kann ein Architekt die Anwendungslandschaft an den Geschäftsprozessen ausrichten oder technische Aspekte geeignet kapseln.

> Für die Umsetzung Serviceorientierter Architekturen können neben einer Kopplung auf Ebene gekapselter Geschäftslogik auch weitere Kopplungsformen genutzt werden. Auch Verfahren der Kopplung mittels direkter Datennutzung und der Kopplung auf Ebene der Benutzerschnittstellen sind angemessen zu berücksichtigen.

Neben der Art der Schnittstelle ist es im Zusammenhang mit der physischen Umsetzung der Kopplung weiterhin von Interesse, durch welche technischen Services dies unterstützt wird.

Technische Services (technical services) sind Dienstleistungen im Bereich der technischen Infrastruktur (TI), die im Zusammenhang mit der Realisierung der physischen Anwendungslandschaft genutzt werden können. Sie werden von einer ***Integrationsplattform*** (integration platform) im Sinne einer Komponente der technischen Infrastruktur implementiert.

Ein solcher technischer Service ist etwas grundlegend anderes als die in früheren Kapiteln erwähnten Geschäfts- bzw. Anwendungsservices. Zur Vermeidung von Missverständnissen behalten wir daher für Ersteren das Attribut »technisch« in der Bezeichnung durchgängig bei.

Im Zusammenhang mit der Kopplung sind unter anderem die technischen Services für Kommunikation und Transformation von Interesse. Auch dazu später mehr.

Abbildung 6–2 illustriert noch einmal die vom Architekten zu leistende Detaillierung im Zusammenhang mit dem Aspekt der physischen Umsetzung der Kopplung.

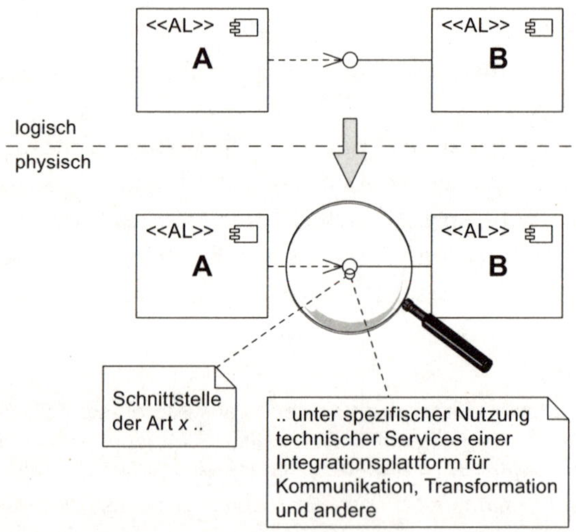

Abb. 6–2 Physische Umsetzung der Kopplung

Physische Realisierung logischer Komponenten

In analoger Weise illustriert Abbildung 6–3 die notwendige Detaillierung im Zusammenhang mit dem zweiten relevanten Aspekt – der physischen Realisierung von logischen AL-Komponenten.

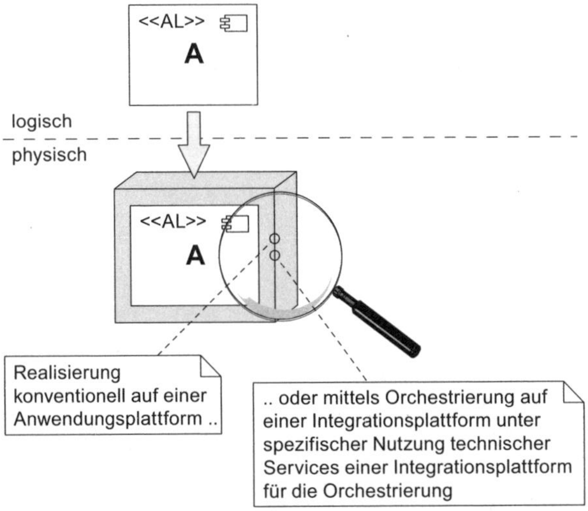

Abb. 6–3 Physische Realisierung logischer AL-Komponenten

Es gibt zwei grundsätzliche Alternativen, logische AL-Komponenten zu realisieren:

- *Konventionelle Implementierung*
  Die Realisierung erfolgt durch Neuentwicklung, Anpassung existierender Anwendungen oder die Verwendung von COTS-Produkten. Dabei basiert sie immer auf einer *Anwendungsplattform* (Betriebssystem + Container/technischer Stack + Programmiersprache).
- *Implementierung mittels Orchestrierung*
  Die Realisierung erfolgt durch die Nutzung gegebener Anwendungsservices unter einer übergreifenden Ablaufsteuerung, die den funktionalen Mehrwert der zu realisierenden AL-Komponente ausmacht und durch technische Services einer Integrationsplattform unterstützt wird.

In diesem Buch gehen wir auf Methoden und Technik der konventionellen Implementierung von AL-Komponenten nicht näher ein. Ist eine solche physische AL-Komponente individuell neu zu entwickeln, so liefert beispielsweise Quasar [Sie04] die benötigte Methodik. Vielmehr kümmern wir uns um den Aspekt der Realisierung mittels technischer Services zur *Orchestrierung*. Auch dazu später mehr.

Übersicht der Begriffe

Ausgehend von den bislang grob beleuchteten zwei relevanten Aspekten des Übergangs von einer logischen zu einer physischen Sicht, fasst Abbildung 6–4 die in diesem Zusammenhang wichtigen Konzepte zusammen.

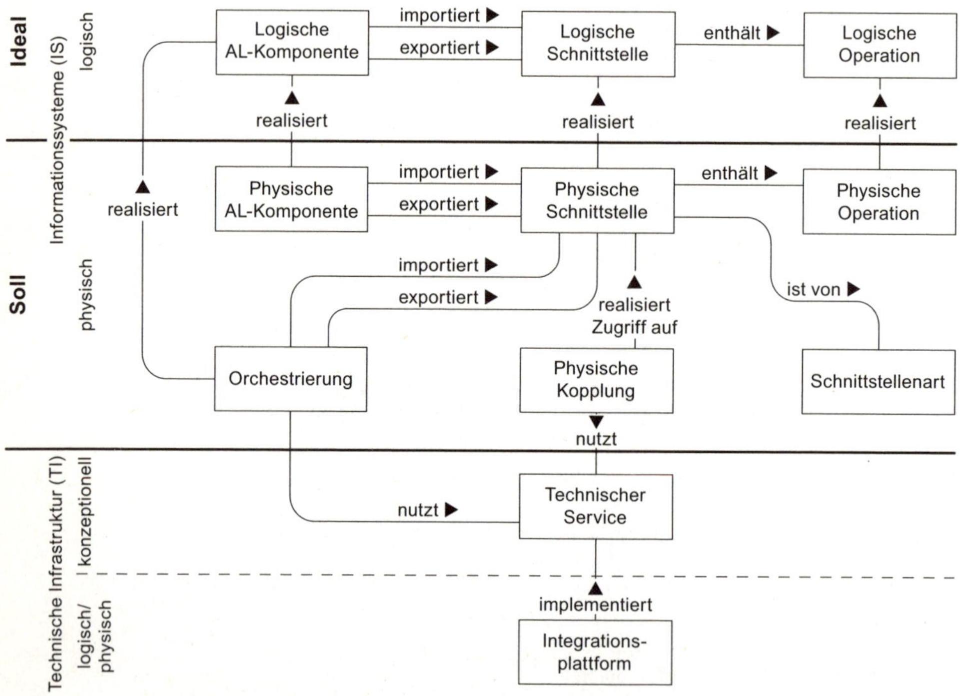

Abb. 6–4 Kernbegriffe zur Integration

6.1.2 Physische Schnittstellen

Um physische AL-Komponenten zu integrieren, benötigt man technische Zugangspunkte. Analog zu den logischen Schnittstellen, die wir im letzten Kapitel betrachtet haben, nennen wir diese Zugangspunkte physische Schnittstellen.

> Eine ***physische Schnittstelle*** (physical interface) ist ein technischer Zugangspunkt, der von einer AL-Komponente angeboten wird. Eine AL-Komponente kann darüber mit einer zweiten AL-Komponente technisch kommunizieren, d.h., die physische Schnittstelle ermöglicht Kontroll- und/oder Datenfluss.

Betriebliche Informationssysteme sind heutzutage praktisch immer nach dem Prinzip der Drei-Schichten-Architektur [DK76] aufgebaut. Dies schlägt sich auch darin nieder, welche Arten technischer Zugänge angeboten werden (Abb. 6–5).

Wir unterscheiden drei ***Arten*** (types) von physischen Schnittstellen:

(1) *Präsentation (P)*
Die technische Repräsentation einer Benutzerschnittstelle der AL-Komponente

(2) *Logik (L)*
Eine funktionale Schnittstelle zum Zugriff auf in der AL-Komponente gekapselte Geschäftslogik

(3) *Daten (D)*
Ein Direktzugriff auf persistente Daten der AL-Komponente

Entsprechend ihrer Art nennen wir diese Schnittstellen auch ***Präsentations-*** (presentation), ***Logik-*** (logic) bzw. ***Datenschnittstellen*** (data interfaces).

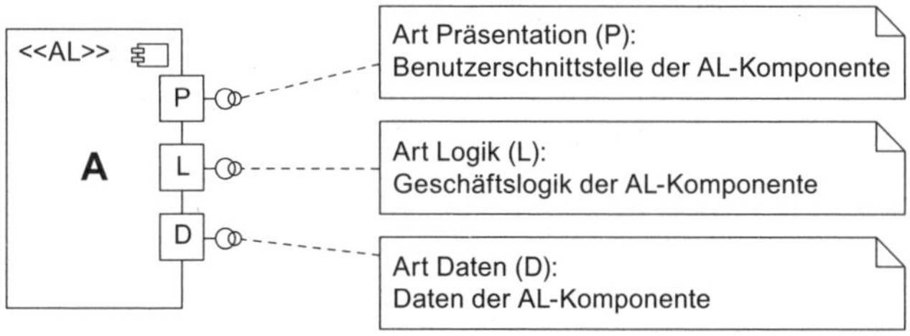

Abb. 6–5 Physische Schnittstellen der Arten Präsentation, Logik und Daten

Eine physische Präsentationsschnittstelle (P) kann beispielsweise ein HTML-Dokument oder ein 3270-Stream sein. Der Zugriff auf eine physische Datenschnittstelle (D) kann beispielsweise per SQL auf ein RDBMS erfolgen.

Einfache Beispiele für physische Schnittstellen und ihre Verwendung sind:

- *Präsentation*
  Eine webbasierte Interaktionskomponente stellt in einem HTML-Frame die HTML-Seite einer zweiten Anwendung dar.
- *Logik*
  Eine AL-Komponente ruft den von einer zweiten AL-Komponente bereitgestellten Web Service auf.
- *Daten*
  Eine AL-Komponente greift mittels JDBC/SQL und Datenbank-Views auf die Tabellen einer zweiten AL-Komponente zu.

Bereitstellung und Verwendung von physischen Schnittstellen können aber auch deutlich komplexer sein. Ein Beispiel dafür ist die aktuelle Technologie *Enterprise Information Integration (EII)* (z.B. [BCV05]).

Hier werden unternehmensweit SQL-Sichten auf Daten bereitgestellt, die physisch in Datenbanksystemen unterschiedlicher Technologien, Dateien oder Anwendungen zur Tabellenkalkulation abgelegt sind.

Die Unterscheidung zwischen Logik- und Datenschnittstellen ist nicht absolut scharf. So kann z. B. die Geschäftslogik einfacher Bestandskomponenten darin bestehen, die verwalteten Geschäftsobjekte zugreifbar zu machen. In diesem Fall bietet die funktionale Schnittstelle einen mehr oder weniger direkten Zugriff auf die persistenten Daten.

Die Klassifikation der physischen Schnittstellen in die drei Arten Präsentation, Logik und Daten steht zunächst in *keinem* engen Verhältnis zur Einteilung von AL-Komponenten bzw. Anwendungsservices in die Kategorien Bestand, Funktion, Prozess und Interaktion (Abschnitt 5.4.2). Prinzipiell können AL-Komponenten jeder Kategorie über physische Schnittstellen beliebiger Art integriert werden. Dennoch ist es nahe liegend, Bestandsservices eher über Logik- oder Datenschnittstellen und Interaktionsservices eher über Präsentationsschnittstellen anzusprechen.

6.1.3 Physische Kopplung

Was ist nun also physische Kopplung? Wir definieren:

> Die ***physische Kopplung*** (physical coupling) ist die technische Realisierung des Zugriffs einer AL-Komponente auf die physische Schnittstelle einer zweiten AL-Komponente. Dieser Zugriff geschieht unter Zuhilfenahme technischer Services, insbesondere für Kommunikation und Transformation.

Abhängig von der Art der physischen Schnittstelle, über die gekoppelt wird, lässt sich auch der Begriff der Kopplungsart definieren:

> Wir unterscheiden drei ***Kopplungsarten*** (coupling types). Diese werden benannt nach den Arten der physischen Schnittstellen, über die gekoppelt wird: ***Präsentations-*** (presentation), ***Logik-*** (logic) oder ***Datenkopplung*** (data coupling).

Kommunikation über physische Schnittstellen

Abbildung 6–6 zeigt ein Beispiel einer einfachen physischen Kopplung. Komponente A nutzt eine Logikschnittstelle von Komponente B. Dazu ruft sie eine entsprechende Schnittstelle auf, die von einer Komponente Z der Integrationsplattform (Stereotyp <<IP>>) über einen technischen Kommunikationsservice bereitgestellt wird. Die direkt aufgerufene Schnittstelle befindet sich im selben technischen Kontext wie die rufende AL-Komponente A. Der realisierte technische Kommunikationsservice transportiert den Aufruf in den technischen Kontext der gerufenen AL-Komponente B.

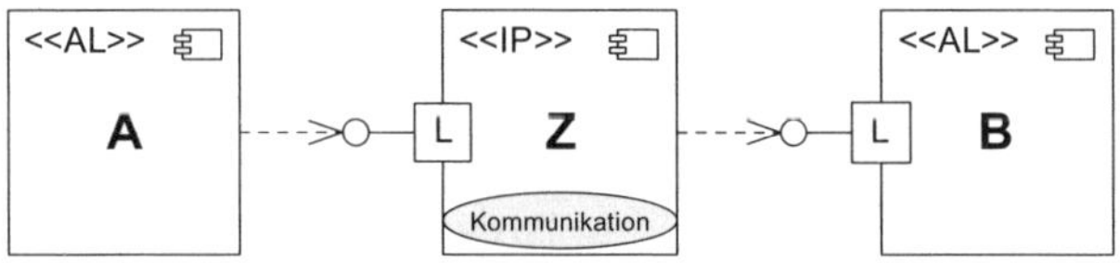

Abb. 6–6 Physische Kopplung mit technischem Kommunikationsservice

Abbildung 6–6 zeigt also ein Beispiel für eine Logikkopplung.

Transformation von physischen Schnittstellen

Im Zusammenhang mit der physischen Kopplung spielt ein weiterer Aspekt eine wichtige Rolle: die *Transformation von physischen Schnittstellen*, insbesondere zwischen den Arten. Ein extremes Beispiel ist die Technologie des *Screen Scraping*. Sie erlaubt es, Daten aus der Benutzerschnittstelle einer Komponente, z.B. einem 3270-Dialog, zu extrahieren und anderen Komponenten zur Verfügung zu stellen. Diese Komponenten können dann über eine Logikschnittstelle auf die erstgenannte Komponente zugreifen und so indirekt Dialogkommandos absetzen. In diesem Szenario wird also eine Präsentationsschnittstelle verwendet, um eine neue Logikschnittstelle bereitzustellen. Es findet eine Transformation zwischen den Arten statt.

Theoretisch sind alle Kombinationen von Transformationen möglich, und in der Tat finden viele eine praktische Anwendung. In Abbildung 6–7 sind Technologien aufgeführt, die die Transformation physischer Schnittstellen unterstützen.

Ziel \ Quelle	Präsentation	Logik	Daten
Präsentation	Portlet-Integration, Präsentations-transformation, Clipping	Service Portlets	SQL Portlets
Logik	Screen Scraping	Service Adaptoren	SQL Adapter
Daten			Datenkonsolidierung, -föderation und -propagation

Abb. 6–7 Technologien zur Transformation von physischen Schnittstellen

In der Praxis am häufigsten anzutreffen sind die Transformationen in der Diagonalen, wo Quell- und Zielschnittstelle von derselben Art sind. Transformationen und die dafür zur Verfügung stehenden Werkzeuge erlauben es, rein technische Integrationsprobleme ohne Eingriff in die IT-Systeme zu bewältigen.

Der Sachverhalt einer Transformation über einen technischen Transformationsservice einer Integrationsplattform lässt sich analog zum Thema Kommunikation darstellen. In Abbildung 6–8 transformiert eine Komponente Y der Integrationsplattform eine Logikschnittstelle einer Präsentationsschnittstelle mittels eines technischen Transformationsservice.

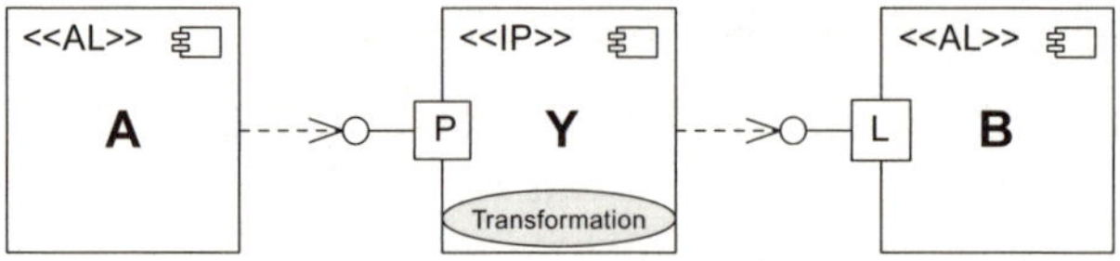

Abb. 6–8 Physische Kopplung mit technischem Transformationsservice

6.1.4 Orchestrierung

Eine prominente Form der Integration in Serviceorientierten Architekturen ist die Orchestrierung. In der Literatur [Pel03, W3C04] wird der Begriff der Orchestrierung charakterisiert durch den Aspekt der Realisierung eines Geschäftsprozesses durch eine zentrale, steuernde Komponente, die Services in einer bestimmten Reihenfolge nutzt. Häufig wird Orchestrierung auch in engem Zusammenhang mit dem Begriff des *Business Process Management* (*BPM*), der leichtgewichtigen Realisierung ausführbarer Prozessmodelle z.B. in BPEL verwendet [Pel03, Das06]. Dabei werden Geschäftsprozesse in der Regel mit einem grafischen Editor modelliert. Das Modell wird dann von einer Process Engine ausgeführt (Abschnitt 6.3.1).

Wir wollen im Kontext der Integration diesen Aspekt hervorheben und gleichzeitig den Orchestrierungsbegriff auf die Integration von Präsentations- und Datenschnittstellen erweitern. Beispielsweise kann man in Portal-Servern die Dialogfolge von Webseiten konfigurieren – ohne klassische Programmierung. Wir definieren allgemein:

Bei der ***Orchestrierung*** (Orchestration) wird die Funktion einer AL-Komponente mittels technischer Services der Integrationsplattform realisiert. Dabei wird die Aufruffolge importierter physischer Schnittstellen konfiguriert und eine entsprechende Schnittstelle exportiert.

Orchestrierung ist damit mehr als nur eine spezielle Form von Integration. Vielmehr stellt es neben der konventionellen Implementierung einer logischen AL-Komponente auf Basis einer Anwendungsplattform eine zweite wichtige Möglichkeit zur Realisierung logischer Komponenten dar. Vor allem Interaktions- und Prozesskomponenten können mit heute verfügbaren Integrationsplattformen durch Orchestrierung realisiert werden.

Bei der Orchestrierung werden stets physische Schnittstellen derselben Art importiert und exportiert. So werden bei einer Orchestrierung mit Hilfe eines BPEL-Prozesses beispielsweise nur Logikschnittstellen in Form von Web Services eingebunden, und der Prozess selbst wird auch wieder als Logikschnittstelle angeboten.

In Abbildung 6–9 ist dies illustriert. Die Komponente X der Integrationsplattform liefert technische Services für die Orchestrierung. Damit realisiert sie die logische AL-Komponente A. Diese läuft in Form ihres Modells innerhalb der Integrationsplattform ab.

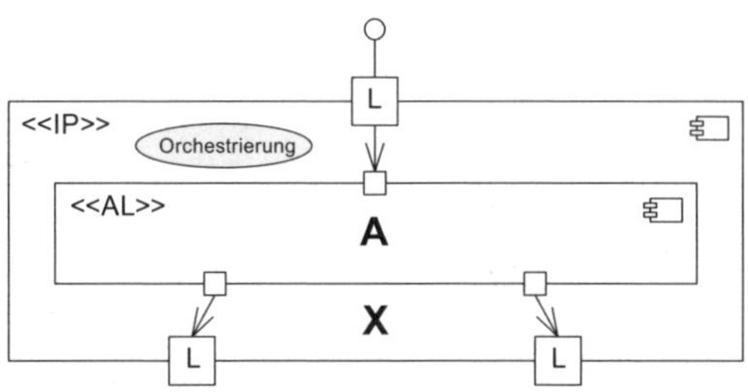

Abb. 6–9 Orchestrierung

Sind in einem Integrationsszenario physische Schnittstellen anderer Art vertreten, so werden diese zunächst transformiert. Dies geschieht aber außerhalb der Orchestrierung im Rahmen der bereits beschriebenen physischen Kopplung.

6.1.5 Integration

Mit den Konzepten der physischen Kopplung und der Orchestrierung können wir nun *Integration* definieren.

Eine AL-Komponente A wird mit einer oder mehreren AL-Komponenten B_1, ..., B_n ***integriert*** (integrated) bzw. integriert diese, wenn A mit B_1, ..., B_n physisch gekoppelt wird. A kann mittels Orchestrierung realisiert sein.

Wir sprechen von ***Integration*** (integration), wenn mindestens zwei AL-Komponenten integriert werden.

Sowohl die technischen Services für die physische Kopplung als auch die für die Orchestrierung werden von derselben Integrationsplattform angeboten.

Abbildung 6–10 zeigt beispielhaft zwei Varianten der Integration: In Variante (a) ist die AL-Komponente A, die B_1 und B_2 integriert, mittels Orchestrierung realisiert. In Variante (b) wird A konventionell realisiert, die physische Schnittstelle von B_3 wird vor der Integration aber noch transformiert. Von den technischen Kommunikationsservices wird in Abbildung 6–10 abstrahiert.

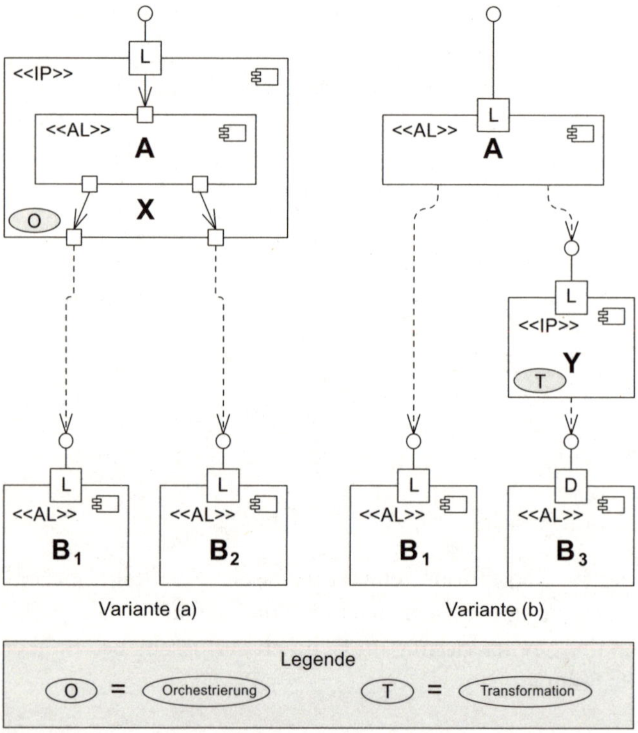

Abb. 6–10 Zwei beispielhafte Varianten der Integration

Ein weiterer wichtiger Begriff ist der der Integrationsart.

Wir unterscheiden drei ***Integrationsarten*** (integration types). Diese werden nach den Arten der physischen Schnittstellen benannt, die – möglicherweise nach einer Transformation – integriert werden: ***Präsentations-*** (presentation), ***Logik-*** (logic) oder ***Datenintegration*** (data integration).

In beiden beispielhaften Varianten (a) und (b) aus Abbildung 6–10 handelt es sich also um Logikintegration.

Es ist die Aufgabe des Architekten, die Integration in all den oben beschriebenen Aspekten zu gestalten. Das entstehende Artefakt nennen wir *Integrationsarchitektur.*

> Unter der ***Integrationsarchitektur*** (integration architecture) verstehen wir die Festlegung, welche physischen Schnittstellen welcher AL-Komponenten unter Verwendung welcher technischen Services integriert werden und von welcher Art sie sind. Dies schließt die Entscheidung ein, welche logischen AL-Komponenten durch Orchestrierung realisiert werden.

Die beispielhaften Varianten (a) und (b) aus Abbildung 6–10 illustrieren somit auch jeweils einen Ausschnitt einer Integrationsarchitektur. Im Folgenden kümmern wir uns nun um die systematische Gestaltung einer solchen Integrationsarchitektur – wie immer bei Quasar Enterprise in Form von Verfahrensbausteinen wie Methoden oder Regelwerken.

6.2 Gestaltung der Integrationsarchitektur

6.2.1 Regeln für die Integration

Sollte man nicht im Sinne einer Serviceorientierten Architektur ausschließlich Logikintegration verwenden? Grundsätzlich ist es richtig, dass Logikschnittstellen die größte Flexibilität bezüglich ihres technischen Einsatzes bieten. Auch gewährt diese Integrationsart die loseste Kopplung zwischen den beteiligten AL-Komponenten und macht die Anwendungslandschaft dadurch leichter beherrschbar. Schließlich verbessern Logikschnittstellen das Wiederverwendungspotenzial, wenn nicht absehbar ist, wie – konkret – andere AL-Komponenten die Schnittstelle wiederverwenden sollen.

Logikintegration

Wann empfiehlt sich eine Logikintegration?

> Logikintegration ist die erste Wahl bei der physischen Kopplung von AL-Komponenten.

> Für die Realisierung von Prozesskomponenten ist Logikintegration mit Orchestrierung die erste Wahl.

Die leichtgewichtige Realisierung durch Konfiguration unter Verwendung der Integrationsplattform verspricht eine einfache Änderbarkeit der Geschäftslogik und trägt damit zur Agilität der Anwendungslandschaft bei.

Präsentationsintegration

Wann sollte stattdessen Präsentationsintegration verwendet werden?

> Präsentationsintegration ist sinnvoll möglich, wenn bereits verwendbare Präsentationsschnittstellen in der Anwendungslandschaft vorhanden oder vorgesehen sind, deren Dialoglogik der gewünschten entspricht.

Doch Vorsicht! Die Leistungsfähigkeit heutiger Integrationsplattformen verleitet dazu, Präsentationsintegration auch unbedacht einzusetzen. Dies kann zu schlecht wartbaren Lösungen führen. Daher gilt die folgende Einschränkung:

> Voraussetzung für einen sinnvollen Einsatz der Präsentationsintegration durch Orchestrierung ist, dass die einzelnen Dialoge nur minimale fachliche Logik verbindet: die Aufrufreihenfolge und die Übergabe einfacher Dialogdaten.

Bei Missachtung dieser Regel besteht die Gefahr, dass umfangreiche Fachlogik unkontrolliert in die Integrationsplattform wandert.

Datenintegration

> Datenintegration empfiehlt sich, wenn mehrere AL-Komponenten große Datenmengen redundant vorhalten.

Datenredundanz in realen Anwendungslandschaften ist eher die Regel als die Ausnahme. Was sind die Gründe dafür?

Häufig ist Datenredundanz ungeplant entstanden und historisch gewachsen. So kommen bei Unternehmensfusionen zwei Kundenstämme und die dazugehörigen Bestandskomponenten zusammen. Auch die Einführung von COTS-Produkten macht Datenredundanz häufig unvermeidbar. Ein CRM-Produkt bringt seine Kundenverwaltung mit, teilweise redundant zu der des ERP-Produkts.

Aber Redundanz kann auch geplant sein, z.B. aus Gründen der Performance. So beziehen dispositive Systeme, d.h. Data Warehouses und Business Intelligence Systeme, üblicherweise ihre Geschäftsdaten mittels

Datenintegration von den operativen Systemen und halten sie redundant. Das entlastet die operativen Systeme von Performance-kritischen Abfragen. Gleichzeitig erleichtert eine multidimensionale Datenstruktur in den dispositiven Systemen die Berichte und Auswertungen.

Ein anderer Grund für eine geplante Datenredundanz ist, die Ausfallsicherheit zu erhöhen. In einem realen Projekt hält eine Reederei die Buchungsdaten in den Rechenzentren der einzelnen Häfen redundant vor. Dies ermöglicht die Abfertigung der Schiffe auch bei Ausfall der Kommunikation mit dem zentralen Rechenzentrum.

Ein weiteres Beispiel ist Datenpropagation: Dabei sammelt die Integrationsplattform Daten aus verschiedenen Quellen und verteilt sie nach dem Push-Prinzip direkt in die operativen Datenbestände der nutzenden AL-Komponenten. Der Zugriff auf diese Daten erfolgt in den AL-Komponenten direkt und ist damit wesentlich performanter als bei einem entfernten Zugriff auf die Datenquellen. Dabei muss der Entwurf der AL-Komponenten berücksichtigen, dass es sich um Kopien der tatsächlichen Datenbestände handelt, diese also nicht 100%ig aktuell sind. Eine lokale Änderung der Daten hätte auch nur lokale Wirkung und darf daher im Entwurf der AL-Komponente nicht vorgesehen werden. Sind Änderungen im lokalen Datenbestand dennoch notwendig, muss der Architekt weitreichende Synchronisationsmechanismen planen. Eine solche Lösung bedeutet aber eine enge Kopplung der beteiligten Systeme und ist nur mit Umsicht stabil zu halten.

6.2.2 Mechanismen für die Logikkopplung

Die physische Logikkopplung ist die Basis der meisten Integrationsarchitekturen. Für ihre Gestaltung hat der Architekt die Wahl zwischen verschiedenen Mechanismen und Varianten. Diese Wahl beeinflusst maßgeblich die Dimension *Abhängigkeit von der Verfügbarkeit* der losen Kopplung, wie sie in Abschnitt 5.6 eingeführt wurde. Auch hier lassen sich Hinweise zur Verwendung der Alternativen formulieren.

In der Praxis wird der Gebrauch dieser Mechanismen dadurch eingeschränkt, dass die kommerziellen Integrationsprodukte meist nur einen Teil aller sinnvollen Varianten anbieten. Das trifft selbst auf Produkte zu, die als *Enterprise Service Bus* (ESB) beworben werden und ihren Schwerpunkt auf die Logikkopplung legen.

Asynchrones und synchrones Messaging

Physische Kopplung ermöglicht Daten- und Kontrollfluss zwischen AL-Komponenten. In der einfachsten Form der Kopplung wird nur eine unidirektionale Informationsübertragung benötigt. Dies ist in der Regel bei

Operationen der Fall, bei denen der Sender einen Verarbeitungsprozess im Empfänger auslösen möchte. Hier bietet sich das *Messaging* [OHE96] an, bei dem ein Sender eine Nachricht an einen Empfänger verschickt, ohne dass eine damit technisch assoziierte Antwortnachricht erwartet wird.

Asynchrones Messaging ist geeignet, einen eigenständigen Verarbeitungsprozess beim Empfänger auszulösen.

Praktisch nutzbar wird das *Messaging*, wenn der Sender die Nachricht an einen technischen Kommunikationsservice und nicht direkt an den eigentlichen Empfänger übergibt. So kann er weiterarbeiten, auch wenn der Empfänger im Augenblick des Sendens nicht verfügbar ist. Daher spricht man auch von *asynchronem Messaging*. Selbstverständlich muss sichergestellt sein, dass der technische Kommunikationsservice durchgehend verfügbar ist. Dies ist mit marktüblichen *Messaging*-Produkten aber kein Problem.

Die Verwendung von *synchronem Messaging*, bei der der Sender erst dann fortfährt, wenn der Empfang der Nachricht – nicht ihre Verarbeitung! – durch den Empfänger positiv quittiert wurde, ist wenig sinnvoll.

Synchrones Messaging koppelt die Kommunikationspartner enger aneinander als asynchrones, ohne relevante Vorteile zu bieten.

Dienstgüte bei Messaging

Das Grundmuster kann nun in verschiedenen Aspekten variiert werden, die in unterschiedlichen Kontexten sinnvoll einzusetzen sind. Zunächst kann nach verschiedenen Graden der Zuverlässigkeit unterschieden werden, mit denen der technische Kommunikationsservice die Auslieferung der Nachricht beim Empfänger sicherstellt. Diese Grade der Zuverlässigkeit werden auch als *Dienstgüte* oder *Quality of Service* (*QoS*) bezeichnet. Eine Übersicht gibt Tabelle 6–1.

Stufe der Dienstgüte		Zusicherung
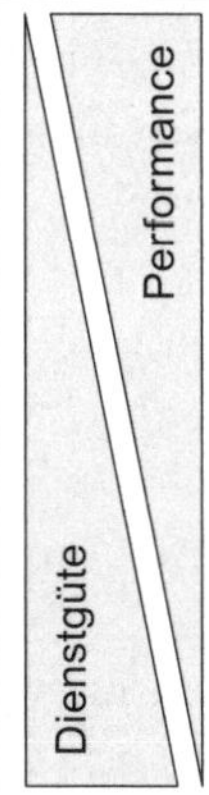	best effort	Keine Zusicherung – die Nachricht kann verloren gehen, einmal oder mehrfach ausgeliefert werden.
	at most once	Die Nachricht kann verloren gehen oder einmal ausgeliefert werden – Nachrichtenverdopplung ist ausgeschlossen.
	at least once	Die Nachricht kann einmal oder mehrfach ausgeliefert werden – Nachrichtenverlust ist ausgeschlossen.
	exactly once	Die Nachricht wird genau einmal ausgeliefert – Nachrichtenverlust und -verdopplung sind ausgeschlossen.
	exactly once in order	Wie exactly once, aber zusätzlich wird garantiert, dass zwei Nachrichten desselben Senders in derselben Reihenfolge ausgeliefert werden, wie sie auch versendet wurden.

Tab. 6–1 Dienstgütestufen

Um *exactly once* und *exactly once in order* sinnvoll nutzen zu können, ist es notwendig, dass der Empfang einer Nachricht zusammen mit ihrer Verarbeitung in einer Transaktion gekapselt ist. Das Entsprechende gilt für das Senden der Nachricht. Die genutzten physischen Schnittstellen müssen daher technische Operationen bieten, die es den AL-Komponenten erlauben, mit dem technischen Kommunikationsservice in eine gemeinsame Transaktion einzutreten. Bereits *at least once* verlangt, dass die Nachricht durch den technischen Kommunikationsservice persistiert wird. All dies kostet Aufwand und damit Performance.

> Die Stufung der Dienstgüte stellt gleichzeitig eine – umgekehrte – Stufung der zu erwartenden Performance des Kommunikationsservice dar.

Individuelle Adressierung und Publish/Subscribe bei Messaging

Unabhängig von der Dienstgüte kann man beim *Messaging* verschiedene Varianten der Adressierung unterscheiden. Im einfachsten Fall bestimmt der Sender durch Angabe einer eindeutigen Adresse genau einen Empfänger. Diese Adresse kann unterschiedlich abstrakt sein – von einer physischen Netzwerkadresse bis zu einer Service-Bezeichnung im Sinne einer logischen Adresse, die über einen technischen Namensservice eindeutig aufgelöst wird. Wird nicht der endgültige Empfänger, sondern die dazwischen geschaltete Nachrichtenwarteschlange adressiert, so können damit zwei Ziele erreicht werden:

Asynchrones Messaging mit Adressierung der Warteschlange ermöglicht eine lose Kopplung, da die Kommunikationspartner einander nicht mehr kennen müssen.

Erlaubt man mehreren Empfängern, Nachrichten aus der Warteschlange zu entnehmen, kann damit die Verarbeitungslast dynamisch verteilt werden.

Wenn ein Sender Nachrichten an mehrere Empfänger gleichzeitig schicken will, so bietet sich ein Verfahren an, das als *Publish/Subscribe* bekannt ist. Dabei registriert sich jeder Empfänger an einer Gruppenadresse. Er erhält dann alle Nachrichten, die ein Sender an diese Gruppenadresse gesendet hat.

Ist der Raum möglicher Gruppenadressen hierarchisch strukturiert, so liefert der technische Kommunikationsservice jede Nachricht auch an alle registrierten Empfänger untergeordneter Gruppenadressen aus.

Publish/Subscribe-Verfahren mit hierarchischen Adressräumen erlauben die hierarchische Definition von Gruppenadressen.

So erreicht z.B. eine Nachricht, die an *Stamm\Ast* adressiert ist, auch die Abonnenten von *Stamm\Ast\Blatt*, aber nicht die von *Stamm*.

Remote Procedure Call (RPC) und Request/Reply

In prozeduralen Programmiersprachen bewirkt der Aufruf einer Operation einen bidirektionalen Daten- und Kontrollfluss. Dieses Paradigma benötigt man auch für die Kopplung von AL-Komponenten. Ein solcher Aufruf entfernter Komponenten heißt *Remote Procedure Call* (*RPC*) [Nel81]. Dabei wird die aufgerufene Operation weitgehend transparent in einem anderen Ausführungskontext – z.B. auf einem anderen Rechner – ausgeführt.

Remote Procedure Call ermöglicht die Anwendung des etablierten Programmierparadigmas des Aufrufs einer Operation über Systemgrenzen hinweg.

RPC wird realisiert mittels *Request/Reply.* Dabei übermittelt der technische Kommunikationsservice immer zwei technisch miteinander assoziierte Nachrichten. Die Request-Nachricht enthält die Operation und deren Argumente. Der Empfänger versendet genau eine assoziierte Reply-Nachricht, die implizit an den Sender adressiert ist. Diese übermittelt den Rückgabewert des Aufrufs.

Synchroner und asynchroner RPC

Auch für *RPC* existieren verschiedene Varianten. Üblicherweise wird RPC synchron verwendet. Dabei wird der Sender beim Versenden der *Request*-Nachricht automatisch blockiert, bis die *Reply*-Nachricht eintrifft oder eine Zeitschranke überschritten ist.

Weniger gebräuchlich ist die asynchrone Variante. Hier erhält der Sender eine Referenz auf eine temporäre Mailbox für die *Reply*-Nachricht und kann parallel zum Empfänger andere Aufgaben bearbeiten. Im weiteren Verlauf hat er die Möglichkeit, die Mailbox zu befragen, ob die Reply-Nachricht schon eingetroffen ist. Oder er kann sich daran blockieren, bis dies geschieht.

Asynchroner RPC wird eingesetzt, wenn die aufgerufene Operation erwartungsgemäß lange läuft.

Dienstgüte bei RPC und Request/Reply

Auch beim Request/Reply kann die Zuverlässigkeit der Nachrichtenauslieferung variieren. Dadurch entstehen unterschiedliche Fehlermöglichkeiten beim RPC. Wird beispielsweise die Request-Nachricht verdoppelt, so wird auch die Operation fälschlicherweise doppelt ausgeführt. Dies führt bei nicht idempotenten Operationen zu einem fachlichen Fehler. Dieses Problem kann man vermeiden, indem man die Dienstgüte exactly once bzw. exactly once in order wählt. Umgekehrt ist dies ein starkes Argument, die Operationen idempotent zu gestalten:

Bei idempotenten Operationen kann man die Dienstgüte reduzieren. Dies verbessert die Performance der Kommunikation.

Damit der Sender auf einen Nachrichtenverlust reagieren kann, ist der synchrone RPC immer mit einer Zeitschranke versehen, nach deren Ablauf der Sender eine Fehlerbehandlung durchführen muss – im einfachsten Fall ein erneuter Versuch (Retry). Wird der Aufruf – ggf. nach mehrfachem Retry – aufgegeben, so hat der Aufrufer keine Information darüber, ob und wie häufig sein Aufruf beim Service-Erbringer ausgeführt wurde.

Algorithmen, die den RPC mit Zeitschranke verwenden, müssen ausreichend robust sein, um auch bei Überschreiten der Zeitschranke sinnvolle Ergebnisse zu erzielen.

Bei lang dauernden Operationen kann eine Zeitschranke in der Regel nicht mehr sinnvoll gesetzt werden. Hier kann ein asynchroner RPC ohne Zeitschranke eingesetzt werden. Dieser muss aber sorgfältig abgesichert werden.

Bei asynchronem RPC für den Aufruf lang dauernder Operationen empfiehlt es sich, mindestens die Dienstgüte exactly once zu verwenden. Zusätzlich muss durch lokale technische Transaktionsservices sichergestellt sein, dass der Aufrufkontext durch Abstürze von Aufrufer oder Aufgerufenem nicht verloren gehen kann.

Massendatenübertragung

Bei Messaging und RPC wird jede Nachricht sofort übertragen, wenn der Sender sie an den technischen Kommunikationsservice übergibt. Bei der *Massendatenübertragung* sammelt der technische Kommunikationsservice zunächst alle Nachrichten, die der Sender an einen Empfänger verschicken will. Er hält diese so lange zurück, bis ein technisch motiviertes Ereignis eintritt, z.B. dass die Menge der zurückgehaltenen Nachrichten einen Grenzwert überschreitet oder dass ein voreingestellter Zeitpunkt erreicht wird. Erst dann überträgt er alle – fachlich unzusammenhängenden – Einzelnachrichten in einem Block an den Empfänger. Diese blockweise Übertragung belastet die Kommunikationsinfrastruktur weniger als die separate Übertragung jeder einzelnen Nachricht.

Die Massendatenübertragung ermöglicht die effiziente Übertragung sehr großer Datenmengen, wenn die Anforderungen an die Übertragungsverzögerung (Latenz) gering sind.

Viele Integrationsprodukte unterstützen die Massendatenübertragung nicht in ausreichendem Maße. In der Praxis wird sie daher in der Regel durch einen Dateitransfer außerhalb der Integrationsplattform realisiert. Eine Verankerung in die Integrationsplattform hätte den Vorteil, dass auch für diese Art der Kopplung technische Services wie Sicherheit, Transformation und Laufzeitmanagement angeboten würden.

Die Massendaten*übertragung* wird in der Regel im Zusammenhang mit der Massendaten*verarbeitung* eingesetzt: Der Empfänger einer solchen Massendatennachricht kann in einem *Batchlauf* die enthaltenen Einzelsätze abarbeiten. Neben der performanteren Übertragung *einer* Massendatennachricht gegenüber sehr vielen Einzelsatznachrichten ergeben sich dabei weitere Möglichkeiten der Performance-Optimierung. So können z.B. mehrere Einzelsätze in einer gemeinsamen technischen

Transaktion zusammengefasst werden, wenn eine entsprechende explizite Fehlerbehandlung die fachliche Unabhängigkeit bei der Verarbeitung der Einzeldatensätze wiederherstellt. Massendatenübertragung und -verarbeitung stellen eine wichtige Möglichkeit der Realisierung loser Kopplung (Abschnitt 5.6) dar.

6.2.3 Eine Methode zur Gestaltung der Integrationsarchitektur

Auch die Gestaltung einer Integrationsarchitektur ist eine kreative Aufgabe, die sich nicht automatisieren lässt und die nur mit Erfahrung sicher gelingt. In diesem Abschnitt beschreiben wir eine Methode, die den Architekten bei seiner Arbeit leitet und ihn die Konzepte und Regeln richtig verwenden lässt. Als Eingabe benötigt der Architekt dazu den relevanten Ausschnitt der Ist-Anwendungslandschaft und die geplanten Soll-Komponenten zusammen mit ihrer im Ideal vorgesehenen Kopplungsarchitektur. Abbildung 6–11 zeigt die Methode im Überblick.

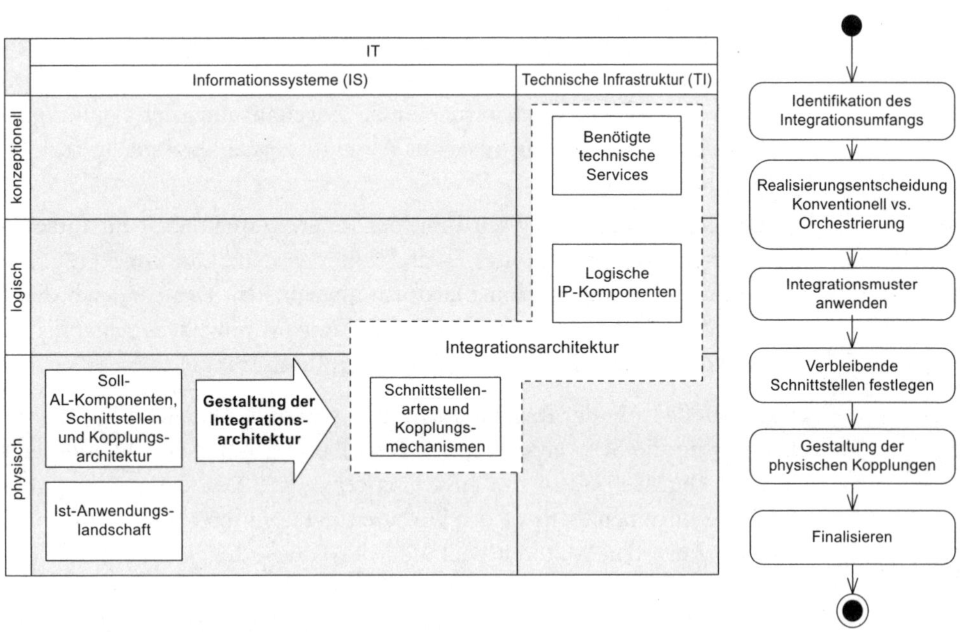

Abb. 6–11 Gestaltung der Integrationsarchitektur

1. *Identifikation des Integrationsumfangs*
   Die zu realisierenden oder zu ändernden physischen AL-Komponenten und ihre physischen Schnittstellen werden identifiziert. Grundlage ist ein Abgleich zwischen der Ist-Anwendungslandschaft und den Soll-Komponenten sowie der im Ideal vorgesehenen Kopplungsarchitektur.

2. *Realisierungsentscheidung Konventionell vs. Orchestrierung*
   Für jede Komponente, die individuell realisiert werden soll, wird entschieden, ob sie durch konventionelle Implementierung (Neuentwicklung, Anpassung existierender Anwendungen, Verwendung von COTS-Produkten) oder durch Orchestrierung innerhalb der Integrationsplattform realisiert wird. Diese Entscheidung wird durch die Regeln aus Abschnitt 6.2.1 sowie durch das Nutzungskonzept für die vorhandene Integrationsplattform gestützt.
3. *Integrationsmuster anwenden*
   Die Integrationsaufgabe wird gegen einen Katalog von Integrationsmustern (Abschnitt 6.3) abgeglichen. Jede Anwendung eines Musters bestimmt weitere Teile der Integrationsarchitektur.
4. *Verbleibende Schnittstellen festlegen*
   Alle über die Anwendung der Muster noch nicht behandelten physischen Schnittstellen werden unter Verwendung der Regeln aus Abschnitt 6.2.1 festgelegt.
5. *Gestaltung der physischen Kopplung*
   Die physischen Kopplungen werden gestaltet, indem die benötigten technischen Services der Integrationsplattform ausgesucht und ihre Verwendung festgelegt wird. Für die Mechanismen der Logikkopplungen werden die Hinweise aus Abschnitt 6.2.2 herangezogen.
6. *Finalisieren*
   Die gefundene Lösung wird mit der Referenzarchitektur für Integrationsplattformen (Kapitel 7) und mit den Nutzungskonzepten der vorhandenen Integrationsplattform abgeglichen. Der Abgleich dient der Vollständigkeits- und der Baubarkeitsprüfung. Das Ergebnis ist die vollständig beschriebene Soll-Integrationsarchitektur.

Die Methode ist in der Regel iterativ zu durchlaufen. Je nach Einsatzkontext müssen die Schwerpunkte der Detaillierung unterschiedlich gesetzt werden. Die Methode kann in wenigstens zwei Kontexten verwendet werden. Zum einen dient sie der Vorbereitung konkreter Integrationsprojekte im Zuge der Weiterentwicklung der Anwendungslandschaft. Dies setzt voraus, dass eine Integrationsplattform bereits eingeführt ist und nun über den Einsatz der angebotenen technischen Services entschieden werden muss.

Angewendet auf repräsentativ ausgewählte Integrationsaufgaben definieren die abgeleiteten Integrationsarchitekturen aber auch Anforderungen an technische Services einer Integrationsplattform. Die Methode ist somit auch Baustein der Methode zur Definition und zum Aufbau einer Integrationsplattform, die wir in Abschnitt 7.2.2 beschreiben. In diesem Fall entfällt natürlich im sechsten Schritt der Abgleich mit den Nutzungskonzepten.

Im Folgenden erläutern wir die Methode anhand eines Ausschnitts der Soll-Anwendungslandschaft bei Christoph Kolumbus Reisen (CKR) aus Kapitel 1.

Identifikation des Integrationsumfangs

In diesem ersten Schritt wird der Umfang der Integrationsaufgabe festgelegt, und Randbedingungen werden dokumentiert. Ausgangspunkt sind die Ist-Anwendungslandschaft sowie die Soll-Anwendungslandschaft mit ihren AL-Komponenten, Schnittstellen und der Kopplungsarchitektur, wie sie schon durch das Ideal festgelegt ist (Abschnitt 5.6.3). Abbildung 6–12 stellt den für die weiteren Überlegungen angenommenen Ausschnitt der Soll-Anwendungslandschaft bei CKR dar.

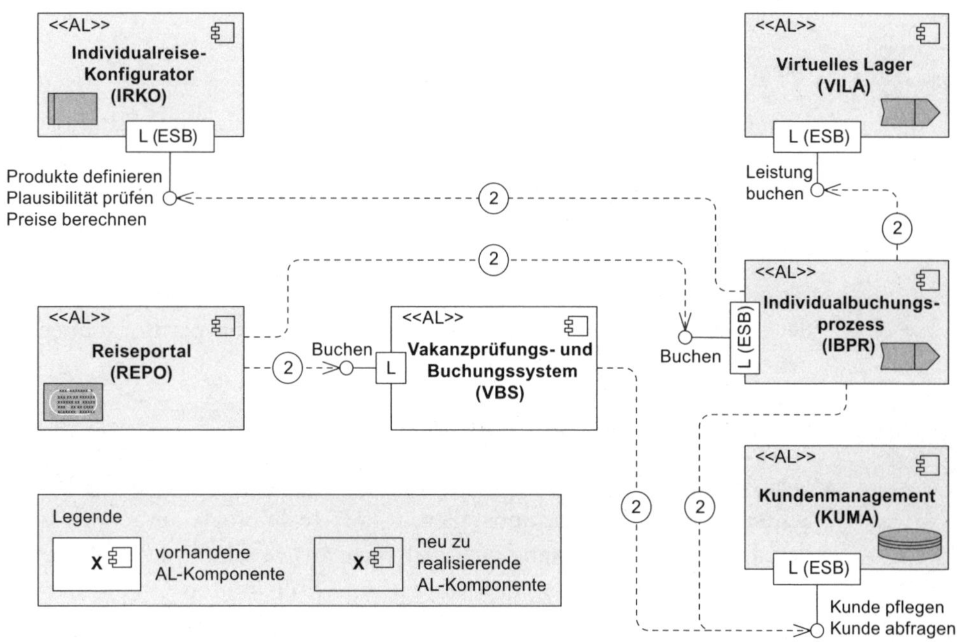

Abb. 6–12 Soll-Anwendungslandschaft (Ausschnitt)

Realisierungsentscheidung Konventionell vs. Orchestrierung

Im Beispiel werden die folgenden Realisierungsentscheidungen getroffen:

- Die logische AL-Komponente IBPR wird entsprechend der Regel aus Abschnitt 6.2.1 durch Orchestrierung und Logikintegration realisiert. Mit der Entscheidung wird die IBPR-Schnittstelle automatisch als Logikschnittstelle in ESB-Technologie festgelegt.

- Die logische AL-Komponente Reiseportal (REPO) ist so komplex, dass sie mit Hilfe von zwei physischen AL-Komponenten realisiert wird. Die Kataloginhalte werden durch eine Komponente REPO-Katalogdatenmanagement (REPO-K) verwaltet. Diese wird konventionell auf Basis eines Content-Management-Systems (CMS) implementiert. Das ausgesuchte Produkt bietet seine Funktionen sowohl über Logikschnittstellen (Web Service) als auch über Präsentationsschnittstellen (HTML/http) an. Die gesamte übergreifende Dialogsteuerung über diesem CMS der Kataloginhalte und den beiden beteiligten Buchungssystemen VBS und IBPR wird durch Orchestrierung und Präsentationsintegration leichtgewichtig in der Komponente Reiseportal-Präsentation (REPO-P) realisiert. Die Logik des bisherigen Internet-Verkaufs-Clients (IVC) geht hierbei ein.
- Die AL-Komponenten VILA und IRKO enthalten komplexe Geschäftslogik. Sie werden konventionell durch Individualentwicklung realisiert.

Integrationsmuster anwenden

Das so weit entwickelte Integrationsszenario wird mit einem Katalog von Integrationsmustern abgeglichen. Von den in Abschnitt 6.3 aufgeführten Mustern ist nur das Muster *Realisierung einer Prozesskomponente durch Orchestrierung* (Abschnitt 6.3.1) auf die Realisierung der Komponente IBPR anwendbar. Das Muster verlangt zu überprüfen, ob die Komplexität des zu implementierenden Prozesses sich in einem Rahmen bewegt, der durch die Modellierungstechniken der Integrationsplattform noch zu beherrschen ist. Dies ist hier gegeben.

Verbleibende Schnittstellen festlegen

Der Architekt entscheidet, dass die IRKO-Schnittstelle und die VILA-Schnittstelle als Logikschnittstellen in ESB-Technologie ausgeführt werden. Dies steht im Einklang mit den Regeln aus Abschnitt 6.2.1 und passt sehr gut zur Realisierung der Komponente IBPR mittels Orchestrierung und Logikintegration innerhalb der Integrationsplattform.

Gestaltung der physischen Kopplung

Im Beispiel müssen fünf physische Logik- und zwei physische Präsentationskopplungen im Detail gestaltet werden. Davon sollen hier nur zwei näher betrachtet werden.

Die physische Kopplung zwischen der Komponente REPO-Präsentation und der VBS-Schnittstelle verlangt zunächst den Einsatz eines UTM-Adapters, der die Host-Schnittstelle in eine ESB-Schnittstelle transformiert. Hinzu kommt eine fachliche Transformation, die die ausgetauschten Datenstrukturen wechselseitig konvertiert. Schließlich wird der technische Kommunikationsservice der Integrationsplattform genutzt, um die Schnittstelle aus dem technischen Kontext der Komponente REPO-Geschäftslogik heraus ansprechbar zu machen. Der technische Kommunikationsservice wird in Form von asynchronem Messaging mit Exactly-once-Dienstgüte genutzt, da der Adapter alle Operationen grundsätzlich als eigenständige Verarbeitungsprozesse anbietet.

Die physische Kopplung zwischen IBPR und IRKO verlangt nur fachliche Transformationen sowie Kommunikation in Form synchroner RPC-Aufrufe. Alle Operationen der IRKO-Schnittstelle sind idempotent, so dass die Request/Reply-Nachrichten *best effort* verschickt werden können. Die Fehlerbehandlung bei Nachrichtenverlust durch Retry wird durch den technischen Fehlerbehandlungsservice der Integrationsplattform gewährleistet.

Finalisierung

Zur Finalisierung wird der bisher erarbeitete Entwurf mit der Referenzarchitektur für Integrationsplattformen (Kapitel 7) sowie mit den Nutzungskonzepten der vorhandenen Integrationsplattform abgeglichen. Dabei wird z. B. geklärt, dass technische Services für die Sicherheit in diesem Szenario auf die Präsentationskomponente REPO beschränkt werden können. Alle weiteren Komponenten vertrauen auf die Authentifizierung der Endbenutzer gegenüber dieser Komponente und regeln Fragen der Autorisierung innerhalb ihrer fachlichen Logik.

Das Ergebnis der Finalisierung ist im Überblick in Abbildung 6–13 wiedergegeben. Die Darstellung verzichtet aus Gründen der Übersichtlichkeit auf die explizite Darstellung der technischen Services für fachliche Transformation und Kommunikation inkl. der gewählten Ausgestaltung der Logikkopplungen. Illustriert ist hingegen die Nutzung technischer Services zur technischen Transformation (Adapter) und zur Orchestrierung in Form entsprechender IP-Komponenten.

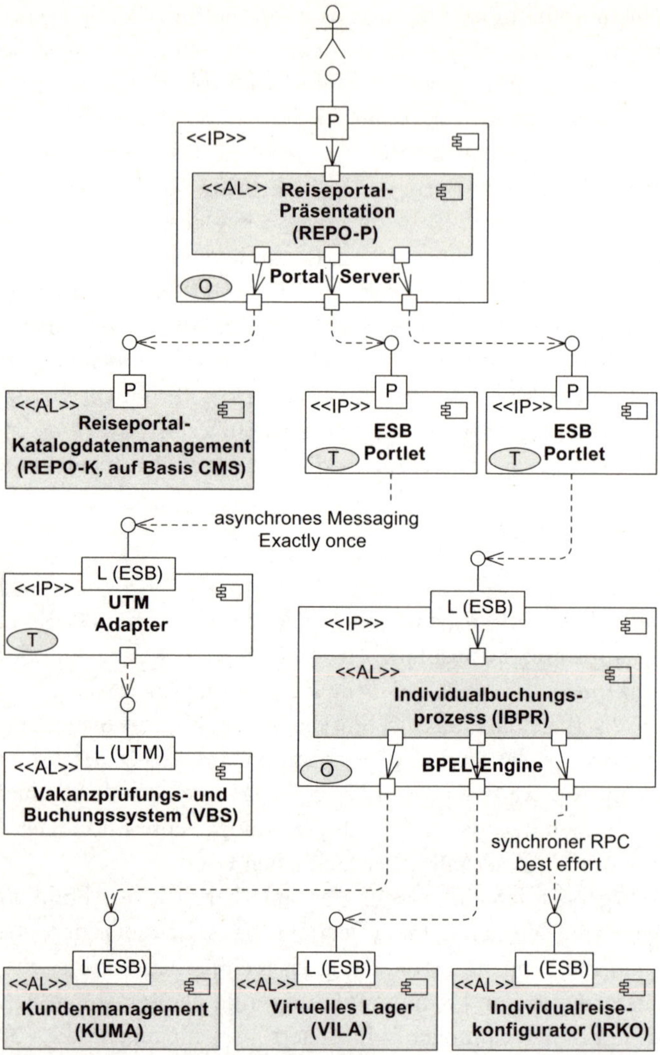

Abb. 6–13 Beispiel einer Integrationsarchitektur

Der Abgleich mit der Referenzarchitektur für Integrationsplattformen bedeutet insbesondere, dass die dort definierten technischen Services exakt referenziert werden. Abbildung 6–14 zeigt dies beispielhaft für die IP-Komponenten UTM Adapter und BPEL-Engine unter Verwendung von Pfadnamen im Stereotyp der Komponente.

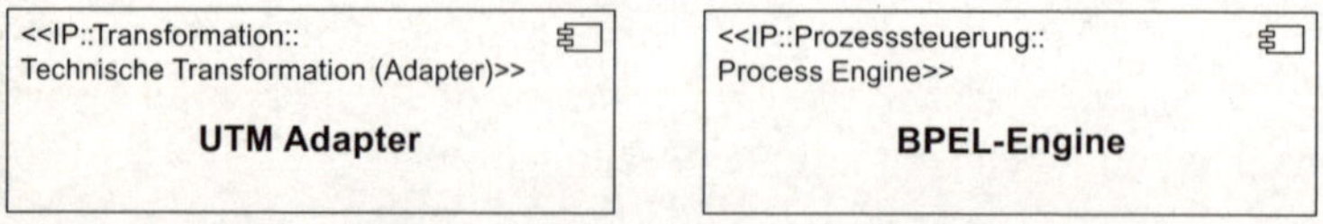

Abb. 6–14 Exakte Referenzierung technischer Services

6.3 Integrationsmuster

Im Rahmen von Projekten zur Gestaltung von Anwendungslandschaften tauchen immer wieder Aufgabenstellungen auf, die auf Aufgaben-/Lösungsmusterpaare zurückzuführen sind. Handelt es sich um Aufgabenstellungen zur Integration von AL-Komponenten, so sprechen wir von *Integrationsmustern*. Um die Integrationsarchitektur zu entwickeln, muss für jede einzelne Aufgabenstellung geprüft werden, ob ein Integrationsmuster Anwendung finden soll.

Integrationsmuster sind unterschiedlich komplex – von grundlegenden Mustern für die physische Kopplung über generische Muster zur Anwendung einzelner Integrationsarten bis hin zu Mustern mit mehreren unterscheidbaren Rollen und prozesshaften Abläufen.

Wir präsentieren hier eine kleine Auswahl solcher Muster, um das Konzept des Integrationsmusters anhand von Beispielen zu illustrieren. Die Auswahl überdeckt sowohl alle Integrationsarten als auch ein breites Spektrum der Komplexität. Die exemplarische Darstellung von Mustern in diesem Kapitel kann naturgemäß für den praktischen Einsatz als Musterkatalog nicht umfassend genug sein.

Eine Beschreibung grundlegender Muster für den Aufbau von Integrationsarchitekturen gibt z.B. [AKV+01]. Eine ausführliche und gut strukturierte Darstellung verschiedener Muster unterschiedlicher Komplexität findet sich in [HW03]. Eine Übersicht über Integrationsmuster für Präsentationsintegration bietet [WH03].

6.3.1 Realisierung einer Prozesskomponente durch Orchestrierung

Wir beginnen unsere exemplarische Darstellung von Integrationsmustern mit der *Realisierung einer Prozesskomponente durch Orchestrierung*. Dieses Muster wird in der SOA-Literatur (z.B. [Erl05, KBS04]) ausführlich beschrieben und wurde in Abschnitt 6.1.4 auch aus Sicht von Quasar Enterprise eingeführt. Wir präsentieren dies hier zum Einstieg, um zu zeigen, wie sich ein solches Konzept in strukturierter Form eines Musters darstellen lässt.

Aufgabe

Die Architektur sieht eine neue Prozesskomponente vor. Ein zu automatisierender logischer Geschäftsprozess definiert, in welcher Weise angeforderte Schnittstellen aufgerufen werden. Diese stehen in der Anwendungslandschaft bereits zur Verfügung. Der Prozess muss Teilergebnisse propagieren und Fehlersituationen behandeln.

Lösung

Der Geschäftsprozess wird als ausführbares Prozessmodell formuliert. Die Process Engine der Integrationsplattform wird mit diesem Modell konfiguriert und die zu verwendenden Schnittstellenoperationen an das Prozessmodell gebunden. Das Ergebnis ist eine leichtgewichtige Realisierung des zu automatisierenden Geschäftsprozesses (Abb. 6–15).

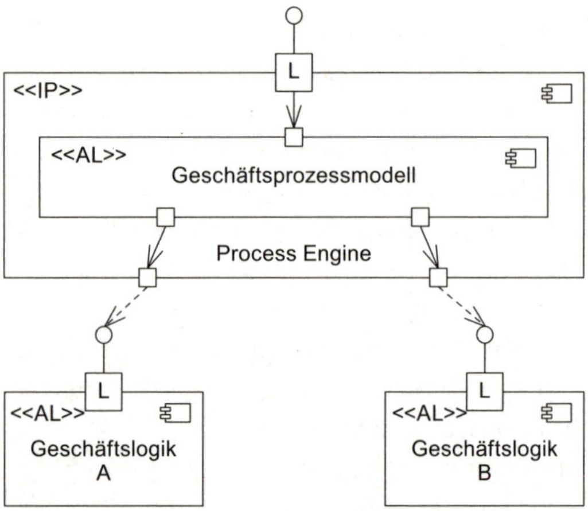

Abb. 6–15 Realisierung einer Prozesskomponente durch Orchestrierung

Verfolgte Gestaltungsziele

Das Muster verfolgt primär zwei Gestaltungsziele für Anwendungslandschaften (Abschnitt 2.3):

- *Effektivität* der IT-Betriebsprozesse
  Die Integrationsplattform verfügt über ausgefeilte querschnittliche technische Services, die die Betreibbarkeit erhöhen. Dies sind z.B. technische Services für das Monitoring und die Administration von Prozessinstanzen sowie technische Services für die Fehlerbehandlung wie Logging oder die Verwaltung von Alarmmeldungen.
- *Kosteneffizienz* des modellgestützten Entwicklungsprozesses
  Durch die Modellierungssprache, die speziell auf die Darstellung von Geschäftsprozessen ausgerichtet ist, lassen sich Entwicklungstätigkeiten effizienter durchführen. Querschnittliche Funktionen stellt die Plattform bereit und brauchen daher nicht ausprogrammiert zu werden. Dies führt insgesamt zu einer besseren Wartbarkeit und damit Agilität.

Negativanzeigen

Die Sprachen für Prozessmodellierung sind nur für die Modellierung von Prozessen beschränkter Komplexität geeignet. Selbst wenn die Modellierungssprache ausreichend mächtig ist, so muss das Modell auch noch mit vertretbarem Aufwand validierbar und wartbar sein. Kann dies nicht mehr gewährleistet werden, ist von einer Orchestrierungsintegration abzusehen. Stattdessen ist eine konventionelle Implementierung zu erwägen.

Typischerweise sind es die Fehlerbehandlungsprozesse, die komplexer als die eigentlichen Geschäftsprozesse sind. Daher sollte der Architekt besonders auf diese achten, wenn er zwischen Orchestrierung und konventioneller Entwicklung entscheiden muss.

6.3.2 Master Data Management

In allen Anwendungslandschaften besteht die Notwendigkeit, dass von verschiedenen AL-Komponenten auf *Stammdaten* zugegriffen werden muss. Stammdaten sind nicht *einem* Geschäftsprozess zugeordnet, sondern werden querschnittlich im Unternehmen in unterschiedlichen Kontexten benötigt. Beispiele sind Kunden und Produkte.

Aufgabe

Es besteht die Notwendigkeit, von weit entfernten AL-Komponenten auf einen einheitlichen und konsistenten Bestand von Stammdaten zuzugreifen. Der Zugriff muss performant erfolgen.

Die Stammdatenbestände sind redundant und haben unterschiedliche Datenstrukturen und Datenqualität. Eine zentrale Bestandskomponente ist weder vorhanden noch wirtschaftlich sinnvoll aufzubauen.

Lösung

Die Lösung erfolgt durch Aufbau und Nutzung eines *Master Data Management (MDM)-Hubs* nach einem MDM-Architekturmuster, das wir als *Koexistenz* bezeichnen. Dabei werden einzelne AL-Komponenten dazu berechtigt, die Stammdaten auch außerhalb des MDM-Hubs vorzuhalten und dort auch zu ändern. Vornehmlich über Datenintegrationstechniken werden diese Änderungen an den MDM-Hub weitergegeben. Dieser kann dann über die eingebauten Datenqualitätssicherungsmechanismen eine Konsolidierung und Harmonisierung der Änderungen aus den unterschiedlichen operativen AL-Komponenten vornehmen. Durch Abbildung der lokal gehaltenen Daten auf ein zentral definiertes Datenformat wird somit eine konsistente Sicht auf die Stammdaten im Nachhinein erzeugt. Der so konsolidierte Datenbestand wird innerhalb des MDM-Hubs als *Master Data Base* persistent abgelegt und über Datenverteilungsmechanismen an die angeschlossenen AL-Komponenten weitergeleitet. Zusätzlich bietet der MDM-Hub über lesende Operationen die konsolidierte Datensicht weiteren AL-Komponenten an, die keine eigene Datenhaltung für die betreffenden Entitäten besitzen. Den Gesamtzusammenhang zeigt Abbildung 6–16.

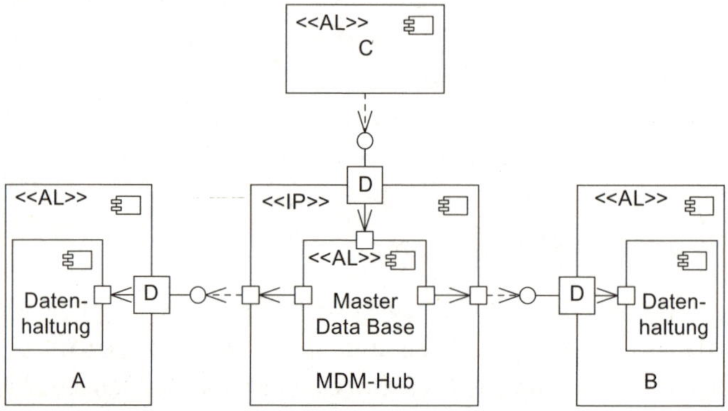

Abb. 6–16 MDM-Hub nach dem Architekturmuster der Koexistenz

Durch diese Architektur können die AL-Komponenten die Stammdaten jeweils lokal wie in einem *Cache* vorhalten. Es erfolgt eine bewusste *Replikation* der Daten. Technische Services der MDM-Infrastruktur adressieren hierbei die damit verbundenen Konsistenzprobleme. Die Möglichkeiten der Datenabbildung und Datenqualitätssicherung im MDM-Hub erlaubt zudem, dass es individuelle Abweichungen in den Datenschemata der AL-Komponenten gibt.

Verfolgte Gestaltungsziele

Der Aufbau eines MDM-Hubs verfolgt die folgenden Qualitätsmerkmale:

- *Korrektheit/Verfügbarkeit* der AL-Komponenten
  Durch die asynchronen Mechanismen des Abgleichs zwischen lokal gepflegten Daten und zentraler Stammdatenhaltung kann die betrachtete AL-Komponente weiterarbeiten, selbst wenn die zentrale Bestandskomponente – realisiert durch den MDM-Hub – zeitweise nicht verfügbar ist.
- *Kosteneffizienz* bei der Konstruktion der Integrationslösung
  Durch die lokale Verwaltung von Stammdaten in den nutzenden AL-Komponenten können diese einfach und direkt auf die von ihnen benötigten Daten zugreifen. Der Architekt kann hierbei die Ablagestruktur der Daten – in gewissen Grenzen – an die individuellen Bedürfnisse der AL-Komponente anpassen. Die automatische Trans-

formation der Datenstrukturen im MDM-Hub bewältigt die komplexe Aufgabe, die Daten wieder zusammenzuführen.

- *Korrektheit* der verarbeiteten Daten
  Der Architekt kann domänenspezifische Services zur Qualitätssicherung vorsehen, um z.B. Dubletten oder fachlich unzulässige Eingaben bei Geschäftsobjekten wie Adressen zu erkennen und wo möglich automatisch zu korrigieren. Ansonsten werden sie einem definierten manuellen Bereinigungsprozess zugeführt.

Negativanzeigen

Durch die Basismechanismen der Datenintegration zwischen den AL-Komponenten und dem MDM-Hub kommt es zu Verzögerungen bei der Sichtbarkeit von Änderungen. Ein Architekt sollte dieses Muster daher nicht anwenden, wenn höhere Anforderungen an die Aktualität der Stammdaten bestehen.

Da es keine gegenseitigen Sperren bei der konkurrierenden Änderung von Stammdaten in den AL-Komponenten gibt, kann es zudem zu Konflikten kommen, die der MDM-Hub nicht mehr automatisch auflösen kann. Hier ist eine manuelle Bereinigung notwendig, für die der MDM-Hub entsprechende Workflows und Pflegedialoge bereitstellen muss. Zusätzlich muss für die Zeit bis zur Bereinigung mit verteilt inkonsistenten Daten gearbeitet werden. Wo dies nicht akzeptabel ist, muss der Architekt dafür sorgen, dass genau eine der angeschlossenen AL-Komponenten oder nur der MDM-Hub diese Daten ändert.

Variante: *Virtual Master Data View*

Eine Variante des Lösungsmusters basiert auf einem alternativen MDM-Architekturmuster, das wir als *Registrierung/Virtuell* bezeichnen [Sch06a]. Hier enthält der MDM-Hub keinen konsistenten Datenbestand mehr, sondern lediglich Metainformationen (z.B. Schlüsselmappingtabellen). Bei Anfragen greift der MDM-Hub online auf die AL-Komponenten zu und transformiert bei Bedarf die Ergebnisse. Dadurch, dass der MDM-Hub eine konsistente Sicht auf die Stammdatenentität generiert, entfällt das Problem, dass der MDM-Hub Datenänderungen nur verzögert bereitstellt – dafür kann die virtuelle Generierung zu Performance-Engpässen führen.

Hierzu ein Beispiel: In der Anwendungslandschaft eines Automobilherstellers sollen zwei verschiedene CRM-Systeme Kundendaten verwalten: eines für Privatkunden und eines für Firmenkunden. Eine zusätzliche Komponente zur Verwaltung von Kampagnen ermöglicht Rabattaktionen nach Regionen – unabhängig davon, ob ein Firmen- oder Privatkunde angesprochen wird. Ein virtueller MDM-Hub versorgt das Kampagnensystem mit sämtlichen Kunden aus einer Region unter Zugriff auf die beiden CRM-Systeme.

Bei dieser Lösung pflegen die Nutzer die Kundendaten weiterhin in den verschiedenen CRM-Systemen. Der MDM-Hub registriert für jeden Kunden, welches CRM-System zuständig ist und in welchen Strukturen die CRM-Systeme ihre Daten ablegen. Zusätzlich sieht der MDM-Hub eine Regionenhierarchie vor, die die Adressdaten aller Kunden einheitlich strukturiert. Für das Kampagnensystem ist der MDM-Hub der *Single Point of Truth* mit sämtlichen Kunden; Änderungen an den CRM-Systemen sind transparent.

6.3.3 Autorisierung bei Präsentationsintegration

Bei der Präsentationsintegration mit Orchestrierung kommt es häufig zu komplexen Aufgaben, wenn der Zugriff auf Datenobjekte durch eine Berechtigungslogik geschützt werden muss. Werden Daten aus einer AL-Komponente repliziert, so müssen auch die assoziierten Berechtigungsinformationen berücksichtigt werden.

So muss z.B. die Auswertung eines separaten Index bei Suchmaschinen berücksichtigen, welche der ursprünglichen Quelldaten für den Benutzer der Suchmaschine überhaupt zugreifbar sind. Das folgende Muster ist ein Beispiel für ein relativ spezielles Integrationsmuster, das neben den Aussagen zur Integrationsarchitektur auch noch Ablaufszenarien umfasst.

Aufgabe

Eine Präsentationskomponente muss bei der Präsentation von lokal replizierten Daten eine Berechtigungslogik berücksichtigen. Die zugrunde liegenden Datenobjekte und Berechtigungen werden jedoch in einer separaten AL-Komponente verwaltet.

Lösung

Je nach Rahmenbedingungen kann der Architekt die Aufgabe in verschiedenen Varianten lösen.

Die Variante der *nachträglichen Filterung* (Abb. 6–17) kommt zum Einsatz, wenn die Geschäfts- und Berechtigungslogik vollständig in der separaten AL-Komponente gekapselt sind. In dieser Variante erfolgt asynchron eine Indizierung (Schritt 0), bei der die AL-Komponente die für eine Suche benötigten Daten (relevante Attribute und Primärschlüssel zum späteren Zugriff) an die Suchkomponente übergibt und damit dort lokal repliziert. Während der Laufzeit führt die Präsentationskomponente eine Suchanfrage von Seiten des Nutzers (Schritt 1) zunächst ohne Berücksichtigung von Berechtigungen durch (Schritt 2). Erst unmittelbar vor der Präsentation prüft sie, ob eine entsprechende Berechtigung besteht (Schritt 3). Diese Prüfung erfolgt durch eine Anfrage bei der separaten AL-Komponente, die die Datenhoheit über die Datenobjekte hat. Dabei ist es unerheblich, ob die Authentifizierung des Benutzers im Zuge der Berechtigungsprüfung in dieser Geschäftslogikkomponente oder ob sie zuvor mit Hilfe einer zentralen Authentifizierungskomponente erfolgt. Im Portal müssen Dialogfluss und Datendarstellung – z.B. in Listen – an diese besondere Verarbeitungsfolge angepasst sein.

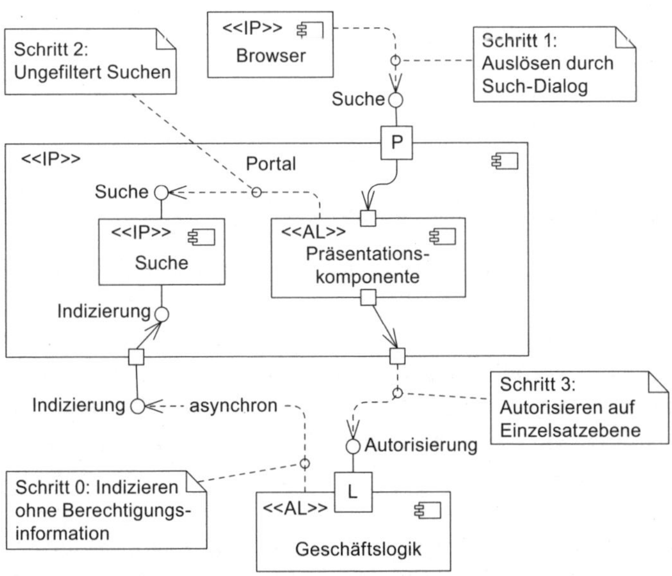

Abb. 6–17 Autorisierung mit nachträglicher Filterung

Die zweite Variante der *Prüfung gegen ACLs* (Abb. 6–18) setzt voraus, dass die Geschäftslogikkomponente die Berechtigungslogik mit Hilfe von *Access Control Lists (ACLs)* explizit macht. In dieser Variante ist die Präsentationskomponente selbst dafür verantwortlich, die Berechtigungsprüfung auszuführen. Damit dies vollständig losgelöst von der Geschäftslogikkomponente geschehen kann, benötigt diese Variante zusätzlich eine zentrale Komponente zur Authentifizierung.

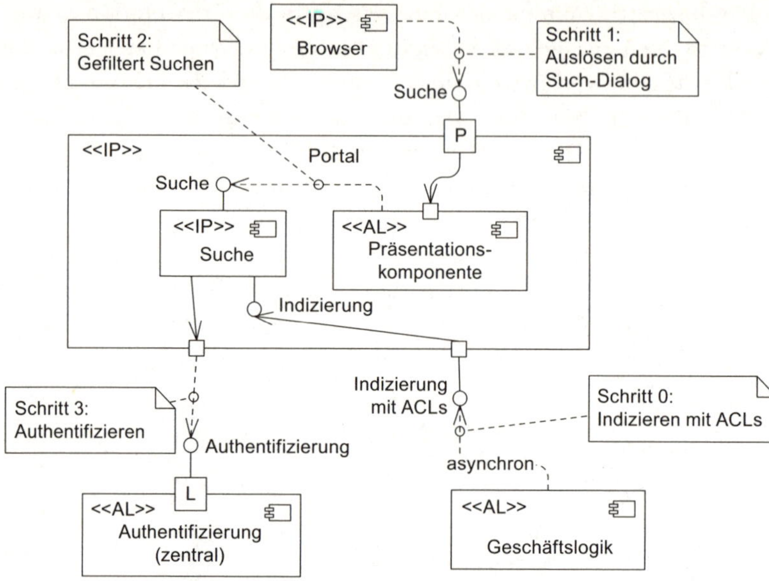

Abb. 6–18 Autorisierung mit Prüfung gegen ACLs

Die Replikation bzw. Indizierung der Datenobjekte in die Präsentationskomponente durch den Abgleichmechanismus erfolgt inklusive der ACLs (Schritt 0). Bei einer Anfrage durch einen Benutzer (Schritt 1) wird im Rahmen der gefilterten Suche (Schritt 2) zunächst die zentrale Authentifizierungskomponente befragt (Schritt 3), um sicher die passenden ACL-Informationen bestimmen zu können. Danach wird der interne Datenbestand unter Berücksichtigung der Berechtigungen bearbeitet bzw. durchsucht und das Ergebnis dem Benutzer präsentiert.

Berechtigungen werden weiterhin in der AL-Komponente geändert, die die Geschäftslogik kapselt. Dies schlägt sich zunächst aber nur in geänderten ACL-Informationen in dieser AL-Komponente nieder. Erst eine Neureplikation/Neuindizierung oder ein expliziter Benachrichtigungsmechanismus macht die Änderung auch für die Präsentationskomponente wirksam.

Verfolgte Gestaltungsziele

Die verfolgten Gestaltungsziele sind denen des Musters *Realisierung einer Prozesskomponente durch Orchestrierung* (Abschnitt 6.3.1) sehr ähnlich.

- *Effektivität* der IT-Betriebsprozesse
  Die Integrationsplattform verfügt über ausgefeilte querschnittliche technische Services, die die Betreibbarkeit erhöhen. Dies sind z.B. technische Services für das Monitoring und die Administration der Präsentationskomponente.

- *Kosteneffizienz* des Entwicklungsprozesses
  Durch die Realisierung der Präsentationskomponente unter Ausnutzung eines Portal-Servers können viele spezialisierte technische Services wie z. B. Single Sign-On oder Suche ohne wesentlichen Entwicklungsaufwand eingebunden werden.

Negativanzeigen

Die Sicherheit des Musters hängt von der Integrität der Portal-Komponente ab. Bei einer Portal-Komponente, die in einer demilitarisierten Zone (DMZ) positioniert ist, besteht ggf. ein zu hohes Risiko, dass ein Angriff aus dem öffentlichen Internet die Berechtigungsprüfung aushebelt.

Die Variante der *nachträglichen Filterung* lässt sich nicht realisieren, wenn die Berechtigungsabfrage bei der AL-Komponente zu hohe Anforderungen an deren Performance stellt.

Bei der Variante der *Prüfung gegen ACLs* entsteht ein Zeitverzug bei der Aktualisierung der Berechtigungsinformation. Dieser Zeitverzug muss – insbesondere beim Entzug von Rechten – fachlich akzeptabel sein.

Beispiel: In einem realen Projekt für eine Behörde wurde ein Content-Management-System mit einer Suchmaschine integriert. Nur solche Suchtreffer sollten einem Benutzer angezeigt werden, für deren Inhalte der Benutzer mindestens eine Leseberechtigung besitzt. Hierbei wurden die beiden oben beschriebenen Möglichkeiten der Integration gegeneinander abgewogen:

- *Prüfung gegen ACLs*
  Diese Möglichkeit hätte in dem Kontext bedeutet, einen nahezu Realtime-Datenabgleich zwischen dem Content-Management-System und der Suchkomponente zu erstellen. In dem konkreten Kontext war es wichtig, dass sich Veränderungen an Berechtigungen sofort auswirken. Darüber hinaus wäre es notwendig gewesen, dass die Suchkomponente die Verwaltung von ACLs unterstützt.
- *Nachgelagerte Filterung*
  Viel einfacher stellte sich in diesem Projekt die nachgelagerte Filterung dar. Jedoch konnten in diesem Fall einige Funktionen, die von der eingesetzten Suchmaschine angeboten werden, nicht eingesetzt werden. So musste die seitenweise Anzeige von Treffern nachimplementiert werden. Dies war aber vergleichsweise unaufwendig. Auch der Abgleichsmechanismus zwischen Content-Management-System und Suchmaschine konnte durch einen nächtlichen Batchlauf sichergestellt werden. Dieser war wesentlich leichter zu implementieren als der in der anderen Variante notwendige Realtime-Datenabgleich.

6.3.4 Batchverarbeitung

In heutigen Anwendungslandschaften wird ein großer Teil der Geschäftsprozesse durch Batches bearbeitet. Batches implementieren Geschäftslogik, bei der große Datenmengen verarbeitet werden. Sie werden zeit- oder ereignisgesteuert angestoßen und im Hintergrund ausgeführt. Typischerweise besteht ein solcher Geschäftsprozess aus mehreren Batches, die von verschiedenen AL-Komponenten angeboten werden und von einer übergeordneten *Batchsteuerung* koordiniert werden.

Früher wurde die Batchverarbeitung meist in der Nacht nach Beendigung des Online-Betriebs durchgeführt. Mit zunehmenden Anforderungen nach 7×24 Stunden Online-Verfügbarkeit und Real- bzw. Neartime-Verarbeitung werden Batches heute zunehmend parallel zum Online-Betrieb verarbeitet.

Stirbt die Batchverarbeitung langsam aus? Steht sie im Konflikt zu Prinzipien der Serviceorientierten Architektur? Wir beantworten beide Fragen mit *nein*. Batchverarbeitung ist und bleibt eines der zentralen Integrationsmuster in Anwendungslandschaften.

In vielen Fällen bedingt die Geschäftslogik eine zeitgesteuerte Massendatenverarbeitung. So sind das Erzeugen und Versenden von Rechnungen am Ende eines Monats eine klassische Aufgabe für die Batchverarbeitung.

Aufgabe

Es sollen Massendaten in Anwendungsprozessen verarbeitet werden. Die Verarbeitung ist unabhängig von aktuellen Benutzereingaben und erstreckt sich über mehrere AL-Komponenten. Es werden hohe Anforderungen an den Durchsatz gestellt.

Lösung

Die Geschäftslogik wird durch Batches implementiert, die von einer Batchsteuerung ereignisorientiert ausgeführt werden.

Batches sind Operationen von AL-Komponenten. Daher gelten für sie auch die in Kapitel 5 formulierten Regeln. Bezüglich der losen Kopplung von Batches ist zu beachten (Abschnitt 5.6):

- *Abhängigkeit von der Verfügbarkeit*
  Ein Batch soll laufen können, auch wenn die AL-Komponente, von der er Daten bezieht, temporär nicht verfügbar ist. Die Massendatenübertragung erfolgt asynchron, z.B. über Dateien (Abschnitt 6.2.2/ »*Massendatenübertragung*«, S. 214).

- *Vertrauen*
  Batches sollen nie von der Korrektheit gelieferter Daten ausgehen. Eingabedaten müssen auf Fehler geprüft werden und im Fehlerfall einer separaten Fehlerbehandlung zugeführt werden. Diese kann auch menschliche Interaktion beinhalten.
- *Wissen*
  Batches sollen minimale Annahmen über die Implementierung der datenliefernden AL-Komponenten machen. Interne Schlüssel und Datenbankspezifika gehören nicht in eine Exportdatei, die von einem weiteren Batch gelesen wird.

Auch die Regeln für Schnittstellen und Operationen von AL-Komponenten (Abschnitt 5.5.2) gelten für Batches. Exemplarisch genannt sei die Idempotenz. Batches müssen so gestaltet sein, dass ein Mehrfachstart nicht zu fachlichen Fehlern führt. Wird beispielsweise in einer Bank der Überweisungsbatch versehentlich zweimal gestartet, so sollen nicht alle Überweisungen doppelt durchgeführt werden. Prüfsummen vermeiden dies. Idempotenz erleichtert auch das Wiederaufsetzen von Batches, die während der Bearbeitung abbrechen.

Das Muster der *Batchverarbeitung* ist ähnlich dem Muster der *Realisierung einer Prozesskomponente durch Orchestrierung*. Die Batchsteuerung ist eine Process Engine der Integrationsplattform. Die Ablauflogik wird in der Konfigurationsplattform konfiguriert, z. B. mittels eines grafischen Editors (Abb. 6–19).

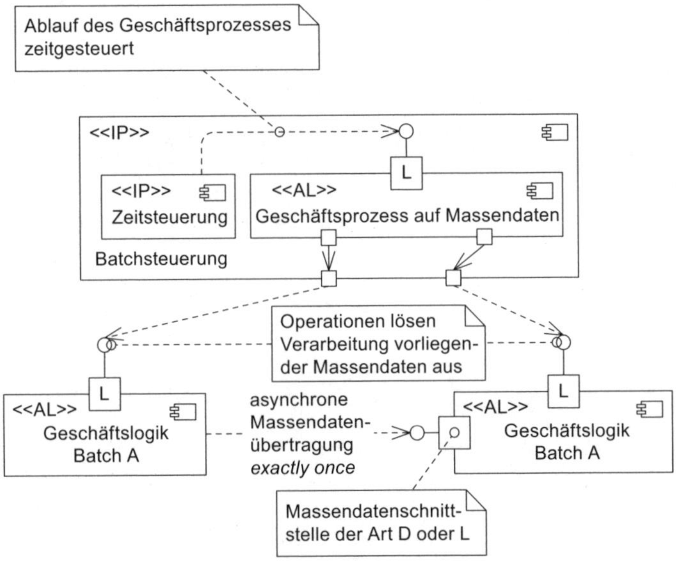

Abb. 6–19 Batchverarbeitung

Das Besondere an der Batchverarbeitung ist die Natur der Operationen: Sie stoßen die Verarbeitung vorliegender Massendaten an und geben der Batchsteuerung Auskunft über deren Stand. Die Massendatenübertragung wird durch die AL-Komponenten bewerkstelligt. Kontroll- und Datenfluss sind damit technisch getrennt.

Damit sollte die Batchverarbeitung auch nur für die Geschäftsprozesse mit einem besonderen, stark ereignisorientierten Charakter eingesetzt werden: Der erste Schritt wird durch ein Zeitereignis ausgelöst. Alle weiteren Schritte und Entscheidungen sind von Ereignissen abhängig, die den Abschluss eines fachlichen Massendatenverarbeitungsschritts signalisieren.

Verfolgte Gestaltungsziele

Kosteneffizienz des Betriebs: Massendatenverarbeitung kann performanter implementiert werden als Einzelsatzverarbeitung. Ferner können Batches zu Uhrzeiten ausgeführt werden, an denen Rechner weniger belastet sind. Beides reduziert Hardware- bzw. Rechenzentrumskosten.

Negativanzeigen

Zu automatisierende Geschäftsprozesse, die eine Benutzerinteraktion benötigen oder unverzüglich durchgeführt werden müssen, eignen sich per definitionem nicht für die Batchverarbeitung. Die Erfahrung zeigt, dass Batches kaum nachträglich auf einen Online-Betrieb umprogrammiert werden können. Ein Neubau ist fast immer notwendig. Dies gilt sogar, wenn Batches von einer Nachtverarbeitung auf eine Neartime-Verarbeitung parallel zum Online-Betrieb umgestellt werden sollen. Daher muss der Architekt bei Designentscheidungen zur Batchverarbeitung auch zukünftig zu erwartende Anforderungen einbeziehen.

7 Integrationsplattformen

Integrationsarchitekturen beschreiben die Integration von AL-Komponenten zu einer Anwendungslandschaft. Integrationsplattformen stellen technische Services bereit, die der Architekt benötigt, um die Integrationsarchitekturen umzusetzen. Die Plattformen realisieren die Infrastruktur, in die die AL-Komponenten eingehängt werden. Die technischen Services stecken den konzeptionellen Rahmen für solche Integrationsplattformen.

Quasar Enterprise bietet eine Referenzarchitektur für Integrationsplattformen, die diese technischen Services strukturiert. Ausgehend von dieser Referenzarchitektur auf der logischen Ebene geben wir Hinweise, was bei der Auswahl von Integrationsprodukten auf der physischen Ebene zu beachten ist (Abb. 6–1).

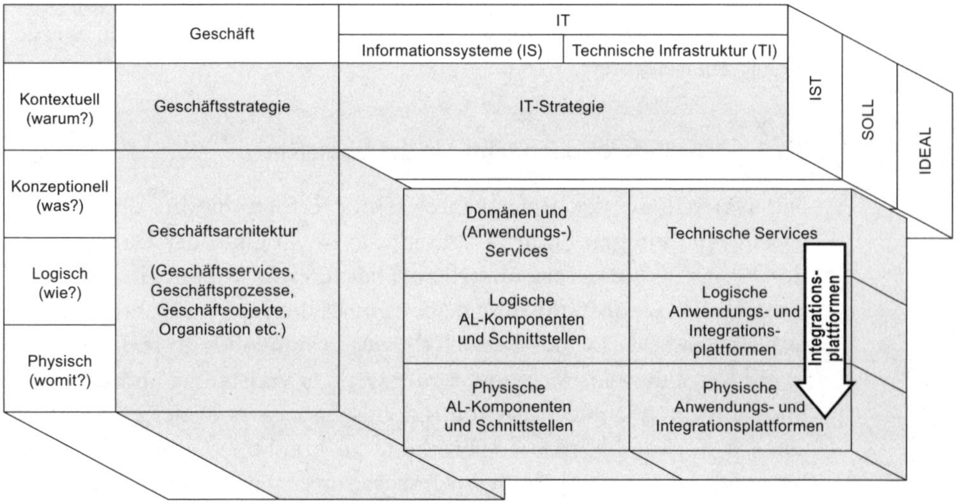

Abb. 7–1 Das Kapitel im Kontext des Buchs

7.1 Eine Referenzarchitektur für Integrationsplattformen

Wie immer beginnen wir mit der Definition:

> Die ***Referenzarchitektur*** (reference architecture) für Integrationsplattformen legt technische Services fest, die zur Integration in Anwendungslandschaften benötigt werden, und gruppiert diese fachlich. Dies geschieht unabhängig von konkreten Produkten.

Im vorherigen Kapitel haben wir bereits technische Services für die physische Kopplung eingeführt, beispielsweise technische Kommunikations- oder Transformationsservices. Auch haben wir bereits über technische Services für die Orchestrierung gesprochen. Die Referenzarchitektur für Integrationsplattformen umfasst diese und viele weitere technische Services zur vollständigen Unterstützung von Integrationsaufgaben. Diese technischen Services sind dabei unabhängig von einer Realisierung durch konkrete Produkte. Im Gegensatz zu den Produkten bleibt die Referenzarchitektur über die Zeit relativ stabil. Sie bildet damit einen Startpunkt für die Ermittlung individueller Anforderungen an existierende Produkte, deren Auswahl und Nutzung. Auf den Nutzen der Referenzarchitektur gehen wir in den Abschnitten 7.2 und 7.3 noch näher ein.

Anders als bisher verwenden wir den Begriff der Architektur hier lediglich zur reinen Strukturierung der technischen Services in Servicegruppen, die ihrerseits wieder hierarchisch gegliedert sein können. Das ist ausreichend für den hier verfolgten Zweck einer methodischen Auswahl der Produkte für eine Integrationsplattform. Die Zusammenhänge zwischen den einzelnen technischen Services und Servicegruppen werden nicht näher erläutert.

7.1.1 Die Referenzarchitektur in der Übersicht

Die Darstellung der Referenzarchitektur erfolgt in drei *Sichten*, die jeweils eine Integrationsart – Präsentations-, Logik- oder Datenintegration – in den Vordergrund stellen. Hierdurch bekommt der Architekt einen Überblick über alle für eine bestimmte Integrationsart notwendigen technischen Services. Das ist auch deswegen sinnvoll, weil reale Produkte in der Regel nur eine Sicht mehr oder weniger vollständig abdecken. Mit Blick auf die gesamte Anwendungslandschaft ist es in der Praxis daher zumeist notwendig, mehrere Produkte zu kombinieren, um die technischen Mittel für alle benötigten Integrationsarten zu haben. Diese Produkte bilden dann zusammen die Integrationsplattform. Manche Servicegruppen werden in einer Sicht detaillierter dargestellt als in einer anderen. Dies ist dann der Fall, wenn diese Servicegruppen für die betreffenden Integrationsarten eine besondere Bedeutung haben.

Den Kern der Referenzarchitektur bilden Servicegruppen, die allen Sichten gemein sind (Abb. 7–2). So ist die Referenzarchitektur grundsätzlich aufgeteilt in *Services der Laufzeit* und *Services der Entwicklungszeit*.

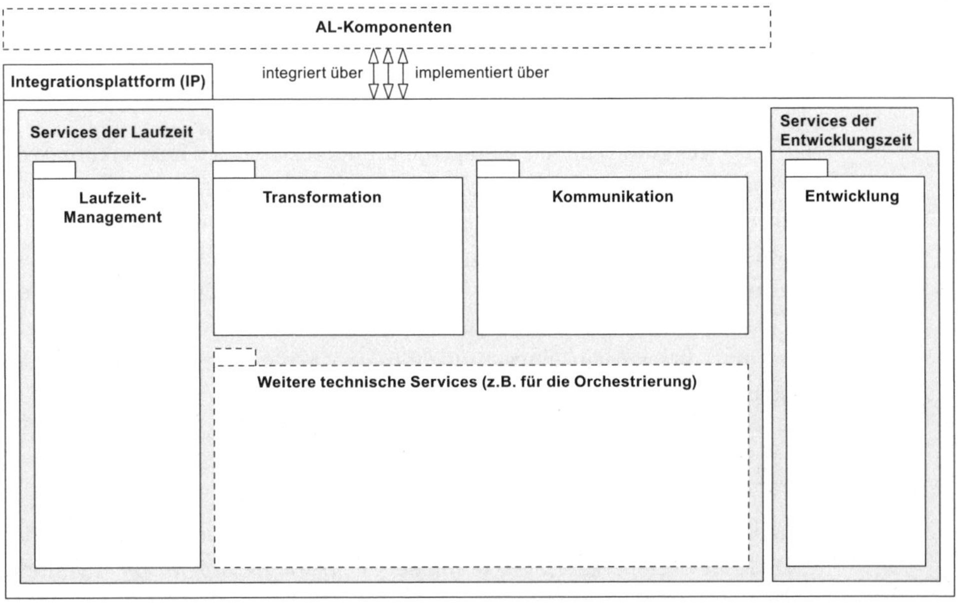

Abb. 7–2 Übergreifende technische Services der Referenzarchitektur

Als *Services der Laufzeit* bezeichnen wir die technischen Services, die für den produktiven Betrieb notwendig sind. Sie lassen sich weiter aufteilen in mehrere, zum Teil sichtenspezifische Servicegruppen. Allen Sichten gemein sind *Laufzeitmanagement*, *Kommunikation* und *Transformation*.

- *Laufzeitmanagement* dient zur Unterstützung des IT-Betriebs. Das Laufzeitmanagement einer Integrationsplattform sollte sich nahtlos in eine unternehmensweite Plattform für das Netzwerk- und Systemmanagement (Systems Management) einpassen.
- *Kommunikation* dient dazu, die Schnittstellen entfernter AL-Komponenten und der Integrationsplattform im lokalen technischen Kontext der nutzenden AL-Komponente ansprechbar zu machen. Die Kommunikation ist das Herzstück jeder physischen Kopplung von AL-Komponenten.
- *Transformation* dient der Umsetzung technischer und fachlicher Protokolle und Datendarstellungen.

Die beiden letztgenannten Servicegruppen (vgl. auch vorheriges Kapitel) sowie weitere technische Services – beispielsweise für die Orchestrierung – werden bei der folgenden Beschreibung der jeweiligen Sichten noch weiter detailliert.

Die *Services der Entwicklungszeit* dienen zur Entwicklung von Artefakten, die die Integrationsplattform später im Betrieb benötigt. Diese Artefakte werden nach Abschluss der Entwicklung in die produktive Umgebung transportiert und nutzen dort die Services der Laufzeit als Ablaufumgebung (*Container*) oder sie parametrisieren die technischen Services.

Services zum Laufzeitmanagement und Services der Entwicklungszeit betrachten wir hier im Zusammenhang mit dem Architekturaspekt (Abschnitt 2.4) der technischen Infrastruktur erstmalig. Vergleichbare Services gibt es auch im Zusammenhang mit dem Architekturaspekt des Informationssystems, d.h. im Bereich von Entwicklung und Betrieb von AL-Komponenten. Auf diese gehen wir aber nicht weiter ein, da Entwicklung und Betrieb einzelner Anwendungssysteme nicht im Fokus dieses Buchs sind.

7.1.2 Sicht Logikintegration

Logikintegration ist die wichtigste Integrationsart beim Aufbau einer SOA. Die Referenzarchitektur in der *Sicht Logikintegration* detailliert alle technischen Services, die die Logikintegration ermöglichen. Das heißt, sie ist geeignet für Integrationsarchitekturen, die auf physische Logikschnittstellen ausgerichtet sind. Man kann diese Sicht daher auch pragmatisch als *Referenzarchitektur für SOA-Plattformen* bezeichnen.

Abbildung 7–3 stellt die Referenzarchitektur in der Logikintegrationssicht dar. Dabei werden die einzelnen technischen Services innerhalb der einzelnen Servicegruppen direkt über entsprechende *logische IP-Komponenten* abgebildet, die diese technischen Services unterstützen. Diese logischen IP-Komponenten haben wir informell bereits bei der Beschreibung von Integrationsarchitekturen verwendet (Kapitel 6). In der folgenden Beschreibung der einzelnen Servicegruppen verwenden wir die technischen Services und die entsprechenden logischen IP-Komponenten synonym und sprechen nur von den technischen Services.

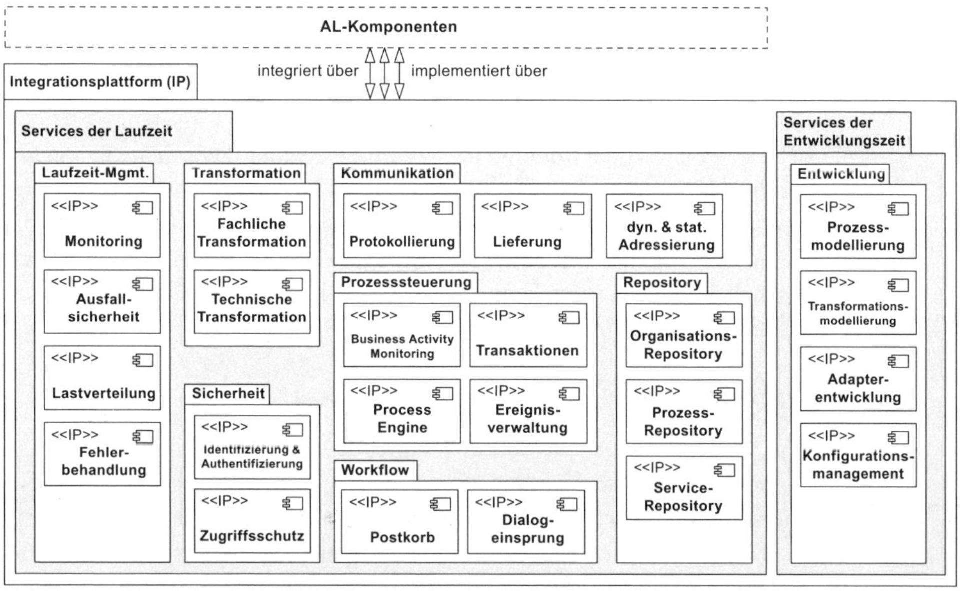

Abb. 7–3 Referenzarchitektur in der Logikintegrationssicht

Im Einzelnen haben die Servicegruppen die folgenden Bedeutungen:

Kommunikation

Der technische Service *dynamische & statische Adressierung* bündelt alle Funktionen, die es den AL-Komponenten erlauben, einen geeigneten Kommunikationspartner zu finden und ihn anzusprechen. Diese Zuordnung (*Binding*) des Kommunikationspartners kann entweder statisch durch feste Konfiguration oder dynamisch durch Nutzung eines Verzeichnisdienstes geschehen. Dazu stützt sich dieser technische Service auf das Service-Repository ab.

Der technische Service *Lieferung* befasst sich mit der reinen Datenübertragung zwischen den AL-Komponenten. Er unterstützt unterschiedliche Kommunikationsstile wie Request/Reply und Messaging in verschiedenen Dienstgütevarianten (*Quality of Service, QoS*) (Abschnitt 6.2.2).

Die *Protokollierung* dient dem Nachweis aller Kommunikationsinteraktionen für Zwecke der Fehlersuche und -behebung oder auch des Reporting z.B. für die Kapazitätsplanung und die Überwachung der Dienstgüte.

Transformation

Mit Hilfe der *technischen Transformation (Adapter)* erfolgt eine Umsetzung von technischen Protokollen und technischen Datendarstellungen. Der technische Service ermöglicht damit die Kommunikation mit AL-

Komponenten verschiedener Technologien. Hier sind z.B. Funktionen angesiedelt, die das in Abschnitt 6.1.3 erwähnte Screen Scraping ermöglichen.

Fachliche Transformationen dienen dagegen der Umsetzung fachlich definierter Datendarstellungen. Wir unterscheiden zwischen der *Strukturabbildung* und der *Werteabbildung*. Erstere bezieht sich auf die Anordnung der Datenfelder in der Nachrichtenstruktur. Letztere auf die Datendarstellung innerhalb der Datenfelder. Sie kann algorithmisch geschehen, z.B. bei der Umwandlung von Datumsformaten oder durch tabellenbasierte Umschlüsselung.

Repository

Das *Repository* verwaltet alle Artefakte, die von den anderen technischen Services zur Laufzeit ausgewertet werden. Es handelt sich also um ein Laufzeit-Repository. Die Artefakte werden versioniert verwaltet.

Das *Service-Repository* verwaltet Angaben zu physischen AL-Komponenten, ihren Schnittstellen und Operationen. Das *Service-Repository* kann dabei teilweise dynamisch zur Laufzeit gefüllt werden, wenn z.B. AL-Komponenten sich beim Hochfahren selbst anmelden.

Das *Prozess-Repository* dient als Speicher der Prozessdefinitionen, die z.B. in Form von Geschäftsprozessmodellen vorliegen können. Durch die Versionierung der Prozessdefinitionen kann sich z.B. das *Monitoring* von lang laufenden Prozessinstanzen auf die zutreffenden Prozess-Metadaten abstützen, wenn mehrere Versionen eines Prozesses gleichzeitig aktiv sind.

Das *Organisations-Repository* verwaltet Informationen über Zuständigkeiten, Rollen und rollenbasierte Berechtigungen sowie Vertreterregelungen, Delegationsberechtigungen und -regeln. Zusätzlich enthält das *Organisations-Repository* Funktionen zur Verwaltung der Ressourcenverfügbarkeit, um zeit- und fristenbehaftete Planungsaufgaben zu unterstützen.

Prozesssteuerung

Die *Prozesssteuerung* dient der Realisierung von Geschäftsprozessen mittels Orchestrierung, wie sie in Abschnitt 6.3.1 dargestellt ist.

Die *Ereignisverwaltung* übersetzt eintreffende Nachrichten und Aufrufe in eingehende Ereignisse, puffert und verteilt sie an alle relevanten Empfänger innerhalb der Plattform. Neue Ereignisse, die sich aus dem Voranschreiten der Prozesse ergeben, werden umgekehrt in Nachrichten und Aufrufe übersetzt.

Die *Process Engine* ist der Kern der Prozesssteuerung, der die Geschäftsprozesse, die z.B. als Modelle im Repository liegen, vorantreibt. Sie reagiert auf eintreffende Ereignisse und verwaltet die Zustände und Übergänge der Prozessinstanzen, die wieder neue Ereignisse auslösen können.

Der technische Service *Transaktionen* bündelt alle Funktionen, die ein Transaktionsmanager für verschiedene Transaktionssemantiken bereitstellen muss.

Die technischen Services des *Business Activity Monitoring* sammeln Laufzeitdaten der Prozesse und bereiten sie für statistische Auswertungen auf. Diese dienen als Grundlage für *Key Performance Indicators* (*KPIs*), deren Definitionen im Prozess-Repository hinterlegt sind. Nachgelagerte Systeme der Business Intelligence unterstützen die Entscheidungsfindung im Rahmen der Unternehmensführung auf Basis dieser KPI-Daten. Das Business Activity Monitoring kann man auch direkt mit einer Maßnahmensteuerung koppeln, z.B. mit der Neupriorisierung von Aufträgen.

Sicherheit

Technische Services zur Unterstützung der *Sicherheit* gewährleisten Sicherheitsziele wie Vertraulichkeit, Authentizität und Integrität sowie Nichtabstreitbarkeit bei der Verwendung von Anwendungsservices. Dies geschieht unter anderem mit Hilfe kryptografischer Verfahren. Daher ist auch die Schlüsselverwaltung oder zumindest eine Anbindung an eine externe Schlüsselverwaltung Teil dieser Servicegruppe.

Der technische Service *Identifizierung & Authentifizierung* dient der Verwaltung und Sicherstellung der Benutzerauthentizität gegenüber anderen technischen Services der Integrationsplattform. In der Regel wird er durch eine geeignete Anbindung an eine zentrale Benutzerverwaltung realisiert.

Unter dem technischen Service *Zugriffsschutz* werden alle weiteren sicherheitsrelevanten Funktionen zusammengefasst. Sie dienen der Vertraulichkeit bei der Nachrichtenübertragung sowie der Verwaltung von Authentifizierung- und Autorisierungsinformationen beim Zusammenspiel verschiedener AL-Komponenten.

Workflow

Die Gruppe *Workflow* stellt technische Services zur Verfügung, mit deren Hilfe die Prozesssteuerung solche Aktivitäten auslösen kann, die unmittelbar durch menschliche Benutzer ausgeführt werden. Der Workflow verteilt die Aktivitäten dazu in Form von Aufgaben (*Tasks*) an die Benutzer, die sie aufnehmen und abarbeiten. Mit Hilfe des Organisations-

Repositories kann der Workflow entscheiden, welchem Mitarbeiter eine Aufgabe zugewiesen werden kann. Die Servicegruppe Workflow wirkt somit wie ein Adapter zwischen der Prozesssteuerung und den Benutzern.

Der technische Service *Postkorb* ermöglicht die Zuordnung anstehender Aufgaben an einen Benutzer. Der Postkorb präsentiert jede Aufgabe allen für diese Aufgabe zulässigen Benutzern, bis ein Benutzer die Aufgabe zur Bearbeitung annimmt. Zusätzlich stellt der Postkorb Funktionen für die Ad-hoc-Verwaltung der Aufgaben zur Verfügung wie z.B. Delegieren, Vormerken, Wiedervorlage, Annotationen, Sperren sowie das Quittieren rein manuell erledigter Aufgaben.

Der technische Service *Dialogeinsprung* erlaubt es, AL-Komponenten so aufzurufen, dass sie dem Benutzer einen bestimmten Dialog öffnen, um seine Aufgabe zu bearbeiten. Zusätzlich werden die Felder des Dialogs mit aufgabenspezifischen Werten befüllt. Dazu müssen die AL-Komponenten eine geeignete Schnittstelle bereitstellen.

Laufzeitmanagement

Für eine vollständige Unterstützung der Logikintegration muss das *Laufzeitmanagement* über die oben dargestellten technischen Services zur Überwachung und Administration der Integrationsplattform selbst hinausgehen. Vielmehr müssen diese technischen Services dazu beitragen, dass die AL-Komponenten die Anwendungsservices zuverlässig und performant erbringen. Das Laufzeitmanagement der Integrationsplattform wird somit funktionaler Bestandteil der unternehmensweiten Plattform für das Netzwerk- und Systemmanagement (*Systems Management*).

Speziell der technische Service *Monitoring* verwirklicht diese Doppelfunktion. Zum einen überwacht er das aktuelle Verhalten der Plattform. Zum anderen überwacht das Monitoring aber auch die AL-Komponenten in der Anwendungslandschaft. Da die Nutzung der Anwendungsservices über die technischen Services der Plattform erfolgt, bietet das Monitoring der technischen Services der Integrationsplattform auch eine indirekte aber umfassende Überwachung des Verhaltens der AL-Komponenten. Neben der reinen Erfassung von Messwerten sind anschließende Funktionen wie Logging und Alarmierung in diesem technischen Service vorhanden.

Die technische Service der *Ausfallsicherheit* umfasst Funktionen zur Verwaltung von bewusst realisierten Redundanzen auf der Ebene der Betriebssystemprozesse. Mehrfach instanziierte Prozesse dienen dabei der Fehlertoleranz, indem die Aufgaben einer ausgefallenen Instanz durch eine andere, gleichartige übernommen werden.

Ähnlich gelagert sind die Funktionen der *Lastverteilung*. Hier ist das Ziel nicht der Zuverlässigkeitsverbund der Betriebssystemprozesse, sondern der Lastverbund. Aufgabe des Service ist es somit, Aufrufe so an mehrfach vorhandene, gleichartige Prozesse zu verteilen, dass die Performance-Zusagen eingehalten werden.

Der technische Service der *Fehlerbehandlung* bildet ein Rahmenwerk für die Behandlung technischer Fehler. Für diese Fehler bieten sich Verfahren wie das wiederholte Versuchen (*Retry*), die Eskalation oder – in seltenen Fällen – das Ignorieren an. Die Fehlerbehandlung bietet die Möglichkeit, solche einfachen Verfahren auszuwählen sowie individuelle, komplexere Verfahren zu definieren.

Entwicklung

Wie bei allen flexiblen Werkzeugsammlungen kann man Integrationsplattformen nicht out-of-the-box produktiv setzen. Vielmehr müssen AL-Komponenten und physische Kopplungen mit Hilfe der technischen Services der Plattform komponiert bzw. konfiguriert werden. Dies hat den Charakter konventioneller Softwareentwicklung, auch wenn die Entwickler statt universeller Programmiersprachen spezifische Modellierungssprachen wie beispielsweise BPEL benutzen. Entsprechend wichtig sind Funktionen und Werkzeuge, die in etwa den Funktionskanon integrierter Entwicklungsumgebungen (IDE) abdecken. Hinzu kommt die Notwendigkeit, die zu integrierenden AL-Komponenten mitunter zu erweitern bzw. Adapter für diese zu bauen.

Der technische Service *Prozessmodellierung* umfasst alle Werkzeuge zur Erstellung der automatisierten Geschäftsprozesse, d.h. der Definition von Prozessmodellen als Grundlage der Orchestrierung. Er umfasst neben Editoren für die Prozessmodelle auch Werkzeuge zum Import von Schnittstellen-Metadaten sowie Simulatoren für den Entwicklertest.

Die *Transformationsmodellierung* dient der komfortablen Definition von Transformationsregeln, wie sie durch die technischen Services der fachlichen Transformationen (s.o.) zur Laufzeit ausgeführt werden. Auch hierzu gehören Editoren, Simulatoren und Metadatenunterstützung.

Die *Adapterentwicklung* gehört in den Bereich der klassischen Entwicklungstätigkeiten und wird durch Bibliotheken sowie Testwerkzeuge unterstützt. Die eigentliche Entwicklung erfolgt in einer IDE für eine konventionelle Programmiersprache, die nicht Bestandteil der Plattform ist.

Das *Konfigurationsmanagement* dient analog zur klassischen Softwareentwicklung der sicheren Verwaltung der Entwicklungsartefakte.

7.1.3 Sicht Präsentationsintegration

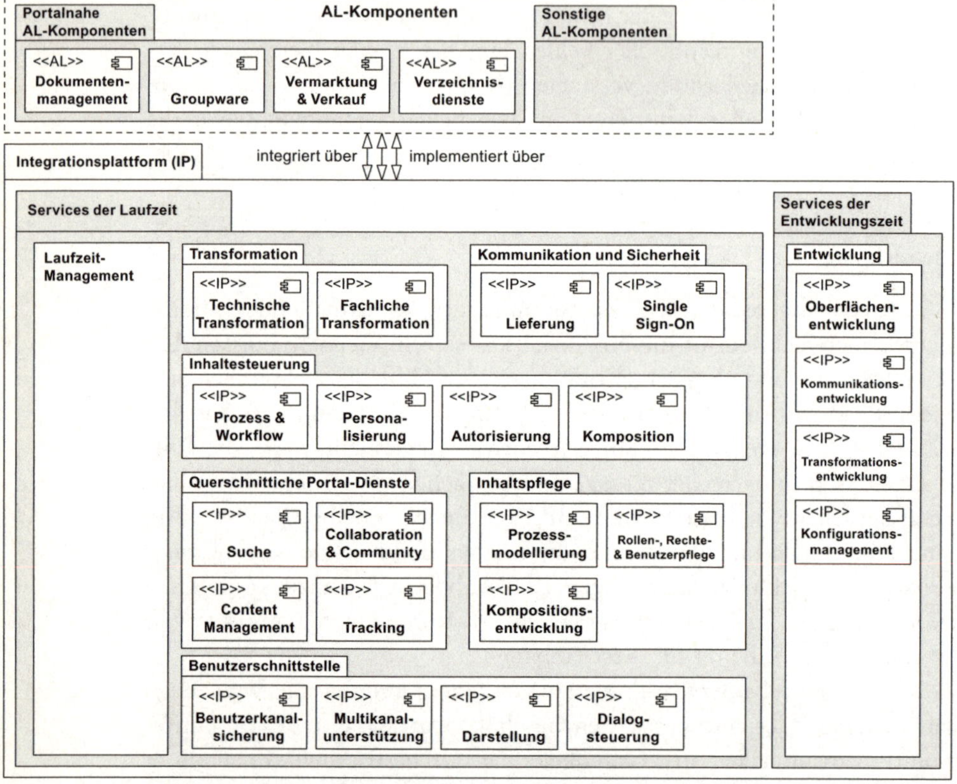

Abb. 7–4 Referenzarchitektur in der Präsentationsintegrationssicht

Als Zweites betrachten wir die Referenzarchitektur in der Präsentationsintegrationssicht (Abb. 7–4). Dieser Sicht entsprechende Integrationsplattformen sind die Basis für die *Portal-Lösungen* im Unternehmen. Daher spielt das Spezialthema der Pflege und Steuerung von Inhalten (Content) hier eine wesentliche Rolle.

Darüber hinaus kommen in dieser Sicht einige *portalnahe AL-Komponenten* hinzu, die streng genommen nicht mehr Teil der Plattform sind, da sie nicht fachneutral bzw. nicht rein technisch sind. Sie werden aber in der Regel benötigt, um die Funktionen der Plattform für eine Präsentationsintegration voll ausnutzen zu können, bzw. sind ihrerseits eng auf die Funktionen der Integrationsplattform abgestimmt.

Im Folgenden wollen wir wieder die einzelnen Servicegruppen im Detail beschreiben, soweit dies oben noch nicht geschehen ist.

Kommunikation und Sicherheit

Die technischen Services der Gruppe *Kommunikation und Sicherheit* dienen der technischen Anbindung der AL-Komponenten. Dies umfasst sowohl die Anbindung an die *portalnahen AL-Komponenten* mit Hilfe spezieller Adapter als auch allgemeine technische Services zur Anbindung beliebiger sonstiger AL-Komponenten.

Der technische Service *Lieferung* stellt die eigentliche Übertragung von Daten zwischen den AL-Komponenten und den Komponenten der Integrationsplattform sicher. In dieser Sicht werden hier auch Funktionen der Adressierung, der Kommunikationssicherheit und der Protokollierung subsumiert.

Im Zusammenhang der Sicherheit herausgehoben ist der technische Service zur Realisierung des *Single Sign-On* [CA06, CA07].

Inhaltssteuerung

Die Servicegruppe der *Inhaltsteuerung* bietet eine Reihe von Basismechanismen zur Gestaltung von portalbasierten Anwendungen.

Der technische Service *Komposition* erlaubt es, die Zusammenstellung und Darstellung der Inhalte insgesamt zu verwalten sowie Navigationspfade zu definieren. Die Komposition bildet damit die Kernfunktionalität bei der Zusammenstellung elementarer Inhalte zu Anwendungen in einem Portal.

Der technische Service *Prozess & Workflow* vereinigt alle unterstützenden Funktionen zur Steuerung von Arbeitsschrittfolgen bei der Benutzung der portalbasierten Anwendungen. Im Unterschied zu den Servicegruppen Prozesssteuerung und Workflow der Logikintegrationssicht geht es hier primär um die Steuerung plattforminterner Funktionen.

Die *Personalisierung* ermöglicht es, benutzerspezifische Einstellungen bei der Zusammenstellung und Präsentation von Inhalten zu verwalten. Die Einstellungen können dabei durch den Benutzer selbst vorgenommen (aktive Personalisierung) oder aus seinem Nutzungsverhalten abgeleitet werden (passive Personalisierung).

Die *Autorisierung* bietet Basisfunktionen zum Aufbau von Berechtigungsregeln. Andere Komponenten der Plattform können die Berechtigungsprüfung für ihre Funktionen an die *Autorisierung* delegieren (Abschnitt 6.3.3).

Querschnittliche Portal-Services

Querschnittliche Portal-Services erweitern das Portfolio technischer Services um unterstützende Funktionen von Anwendungen.

Das *Content Management* dient der Lebenszyklussteuerung der einzelnen Inhalte. Je nach konkreter Architektur stützt es sich in realen Produkten auf ein plattformexternes Dokumentenmanagementsystem für statische Inhalte ab oder realisiert ein solches System intern selbst. Das *Content Management* steuert zusätzlich den Lebenszyklus der dynamischen Inhalte, indem entsprechende Metadaten für die Präsentationssteuerung verwaltet werden.

Die Benutzer können über den technischen Service der *Suche* unabhängig von vorgegebenen Navigationsstrukturen direkt zu den gewünschten Inhalten bzw. Dialogen navigieren.

Zur Organisation der Zusammenarbeit in Benutzergruppen dient der technische Service *Collaboration & Community*. Dieser umfasst Benachrichtigung, Chat, gemeinsame Erstellung einfacher Dokumente, Gruppenkommunikation, Selbstdarstellung der Gruppenmitglieder oder einfache Werkzeuge für das Projektmanagement.

Mit dem *Tracking* schließlich ist es möglich, statistische Informationen über das Benutzerverhalten zu sammeln und vorzuverarbeiten.

Inhaltspflege

Die Servicegruppe der *Inhaltspflege* ermöglicht es Benutzern, die Inhalte zur Laufzeit zu gestalten. Dabei stehen die Zusammenstellung und die verbindende logische Struktur der Inhalte im Fokus. Dies können z.B. Texte, Bilder, Videos, aber auch ganze Beiträge oder importierte Präsentationsschnittstellen anderer AL-Komponenten sein.

Die *Kompositionsentwicklung* ist das Herzstück der Inhaltspflege. Sie ermöglicht es den Benutzern, die Inhalte zu Präsentationseinheiten, z.B. zu einzelnen Webseiten, zusammenzustellen. Dabei stehen auch Funktionen zur Definition zeitgesteuerter Inhaltsauswahl zur Verfügung. Die Komposition von Inhalten erstreckt sich auch auf die Zusammenstellung von vorhandenen Präsentationsschnittstellen anderer AL-Komponenten, wie dies im Beispiel des Abschnitts 6.2.3 beschrieben ist.

Die *Prozessmodellierung* erlaubt die Gestaltung von Prozessen zur Nutzungssteuerung der Benutzeroberfläche wie z.B. Dialogfolgen, dynamische Navigation oder die Freischaltung von Inhaltsbereichen als Folge von Benutzerinteraktion.

Die *Rollen-, Rechte- & Benutzerpflege* unterstützt administrative Eingriffe in die Rechte- und Benutzerverwaltung, die über die Möglichkeiten der Eigendatenpflege durch die Benutzer hinausgehen.

Benutzerschnittstelle

Die Servicegruppe *Benutzerschnittstelle* hat die Aufgabe, die technische Anbindung zum Endgerät (Device) des Benutzers zu unterstützen. Beispiele für Endgeräte sind PCs mit Webbrowser, PDAs oder Mobiltelefone.

Die *Benutzerkanalsicherung* dient den Sicherheitszielen Geheimhaltung und Authentizität vom Endgerät bis in die Integrationsplattform hinein.

Der technische Service *Darstellung* sorgt für eine Kodierung der Inhalte in einer Form, die von den Endgeräten direkt verwendet werden kann.

Der technische Service für die *Multikanalunterstützung* erlaubt es, die Darstellung der angebotenen Inhalte automatisiert so anzupassen, dass sie mit den spezifischen Randbedingungen unterschiedlicher Kanäle harmonieren. So ist es möglich, Inhalte für PCs in aufwendigem XHTML 1.0, für PDAs in HTML 3.2 und für Mobiltelefone automatisch in WAP zu kodieren.

Die *Dialogsteuerung* schließlich reagiert auf technische Navigationsbefehle, die der menschliche Benutzer über sein Endgerät absetzt. Sie werden so umgesetzt, dass sie von den Spezifika der Endgeräte-Technologie befreit als logische Navigationsbefehle weiterverarbeitet werden können. Die Dialogsteuerung enthält auch Funktionen zur Validierung von Eingaben.

Entwicklung

Die *Entwicklungsservices* unterstützen die technischen Entwicklungsarbeiten, vergleichbar mit konventionellen Entwicklungswerkzeugen für Programmiersprachen. Der wesentliche Unterschied zu diesen ist die Ausrichtung auf die Portal-Technologie. Die Struktur dieser Werkzeuge ist aber durchaus vergleichbar.

Der technische Service der *Oberflächenentwicklung* ist darauf ausgerichtet, Oberflächenelemente auf einer niedrigen technischen Ebene zu entwickeln. Im konkreten Beispiel von Weboberflächen bedeutet dies z.B. die Entwicklung von Portlets in Java. Diese Funktionen werden in der Regel durch speziell angepasste IDEs für universelle Programmiersprachen erbracht.

Portalnahe AL-Komponenten

Die Präsentationsintegration stützt sich häufig auf *portalnahe AL-Komponenten ab.* Diese sind in der Anwendungslandschaft ggf. bereits vorhanden, werden aber auch in anderen Kontexten als der Präsentationsintegration genutzt. Um Redundanzen zu vermeiden, greift die Integrationsplattform auf diese AL-Komponenten zurück, statt die benötigten Services selbst zu realisieren.

Die Services der portalnahen AL-Komponenten haben einen deutlich fachlicheren Charakter als die technischen Services der Integrationsplattform. Da sie aber branchenunabhängig sind, werden entsprechende Produkte mitunter zusammen mit den technischen Integrationsprodukten gebündelt angeboten.

Eine AL-Komponente für das *Dokumentenmanagement* ermöglicht neben einer lebenszyklus- und versionsbezogenen Verwaltung großer Mengen von Dokumenten insbesondere die inhaltliche Organisation und Klassifikation, die Dokumentensuche sowie die Unterstützung von Bearbeitungsprozessen.

Eine AL-Komponente für *Groupware* unterstützt die kollaborative Arbeit über zeitliche und/oder räumliche Distanz hinweg. Einfache Anwendungen dieses Prinzips sind z.B. komfortable Mail-Clients. Auch Anwendungen zur gemeinschaftlichen Arbeit an Dokumenten gehören hierzu.

Eine AL-Komponente *Vermarktung & Verkauf* unterstützt Services zur direkten Abwicklung von geschäftlichen Transaktionen über das Internet. Dies können sowohl Shop-Anwendungen zum Verkauf von Waren und Dienstleistungen sein als auch Anwendungen zur Realisierung von Partnerprogrammen (*Affiliate Programs*).

Verzeichnisdienste unterstützen die Integrationsplattform vor allem bei der *Benutzerkanalsicherung* sowie der *Rollen-, Rechte- & Benutzerpflege*. Ähnlich wie die Services des *Dokumentenmanagements* sind häufig bereits AL-Komponenten für Verzeichnisdienste zur zentralen Verwaltung von Benutzerkennungen und Authentifizierungsinformationen in der Anwendungslandschaft vorhanden.

7.1.4 Sicht Datenintegration

Abbildung 7–5 zeigt die Referenzarchitektur in der Sicht der Datenintegration.

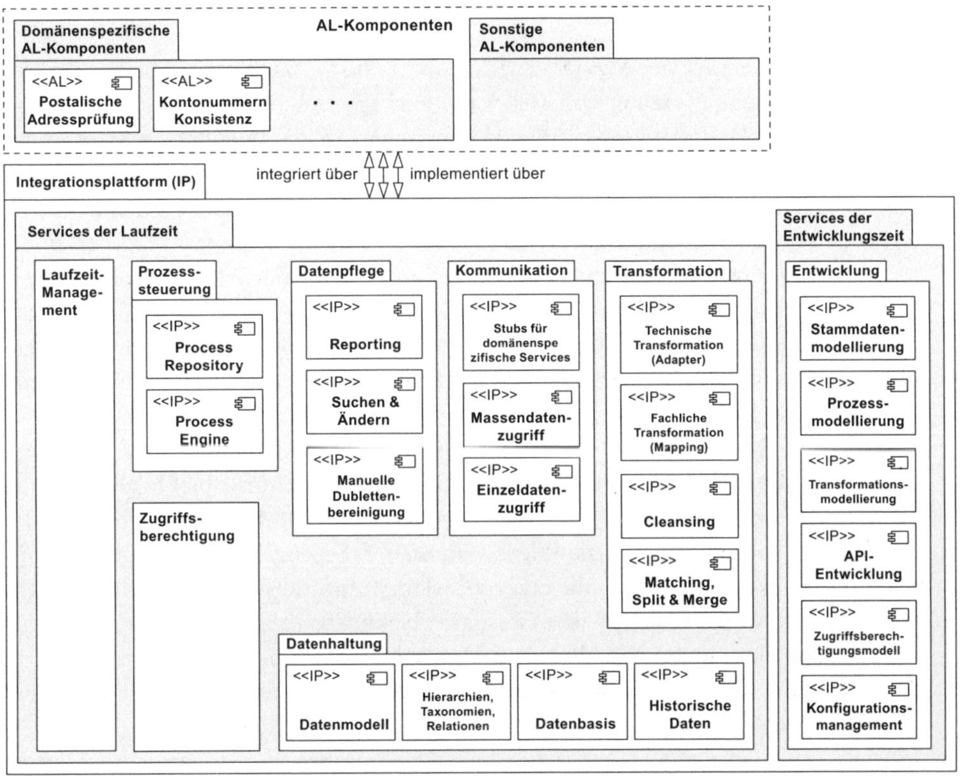

Abb. 7–5 Referenzarchitektur in der Datenintegrationssicht

Datenhaltung

Die *Datenhaltung* ist das Kernstück der technischen Services zur Datenintegration.

Die *Datenbasis* ist die zentrale Datenhaltung und mit einer klassischen Datenbank vergleichbar. Die Integrationsplattform legt hier lokale Datenbestände ab und ermöglicht darauf lesende und schreibende Zugriffe.

Der technische Service *Datenmodell* erlaubt die Ablage und Nutzung von Metadaten. Diese enthalten Angaben über die Bedeutung und die Struktur der Datenbasis.

Neben den Metadaten werden auch *Hierarchien*, *Taxonomien* und *Relationen* zur Strukturierung der Daten hinterlegt. *Hierarchien* und *Taxonomien* bieten die Möglichkeit, die Daten nach ein- und mehrdeutigen Ordnungsmerkmalen zu strukturieren. *Relationen* beschreiben die Beziehungen zwischen Geschäftsobjekten.

Eine separate Haltung *historischer Daten* erlaubt den Zugriff auf frühere Versionen von Geschäftsobjekten.

Transformation

Die technischen Services der Gruppe *Transformation* ermöglichen die einheitliche Nutzung von Geschäftsobjekten trotz unterschiedlicher Datenmodelle und inkompatibler Datenformate in den integrierten AL-Komponenten. Darüber hinaus enthält diese Servicegruppe die oben beschriebenen technischen Services zur *technischen Transformation (Adapter)*.

Der technische Service *fachliche Transformation (Mapping)* bildet Geschäftsobjekte aus dem Darstellungsformat der AL-Komponenten auf das der Datenbasis ab und umgekehrt. Die *Mapping*-Funktionen können die Geschäftsobjekte, die in den AL-Komponenten verwaltet werden, zusätzlich mit weiteren Informationen aus externen Datenquellen anreichern.

Mit Hilfe der *Merge*-Funktionen im technischen Service *Matching, Split & Merge* ist es möglich, automatisch Geschäftsobjekte als identisch zu erkennen, sie als Dubletten zu markieren und halbautomatisch oder vollautomatisch zusammenzuführen. Entgegengesetzt dazu ist die *Split*-Funktion zu sehen, die erkennt, wenn aufgrund der gesammelten Datensicht vermeintlich gleiche Geschäftsobjekte doch als verschiedene Geschäftsobjekte anzusehen sind. Die *Matching*-Funktionen kann man einsetzen, falls konventionelle Suchanfragen auf der *Datenbasis* nicht zu einem Ergebnis führen. Sie realisieren eine unscharfe Suche.

Cleansing ist ein zusätzlicher technischer Service zur Verbesserung der Datenqualität. Hier sind die Funktionen verankert, die unter Verwendung von domänenspezifischen Services sowie des technischen Service *Matching, Split* & *Merge* die automatische Datenqualitätsverbesserung realisieren.

Prozesssteuerung

Die *Prozesssteuerung* automatisiert interne Prozesse der Datenaktualisierung und -verteilung innerhalb der Werkzeugsammlung und in Richtung auf die AL-Komponenten.

Kommunikation

Die technischen Services der *Kommunikation* dienen der technischen Anbindung von AL-Komponenten und externer Serviceerbringer.

Der *Einzeldatenzugriff* realisiert angebotene und genutzte Schnittstellen für den Datenzugriff auf einzelne Geschäftsobjekte. Solche Schnittstellen werden z.B. im Rahmen des Aufbaus eines MDM-Hubs (Abschnitt 6.3.2) erzeugt oder genutzt.

Der technische Service *Massendatenzugriff* erlaubt die effiziente Übertragung großer Datenmengen zwischen der internen Datenhaltung und den angeschlossenen AL-Komponenten in beiden Richtungen.

Stubs für domänenspezifische Services werden benötigt, falls die Integrationsplattform externe domänenspezifische Services einbindet.

Datenpflege

Die technischen Services der *Datenpflege* dienen der *manuellen* Pflege von Stammdaten (z.B. Kunden-, Lieferanten-, Produkt- oder Materialstammdaten). Eine vergleichbare Pflege für Bewegungsdaten (z.B. Buchungen, Aufträge) im Rahmen der Datenintegration ist in der Regel nicht sinnvoll, da die Prozesse und Dialoge für diese Aufgabe individuell gestaltet werden müssen.

Suchen und Ändern sind die elementaren Operationen auf den Stammdaten.

Die *manuelle Dublettenbereinigung* unterstützt die Anwender durch komfortable Dialoge bei der Zusammenführung von Geschäftsobjekten, die über die *Matching*-Funktionen (s.o.) als identisch erkannt wurden.

Das *Reporting* bündelt alle dispositiven Funktionen der Integrationsplattform. Diese Funktionen geben Auskunft über Datennutzung, -umfang, -qualität und Aktualität der verwalteten Daten.

Zugriffsberechtigung

Die technischen Services der *Zugriffsberechtigung* stellen sicher, dass nur authentifizierte und autorisierte Personen Zugriff auf die verwalteten Daten erhalten.

Entwicklung

Die technischen Services für die Entwicklung sind ähnlich denen der Logik- und Präsentationsintegrationssicht (Abschnitte 7.1.2 und 7.1.3). Über die schon dargestellten technischen Services zur *Prozess-* und *Transformationsmodellierung* hinaus finden sich hier spezifische Entwicklungsservices für die Datenintegration wie z.B. die *Stammdatenmodellierung*. Die *API-Entwicklung* dient dazu, domänenspezifische Services (s.u.) den angeschlossenen AL-Komponenten zur Verfügung zu stellen. Mit der *Zugriffsberechtigungsmodellierung* werden Rollen und Rechte definiert, die später online durch die Dienste der *Zugriffsberechtigung* umgesetzt werden.

Domänenspezifische Services

Domänenspezifische Services bieten besondere Funktionen für bestimmte Arten von Geschäftsobjekten. Beispiele sind die Adressprüfung für postalische Anschriften und die Konsistenzprüfung bei Kontonummern.

Streng genommen handelt es sich bei diesen domänenspezifischen Services nicht um technische Services, sondern um fachliche. Sie sind jedoch stark ausgerichtet auf den Verwendungskontext der Datenintegration und sollen daher (analog zu den portalnahen AL-Komponenten der Präsentationssicht) als zur Referenzarchitektur gehörige AL-Komponenten berücksichtigt werden.

7.2 Definition und Aufbau einer Integrationsplattform

Für die Gestaltung einer konkreten Soll-Anwendungslandschaft (Kapitel 8) benötigt der Architekt eine Integrationsplattform, die ein breites Spektrum von Integrationsarchitekturen unterstützt. Der Markt für Integrationsprodukte bietet dafür inzwischen aufeinander abgestimmte Produkt-Suiten, bei denen aber nicht selten Anspruch und Wirklichkeit auseinander klaffen. Daher ist es nach heutigem Stand immer noch notwendig, die konkrete Integrationsplattform aktiv zu gestalten. Die angebotenen Integrationsprodukte liefern dazu die Bausteine, die geeignet zusammenzustellen und in Details zu ergänzen sind.

Für diese Aufgabe sind die oben dargestellten Sichten auf die Referenzarchitektur hilfreich. Sie entsprechen nämlich den Marktsegmenten, für die heute miteinander vergleichbare Integrationsprodukte angeboten werden:

- *Präsentationsintegration*
  Portal-Server-Produkte wie BEA Weblogic Portal, IBM WebSphere Portal, Microsoft SharePoint oder SAP NetWeaver Portal
- *Logikintegration*
  Enterprise Service Bus (ESB)-Produkte wie TIBCO ActiveEnterprise, IBM WebSphere ESB/Message Broker, Microsoft BizTalk oder SAP NetWeaver XI
- *Datenintegration*
  Enterprise Information Management-Werkzeuge wie IBM WebSphere DataStage/Information Integrator, Oracle Warehouse Builder, Microsoft SQL Server Integration Services oder SAP NetWeaver MDM

Leider hat sich noch keine einheitliche Begriffsbildung für Integrationsplattformen und deren technische Services herausgebildet: Verschiedene Hersteller verwenden unterschiedliche Bezeichnungen für dieselben technischen Services oder auch dieselben Bezeichnungen mit unterschiedlichen Bedeutungen. Dies erschwert die Produktauswahl und die spätere sichere Nutzung, was einen entscheidenden Einfluss auf die Qualität der Anwendungslandschaft hat. Hier hilft die Referenzarchitektur als ordnender Maßstab.

7.2.1 Produktlandkarten

Die Referenzarchitektur leitet die Auswahl von Produkten als Bausteine für eine physische Integrationsplattform. Dazu benötigt man Abbildungen der am Markt erhältlichen Produkte auf die Sichten der Referenzarchitektur. Solche Abbildungen bezeichnen wir als *Produktlandkarten*. Um eine Produktlandkarte zu erstellen vergleicht man die Funktionen der Produkte mit den Servicegruppen und technischen Services der Referenzarchitektur und visualisiert Übereinstimmungen durch Überlappungen.

> ***Produktlandkarten*** (product maps) zeigen die Übereinstimmungen zwischen Produktfunktionen und Servicegruppen bzw. technischen Services der Referenzarchitektur für Integrationsplattformen.

Abbildung 7–6 zeigt beispielhaft die Produktlandkarte für die IBM WebSphere-Produktfamilie (Stand 2007).

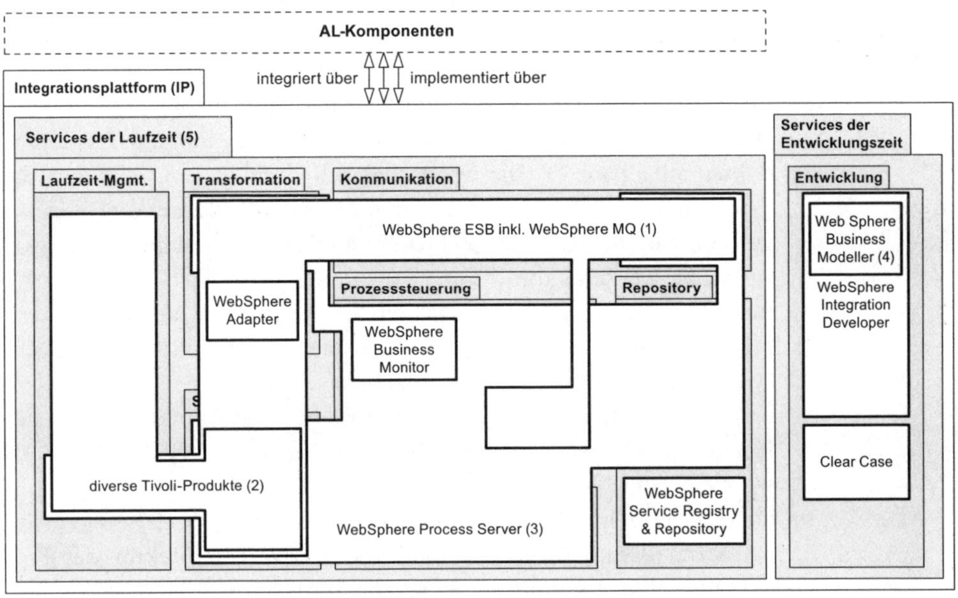

(1) Fehlerbehandlung über die Produktkomponente »Failed Event Manager«
(2) Tivoli Identity und Access Manager zur Unterstützung von Identifizierung & Authentifizierung sowie Zugriffsschutz
(3) Ein externes Organisations-Repository kann über Staff Resolution Plugins eingebunden werden
(4) Für rein fachliche Prozessmodellierung
(5) Grundlage aller Laufzeitdienste ist der WebSphere Web Application Server (ND)

Abb. 7–6 Produktlandkarte Logikintegration für die IBM WebSphere Produktfamilie (Stand 2007)

Die Erstellung der Produktlandkarten erfordert eine kontinuierliche Marktbeobachtung sowie ein tiefes technisches Verständnis der Produkte. Ein Unternehmen sollte den Erstellungsprozess dieser Produktlandkarten daher intern institutionalisieren, z.B. im Rahmen seines Wissensmanagements.

Die Aussagen der Produktlandkarten sind zunächst beschränkt. Es werden z.B. keine Aussagen darüber gemacht, welche Reife, welchen Umfang und welche praktische Einsetzbarkeit eine Funktion des betroffenen Produkts besitzt. Dennoch lässt sich der Aufwand für weitere Recherchen vermindern, weil die Produktlandkarte die folgenden Hinweise gibt:

- Weiße Flecken auf der Landkarte zeigen, dass die betroffenen technischen Services nicht innerhalb des Produkts oder der Produkt-Suite angeboten werden. Hier müssen weitere Produkte hinzugekauft werden, deren Einbindung in die Integrationsplattform zusätzlichen Aufwand verursacht. Der Architekt muss dazu gezielt untersuchen, welche Produkte anderer Hersteller mit der betrachteten Produkt-Suite harmonieren. Diese Information ist häufig vom Hersteller der Produkt-Suite selbst erhältlich.
- Überlappungen der Einzelprodukte einer Suite deuten darauf hin, dass diese Suite aus schlecht aufeinander abgestimmten Einzelprodukten aufgebaut ist. Die funktionalen Redundanzen erschweren die Erarbeitung von Nutzungskonzepten. Der Architekt muss prüfen, ob auf den Einsatz eines der beiden Produkte im Überlappungsbereich verzichtet werden kann.
- Eine Zersplitterung übergeordneter Servicegruppen auf viele Einzelprodukte einer Suite birgt das Risiko, dass die Produkt-Suite schlecht synergetisch nutzbar ist. Hier muss der Architekt recherchieren, ob die Zersplitterung das Ergebnis einer Reihe von Produktzukäufen des Herstellers ist. Auch eine solche Suite verursacht zusätzliche Aufwände bei der Nutzung in Entwicklung und Betrieb.
- Die Lage einzelner Produkte quer zu den grobgranularen Servicegruppen kann darauf hinweisen, dass die Softwarearchitektur des Produkts bzw. der Produkt-Suite Defizite aufweist. Solche Produkte bergen das Risiko, dass sie aufgrund verborgener Abhängigkeiten nicht so flexibel einsetzbar sind, wie dies zunächst den Anschein hat.

Für die Auswahl von Produkten in einem konkreten Programm (Kapitel 8) wird selbstverständlich mehr Detailwissen benötigt, als es die Produktlandkarten liefern. Zum einen spielen, wie schon angedeutet, auch weiche Faktoren eine Rolle. Diese gehen über Architekturfragen hinaus und betreffen z.B. das Vertrauen in den Hersteller. Zum anderen sind Architekturfragen zu beantworten, die über den Informationsgehalt der Produktlandkarten hinausgehen. Die Referenzarchitektur hilft hier bei der Erstellung von Checklisten. Sie gibt Strukturen für Fragenkataloge vor und hilft bei der Formulierung der Fragen.

7.2.2 Eine Methode zur Definition und zum Aufbau einer Integrationsplattform

Die Produktauswahl für die Integrationsplattform ist für ein Unternehmen eine strategische Entscheidung von weitreichender Bedeutung. Die aufzubauende Plattform soll später die gesamte Anwendungslandschaft wie ein Nervensystem durchziehen und verbinden. Daher muss der Architekt, bevor er mit der Produktauswahl beginnen kann, eine repräsentative Auswahl benötigter Integrationsaufgaben aufstellen, aus denen sich die Anforderungen hinreichend zuverlässig ableiten lassen. Offensichtlich kann er hier nicht *alle* Anforderungsprofile ermitteln, die die Integrationsplattform später wird befriedigen müssen. Daher muss er bei der Produktauswahl auch weiche Kriterien berücksichtigen, wie die Fähigkeit des Herstellers, das Produkt anforderungsgetrieben weiterzuentwickeln.

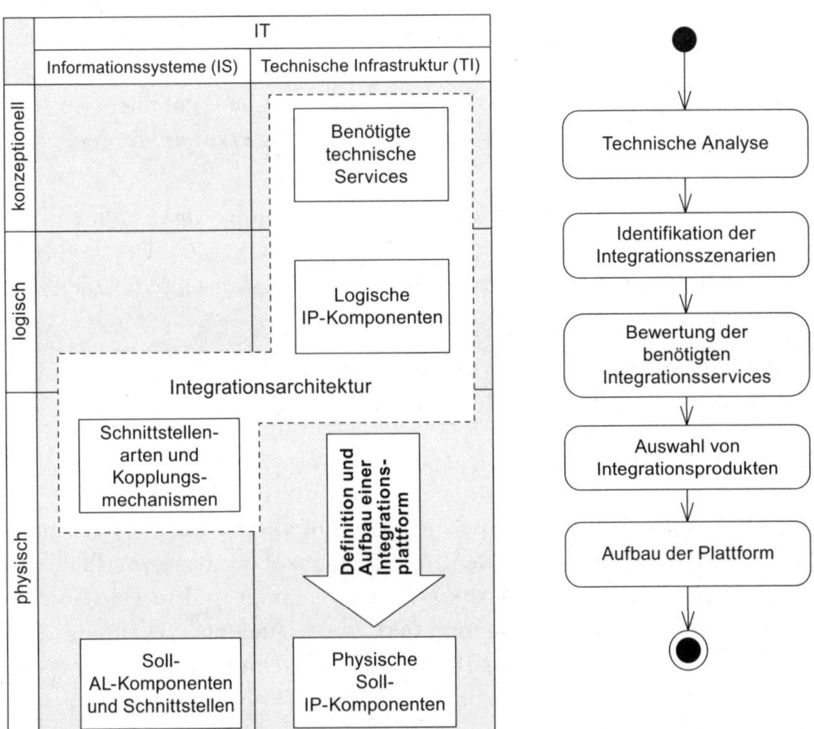

Abb. 7-7 Definition und Aufbau einer Integrationsplattform

Für die architekturzentrierte Produktauswahl schlagen wir folgendes Vorgehen vor (Abb. 7–7):

1. *Technische Analyse*
   In diesem Schritt analysiert der Architekt, welche Technologien bei den AL-Komponenten gegenwärtig und in Zukunft eingesetzt werden. Auch die bereits vorhandenen Integrationsprodukte werden in die Betrachtung mit einbezogen.
2. *Identifikation der Integrationsszenarien*
   Der Architekt identifiziert und charakterisiert die Integrationsaufgaben, die für das Unternehmen besondere Bedeutung haben. Diese erfasst er in Form einer Integrationsarchitektur, wie in Kapitel 6 beschrieben.
3. *Bewertung der benötigten Integrationsservices*
   Aus der technischen Analyse und den Integrationsszenarien leitet der Architekt die benötigten technischen Services ab und bewertet sie hinsichtlich ihrer Relevanz für die Lösung. Hierbei hilft die beschriebene Referenzarchitektur.
4. *Auswahl von Integrationsprodukten*
   Basierend auf den bewerteten technischen Services werden Produkte ausgesucht, die die benötigten Services in der geforderten Form anbieten. Dabei helfen die Produktlandkarten (Abschnitt 7.2.1). Der Auswahlprozess konzentriert sich dabei auf die Qualitätsbewertung der Servicegruppen, die als besonders wichtig erkannt wurden.
5. *Aufbau der Plattform*
   Der Architekt konzipiert das Zusammenspiel der ausgewählten Produkte. Sie müssen installiert und konfiguriert werden. Der Architekt erstellt zusammen mit seinem Team Nutzungskonzepte für die Plattform.

In den folgenden Abschnitten erläutern wir die Methode anhand des Beispiels Christoph Kolumbus Reisen AG.

Technische Analyse

Die Christoph Kolumbus Reisen AG betreibt aktuell eine Anwendungslandschaft, die stark von Host-Anwendungen auf der Basis von PL/1 und direkten Zugriffen auf die Host-Datenbank geprägt ist. Einzelne Anwendungen sind bereits in Java realisiert, diese sind aber ebenfalls über direkte Zugriffe auf die Host-Datenbank oder eine weitere gemeinsame Datenbank neuerer Technologie miteinander gekoppelt. Integrationsprodukte werden noch nicht eingesetzt.

Für die Zukunft ist eine Ablösung des Hosts angestrebt, diese wird sich aber erst in einigen Jahren vollständig realisieren lassen. Java/JavaEE ist zusammen mit dem bereits vorhandenen neuen Datenbankprodukt als die zukünftige Realisierungsplattform vorgesehen.

Identifikation der Integrationsszenarien

Für CKR ist die Abwicklung des Geschäfts über das Internet in der Zukunft von strategischer Bedeutung. Dies betrifft sowohl den unmittelbaren Verkauf von Reiseleistungen an Endkunden als auch die Anbindung von Partnern im Zuge von Planungs- und Buchungsprozessen. Auch die Integration zwischen Internet-Portal und operativen Backend-Systemen wird eine wichtige Rolle spielen.

Kurzfristig sind zusätzlich Logikkopplungen mit und ohne Adapter zum Host-Transaktionsmonitor, eine Orchestrierung sowie übergangsweise eine Datenintegration geplant (Abschnitte 1.5 und 6.2.3). Wie dies in Form einer Integrationsarchitektur gefasst werden kann, haben wir in Kapitel 6 beschrieben.

Bewertung der benötigten Integrationsservices

Aus der Analyse leitet der Architekt erste Anforderungen an die Integrationsplattform ab: Es werden leistungsfähige Adapter für die vorhandene Host-Technologie (Betriebssystem, Transaktionsmonitor, RDBMS, Terminalprotokoll ...) benötigt. Funktionsumfang, Robustheit und Performance dieser Adapter sind von besonderer Wichtigkeit für die Korrektheit der gesamten Anwendungslandschaft.

Aus den identifizierten strategischen Integrationsszenarien lässt sich das Folgende ableiten:

- Die Präsentationsintegration für die flexible Zusammenstellung von Leistungsangeboten für den Endkunden ist von besonderer strategischer Bedeutung. Daher ist mittelfristig auf eine breite Abdeckung der Sicht Präsentationsintegration der Referenzarchitektur zu achten.
- Ebenfalls von strategischer Bedeutung ist die Logikintegration im B2B-Kontext. Für diese sind besonders robuste Kommunikations-, Transformations- und Sicherheitsservices entscheidend.

Für die kurzfristigen Vorhaben lässt sich über die bereits identifizierten Anforderungen hinaus ableiten:

- Technische Services für die Logikkopplung innerhalb des Unternehmens müssen mittlere bis hohe Anforderungen an den Durchsatz erfüllen können. Die Anforderungen sind aber nicht so hoch wie in anderen Branchen, z. B. Banken.

- Die Integrationsplattform muss bereits in der ersten Ausbaustufe technische Services für die Orchestrierung von Logikschnittstellen anbieten, die robust und performant genug sind, einen Kerngeschäftsprozess mittlerer Komplexität zu realisieren.
- Die benötigten technischen Services für die geplante Datenintegration sind von geringer Komplexität und nicht von strategischer Bedeutung. Hier kann auf den Einsatz von Integrationsprodukten verzichtet werden und fehlende Integrationsfunktionalität individuell entwickelt werden.

Auswahl von Integrationsprodukten

Als Basis für den Aufbau der Integrationsplattform wählt CKR zunächst eine Suite aus Integrationsprodukten eines großen internationalen Anbieters aus. Diese Suite basiert auf einem etablierten JavaEE Application-Server-Produkt, das in Zukunft auch die Java-basierten Anwendungen bei CKR tragen soll. Die Integrationsprodukte sind unabhängig von einem spezifischen Datenbankprodukt, so dass sie sich mit dem bereits vorhandenen, neuen RDBMS-Produkt einsetzen lassen.

Die Suite enthält ein etabliertes Portal-Server-Produkt, das den Funktionskanon für Präsentationsintegration weitgehend abdeckt. Vorhandene Defizite bei *Collaboration & Community* sowie bei der Anbindung von portalnahen AL-Komponenten zur *Groupware* fallen bei der strategischen Positionierung als Kundenportal nicht ins Gewicht.

Auch der Funktionskanon für die Logikintegration ist durch die Produkte der Suite vollständig abgedeckt. CKR entschließt sich jedoch, anstelle des mitgelieferten Host-Adapters ein Adapterprodukt vom Hersteller des Hosts zu beschaffen und einzusetzen. Dieser Adapter ist robuster und bietet die bessere Unterstützung für den Betrieb.

Die Unterstützung von robuster und abgesicherter B2B-Logikkopplung ist bei den Produkten zum gegenwärtigen Stand noch nicht befriedigend. Diese Anforderungen müssen jedoch erst mittelfristig erfüllt werden. Die Produktplanung des Herstellers und das Vertrauen von CKR in den Hersteller beschränken das Risiko auf ein akzeptables Maß.

Die Produkte der Suite, die speziell auf die Datenintegration ausgerichtet sind, werden vorerst nicht beschafft. Die Kosten für Beschaffung und Einführung sind zumindest während der Laufzeit des erstens Programms höher als die Kosten für individuelle Integrationslösungen. Trotzdem werden auch diese Produkte bewertet. Die Bewertung ergibt, dass sie zu einem späteren Zeitpunkt eingesetzt werden können.

Aufbau der Plattform

Für die Konzeption des Zusammenspiels der Produkte kann der Architekt auf die Produktinformationen und den Support des Produktherstellers zurückgreifen. Das Zusammenspiel ist nicht überall reibungslos, da auch die Produkte der Suite zum Teil unabhängig voneinander entwickelt oder sogar vom Hersteller hinzugekauft wurden. Pilotprojekte und technische Durchstiche helfen, die Details der Nutzungskonzepte praktisch zu erproben.

Für den Einsatz des Host-Adapters ist die Entwicklung einer kleinen Erweiterung notwendig, damit dieser sich nahtlos in die Integrationsplattform einfügt. Dazu wird das Software Development Kit (Software-Bibliotheken) für Adapter eingesetzt, das der Hersteller der Suite anbietet.

Die Installation und Einführung der Integrationsprodukte erfolgen schrittweise im Zuge der Projekte und unterscheiden sich nicht wesentlich von der Installation und Einführung fachlicher Softwareprodukte.

7.3 Erweiterter Nutzen der Referenzarchitektur

Im vorangegangenen Beispiel haben wir gezeigt, wie die Referenzarchitektur für den initialen Aufbau der Integrationsplattform eingesetzt wird. Der Architekt nutzt die Referenzarchitektur aber grundsätzlich in den verschiedenen Lebenszyklusphasen einer Integrationsplattform [HHS05]:

- Realisierung der Plattform im Rahmen eines Programms zur Einführung der SOA in einem Unternehmen
- Nutzung der Plattform in Projekten mit Integrationsaufgaben unter Verwendung architekturzentrierter Nutzungskonzepte
- Weiterentwicklung der Plattform bei wachsenden Anforderungen
- Konsolidierung der Plattform nach einer Fusion mit einer anderen Anwendungslandschaft

Hierzu zum Abschluss noch ein Beispiel, das zeigt, wie nützlich die Referenzarchitektur in anderen Kontexten sein kann:

Ein multinationales Pharmaunternehmen plante die Umgestaltung seiner Plattform für die Internet-Auftritte der einzelnen Ländergesellschaften. Die Plattform einer bestimmten Ländergesellschaft sollte als Ausgangspunkt (Ist-Plattform) dienen. Die Soll-Plattform war bereits grob entworfen. Sie sah die Verwendung eines Content-Management-Systems (CMS) und eines Portal-Servers vor. In einem dreitägigen Workshop sollte die Soll-Plattform verfeinert und ein Migrationspfad von der Ist- zur Soll-Plattform entworfen werden. Aber die Diskussion kam ins Stocken. Selbst die Experten taten sich mit dem Migrationspfad schwer.

Was war der Grund? Alle Diagramme waren produktzentriert, d.h., die Kästen in den Diagrammen stellten konkrete Produkte dar. Portal-Produkte bündeln aber meist einen ganzen Strauß unterschiedlicher technischer Services und verwenden dafür verschiedene Begriffe. Aus diesem Grund waren die Diagramme zueinander inkompatibel.

Abbildung 7–8 zeigt dies anhand von beispielhaften Ausschnitten.

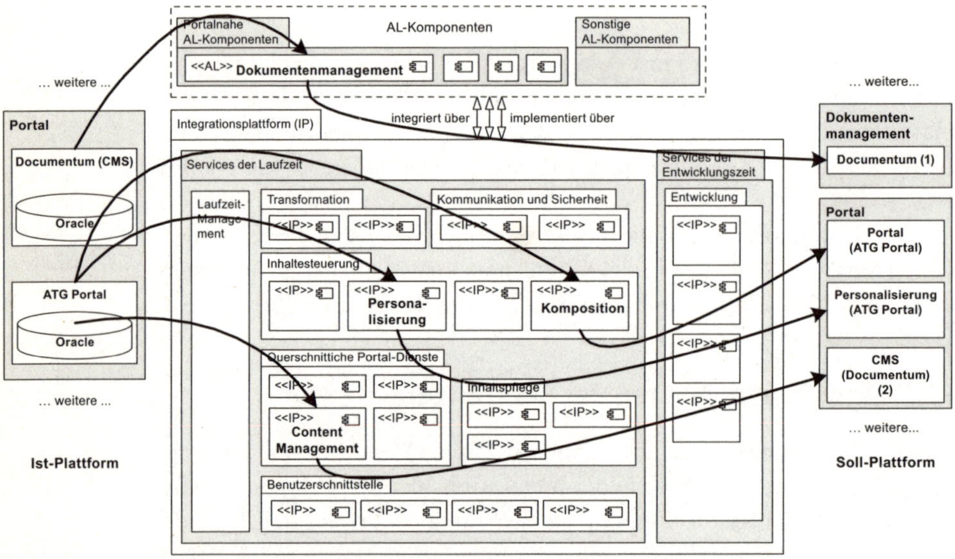

Abb. 7–8 Vergleich der Plattformen anhand der Referenzarchitektur

An diesem Punkt brachten wir die Präsentationssicht der Referenzarchitektur in die festgefahrene Diskussion ein. In einem ersten Schritt wurden die Produkte der Ist-Plattform auf die technischen Services der Referenzarchitektur abgebildet – dargestellt durch die Pfeile in Abbildung 7–8. Dabei wurde deutlich, dass das Produkt *Documentum* [Doc07], obwohl als CMS-System bezeichnet, nicht für das Content Management, sondern für das Dokumentenmanagement eingesetzt wurde. Auch das Produkt *ATG Portal* wurde in der Ist-Plattform nicht direkt für das Content Management verwendet. Vielmehr waren diese technischen Services unter Verwendung der ATG-Datenbank individuell entwickelt worden. Im zweiten Schritt wurde auch die Soll-Plattform auf die Referenzarchitektur abgebildet. Dort sollten dieselben Produkte – aber auf andere Weise und ohne individuelle Erweiterungen – eingesetzt werden. Im dritten Schritt wurde die Migration von der Ist- zur Soll-Plattform entlang der technischen Services geplant – plötzlich ging das ganz einfach!

8 Evolution von Anwendungslandschaften

Unternehmen entwickeln sich und mit ihnen ihre Anwendungslandschaften. In vielen Unternehmen sind lokale Projekte der einzige Motor für diese Entwicklung der Anwendungslandschaft. Es gibt kein übergeordnetes Ziel, auf das die Entwicklung ausgerichtet ist, sondern nur das Prinzip der natürlichen Selektion. In der Biologie mag das ein Erfolgsmodell für die Evolution sein. Bei Anwendungslandschaften ist das anders. Erfahrungsgemäß sind mangelnde Agilität und Kostenineffizienz häufig darauf zurückzuführen, dass es kein explizites architektonisches Fernziel gibt, an dem das Unternehmen die Weiterentwicklung ausgerichtet hat.

Die Ideal-Anwendungslandschaft konkretisiert ein solches architektonisches Fernziel. Sie dient als Leuchtturm, auf den der Architekt seine Aktivitäten ausrichtet. Wie man ein solches Ideal aufstellt, haben wir in den vorausgegangenen Kapiteln beschrieben. Im Folgenden zeigen wir, wie der Architekt eine Ist-Anwendungslandschaft auf dieses Ideal hin entwickelt.

Hierbei ist es wichtig, dass der Architekt die Weiterentwicklung so plant, dass er eine Balance in zwei Dimensionen herstellt: Zum einen muss er Anforderungen von Geschäft und IT ausbalancieren. Zum anderen muss er die strategischen Ziele mit den operativen Notwendigkeiten in Einklang bringen. Die strategischen Ziele sind durch das Ideal bereits definiert. Die operativen Notwendigkeiten zielen zumeist auf einen direkten Nutzen für das derzeitige Geschäft. Dieses Vorgehen nennt sich »gesteuerte Evolution« [AS07b].

Das Ergebnis dieser Balance ist ein tatsächlich angepeiltes Zwischenziel – die Soll-Anwendungslandschaft. Die Schritte, um die Soll-Anwendungslandschaft zu erreichen, muss der Architekt detailliert planen. Auch dafür liefern wir eine Methodik.

In langfristigen strategischen Vorhaben sind Zwischenziele unverzichtbar. Das gilt für die gesteuerte Evolution einer Anwendungslandschaft, aber auch auf vielen anderen Gebieten:

> **Entscheidungen für die Zukunft trifft man in der Gegenwart:**
>
> Der Stratege setzt bei einem weit in der Zukunft liegenden Ziel an und arbeitet sich zur Gegenwart zurück. Die Züge eines Großmeisters sind deshalb so gut, weil er sie auf die gewünschte Stellung auf dem Schachbrett zwanzig Züge später ausrichtet. Dafür muss er nicht unzählige Varianten für zwanzig Züge berechnen. Er bewertet, welche Chancen die Position bietet, und steckt sich Zwischenziele. Er berechnet Schritt für Schritt die Züge, die zu diesen Zwischenzielen hinführen. Die Zwischenziele sind unverzichtbar. Nur mit ihnen werden günstige Bedingungen für die eigene Strategie geschaffen. Wenn wir auf sie verzichten, kommt das dem Versuch gleich, beim Hausbau mit dem Dach zu beginnen.
>
> Allzu oft setzen wir uns ein Ziel und steuern geradewegs darauf zu, ohne uns zu überlegen, welche Schritte auf dem Weg dahin nötig sind.
>
> Garry Kasparow

Ein erreichtes Zwischenziel gibt also die Möglichkeit, die Situation neu zu bewerten und die Strategie ggf. anzupassen. In diesem Sinne ist auch die Planung der Entwicklung einer Anwendungslandschaft kein einmaliger, sondern ein iterativer Prozess. Architekturmanagement wird damit ein kontinuierlicher und integraler Prozess.

Nichtsdestotrotz beschränken wir uns in diesem Kapitel auf die idealisierte Darstellung der Planung als linearen Prozess, um die prinzipiellen Schritte und deren Zusammenhänge deutlich zu machen.

Abbildung 5–1 ordnet das Kapitel in die Quasar Enterprise Landkarte ein.

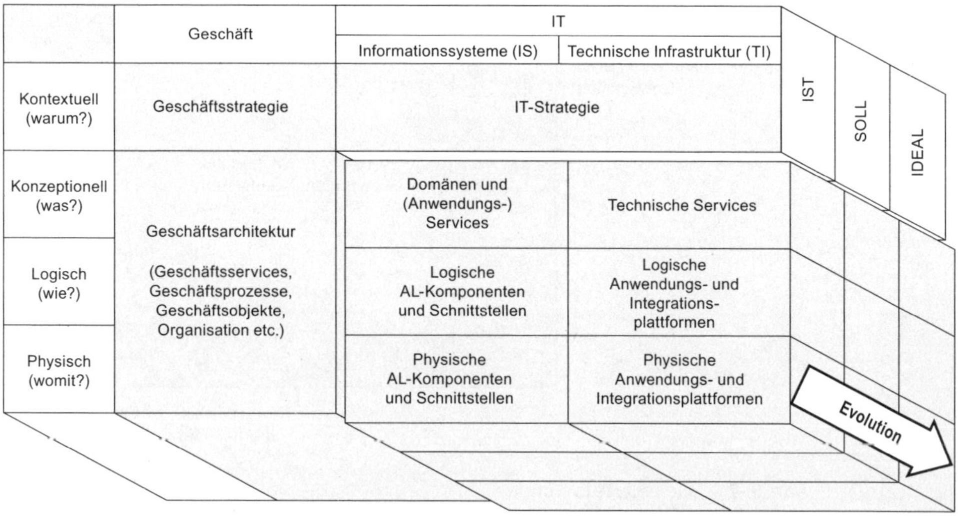

Abb. 8–1 Das Kapitel im Kontext des Buchs

8.1 Organisation der Evolution

8.1.1 Gesteuerte Evolution als Paradigma

Über das Paradigma der gesteuerten Evolution haben wir in Kapitel 3 bereits gesprochen. Jetzt wollen wir die wichtigsten Begriffe im Zusammenhang mit Anwendungslandschaften allgemein definieren.

> ***Gesteuerte Evolution*** (managed evolution) einer Anwendungslandschaft ist eine Weiterentwicklung, bei der das Unternehmen eine Balance zwischen den operativen (und primär geschäftsgetriebenen) Zielen und den strategischen (und primär IT-orientierten) Zielen verfolgt. Ein explizites Ideal der Anwendungslandschaft drückt diese strategischen Ziele aus.

Ein Unternehmen sollte seine Anwendungslandschaft durch eine gesteuerte Evolution weiterentwickeln. Eine rein auf operative und insofern primär auf geschäftsgetriebene Ziele ausgerichtete Weiterentwicklung führt langfristig zu einer nicht mehr wartbaren Anwendungslandschaft (Abschnitt 2.1). Eine rein auf strategische Ziele und architektonische Nachhaltigkeit in der IT ausgerichtete Weiterentwicklung ist nicht zu bezahlen. Die Weiterentwicklung muss sich vielmehr im Korridor der Balance bewegen (Abb. 8–2).

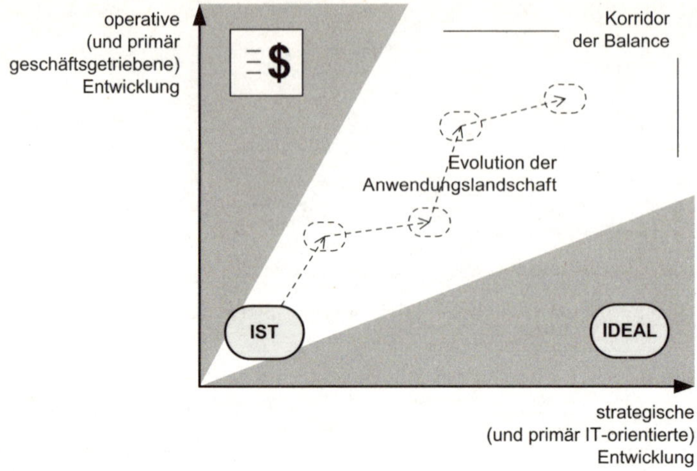

Abb. 8–2 Gesteuerte Evolution

Im Folgenden sprechen wir nur noch von operativen Zielen – symbolisiert durch den »schnellen Dollar« – bzw. von strategischen Zielen – ausgedrückt über das Ideal der Anwendungslandschaft. In Letzteres gehen sowohl IT- als auch Geschäftsstrategie ein (Kapitel 5). Dies stellt insofern ein IT-orientiertes Ziel dar, als dass es der IT und nicht dem Geschäft zur Orientierung dient.

8.1.2 Programme als Motor der Evolution

In Abschnitt 2.2 haben wir bereits verschiedene Typen von Programmen zur Gestaltung von Anwendungslandschaften vorgestellt. Jeder Typ hatte dabei sein individuelles Ziel – Konsolidierung allgemein oder nach einer Fusion, Auslagerung von Geschäftsprozessen, Umsetzung unternehmensübergreifender IT-Prozesse. Auch im Beispiel der Christoph Kolumbus Reisen AG aus Kapitel 1 gab es ein Ziel des definierten Programms: Individualreisen als neues Produkt anzubieten. Genau dieses mehreren Einzelprojekten zur Veränderung einer Anwendungslandschaft gemeinsame Ziel macht ein Programm aus. Wir definieren:

> Ein ***Programm*** (program) zur Umgestaltung einer Anwendungslandschaft ist eine definierte Menge von Einzelprojekten, die unter dem Dach einer übergreifenden Steuerung gemeinsame Ziele verfolgen.

Das in Abschnitt 3.5 bereits beschriebene SOA-Programm schafft die Basis für die Weiterentwicklung der Unternehmensarchitektur nach serviceorientierten Prinzipien. Hierzu gehören zwei wesentliche Punkte:

- Das SOA-Programm stellt einen hinreichenden Reifegrad der Anwendungslandschaft sicher.
- Das SOA-Programm etabliert ein zur gesteuerten Evolution passendes Architekturmanagement.

Ein derartiges Programm sollte erfahrungsgemäß auf ca. zwei Jahre ausgerichtet sein, damit es erfolgreich geplant und umgesetzt werden kann. Die vollständige SOA-Transformation dauert zwar zumeist deutlich länger als zwei Jahre und umfasst weitere Programme oder Einzelprojekte. Mit dem SOA-Programm sind aber die wesentlichen Grundlagen geschaffen.

Reifegrad der Anwendungslandschaft sicherstellen

Über Jahre ohne übergreifende Steuerung gewachsenen Anwendungslandschaften fehlt zumeist die Grundlage für eine serviceorientierte Umgestaltung. Mindestens folgende Eigenschaften einer Anwendungslandschaft sind erfahrungsgemäß notwendig:

- die Existenz einer geeigneten Integrationsinfrastruktur, beispielsweise eines Enterprise Service Bus,
- die Zentralisierung von Bestandskomponenten in den Domänen auf der Ressourcen-Ebene (Kapitel 5).

Die Existenz einer geeigneten Integrationsinfrastruktur bietet die notwendige Voraussetzung, damit Schnittstellen in einem größeren Kontext wiederverwendet und AL-Komponenten adäquat miteinander gekoppelt werden können. Zentrale Bestandskomponenten sind notwendig, damit aufgrund von operativen und primär geschäftsgetriebenen Anforderungen nicht neue redundante Datenbestände geschaffen werden.

Übergreifendes Architekturmanagement etablieren

Neben dem hinreichenden Reifegrad der Anwendungslandschaft muss die Unternehmensführung sicherstellen, dass sich die Anwendungslandschaft auch langfristig zielgerichtet auf das Ideal hin entwickelt. Hierfür braucht das Unternehmen ein übergreifendes Architekturmanagement (zu Details siehe z.B. [Kel06]). Es ist dafür verantwortlich, dass die Projekte die strategischen Gestaltungsziele im Hinblick auf Agilität, Effektivität, Korrektheit und Kosteneffizienz parallel zu ihren operativen Zielen angemessen berücksichtigen. Es ist somit der Garant für die mit der gesteuerten Evolution verbundene Balance. Hierfür muss das Unternehmen Planungs- und Steuerungsprozesse definieren und in der Organisation verankern [BBF+05].

Evolution durch Programme oder Einzelprojekte

Sind die Voraussetzungen bezüglich des Reifegrads der Anwendungslandschaft erfüllt und ist das übergreifende Architekturmanagement etabliert, kann ein Regelbetrieb in der Weiterentwicklung der Anwendungslandschaft beginnen. Jetzt können neben weiteren Programmen auch einzelne Projekte die Anwendungslandschaft umgestalten. Im Unterschied zur Situation einer nur auf operative und primär geschäftsgetriebene Ziele ausgerichteten Evolution steuert das übergreifende Architekturmanagement nun die einzelnen Projekte so, dass auch die strategischen Ziele adäquat berücksichtigt werden. Jedes einzelne Projekt trägt damit dazu bei, dass die Anwendungslandschaft kosteneffizienter arbeitet, effektiver die Geschäftsabläufe unterstützt oder neue Produkte und Dienstleistungen schneller durch IT unterstützt. Die Evolution der Anwendungslandschaft zu steuern wird damit zur Linienaufgabe im Unternehmen.

8.1.3 Soll-Anwendungslandschaft als Zwischenziel

Im Rahmen der gesteuerten Evolution sind Programme im obigen Sinne balanciert. Das gilt auch für das SOA-Programm. Sie haben neben den strategischen üblicherweise eben auch operative und primär geschäftsgetriebene Ziele.

Es hat sich bewährt, dass das Architekturmanagement die Balance dieser Ziele durch eine explizite Soll-Architektur der Anwendungslandschaft festlegt. Das Ideal dient der Orientierung im Hinblick auf die strategischen Ziele. Das Soll balanciert die operativen und primär geschäftsgetriebenen Ziele und die strategischen Ziele in Form eines konkreten Zwischenziels aus, das durch das Programm erreicht werden soll (Abb. 8–3). Die Planung eines Programms besteht somit daraus, dieses Soll aufzustellen und den Weg dorthin zu definieren.

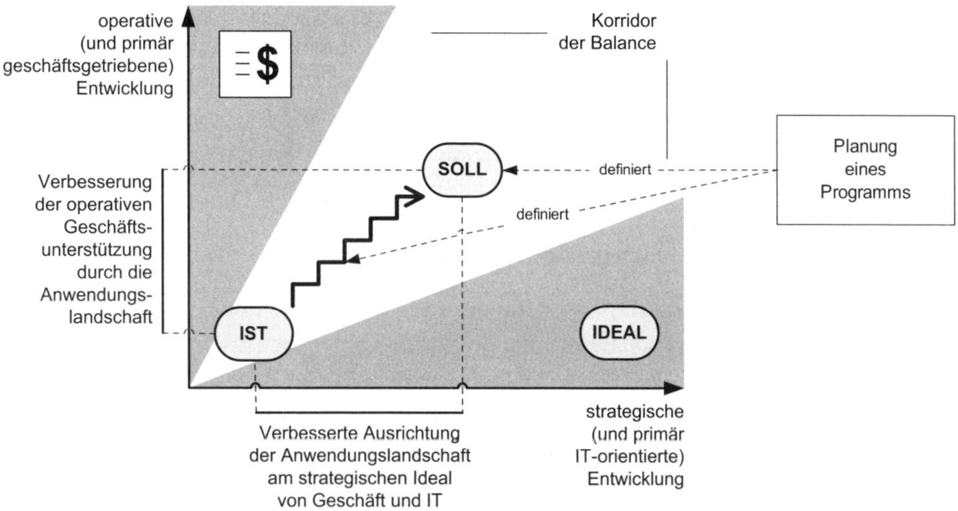

Abb. 8–3 Ist, Soll und Ideal

8.1.4 Wege vom Ist zum Soll

Ein gutes Programm gestaltet den Umbau einer Ist-Anwendungslandschaft so effizient und effektiv wie möglich. Sie hält die Kosten für den Umgestaltungsprozess möglichst gering (Effizienz) und gestaltet die Umbaumaßnahmen so wirksam wie möglich (Effektivität).

Auf der Kostenseite stehen dabei die erwarteten Umsetzungs- und Risikokosten. Dem entgegen steht der zusätzliche Nutzen, der durch den Umbau entsteht, wobei vor allem der Zeitpunkt der Umbaumaßnahmen eine Rolle spielt. Je früher eine neue Funktion zur Verfügung steht, desto höher ist üblicherweise der Nutzen. Die erwartete Umbaubilanz schließlich ergibt sich aus dem Nutzen abzüglich der Kosten. In diesem Kräftespiel von Kosten und Nutzen muss der Planer das Vorgehen im Programm als möglichst guten Mittelweg zwischen zwei Extrema definieren.

Big-Bang-Strategie

Das eine Extremum ist der Big Bang, die Produktivschaltung aller mit dem Programm verbundenen Änderungen in einer einzigen Stufe. Das erscheint aus Sicht der IT zunächst als die effizienteste Möglichkeit, Änderungen produktiv zu schalten. Eine Big-Bang-Strategie vermeidet beispielsweise die Notwendigkeit von Schnittstellen, die nur für die Dauer von Zwischenlösungen existieren. Darüber hinaus ist z.B. die Inbetriebnahme von Zwischenlösungen aufgrund von komplexen Abhängigkeiten und der damit verbundenen Gefahr von Seiteneffekten in der Regel aufwendig. Dies schlägt insbesondere dann zu Buche, wenn die Anwendungslandschaft schlecht strukturiert ist und ihre Komponenten tendenziell zu eng gekoppelt sind.

Diese Strategie ist allerdings mit hohen inhaltlichen und ggf. technologischen Risiken verbunden. Beispielsweise können sich die fachlichen Anforderungen im Laufe des Umbaus ändern.

Sofortige Produktivschaltung jeder Änderung

Das andere Extremum ist, jede Änderung sofort in einer separaten Stufe produktiv zu schalten. Eine derartige Vorgehensweise reduziert die oben genannten Risiken und stellt zudem neue Funktionen so früh wie möglich bereit. Dem stehen jedoch die Kosten gegenüber, die mit jeder Produktivschaltung von Änderungen zusätzlich entstehen, z.B. aufgrund von temporären Kopplungen, die später wieder aufgelöst werden.

Die richtige Anzahl der Stufen

Abbildung 8–4 veranschaulicht den Zusammenhang zwischen Kosten und Nutzen in Abhängigkeit von der Anzahl der Stufen. Hier würde die Umsetzung beispielsweise in vier Stufen ein optimales Ergebnis erzielen. Die erwartete Umbaubilanz hat dort ein Maximum.

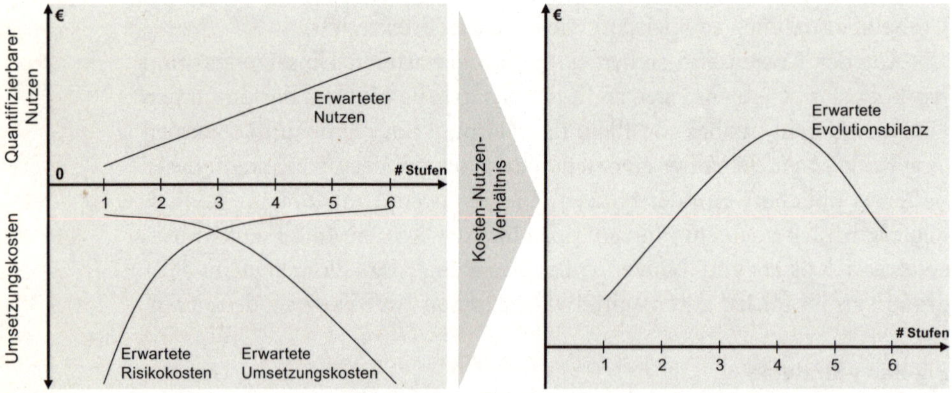

Abb. 8–4 Kosten-Nutzen-Verhältnis in Abhängigkeit der Anzahl der Stufen

In der Realität muss das Unternehmen entscheiden, ob es die richtige Anzahl der Stufen über einen expliziten Business Case quantitativ bestimmt oder ob ein Abwägen zwischen Kosten und Nutzen nach Augenmaß ausreicht. Hierauf gehen wir nicht weiter ein. Hinweise zur Aufstellung von IT Business Cases finden sich beispielsweise in [Bru05].

Die richtige Reihenfolge der Stufen

Die Umbaubilanz hängt zusätzlich zumeist auch von der Reihenfolge der gewählten Stufen ab. Auch hier muss der Planer unterschiedliche Szenarien hinsichtlich ihrer Wirtschaftlichkeit miteinander vergleichen. Ein wesentlicher Faktor hierbei ist die IT-Sicht auf einen schrittweisen Umbau der Anwendungslandschaft. Beispielsweise ist es in der Regel kostengünstiger, zunächst notwendige Umbaumaßnahmen an Bestandskomponenten vorzunehmen, bevor darauf aufbauende Funktions- oder Prozesskomponenten umgebaut werden. Auch ist es in der Regel kostengünstiger, die Randfunktionen vor den Kernfunktionen aus einer AL-Komponente durch entsprechende AL-Komponenten der Soll-Anwendungslandschaft abzulösen. Regeln hierzu nennen wir in diesem Kapitel.

8.2 Systematische Evolutionsplanung

Der Umbau von Anwendungslandschaften ist eine komplexe Aufgabe. Er muss schrittweise geplant werden. Der Planer benötigt demnach eine Methode mit klar definierten Artefakten und Einzelschritten. Dies ist in der Übersicht in Abbildung 8–5 dargestellt.

Voraussetzung für die schrittweise Planung im Rahmen der gesteuerten Evolution wie oben erläutert sind zwei Dinge (vgl. auch Abb. 8–3):

- Operative und primär geschäftsgetriebene Ziele und Anforderungen. Diese sind nach den Vorgaben aus Kapitel 4 erhoben und bewertet worden.
- Die Ideal-Anwendungslandschaft ist nach den Vorgaben aus Kapitel 5 beschrieben worden.

Dann besteht eine systematische Planung aus folgenden notwendigen Einzelschritten:

- *Erhebung der Ist-Anwendungslandschaft*
  AL-Komponenten und Schnittstellen sowie weitere Eigenschaften der Ist-Anwendungslandschaft müssen dokumentiert werden.
- *Bewertung der Ist-Anwendungslandschaft*
  Das Ist muss im Hinblick auf die operativen und primär geschäftsgetriebenen Anforderungen hin eingeschätzt und das Delta zwischen Ist und Ideal muss analysiert werden. Hieraus müssen Handlungsbedarfe abgeleitet werden.
- *Bestimmung von Hauptszenarien*
  Aus den Handlungsbedarfen müssen Hauptszenarien als eine Menge möglicher Umbauprogramme der Anwendungslandschaft abgeleitet werden.

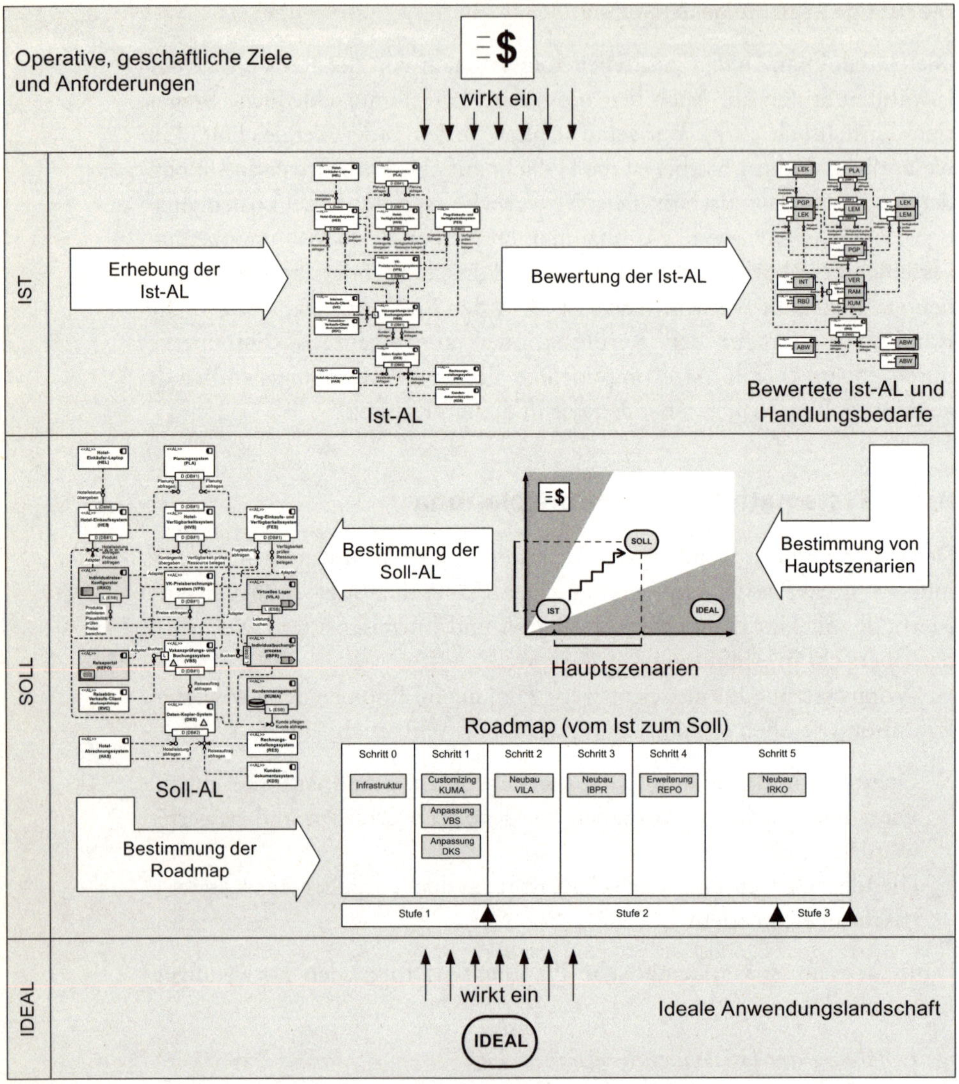

Abb. 8–5 Systematische Evolutionsplanung

- *Bestimmung der Soll-Anwendungslandschaft*
  Auf Basis gewichteter Kriterien müssen die Hauptszenarien gegeneinander abgewogen werden. Das bevorzugte Hauptszenario führt zu einer Soll-Anwendungslandschaft mit physischen AL-Komponenten und Schnittstellen. Das Delta zwischen Ist und Soll definiert die Menge notwendiger Einzelmaßnahmen des Umbaus.
- *Bestimmung der Roadmap*
  Die notwendigen Einzelmaßnahmen müssen in eine Reihenfolge gebracht und hinsichtlich ihrer Produktivschaltung in Stufen arran-

giert werden. Dieser Stufenplan muss quantitativ bewertet und explizit zeitlich geplant werden.

In der Praxis erfolgt dieser Prozess häufig iterativ. Nachdem der Planer die Roadmap bestimmt hat, hat er üblicherweise neue Erkenntnisse über die Rahmenbedingungen gewonnen und muss überprüfen, ob die Soll-Anwendungslandschaft noch einmal angepasst werden muss.

Übersicht der Begriffe

Abbildung 8–6 gibt eine Übersicht der wichtigsten Begriffe, die in diesem Kapitel definiert und verwendet werden. Neben den oben bereits Genannten sind dies Plattformstrategie (wird eingeführt im Rahmen der Erhebung der Ist-Anwendungslandschaft in Abschnitt 8.3), *Handlungsbedarfe* (wird eingeführt im Rahmen der Bewertung der Ist-Anwendungslandschaft in Abschnitt 8.4) und das *bevorzugte Hauptszenario* (wird eingeführt im Rahmen der Bestimmung der Soll-Anwendungslandschaft in Abschnitt 8.6).

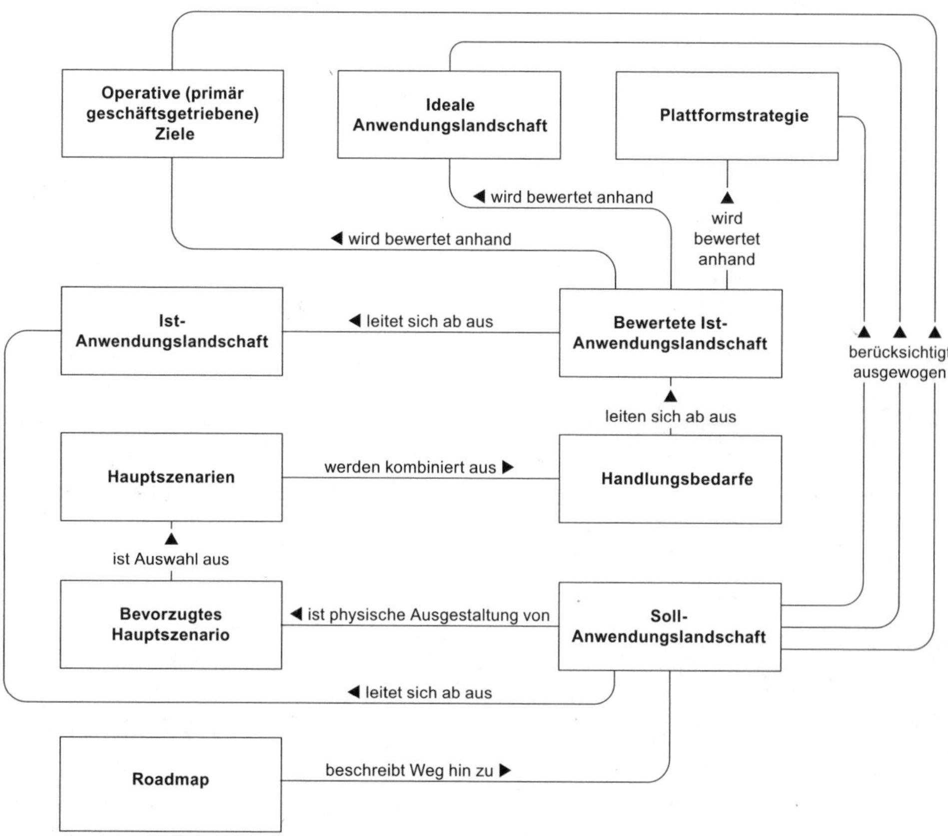

Abb. 8–6 Begriffe der Evolutionsplanung in der Übersicht

8.3 Erhebung der Ist-Anwendungslandschaft

8.3.1 Ist-Anwendungslandschaften

Die Ist-Anwendungslandschaft ist der Ausgangspunkt für die Planung. Wir definieren:

Die ***Ist-Anwendungslandschaft*** (as-is application landscape) besteht aus den heute existierenden physischen AL-Komponenten und deren Schnittstellen.

Ein aktuelles Modell der Ist-Anwendungslandschaft existiert in der Praxis selten. Für dessen initiale Aufnahme und laufende Pflege muss klar sein, welche Informationen potenziell dazu gehören, um eine Ist-Anwendungslandschaft zu beschreiben.

Diese Informationen strukturieren wir in Form eines Metamodells mit Erhebungskriterien, die sich in der Praxis bewährt haben. Es unterscheidet den Kernbereich der Erhebung, der grundsätzlich immer aufgenommen werden muss, und Zusatzinformationen, die abhängig von der konkreten Fragestellung relevant sein können. Diesbezüglich unterscheiden wir zwischen Fragestellungen, die sich auf das Ideal beziehen, und solchen Fragestellungen die sich auf die *Plattformstrategie* beziehen. Hierzu definieren wir:

Die ***Plattformstrategie*** (platform strategy) eines Unternehmens umfasst die individuellen Festsetzungen bezüglich strategischer Aspekte der technischen Infrastruktur und der physischen Ausprägung von AL-Komponenten.

Strategische Aspekte der technischen Infrastruktur betreffen Hardwareplattformen (z.B. Host oder Client/Server), Anwendungsplattformen (z.B. JEE oder .NET, Auswahl technischer Stacks oder Frameworks) und Integrationsplattformen (z.B. Portal- oder ESB-Lösungen; vgl. Kapitel 7). Strategische Aspekte der physischen Ausprägung von AL-Komponenten betreffen vor allem die Frage nach dem Einsatz von bestimmten COTS-Produkten vs. Individualentwicklung (z.B. die Forderung, so viel wie möglich durch Fertigkomponenten eines bestimmten ERP-Herstellers abzudecken).

Abbildung 8–7 stellt die wesentlichen Begriffe und Zusammenhänge dar. Diese gelten so übrigens nicht nur für Ist-, sondern auch für Soll-Anwendungslandschaften. Wie ein Soll ermittelt wird, erläutern wir aber erst in den späteren Schritten.

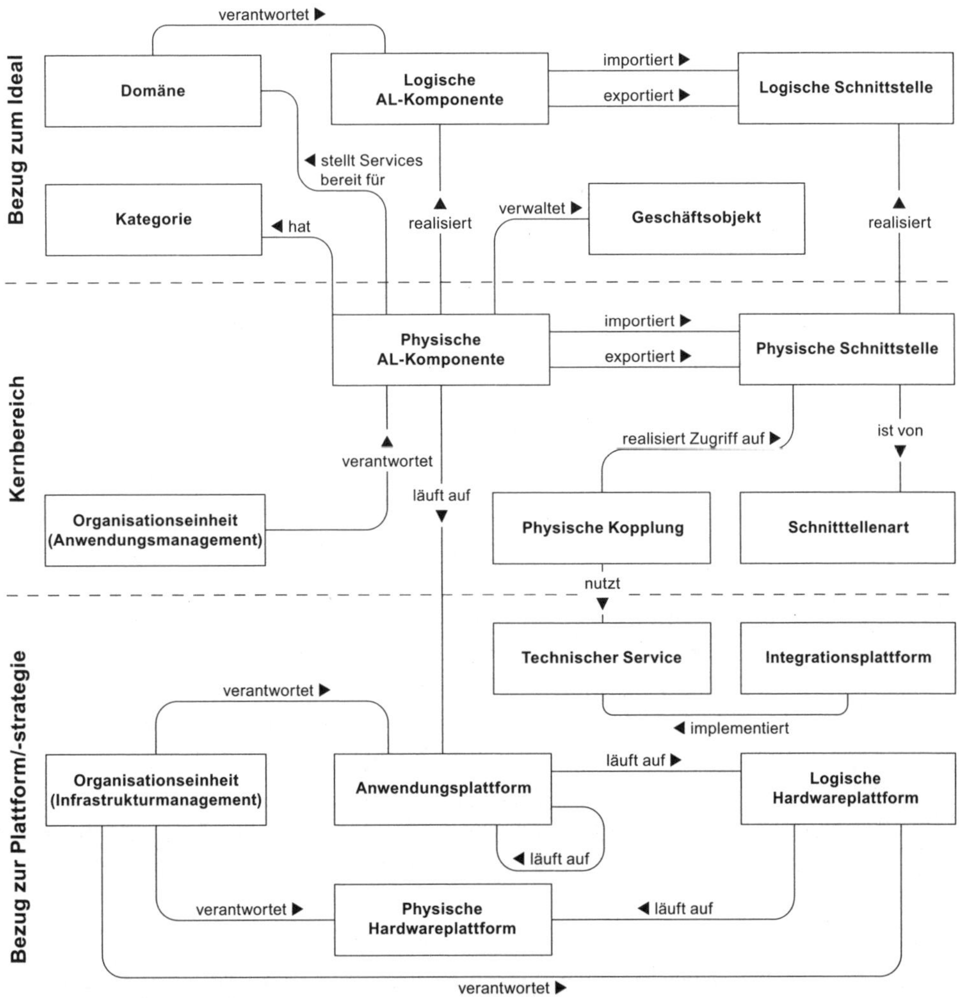

Abb. 8–7 Begriffe zur Beschreibung einer Anwendungslandschaft (Ist und Soll)

Die Begriffe und ihre Beziehungen, die sich auf das Ideal bzw. die Integrationsarchitektur beziehen, haben wir in Kapitel 5 bzw. in Kapitel 6 beschrieben. Im Folgenden erläutern wir kurz die wichtigsten Begriffe im Zusammenhang mit der Erhebung der Ist-Anwendungslandschaft:

- *Physische AL-Komponente (Ist)*
  Die AL-Komponente ist das zentrale Element. Für eine AL-Komponente erhebt der Architekt, welche Schnittstellen sie ex- und importiert, von welcher Schnittstellenart diese sind und wie Schnittstellen genutzt werden. Darüber hinaus ermittelt er die Beziehungen zum Ideal, beispielsweise für welche Domänen die AL-Komponente welche Services zur Verfügung stellt oder welche zentralen Geschäftsobjekte

sie ändern darf. Ferner ermittelt er, auf welchen Plattformen eine AL-Komponente betrieben wird. Neben diesen sind projektspezifisch weitere Erhebungsparameter denkbar, beispielsweise Dokumentationsgrad oder Alter der Komponente.

- *Physische Schnittstellen (Ist)*
  Neben den AL-Komponenten sind die Schnittstellen zu erheben. Zum Standardumfang der Erhebung gehören die Schnittstellenart und der Mechanismus der Kopplung (Kapitel 6) sowie für welche logischen Schnittstellen des Ideals sie Operationen bereitstellt. Darüber hinaus sind projektspezifische Erhebungsparameter denkbar, wie z.B. die Technologie der Schnittstelle (Web Service etc.), Anzahl der zu übertragenden Datenfelder (z.B. »mehr als 100«) oder die übertragenen Geschäftsobjekte (beispielsweise »Kundeninformationen«).
- *Anwendungsplattform*
  Physische AL-Komponenten laufen auf einer Anwendungsplattform. Eine Anwendungsplattform ist beispielsweise ein Betriebssystem oder ein Application Server. Anwendungsplattformen können auf Anwendungsplattformen basieren. Beispielsweise läuft der Application Server im Kontext eines Betriebssystems. Auch COTS-Produkte im Sinne von Fachanwendungen, auf deren Basis physische AL-Komponenten z.B. mittels Customizing realisiert sind, können in diesem Modell noch als Anwendungsplattformen aufgefasst werden.
- *Logische oder physische Hardwareplattform*
  Anwendungsplattformen laufen auf logischen Hardwareplattformen. Eine logische Hardwareplattform kann durch mehrere physische Hardwareplattformen realisiert werden. Beispielsweise besteht ein Cluster (logisch) aus mehreren Maschinen (physisch).
- *Verantwortliche Organisationseinheit des Anwendungsmanagements (AM) oder Infrastrukturmanagements (IM)*
  Neben den technischen Elementen werden häufig auch noch die Organisationseinheiten erhoben, die für diese Elemente zuständig sind.

8.3.2 Darstellung von Ist-Anwendungslandschaften

In der Praxis ist es bei vielen Fragestellungen wichtig, die Ergebnisse der Erhebung einer Anwendungslandschaft adäquat darzustellen. Wichtige Formen der Darstellung sind die tabellarische Form und die grafische Visualisierung.

Tabellarische Darstellungen

Einzelaspekte können gut mit Tabellen übersichtsartig dargestellt werden. Beispiele für einfache Tabellen sind Listen der AL-Komponenten oder Listen der Schnittstellen, jeweils mit ausgewählten Attributen. Kreuztabellen stellen ausgewählte Erhebungskriterien einander gegenüber, beispielsweise Quell- und Zielkomponente in Bezug auf Anzahl oder Attribute der Schnittstellen oder Komponenten und Geschäftsobjekte in Bezug auf eine gemeinsame Nutzung.

Grafische Visualisierung der Ist-Anwendungslandschaft

Tabellen sind gut, Bilder sind aber oft besser. Bilder von Anwendungslandschaften helfen dabei, die erhobenen Informationen zu transportieren. Diese Bilder heißen häufig auch Softwarekarten (z.B. [MW04b]).

Zur Illustration besonders komplexer Sachverhalte lassen sich auch mehrere Karten kombinieren. Abbildung 8–8 gibt hierzu ein Beispiel.

Beispiel: In Abbildung 8–8 taucht jede AL-Komponente (hier beispielhaft Flug-Einkaufsprozess, Hotel-Einkaufsprozess, Reisebürobuchung und Callcenter-Buchung) in drei Karten auf. In der oberen Karte sieht man die AL-Komponenten aus Sicht der Domänen. In der mittleren Karte sieht man, auf welchen Anwendungsplattformen die AL-Komponente basiert. In der untersten Karte schließlich werden die AL-Komponenten und ihre Beziehungen zu den physischen Hardwareplattformen dargestellt. Hiermit lassen sich z.B. Zusammenhänge zwischen Domänen und der benötigten Hardware zu ihrer Unterstützung visualisieren. Die AL-Komponente ist dabei das verbindende Element.

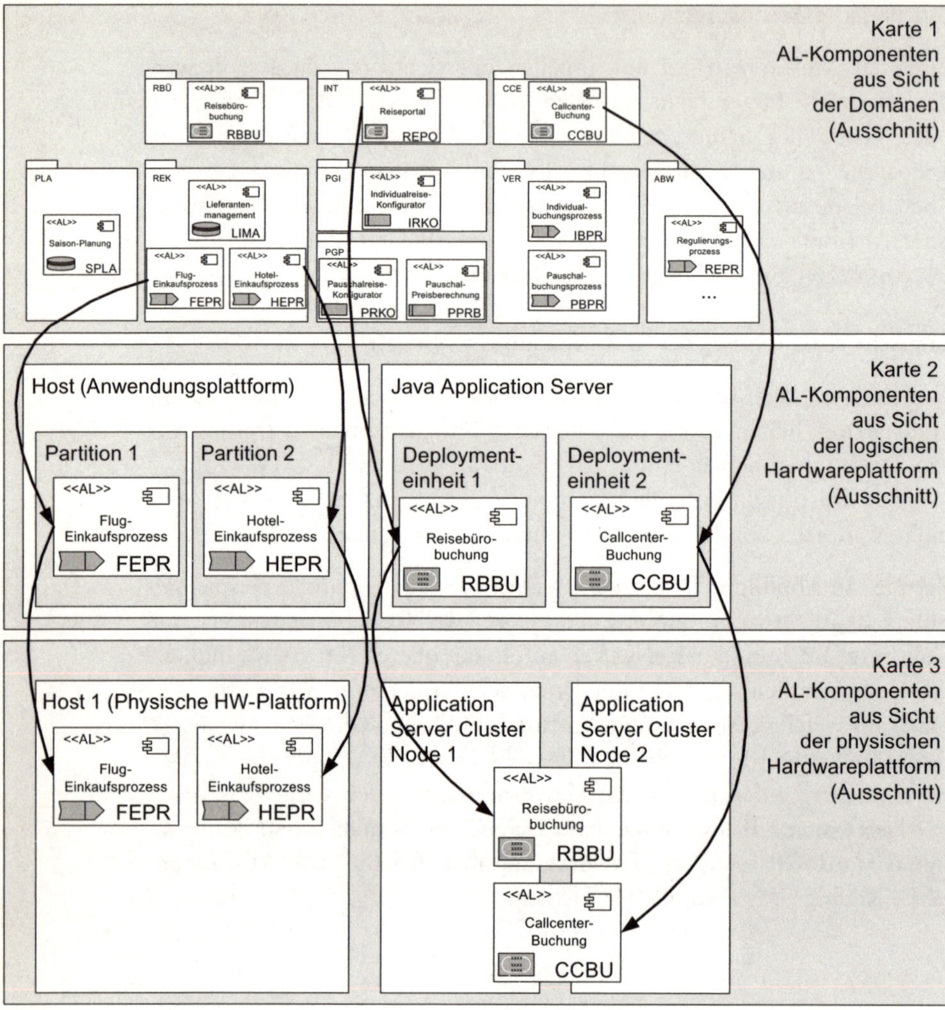

Abb. 8–8 Verzahnung der unterschiedlichen Sichten auf eine Anwendungslandschaft

15

8.3.3 Eine Methode zur Erhebung der Ist-Anwendungslandschaft

Eine Ist-Anwendungslandschaft zu erheben erfolgt in mehreren Schritten. Folgendes Vorgehen hat sich in der Praxis bewährt (Abb. 8–9):

1. *Festlegung der relevanten AL-Komponenten*
2. *Festlegung der relevanten Erhebungskriterien*
3. *Definition der Steckbriefe*
4. *Ausfüllen der Steckbriefe*

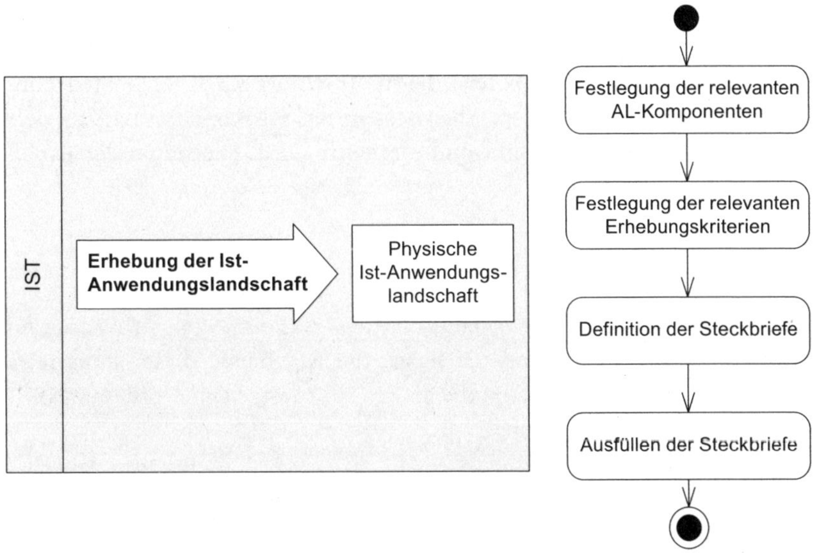

Abb. 8–9 Erhebung der Ist-Anwendungslandschaft

8.3.4 Festlegung der relevanten AL-Komponenten

Zunächst wird festgelegt, welche AL-Komponenten man überhaupt betrachten muss. Hierbei hilft der folgende Merksatz.

> Bei der Erhebung einer Ist-Anwendungslandschaft werden nur AL-Komponenten betrachtet, die im IT-Controlling aufgeführt werden und für die entsprechende Service Level Agreements mit dem Betrieb existieren.

AL-Komponenten, die diesen Forderungen genügen, heißen auch *anerkannte* AL-Komponenten. Projektspezifisch kann diese Menge für die Erhebung weiter eingeschränkt werden.

8.3.5 Festlegung der relevanten Erhebungskriterien

Gemäß Abschnitt 8.3.1 gehören zur Erhebung einer AL-Komponente immer die Komponente selber und ihre Schnittstellen. Welche zusätzlichen Eigenschaften man erheben muss, ist in der Regel abhängig vom jeweiligen Projektkontext, insbesondere von den Gestaltungszielen. So ist bei einem Programm mit Fokus auf Agilität von besonderem Interesse, von welcher Komponentenkategorie gemäß Kapitel 5 eine AL-Komponente ist und welchen Geschäftsprozess diese abdeckt. Bei einem Programm mit Fokus auf Kosteneffizienz ist es hingegen zumeist viel wichtiger zu wissen, wie hoch der Wartungsaufwand, die Systemgröße oder der

Betriebsaufwand einer AL-Komponente ist. Bei der Festlegung von Erhebungskriterien besteht erfahrungsgemäß nicht das Risiko, dass man etwas Wichtiges vergisst, sofern die in Abschnitt 8.3.1 gemachten Hinweise berücksichtigt werden. Eher besteht das Risiko, dass man zu viele Erhebungskriterien aufnimmt und ineffektiv wird. Hier muss der Architekt entgegenwirken.

8.3.6 Definition der Steckbriefe

Man erhebt Ist-Anwendungslandschaften in Form von strukturierten Interviews. Steckbriefe sind die Basis, die Ergebnisse dieser Interviews festzuhalten. Sie strukturieren die als relevant festgelegten Erhebungskriterien. Als Daumenregel gilt:

> Der Steckbrief einer AL-Komponente sollte fünf DIN-A4-Seiten nicht überschreiten.

Beispiel

Tabelle 8–1 zeigt eine strukturierte Vorlage zur Erfassung von AL-Komponenten am Beispiel der AL-Komponente Hotel-Einkaufssystem (HES) aus der Anwendungslandschaft von Christoph Kolumbus Reisen AG aus Teil I.

Beschreibungs-kriterium	Kommentar	Beispiel
Name	Name der physischen AL-Komponente	Hotel-Einkaufssystem (HES)
Organisationseinheit	Verantwortliche Organisationseinheit im Anwendungsmanagement	CKR-IT-133
Kurzbeschreibung	Beitrag zu den Geschäftszielen: Nutzen, Ziele, Einsatzbereiche	Das Hotel-Einkaufssystem unterstützt den gesamten Geschäftsprozess zum Einkauf von Hotelleistungen.
Kosten AM	Jährliche Wartungs- und Weiterentwicklungskosten	750 T€
Kosten IM	Jährliche Betriebskosten	215 T€
Exportierte Schnittstellen	Verweis auf Liste der exportierten Schnittstellen, für die sich die Erstellung gesonderter Steckbriefe bewährt hat	Hotelleistung übergeben
		Hotelleistung abfragen
		Angebot abfragen
Genutzte Schnittstellen	Verweis auf Liste der genutzten Schnittstellen	Kontingente übergeben
		Flugleistung abfragen
		Planung abfragen

Tab. 8–1 Steckbrief einer physischen AL-Komponente (Auszug)

8.3.7 Ausfüllen der Steckbriefe

Das gesamte benötigte Wissen über die Ist-Anwendungslandschaft kann man zumeist nur über mehrere Iterationen der Erhebung gewinnen. Die Verantwortlichen für die einzelnen AL-Komponenten können in der Regel nicht auf Anhieb differenzieren, was für die Anwendungslandschaft insgesamt relevant ist und was nur für die jeweilige AL-Komponente von Bedeutung ist.

Die Erhebung einer Ist-Anwendungslandschaft sollte in den folgenden Iterationsschritten erfolgen:

(1) *Klein anfangen*
Im ersten Schritt sollen nur Kurzfassungen der Steckbriefe für einige AL-Komponenten und deren Schnittstellen erfasst werden (beispielsweise nur die Kernerhebungsparameter für die AL-Komponenten eines Fachbereichs).

(2) *Das Wichtigste zuerst*
Im zweiten Schritt sollte man sich auf die wichtigsten AL-Komponenten beschränken (das sind in der Regel 2/3 bis 3/4 des Erhebungsumfangs).

(3) *Finalisieren*
Im dritten Schritt sollen die noch ausstehenden Informationen erhoben werden.

Weitere Erfahrungswerte betreffen die Darstellung:

Schon während der Erhebung sollten die Ergebnisse sukzessive in Tabellen und Softwarekarten festgehalten werden. Sie sind ein wichtiges Hilfsmittel auch für die Interviews.

Die Erhebungskriterien sollten hinsichtlich Umfang, Darstellungsform und Pflegbarkeit so gestaltet werden, dass Komponentenverantwortliche und Projektleiter diese zukünftig ohne großen Aufwand pflegen und nutzen können. Dies ist erfahrungsgemäß nur werkzeugunterstützt möglich.

Für den Aufwand der Erhebung der Anwendungslandschaft gilt als Daumenwert:

Pro AL-Komponente wird für die Durchführung und Nachbereitung der Interviews und damit für die Füllung der Steckbriefe ca. 1 Bearbeitertag benötigt.

8.4 Bewertung der Ist-Anwendungslandschaft

16

8.4.1 Eine Methode zur Bewertung der Ist-Anwendungslandschaft

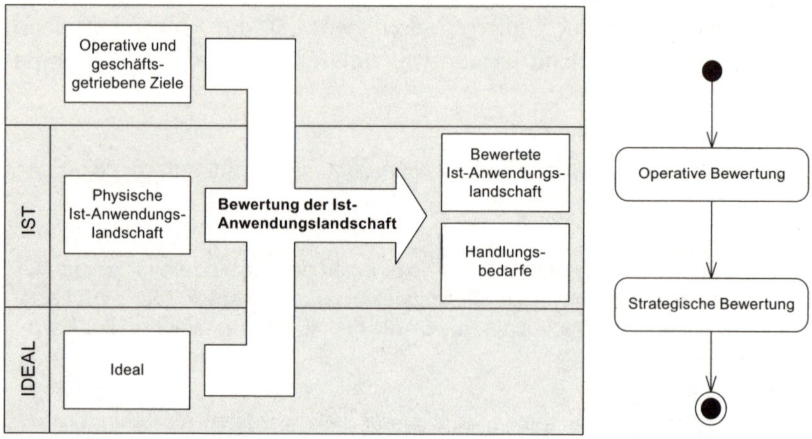

Abb. 8–10 Bewertung der Ist-Anwendungslandschaft

Ist die Ist-Anwendungslandschaft aufgenommen, muss der Architekt die Handlungsbedarfe für deren Umbau ermitteln. Dies erfolgt in zwei Schritten (Abb. 8–10):

1. *Operative Bewertung*
   Bewertung der Ist-Anwendungslandschaft im Hinblick auf die operativen und primär geschäftsgetriebenen Ziele und Anforderungen.
2. *Strategische Bewertung*
   Bewertung der Ist-Anwendungslandschaft im Hinblick auf die strategischen Ziele in Form des Ideals und der Plattformstrategie – quantitativ und qualitativ.

Abbildung 8–11 zeigt alle Zusammenhänge bei der Bewertung der Ist-Anwendungslandschaft und der Bestimmung von Handlungsbedarfen in der Übersicht.

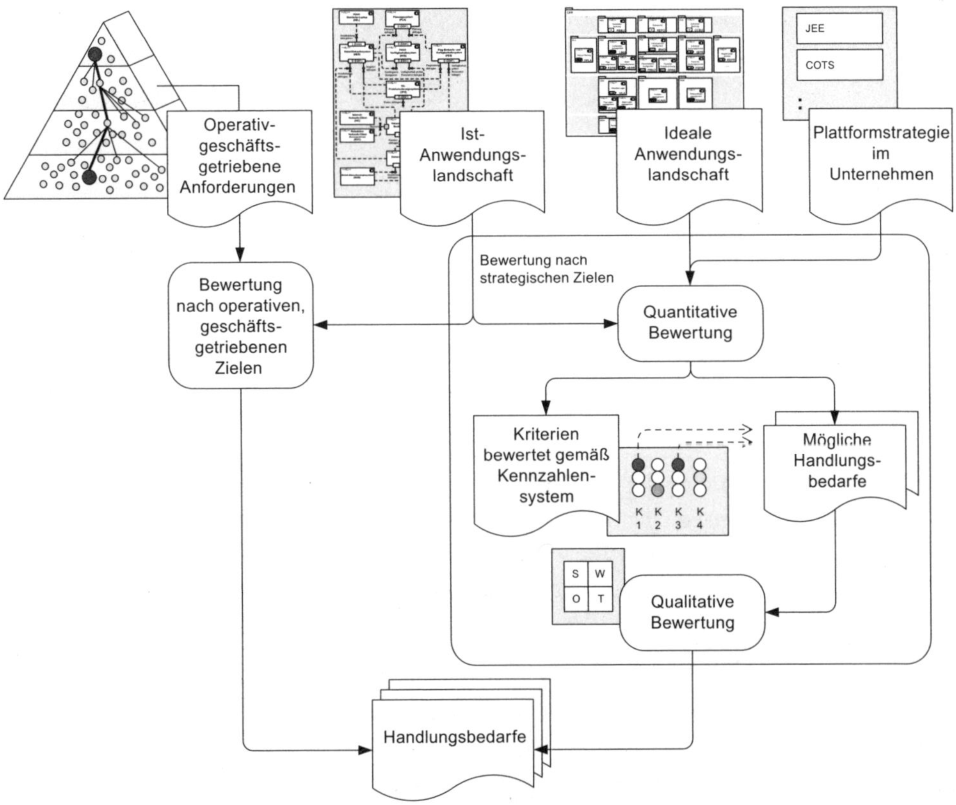

Abb. 8–11 Bewertung der Ist-Anwendungslandschaft und Bestimmung von Handlungsbedarfen

8.4.2 Operative Bewertung

In dieser Bewertung überprüft der Architekt, inwieweit die Ist-Anwendungslandschaft die relevanten operativen Geschäftsanforderungen funktional abdeckt (Kapitel 4). Nicht hinreichend abgedeckte Anforderungen ergeben Handlungsbedarfe.

Beispiel

Am Beispiel der Christoph Kolumbus Reisen AG aus Teil I sieht das wie folgt aus:

- *Individualreisen baldmöglichst unterstützen*
  Zum einen ist das Angebot von Individualreisen natürlich eine strategische Entscheidung. Entsprechend geht sie auch massiv in die Erstellung des Ideals ein (Kapitel 5). Dennoch besteht auch ein operativer Handlungsbedarf, denn mit Individualreisen soll in überschaubarer Zeit bereits Geld verdient werden.

- *CRM unterstützen*
  Dieser operative Handlungsbedarf ergibt sich aus der konkreten Geschäftsanforderung, die Kundenbindung zu erhöhen. Die IT unterstützt das derzeit nur rudimentär durch die reine Speicherung von Kundendaten. Intelligente Funktionen, die diese Daten nutzen, fehlen hingegen völlig.

Diese Bewertung entspricht dem Vorgehen im klassischen Projektportfoliomanagement (z. B. [Dev99]). Daher gehen wir nicht näher darauf ein.

8.4.3 Strategische Bewertung

Das im Rahmen der gesteuerten Evolution Neue ist nun, dass auch die strategischen und primär IT-orientierten Ziele, und damit auch die Gestaltungsziele, explizit und systematisch einfließen. In diesem Zusammenhang ist die Bewertung vor allem eine Delta-Analyse zwischen diesem Ist und dem Ideal (Kapitel 5) sowie zwischen dem Ist und der im Unternehmen definierten Plattformstrategie (Abschnitt 8.3.1).

Quantitative Bewertung

Um Handlungsbedarfe im strategischen Bereich abzuleiten hat es sich bewährt, *quantitative Bewertungen* durchzuführen. Hierzu müssen auf Ebene der gesamten Anwendungslandschaft *Bewertungskriterien* definiert und hierfür *Kennzahlen* ermittelt werden. Diese Kennzahlen sind ein Maß dafür, wie weit die Ist-Anwendungslandschaft vom Ideal entfernt ist bzw. wie weit sie die Plattformstrategie des Unternehmens reflektiert. Die Arbeit mit verdichteten Aussagen in Form von Kennzahlen ist umso wichtiger, je größer die Anwendungslandschaft ist.

Hinsichtlich des Ideals ergeben sich die Bewertungskriterien direkt aus den Regeln für die Gestaltung von idealen Anwendungslandschaften aus Kapitel 5. Wir halten fest:

> Die wichtigsten quantitativen Bewertungskriterien einer Ist-Anwendungslandschaft aus strategischer Sicht gemessen am Ideal sind *Domänenreinheit, fachliche Strukturierung, Kategorienreinheit, Abhängigkeiten gemäß Kategorien, keine zyklischen Abhängigkeiten, enger Zusammenhalt/geringe Kopplung, Datenhoheit und angemessener Kopplungsgrad.*

Tabelle 8–2 zeigt, wie diese Kriterien grundsätzlich gemessen werden können.

Kriterium	Maß
Domänenreinheit	Grad der Eindeutigkeit der Abbildung von Ist-AL-Komponenten auf Ideal-Domänen
Fachliche Strukturierung	Grad der Eindeutigkeit der Abbildung von Ist-AL-Komponenten auf fachliche Kriterien, wie beispielsweise fachlich zusammenhängende Geschäftslogik
Kategorienreinheit	Grad der Eindeutigkeit der Abbildung von den Schnittstellenoperationen einer Ist-AL-Komponente auf Servicekategorien
Abhängigkeiten gemäß Kategorien	Relative Anzahl erlaubter Aufrufbeziehungen
Keine zyklischen Abhängigkeiten	Relative Anzahl nichtzyklischer Abhängigkeiten von Komponenten
Enger Zusammenhalt/ geringe Kopplung	Kehrwert der relativen Summe über die Breiten – d.h. Anzahl elementarer Datentypen – der Schnittstellenoperationen
Datenhoheit	Grad der Eindeutigkeit der Abbildung von Geschäftsobjekten auf Ist-AL-Komponenten, die schreibend auf deren Repräsentation zugreifen
Angemessener Kopplungsgrad	Korrelation zwischen Kopplungsgraden paarweise betrachteter Komponenten und deren Entfernungen

Tab. 8–2 Kriterien und Maße zur strategischen und quantitativen Bewertung gemessen am Ideal

Darüber hinaus gibt es ein weiteres Kriterium, das in einer Ist-Anwendungslandschaft zwar gemessen werden kann, sich aber nur implizit aus den Regeln für die Gestaltung von idealen Anwendungslandschaften aus Kapitel 5 ableiten lässt.

Ein weiteres wichtiges quantitatives Bewertungskriterium einer Ist-Anwendungslandschaft aus strategischer Sicht gemessen am Ideal ist die *funktionale Redundanz.*

Gemessen wird diese funktionale Redundanz am Grad der Eindeutigkeit der Abbildung von Geschäftsservices auf Ist-AL-Komponenten.

Schließlich muss die Konformität zur Plattformstrategie gemessen werden. Auch hierfür gibt es im Zusammenhang mit der Bewertung von Ist-Anwendungslandschaften typische Kriterien:

Typische wichtige quantitative Bewertungskriterien einer Ist-Anwendungslandschaft aus strategischer Sicht gemessen an der Plattformstrategie sind beispielsweise *Homogenität der Technologie, Homogenität der Plattform* und *Homogenität der Anbieter.*

Tabelle 8–3 zeigt, wie diese Kriterien grundsätzlich gemessen werden können.

Kriterium	Maß
Homogenität der Technologie	Anzahl unterschiedlicher im Einsatz befindlicher Technologien
Homogenität der Plattform	Anzahl unterschiedlicher im Einsatz befindlicher Plattformen
Homogenität der Anbieter	Anzahl der Hersteller im Einsatz befindlicher AL-Komponenten

Tab. 8–3 Kriterien und Maße zur strategischen und quantitativen Bewertung gemessen an der Plattformstrategie

Während die Erstellung des Ideals der Kern dieses Buchs ist, gehen wir hier auf Aspekte der Plattformstrategie nicht weiter ein. Näheres dazu findet sich z.B. in [WPO02].

Für die Gesamtmenge der relevanten Bewertungskriterien muss der Architekt ein konkretes Kennzahlensystem für das Unternehmen festlegen. Tabelle 8–4 illustriert das Prinzip eines solchen Kennzahlensystems. Beispiele für konkrete Kennzahlensysteme finden sich in [Küt06].

	Grün	Gelb	Rot
Domänenreinheit	< 30% der AL-Komponenten stellen Services für mehr als eine Domäne bereit.	30–60% der AL-Komponenten stellen Services für mehr als eine Domäne bereit.	> 60% der AL-Komponenten stellen Services für mehr als eine Domäne bereit.
Kategorienreinheit	< 30% der AL-Komponenten stellen Schnittstellenoperationen mehrerer Kategorien bereit.	30–60% der AL-Komponenten stellen Schnittstellenoperationen mehrerer Kategorien bereit.	> 60% der AL-Komponenten stellen Schnittstellenoperationen mehrerer Kategorien bereit.
:	:	:	:

Tab. 8–4 Beispielhaftes Kennzahlensystem

Ein möglicher Handlungsbedarf besteht, wenn eine bestimmte Kennzahl erreicht oder überschritten wird. In Tabelle 8–4 könnte das der Fall sein, wenn die Kennzahl Rot wird.

Qualitative Bewertung

Diese quantitative Analyse sollte durch eine qualitative Bewertung komplementiert werden. Eine Methode hierfür ist die SWOT-Analyse (z.B. [BDT99]). Diese unterstützt die qualitative Ableitung grundsätzlicher IT-strategischer Aussagen aus analysierten Stärken, Schwächen, Chancen und Risiken der Ist-Anwendungslandschaft. Die in der quantitativen Analyse gefundenen möglichen Handlungsbedarfe werden gegen diese Aussagen abgewogen, um ihre tatsächliche Kritikalität zu ermitteln.

Beispiel

Angewandt auf das Beispiel der Christoph Kolumbus Reisen AG wurden folgende Handlungsbedarfe aus strategischer Sicht ermittelt:

- *AL-Komponenten fachlich strukturieren*
  Die fachliche Trennung der Belange ist in der Ist-Anwendungslandschaft deutlich verletzt. Das zeigt die quantitative Analyse am Beispiel der Kennzahl für die Domänenreinheit. Diese ist Rot. Die qualitative Untersuchung bestärkt, dass das Gestaltungsziel der Agilität (Abschnitt 2.3) wesentlich ist. Von daher ist die quantitative Beobachtung tatsächlich kritisch, denn es besteht die Gefahr, dass die IT zukünftige Geschäftsanforderungen nicht schnell genug unterstützen kann.
- *Host ablösen*
  Die bei CKR derzeit noch heterogene Plattformwelt aus Client/Server- und Host-basierten Lösungen ist nicht kosteneffizient.

8.5 Bestimmung von Hauptszenarien

8.5.1 Hauptszenarien

Sind die Handlungsbedarfe identifiziert, muss sich der Architekt Gedanken über sinnvolle Zwischenziele machen. Wir definieren:

Hauptszenarien (main scenarios) sind Bündel von Einzelmaßnahmen des Umbaus der Anwendungslandschaft, um potenziell sinnvolle Zwischenziele zu erreichen. Sie kombinieren operative und primär geschäftsgetriebene Handlungsbedarfe mit strategischen Handlungsbedarfen und balancieren so die dahinterstehenden Ziele aus.

8.5.2 Eine Methode zur Bestimmung von Hauptszenarien

Konkret bestimmt der Architekt Hauptszenarien wie folgt (Abb. 8–12):

1. *Primären Treiber definieren*
   Auswahl eines oder mehrerer operativer und primär geschäftsgetriebener Handlungsbedarfe (a) oder Auswahl eines strategischen Handlungsbedarfs (b).
2. *Scope ableiten*
   Ermittlung des davon betroffenen Bereichs der Anwendungslandschaft.
3. *Balancierung ergänzen*
   Ergänzung passender Maßnahmen für diesen Bereich anhand strategischer Handlungsbedarfe (a) oder passender Maßnahmen des operativen und primär geschäftsgetriebenen Bereichs (b).

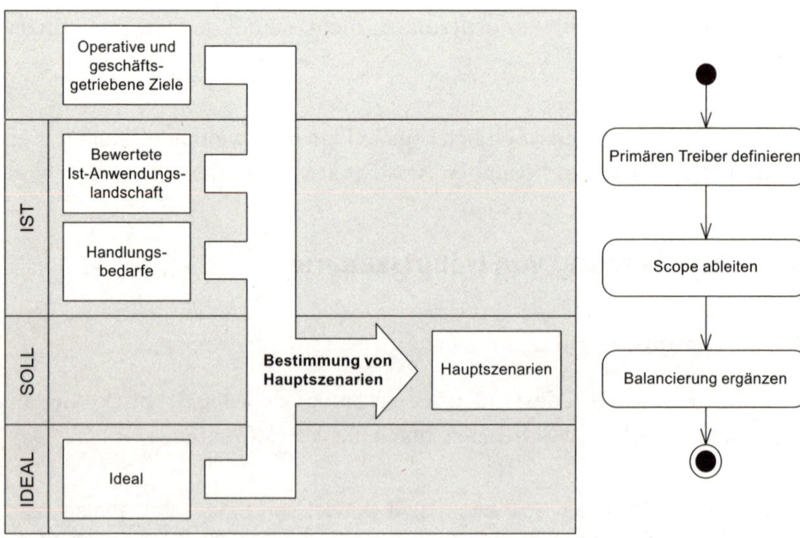

Abb. 8–12 Bestimmung von Hauptszenarien

Beispiel

Am Beispiel der Christoph Kolumbus Reisen AG sieht das wie folgt aus. Ein Hauptszenario hat als primären Treiber einen der beiden bekannten operativen und primär geschäftsgetriebenen Handlungsbedarfe, nämlich den der baldigen Unterstützung von Individualreisen. Das dem entsprechende Programm soll die Anwendungslandschaft so umbauen, dass dies erfüllt wird (Abb. 8–13).

Ohne Berücksichtigung des Ideals würde CKR die Umsetzung auf Basis der bestehenden physischen AL-Komponenten planen. Beispielsweise könnte CKR beschließen, das Hotel-Einkaufssystem (HES) sowie das Flug-Einkaufssystem (FES) zu erweitern. Die Kennzahlen für *Domä-*

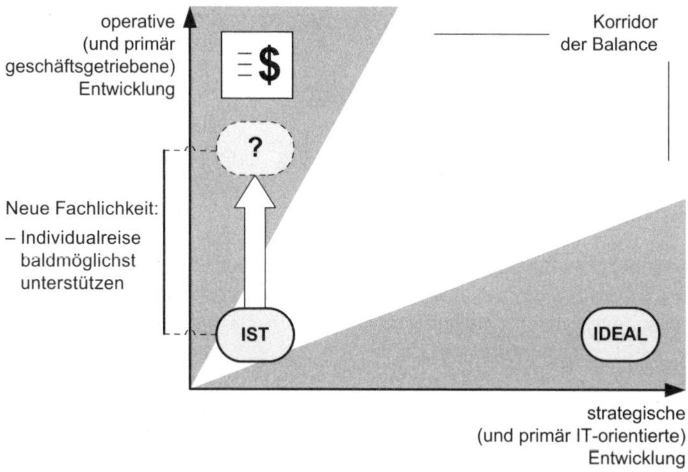

Abb. 8–13 Entwicklung der Anwendungslandschaft entlang ausschließlich operativer Handlungsbedarfe

nenreinheit und *Fachliche Strukturierung* würden sich damit verschlechtern, die Anwendungslandschaft sich damit weiter vom Ideal entfernen. Das Ergebnis wäre, dass sich die Anwendungslandschaft aus dem Korridor der Balance herausbewegt. Entsprechend müssen strategische Maßnahmen ergänzt werden. Hier bietet sich ein Umbau der Anwendungslandschaft an, der den Handlungsbedarf berücksichtigt, die AL-Komponenten fachlich besser zu strukturieren. Konkret bedeutet das, in den Bereichen Produktmanagement und Lagerverwaltung die Komponenten wie im Ideal vorgesehen zu strukturieren. Abbildung 8–14 zeigt das Hauptszenario als Menge balancierter Maßnahmen.

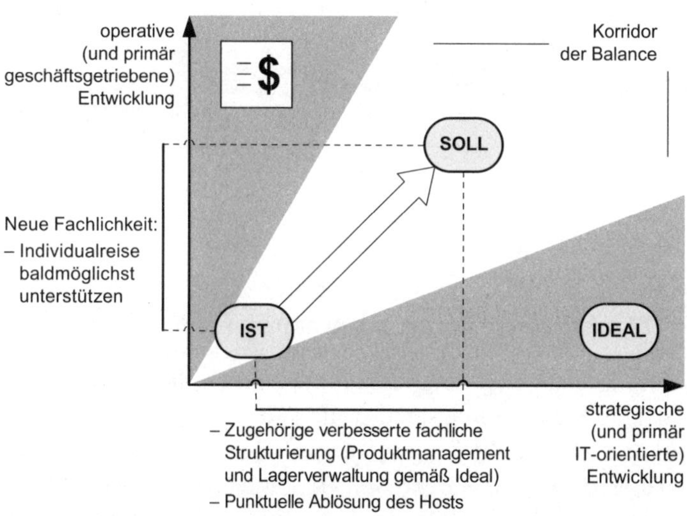

Abb. 8–14 Ein Hauptszenario als Menge balancierter Maßnahmen

8.6 Bestimmung der Soll-Anwendungslandschaft

8.6.1 Soll-Anwendungslandschaften

Sind die Hauptszenarien identifiziert, muss der Architekt eine entsprechende Soll-Anwendungslandschaft entwerfen. Wir definieren:

Die ***Soll-Anwendungslandschaft*** (to-be application landscape) besteht aus den zu einem definierten Zeitpunkt in der Zukunft existierenden physischen AL-Komponenten und deren Schnittstellen mit klarem Bezug zu den logischen AL-Komponenten des Ideals. Sie definiert damit ein zu erreichendes Zwischenziel, zu dem die Ist-Anwendungslandschaft umgebaut werden soll.

18

8.6.2 Eine Methode zur Bestimmung der Soll-Anwendungslandschaft

Der Architekt bestimmt die Soll-Anwendungslandschaft in drei Schritten (Abb. 8–15):

1. *IT-Architekturanforderungen aufnehmen*
2. *Bevorzugtes Hauptszenario auswählen*
3. *Soll-Anwendungslandschaft entwerfen*

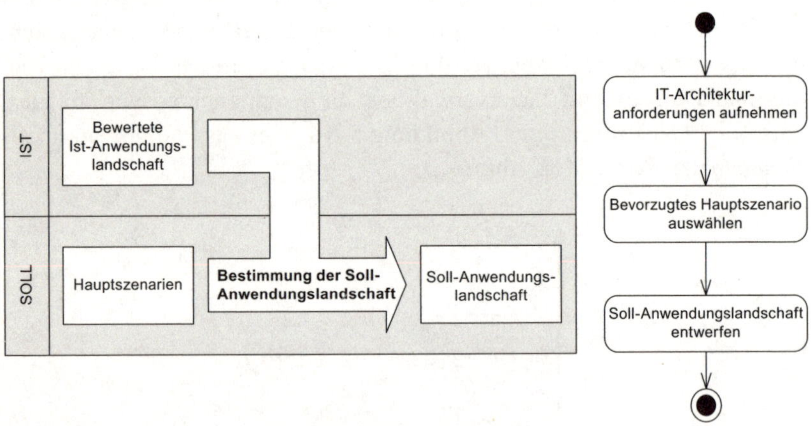

Abb. 8–15 Bestimmung der Soll-Anwendungslandschaft

8.6.3 IT-Architekturanforderungen aufnehmen

Zur Auswahl eines bevorzugten Hauptszenarios und damit zur Bestimmung der Soll-Anwendungslandschaft benötigt man IT-Architekturanforderungen, die in ihrer Granularität über die Gestaltungsziele auf oberster Ebene (Agilität, Effektivität etc.) und die ermittelten Handlungsbedarfe hinausgehen. Diese Anforderungen werden erfahrungsgemäß in allen größeren Anwendungslandschafts- bzw. Migrationsprojekten definiert.

Im Rahmen einer systematischen Vorgehensweise empfiehlt es sich, diese explizit als Verfeinerung der Handlungsbedarfe aufzufassen. Hierdurch entsteht eine Ziele- und Anforderungshierarchie für die IT analog zum strategischen Kontext der Geschäftsarchitektur (Abschnitt 4.2). Abbildung 8–16 illustriert den Gesamtzusammenhang.

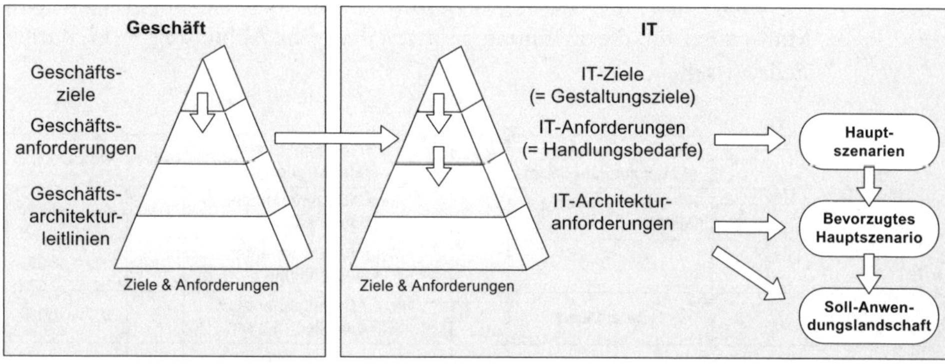

Abb. 8–16 Zielsysteme, Hauptszenarien und Soll (Zusammenhänge)

Danach werden IT-Ziele (Gestaltungsziele) verfeinert in IT-Anforderungen (Handlungsbedarfe), und diese weiter in konkrete IT-Architekturanforderungen.

Einige dieser IT-Architekturanforderungen leitet man explizit aus den IT-Zielen und IT-Anforderungen ab. Hierbei gehen das Ideal und die Plattformstrategie indirekt über die Handlungsbedarfe ein. Weitere IT-Anforderungen ergeben sich auch direkt aus Geschäftsanforderungen. In beiden Fällen spricht man von einem Top-down-Vorgehen.

Darüber hinaus ermittelt der Architekt – beispielsweise in Workshops mit Stakeholdern aus der IT – weitere IT-Architekturanforderungen als »lose Sammlung« und ordnet diese dann zu. Hier spricht man von einem Bottom-up-Vorgehen. Eine Kombination beider Vorgehensweisen sichert die Vollständigkeit ab.

Damit auf Basis der so aufgenommenen Anforderungen ein Hauptszenario ausgewählt werden kann, müssen qualifizierte Repräsentanten des Unternehmens diese priorisieren. Dabei empfiehlt es sich, IT-Architekturanforderungen erst dann zu identifizieren, wenn IT-Ziele und IT-Anforderungen schon priorisiert wurden. Dies kann beispielsweise über eine individuelle Gewichtung erfolgen.

Die IT-Architekturanforderungen sollten schließlich noch mit konkreten Erfüllungsparametern versehen werden. Die Erfüllungsparameter sollten so definiert sein, dass sie klar messbar sind. Für die Erreichung eines Erfüllungsstatus sollte es ein vordefiniertes Punktesystem geben (z.B. Erfüllung 0% oder 100%).

In realen Projekten kann diese Aufstellung mehrere hundert Einträge auf Ebene der IT-Architekturanforderungen enthalten, die gegeneinander abzuwägen sind.

Beispiel

Im Beispiel der Christoph Kolumbus Reisen AG könnte die Sammlung der Ziele und Anforderungen inklusive Priorisierung und festgelegtem Maßsystem für die Erfüllung prinzipiell wie in Abbildung 8–17 dargestellt aussehen.

	Ziele	Prio	IT-Anforderungen (= Handlungsbedarfe)	Prio	IT-Architektur-anforderungen	Prio	Maßsystem
IT-Ziele (= Gestaltungsziele)	Agilität	1	AL-Komponenten fachlich strukturieren	2	Neue AL-Komponenten domänenrein	1	0% – 100%
	-"-		-"-		Neue A-Komponenten kategorienrein L	2	0% – 100%
	Effizienz	2	Host ablösen	3	Neue AL-Komponentenin JEE auf Client/Server	1	0% – 100%
	...						
Geschäfts-anforderungen	Kunden-zufriedenheit	1	Individualreisen unterstützen	1	Neue AL-Komponente für virtuelle Lagerhaltung	2	0% oder 100%
	-"-		-"-		Neue AL-Komponente für Individualreisen-Konfiguration	1	0% oder 100%
	Kunden-bindung	2	CRM unterstützen	2	Neue AL-Komponente für CRM	3	0% oder 100%
	...						

Abb. 8–17 Ziel- und Anforderungssystem bei CKR

8.6.4 Bevorzugtes Hauptszenario auswählen

Der Architekt wählt aus den zuvor identifizierten Hauptszenarien das bevorzugte Hauptszenario aus, indem er die Hauptszenarien hinsichtlich der Prioritäten auf Ebenen der IT-Ziele und IT-Anforderungen bewertet.

Beispiel

Am Beispiel der Christoph Kolumbus Reisen AG erfolgt die Auswahl des zuvor skizzierten Hauptszenarios aufgrund der Priorisierung der Unterstützung von Individualreisen gegenüber alternativen Hauptszenarien, beispielsweise einem Hauptszenario mit primärem Treiber Kundenbindung/CRM oder Effizienz/Host.

8.6.5 Soll-Anwendungslandschaft entwerfen

Entsprechend dem nun ausgewählten Hauptszenario entwirft der Architekt die Soll-Anwendungslandschaft auf Ebene der physischen AL-Komponenten und Schnittstellen. Dabei beschreibt er die einzelnen elementaren Umbaumaßnahmen gegenüber der Ist-Situation und orientiert sich am Ideal. Hierzu beschreibt er pro AL-Komponente und Schnittstelle im Soll deren Status. Mögliche Status sind:

- Neu erstellt (ggf. als angepasste COTS-Komponente)
- Verändert bzw. angepasst (z.B. durch Herauslösung bestimmter Funktionalität)
- Abgelöst
- Unverändert

In den ersten beiden Status strebt der Architekt üblicherweise eine physische Realisierung der im Ideal definierten logischen AL-Komponente an.

Oft besteht der Entwurfsprozess auf der Komponentenebene aus einer konsequenten Anwendung der IT-Architekturanforderungen auf die Ist-Anwendungslandschaft. In Fällen, in denen beispielsweise komplizierte Widersprüche in den IT-Architekturanforderungen vorliegen, müssen verschiedene mögliche Soll-Lösungen methodisch gegeneinander abgewogen werden. Dies erfolgt, indem deren jeweilige Erfüllungsgrade pro Anforderung ermittelt und mit den Prioritäten verrechnet werden. Dieser Zusammenhang wie auch die zuvor dargestellte Auswahl des bevorzugten Hauptszenarios sind in Abbildung 8–18 dargestellt.

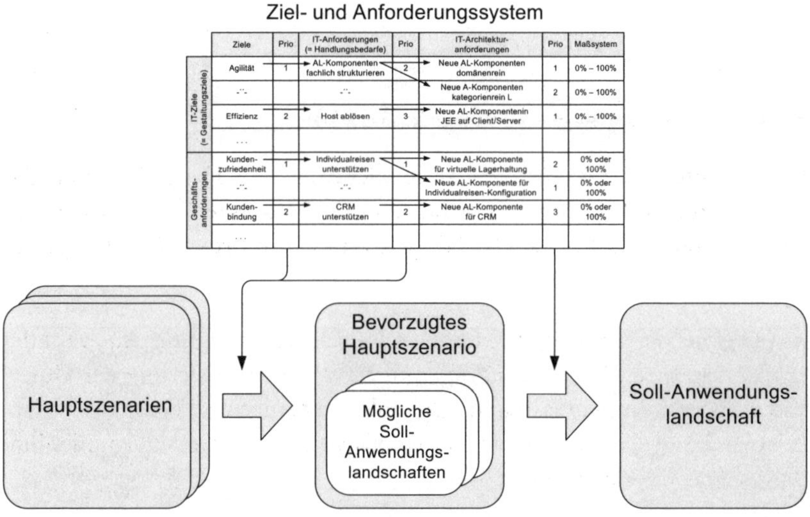

Abb. 8–18 Auswahl des bevorzugten Hauptszenarios und der Soll-Anwendungslandschaft

Beispiel

Eine resultierende Soll-Anwendungslandschaft für Christoph Kolumbus Reisen AG ist in Abbildung 8–19 dargestellt. Man erkennt, dass die neu zu erstellenden bzw. anzupassenden AL-Komponenten (in der Abbildung grau unterlegt) physische Realisierungen logischer AL-Komponenten des Ideals sind.

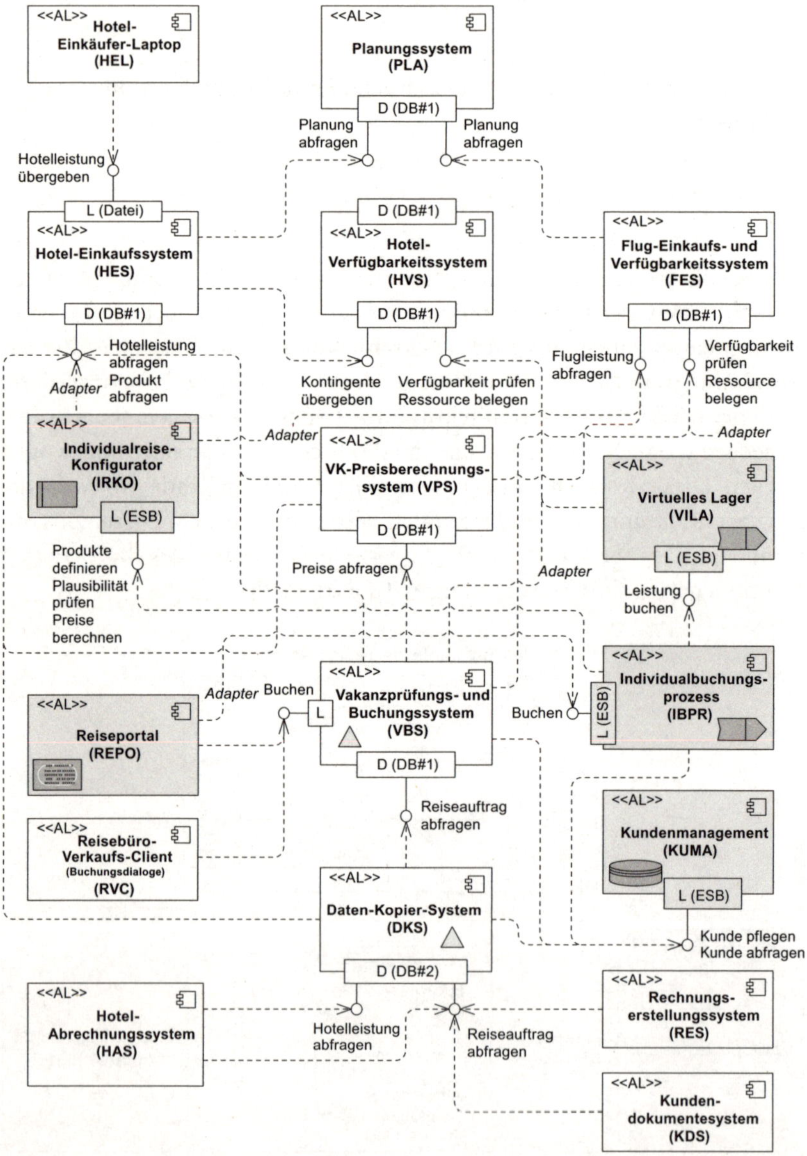

Abb. 8–19 Soll-Anwendungslandschaft bei CKR

8.7 Bestimmung der Roadmap

8.7.1 Roadmaps

Ist die Soll-Anwendungslandschaft bestimmt, muss der Architekt den Weg von der Ist-Anwendungslandschaft zur Soll-Anwendungslandschaft qualitativ und quantitativ bestimmen. Diesen nennen wir Roadmap. Wir definieren:

> Die ***Roadmap*** ist die qualitative und quantitative Beschreibung des Wegs vom Ist zum Soll.

8.7.2 Eine Methode zur Bestimmung der Roadmap

Der Architekt entwickelt die Roadmap in drei Schritten (Abb. 8–20):

1. *Festlegung der Schritte*
   Die einzelnen elementaren Umbaumaßnahmen zur Umgestaltung der Ist-Anwendungslandschaft werden unter Zuhilfenahme von Referenzszenarien in eine Reihenfolge gebracht.
2. *Festlegung der Stufen*
   Für mehrere Schritte wird eine gemeinsame Inbetriebnahme geplant oder für einen Schritt werden mehrere Teil-Inbetriebnahmen geplant.
3. *Quantifizierung*
   Der Aufwand für die Umsetzung der Stufen wird geschätzt und zeitlich geplant.

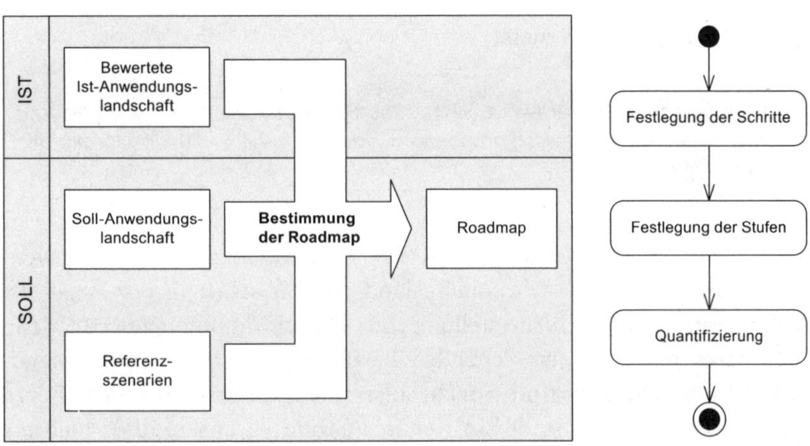

Abb. 8–20 Bestimmung der Roadmap

Bei der Bestimmung der qualitativen Roadmap werden demnach Schritte und Stufen festgelegt. Dies behandeln wir im Folgenden genauer. Die Quantifizierung entspricht dem bekannten Projektplanungsprozess für Softwareprojekte. Auch dies ist für ein konkretes Vorhaben wichtig, liegt aber außerhalb des Scopes dieses Buchs. Hinweise dazu finden sich beispielsweise in [GJS03].

8.7.3 Festlegung der Schritte

20 Das Vorgehen bei der Festlegung von Schritten basiert auf *Referenzszenarien*. Wir definieren:

> Ein ***Referenzszenario*** (reference scenario) ist eine Abfolge elementarer Umbaumaßnahmen einer Anwendungslandschaft, die sich bei bestimmten Unterschieden zwischen Ist- und Soll-Anwendungslandschaft bewährt hat.

Zur mehrfachen Verwendung des Begriffs Szenario: Während wir mit dem Begriff des Hauptszenarios einen globalen Umbau der gesamten Anwendungslandschaft im Großen bezeichnet haben, bezieht sich ein Referenzszenario nun eher auf eine lokale Aufgabenstellung.

Im Folgenden beschreiben wir beispielhaft zwei wichtige Referenzszenarien:

- Bestandskomponenten zuerst
- Unterstützende Geschäftsservices vor Kerngeschäftsservices

Weitere Referenzszenarien finden sich beispielsweise in [HRJ+04].

Bestandskomponenten zuerst

> *Bestandskomponenten zuerst*: Wenn das Soll eine neu zu erstellende oder zu verändernde Bestandskomponente vorsieht, sollte dieser Umbau als Erstes erfolgen.

Die Bestandskomponenten bilden das Fundament einer Ideal-Anwendungslandschaft. Soll-Anwendungslandschaften sehen in der Regel die Veränderung oder die Neuerstellung einer Bestandskomponente vor, wenn die Strukturen der entsprechenden Bestände der Ist-Anwendungslandschaft für solche Funktionen nicht ausreichen, die im Soll zu verändern oder neu zu erstellen sind. Ein weiterer Grund kann sein, dass mehrere AL-Komponenten fachlich identische Bestände redundant verwalten.

Mit der Veränderung oder Neuerstellung von Bestandskomponenten ist in der Regel auch die Neuerstellung oder Veränderung von Komponenten anderer Kategorien verbunden, die Schnittstellen dieser Bestandskomponenten nutzen.

Durch einen Um- bzw. Neubau von Bestandskomponenten in einem ersten Schritt stellt der Architekt sicher, dass alle nachfolgenden Veränderungen an AL-Komponenten anderer Kategorien auf die Schnittstellen der neuen Bestandskomponenten aufsetzen. Die Anzahl von temporären Lösungen, die das Unternehmen nur für einen begrenzten Zeitraum zwischen Ist und Soll benötigt, bleibt dadurch klein.

Andererseits sollten die zu verändernden Bestandskomponenten im Soll ohnehin nicht auf Komponenten anderer Kategorien zugreifen (Abschnitt 5.4.4), so dass der umgekehrte Fall ausgeschlossen werden kann.

Im Zusammenhang mit diesem frühen Umbau im Bereich der Bestandskomponenten sieht eine typische Schrittfolge – das zugehörige Referenzszenario – wie in Abbildung 8–21 illustriert aus.

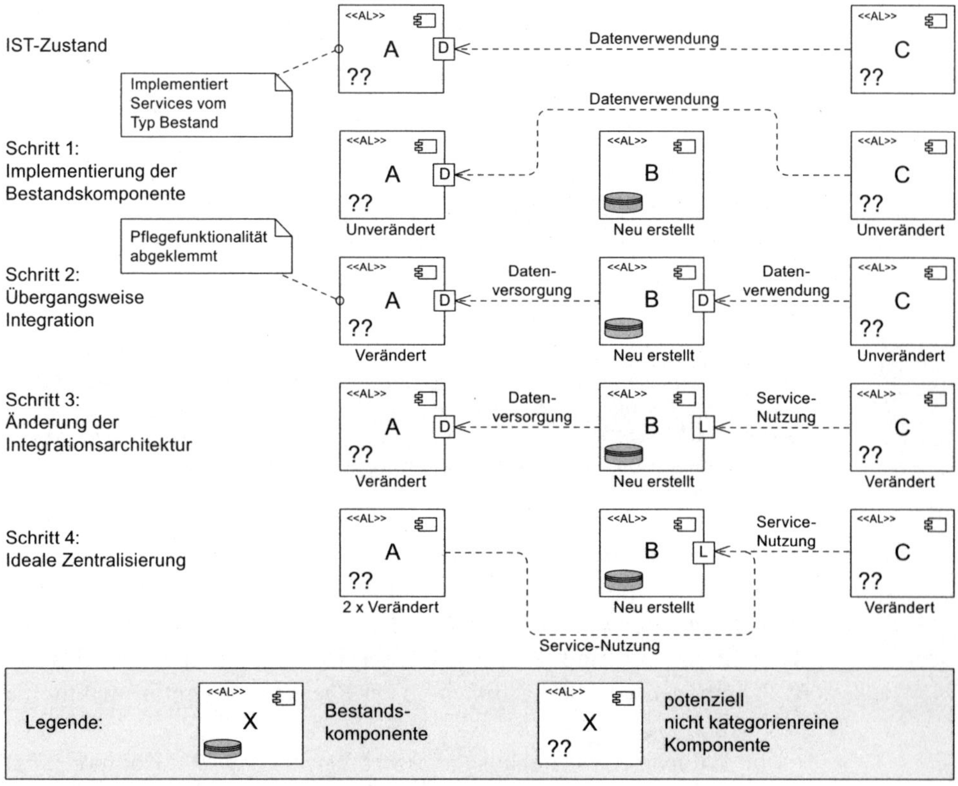

Abb. 8–21 Referenzszenario: Neue Bestandskomponenten zuerst

- Schritt 1 – *Implementierung der Bestandskomponente*
  Man implementiert eine neue Komponente B zur zentralen Verwaltung der im Fokus stehenden Geschäftsobjekte.
- Schritt 2 – *Übergangsweise Integration*
  Die Komponenten C, die einen Zugriff auf diese Geschäftsobjekte benötigt, nutzt nun eine Schnittstellenfassade der neuen Bestandskomponente B. Diese Schnittstellenfassade imitiert die Schnittstelle der bestehenden Komponente A, so dass keine Änderungen an der Komponente C für diesen Schritt nötig sind. Die Komponente B informiert die Komponente A (und ggf. weitere Komponenten, die die betroffenen Geschäftsobjekte verwalten). Hierbei stellt man sicher, dass die Funktionalität zur Pflege der betroffenen Informationsobjekte in Komponente A ausgeschaltet ist.
- Schritt 3 – *Änderung der Integrationsarchitektur*
  Nun kann man Erweiterungen an der Komponente C vornehmen. Hierbei nutzt Komponente C jetzt nicht mehr die Schnittstellenfassade, sondern die auf eine übergreifende Nutzung ausgerichteten Schnittstellen zur Pflege der Geschäftsobjekte.
- Schritt 4 – *Ideale Zentralisierung*
  Schließlich löst man die Funktionen zur Verwaltung der Informationsobjekte aus der Komponente A heraus. Komponente A nutzt nun auch die Schnittstellen der Komponente B zur Verwaltung der Informationsobjekte. Typischerweise ist dieser Schritt relativ aufwendig.

Unterstützende Geschäftsservices vor Kerngeschäftsservices

> *Migriere die Anwendungsservices unterstützender Geschäftsservices vor Kerngeschäftsservices*: Wenn das Soll für unterstützende Geschäftsservices und Kerngeschäftsservices neue bzw. zu verändernde AL-Komponenten vorsieht, sollte der Umbau der AL-Komponenten für die unterstützenden Geschäftsservices vor denen für die Kerngeschäftsservices erfolgen.

In diesem Abschnitt reden wir von *unterstützenden Geschäftsservices* und *Kerngeschäftsservices* und meinen die Anwendungsservices, die diese automatisieren. Anwendungslandschaften erbringen unterstützende Geschäftsservices und Kerngeschäftsservices häufig über gemeinsame AL-Komponenten. Hierbei besteht in der Regel eine komponenteninterne enge Kopplung.

Im Rahmen eines Umbaus hat es sich bewährt, die AL-Komponenten für die unterstützenden Geschäftsservices vor denen für die Kerngeschäftsservices zu erstellen. Hintergrund sind die unterschiedlichen Nutzungsbeziehungen zwischen unterstützenden Geschäftsservices und

Kerngeschäftsservices. Unterstützende Geschäftsservices unterstützen die Kerngeschäftsservices, d.h., Kerngeschäftsservices sind eher abhängig von den unterstützenden Geschäftsservices als dass unterstützende Geschäftsservices abhängig von Kerngeschäftsservices sind.

Durch den Bau von AL-Komponenten für die unterstützenden Geschäftsservices sowie die Versorgung der existierenden Komponenten mit den benötigten Daten hält man wiederum die Anzahl von Zwischenlösungen klein.

Im Zusammenhang mit diesem Umbau »von außen nach innen« sieht eine typische Schrittfolge – das zugehörige Referenzszenario – wie in Abbildung 8–22 illustriert aus.

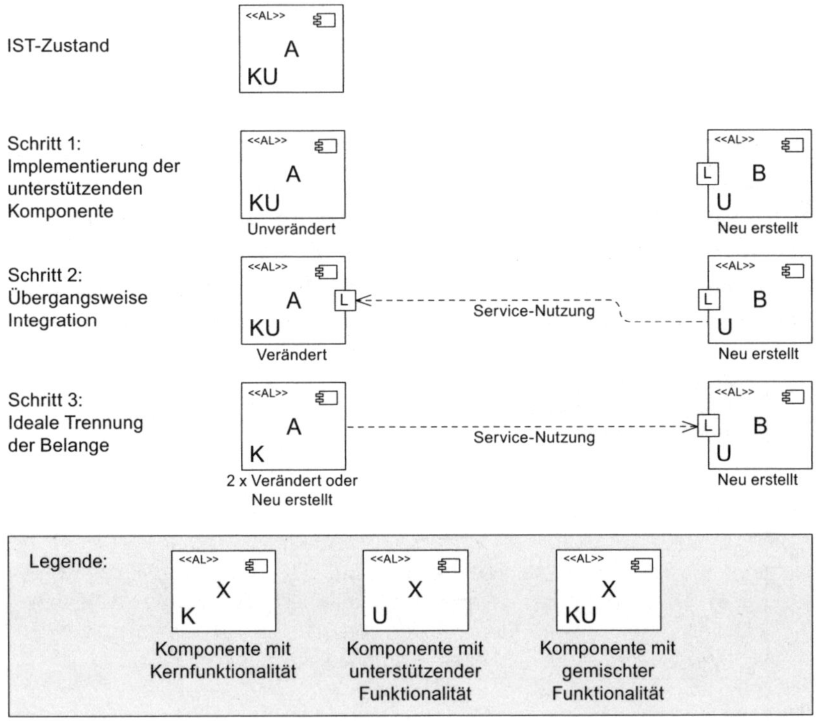

Abb. 8–22 Referenzszenario: Unterstützende Geschäftsservices vor Kerngeschäftsservices

- Schritt 1 – *Implementierung der unterstützenden Komponente*
  Man implementiert eine neue Komponente B für die unterstützenden Geschäftsservices. AL-Komponenten können diese unterstützenden Geschäftsservices jetzt nutzen.
- Schritt 2 – *Übergangsweise Integration*
  In der Regel muss die Komponente B die Komponente A noch mit Daten versorgen, damit Komponente A komponentenintern die benö-

tigten unterstützenden Geschäftsservices erbringen kann. Hierfür ist es in der Regel notwendig, eine Servicefassade für die Komponente A zu errichten.

- Schritt 3 – *Ideale Trennung der Belange*
  Nun löst man die Funktionalität für die unterstützenden Geschäftsservices aus der Komponente A heraus oder baut die Funktionalität der Kerngeschäftsservices neu. Hierbei nutzt man die von der Komponente B bereitgestellten Services.

Kombination von Referenzszenarien

Die beiden oben dargestellten Referenzszenarien geben Schrittfolgen in zwei unterschiedlichen Dimensionen vor. Grundsätzlich besteht die Möglichkeit, beliebige Referenzszenarien miteinander zu verschränken. Dabei bleiben die jeweiligen Reihenfolgen der Schritte in den Referenzszenarien erhalten.

Abbildung 8–23 illustriert diesen Sachverhalt. Eine Konkretisierung der Soll-Anwendungslandschaft kann sich nun daraus ergeben, dass die Referenzszenarien jeweils nicht bis zum letzten Schritt durchgeführt werden. In Abbildung 8–23 wird beispielsweise das ursprüngliche idealisierte Soll ($Soll_i$) insofern zu einem konkreten Soll ($Soll_k$) verfeinert, als dass für beide Referenzszenarien nur die Schritte bis zur übergangsweisen Integra-

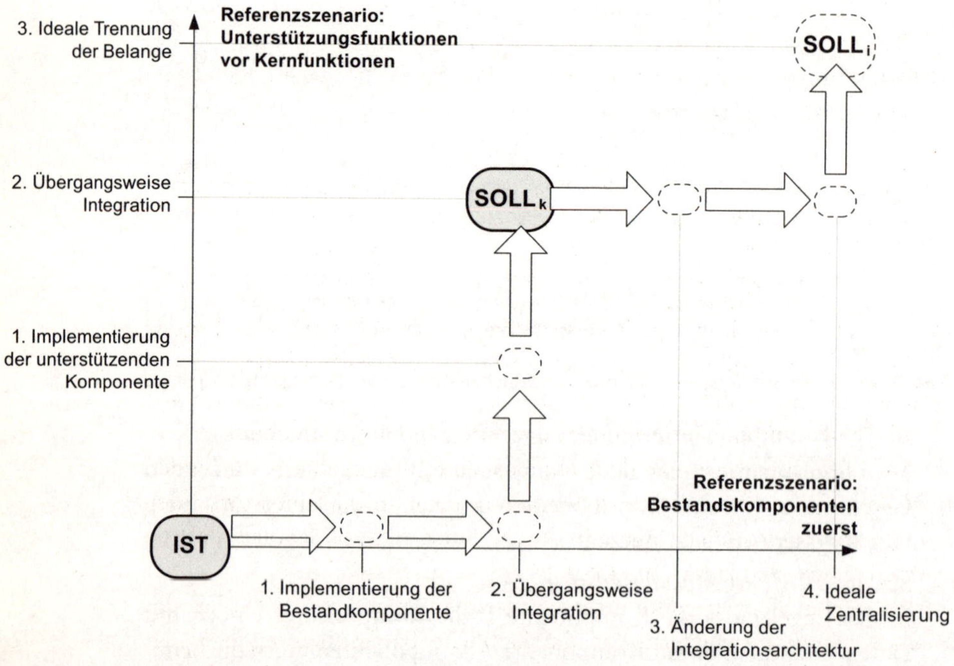

Abb. 8–23 Kombination von Referenzszenarien

tion geplant werden. Weitere Schritte sind einem späteren Programm vorbehalten oder werden im Rahmen der Balance von operativen und strategischen Zielen auch in Zukunft nicht umgesetzt.

Beispiel

Bei Christoph Kolumbus Reisen AG aus Teil I wird das Referenzszenario *Neue Bestandskomponenten zuerst* angewendet. Hier sieht die Schrittfolge vor, in einem ersten Schritt das Kundenmanagement zu konsolidieren. Erst danach steht der Umbau bzw. Neubau der weiteren AL-Komponenten an. Im Bereich Kundenmanagement wird das Szenario dabei nur bis zur übergangsweisen Integration entwickelt.

8.7.4 Bestimmung von Stufen

Hat der Architekt die Reihenfolge von Schritten bestimmt, muss er prüfen, an welchen Stellen Umbaumaßnahmen an der Anwendungslandschaft in Betrieb gehen sollen. Hierzu verfolgt er in der Regel folgenden Ansatz: Er prüft zunächst, welche Schritte er zerlegen sollte, und prüft dann, welche Schritte sich sinnvoll zu einer Stufe zusammenfassen lassen.

Zerlegung von Schritten

Birgt die Inbetriebnahme der Zielkonfiguration eines Schritts in einer einzigen Stufe zu hohe Risiken, muss der Architekt prüfen, inwieweit sich ein Schritt derart in mehrere Stufen zerlegen lässt, dass Risiken reduziert werden. Ein bewährtes Mittel hierfür ist das Prinzip der fachlichen Partitionierung. Wir definieren:

> ***Fachliche Partitionierung*** (partitioning) ist die Zerlegung eines Geschäftsobjekts in mehrere Gruppen auf der Instanzebene entsprechend ausgewählter Selektionsattribute.

Diese Technik spielt beispielsweise auch im Bereich paralleler Datenbankserver eine Rolle. Hier werden entlang der Selektionsattribute die Datenbestände auf die Server verteilt, z.B. die Kunden der Region Nord auf den einen und die der Region Süd auf den anderen Datenbankserver.

Im Zusammenhang mit dem Finden von Stufen prüft der Architekt, inwieweit sich die von der Inbetriebnahme des Um- oder Neubaus einer Komponente betroffenen Daten in diesem Sinne sinnvoll fachlich partitionieren lassen. Er prüft dann, ob der Umbau sukzessive für die einzelnen Partitionen in Betrieb genommen werden kann und inwieweit dies die Risiken adäquat reduziert. Für die fachliche Partitionierung hat sich dabei folgender Ansatz bewährt.

Häufig findet man eine adäquate fachliche Partitionierung, indem man untersucht, inwieweit sich zu den betroffenen Geschäftsobjekten Gruppen passender Größe (z.B. zum Pilotieren mit wenigen Daten) oder Gruppen passender Funktionskomplexität (z.B. zum Pilotieren mit möglichst wenigen fachlichen Ausnahmesituationen) identifizieren lassen.

Die »richtige« Partitionierung zu finden ist nicht trivial. Ein Architekt muss hierzu im Einzelfall mehrere Bearbeiterwochen investieren. Bei hohen Einführungsrisiken lohnt sich der Aufwand aber erfahrungsgemäß.

Neben der Risikoreduktion, die die fachliche Partitionierung mit sich bringt, darf der Architekt hierdurch entstehende zusätzliche Risiken nicht vernachlässigen.

Die stufenweise Inbetriebnahme eines Umbaus mittels fachlicher Partitionierung birgt betriebliche Risiken.

Durch einen Umbau mittels fachlicher Partitionierung müssen häufig abzulösende und neue AL-Komponente parallel betrieben werden. Dies hat zur Folge, dass für die Übergangszeit der Betrieb komplexer wird. Beispielsweise müssen Batchläufe teilweise beide AL-Komponenten (abzulösende und neue) mit Daten versorgen, oder es müssen Möglichkeiten geschaffen werden, dass die abzulösende AL-Komponente die betroffenen Daten nicht mehr ändern darf. Im schlimmsten Fall muss der Architekt Weichen vorsehen, die entscheiden, ob Daten an die abzulösende oder die neue AL-Komponente weiterzuleiten sind. Dennoch ist die fachliche Partitionierung ein bewährtes Mittel zur Reduktion von Risiken bei der Inbetriebnahme von Umbaumaßnahmen.

Zusammenlegung von Schritten

Hat der Architekt eine sinnvolle Zerlegung der risikoreichen Stufen ermittelt, muss er prüfen, welche Schritte sich sinnvoll zu einer Stufe zusammenfassen lassen. Hierdurch erreicht der Architekt, dass Zwischenlösungen, beispielsweise Schnittstellen zur Versorgung abzulösender Systeme, reduziert werden. Dies macht immer dann Sinn, wenn die Inbetriebnahme einer Stufe keinen wesentlichen Nutzen bringt.

Beispiel

Im Beispiel der Christoph Kolumbus Reisen AG erhält man nach Anwendung dieser Überlegungen eine qualitative Roadmap wie in Abbildung 8–24 exemplarisch dargestellt. Für Schritt 5 wird eine Unterteilung in zwei Stufen mittels fachlicher Partitionierung vorgenommen, da die Inbetrieb-

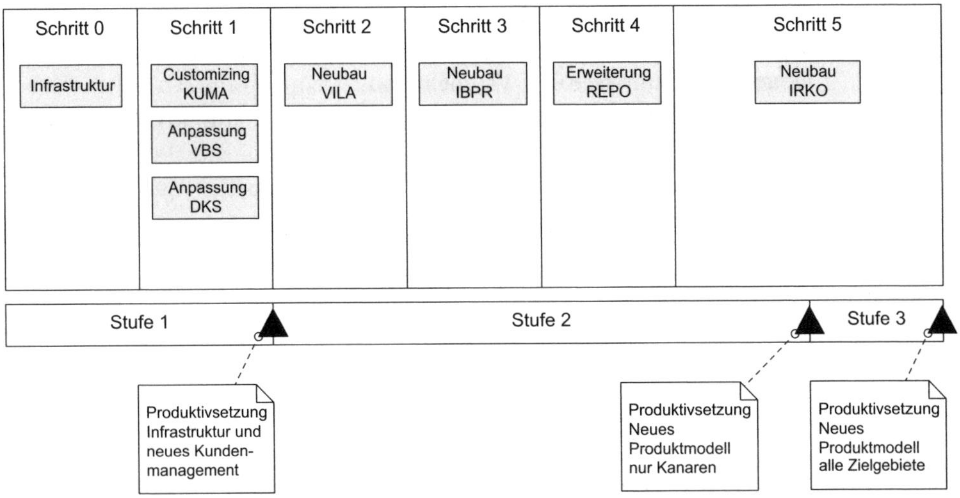

Abb. 8–24 Beispiel für eine qualitative Roadmap

nahme des neuen Produktmodells mit hohen Risiken verbunden ist und eine fachliche Partitionierung gefunden werden konnte. Hierbei wird der Individualreisekonfigurator (IRKO) in der ersten Stufe nur für das Zielgebiet der Kanaren in Betrieb genommen. Dieses Zielgebiet wurde als fachliche Partitionierung gewählt, da die zugehörige Datenmenge angemessen gering ist und die zugehörigen Prozesse wenige Sonderregelungen beinhalten. Die Schritte 0-1 und 2-5a wurden zu jeweils einer Stufe zusammengefasst, da eine sukzessive Inbetriebnahme keinen wesentlichen Nutzen gebracht hätte.

8.8 Schlussbemerkung

Wir haben uns in diesem Kapitel damit beschäftigt, wie man ein aus strategischen Geschichtspunkten gestecktes Ziel dazu verwendet, operative Maßnahmen so zu gestalten, dass diese die Nachhaltigkeit der Anwendungslandschaft unterstützen. Hierzu haben wir gezeigt, dass man diese operativen Maßnahmen wie ein Zwischenziel auf dem langen Weg zum strategischen Ziel betrachtet. Wie im eingangs erwähnten Schachzitat führt man stets nur eine überschaubare Menge von Schritten aus und muss danach wieder prüfen, ob man das aus strategischen Gesichtspunkten gesteckte Ziel nicht wieder anpassen muss. Beim Schachspiel muss man den Zug des Gegners abwarten und dann überprüfen, ob das strategische Ziel und der nächste Zug noch sinnvoll sind. Genau so verhält es sich bei der Gestaltung einer Anwendungslandschaft: Man muss zu jedem Zeitpunkt in der Lage sein, auf die Veränderungen des Umfelds zu reagieren. Das heißt, die hier beschriebene Vorgehensweise zur Planung ist keine Aktivität, die man einmal initial durchführt und dann über einen langen Zeitraum verfolgt. Vielmehr muss man für alle Artefakte, insbesondere auch für das Ideal und die Roadmap, ständig prüfen, ob diese noch sinnvoll sind. Damit kann man die konsequente Verfolgung des Ziels und die Anpassungsfähigkeit an die Begebenheiten miteinander vereinen.

9 Zusammenfassung und Ausblick

Ziel dieses Buchs war es, die serviceorientierte Gestaltung von Anwendungslandschaften konkret greifbar zu machen. Hierzu haben wir eine Roadmap von der Geschäftsarchitektur über die ideale Anwendungslandschaft hin zu Integrationsthemen in physischen Anwendungslandschaften und zur systematischen Planung der Evolution vorgestellt. Wir haben die benötigten Begriffe definiert und miteinander in Beziehung gesetzt sowie einen umfassenden Satz von Verfahrensbausteinen – Methoden, Regeln, Muster und Referenzarchitekturen – dargestellt. Das Ganze haben wir anhand des durchgängigen Beispiels von Christoph Kolumbus Reisen illustriert.

Sehr viele der in sd&m-Projekten gemachten Erfahrungen sind dabei eingeflossen. Quasar Enterprise ist praxiserprobt.

Dennoch gibt es noch viel zu tun:

- Quasar Enterprise muss nahtlos integriert werden mit den Methoden zur Entwicklung einzelner Anwendungssysteme. Es braucht eine passende *Spezifikationsmethodik*, die die serviceorientierten Spezifikationen auf Ebenen der Anwendungslandschaft aufgreift und diese nahtlos herunterbricht auf verfeinerte Vorgaben zum Bau einzelner AL-Komponenten. Und es braucht eine Konkretisierung der in Teil I/Episode 6 lediglich angedeuteten Bauvorschriften für den Bereich der Konstruktion. Quasar Enterprise führt insofern auch zu Anforderungen an eine Erweiterung von Quasar, der Standardarchitektur von sd&m für den Bau betrieblicher Informationssysteme – also zu Anforderungen an ein *Quasar 2.0*.
- Nichtfunktionale Anforderungen wie Sicherheit und Performance haben wir nur am Rande gestreift. Aber gerade bei Themen wie einem *Security Engineering* fehlt es noch an ähnlich konkreten Vorgehensweisen, wie wir sie für die allgemeine architektonische Gestaltung herausgearbeitet haben.

- Eine Betrachtung der Unterschiede zwischen operativen und dispositiven Anteilen der Anwendungslandschaft haben wir ebenfalls nur gestreift. Gerade der Bereich *Business Intelligence* braucht ganz spezifische Vorgehensweisen. Bei sd&m ist auch hierzu viel Erfahrungswissen verfügbar. Dies ist in gleicher Weise aufzuarbeiten.
- Und schließlich muss Quasar Enterprise noch in den Kontext eines ganzheitlichen Engineering-Ansatzes eingeordnet werden – von frühesten Phasen mit Methoden beispielsweise für die *Aufwandsschätzung* bis hin zu methodischer *Qualitätssicherung*.

sd&m Research wird an diesen Themen weiterarbeiten, wobei die Grundidee erhalten bleibt – von konkreten Projekten über eine methodische Aufbereitung zurück in die Projekte.

Mit Quasar Enterprise hat sd&m einen Stand erreicht, der mit diesem Buch der Community zur Verfügung gestellt wird – für sd&m, für interessierte Unternehmen der Softwareindustrie und für die Ausbildung an den Hochschulen.

Anhang

Literatur

[ACK+03] Alonso, G., Casati, F., Kuno, H. und Machiraju, V.: *Web Services: Concepts, Architectures and Applications*. Springer-Verlag, Berlin, 2003.

[AKV+01] Adams, J., Koushik, S., Vasudeva, G. und Galambos, G.: *Patterns for e-business: A Strategy for Reuse*. IBM Press, 2001.

[AS07a] Aier, St. und Schönherr, M.: *Model Driven Service Domain Analysis*. In Georgakopoulos, D.; Ritter, N.; Benatallah, B.; Zirpins, C.; Feuerlicht, G.; Schoenherr, M.; Motahari-Nezhad, H.R. (Hrsg.): 4th International Conference on Service-Oriented Computing (ICSOC 2006), Workshops Proceedings. Lecture Notes in Computer Science 4652, 190-200, Springer-Verlag, Berlin/Heidelberg, 2006.

[AS07b] Aier, St. und Schönherr, M.: Enterprise Application Integration – Flexibilisierung komplexer Unternehmensarchitekturen. Gito, 2007.

[BBF+05] Bieberstein, N., Bose S., Fiammante, M., Jones, K. und Shah, R.: *Service-Oriented Architecture (SOA) Compass: Business Value, Planning, and Enterprise Roadmap*. IBM Press, 2005.

[BCV05] Baldassarre, M.T., Caivano, D. und Visaggio, G.: Enterprise Information Integration Management System (EII_MS). In: Proceedings of Ninth European Conference on Software Maintenance and Reengineering (CSMR'05). 192-192, 2005.

[BDT99] Bradford, R. W., Duncan, J. P. und Tarcy, B.: *Simplified Strategic Planning: A No-Nonsense Guide for Busy People Who Want Results Fast!* Chandler House Press, 1999.

[BHL01] Berners-Lee, T., Hendler, J. und Lassila, O.: *The Semantic Web*. Scientific American, 284(5), 34–43, 2001.

[BHM+04] Booth, D., Haas, H., McCabe, F., Newcomer, E., Champion, M., Ferris, C. und Orchard, D.: *Web Services Architecture – W3C Working Group Note 11 February 2004*. World Wide Web consortium (W3C), 2004. *http://www.w3.org/TR/ws-arch/*.

[BKR05] Becker, J., Kugeler, M. und Rosemann, M.: *Prozessmanagement: Ein Leitfaden zur prozessorientierten Organisationsgestaltung*. Springer-Verlag, Berlin, 5. Auflage, 2005.

[BL07] Booth, D. und Liu, C. K.: *Web Services Description Language (WSDL) Version 2.0 Part 0: Primer, W3C Recommendation 26 June 2007*. World Wide Web Consortium, 2007. *http://www.w3.org/TR/wsdl20-primer/*.

[BR05] Blaha, M. und Rumbaugh, J. R.: *Object-Oriented Modeling and Design with UML*, Prentice Hall International, 2nd ed., 2005.

[Bru05] Brugger, R.: *Der IT-Business Case: Kosten Erfassen Und Analysieren – Nutzen Erkennen Und Quantifizieren – Wirtschaftlichkeit Nachweisen Und Realisieren*. Springer-Verlag, Berlin, 2005

[Bur01] Burlton, Roger: *Business Process Management: Profiting From Process*. Sams, 2001.

[BWM+05] Ballard , C., White, C., McDonald, St., Myllymaki, J., McDowell, S., Goerlich, O. und Neroda, A.: *Business Performance Management ... Meets Business Intelligence*. RedBooks, IBM, 2005.

[CA06] CA: *eTrust SiteMinder r6*. White Paper, 2006. *http://ca.com/files/WhitePapers/siteminder_r6_tech_whitepaper.pdf*

[CA07] CA: *Identity Federation: Concepts, Use Cases and Industry Standards*. White Paper, 2007. *http://ca.com/files/WhitePapers/identity_federation_white_paper.pdf*

[CCC+04] Cox, W., Cabrera, F., Copeland, G., Freund, T., Klein, J., Storey, T. und Thatte, S.: *Web Services Transaction*. White Paper, BEA Systems, International Business Machines Corporation, Microsoft Corporation, 2004. *http://dev2dev.bea.com/pub/a/2004/01/wstransaction.html*

[CHK+05] Conrad, S., Hasselbring, W., Koschel, A. und Tritsch, R.: *Enterprise Application Integration: Grundlagen – Konzepte – Entwurfsmuster – Praxisbeispiele*. Spektrum Akademischer Verlag, 2005.

[CHL+07] Chinnici, R., Haas, H., Lewis, A., Moreau, J.-J., Orchard, D. und Weerawarana, S.: *Web Services Description Language (WSDL) Version 2.0 Part 2: Adjuncts W3C Recommendation 26 June 2007*. World Wide Web Consortium, 2007. *http://www.w3.org/TR/wsdl20-adjuncts/*.

[CMR+07] Chinnici, R., Moreau, J.-J., Ryman, A. und Weerawarana, S.: *Web Services Description Language (WSDL) Version 2.0 Part 1: Core Language W3C Recommendation 26 June 2007*. World Wide Web Consortium, 2007. *http://www.w3.org/TR/wsdl20/*.

[Coc00] Cockburn, A.: *Writing Effective Use Cases*. Addison-Wesley Professional, 2000.

[Coh07] Cohen, S: *Ontology and Taxonomy of Services in a Service-Oriented Architecture*. The Architecture Journal, (11), 2007. *http://msdn2.microsoft.com/en-us/architecture/bb491121.aspx*.

[Das06] Das, M.: *Business Process Management and WS-BPEL 2.0*, Oracle Corporation, 2006

[Der06] Dern, G.: *Management von IT-Architekturen*. Vieweg, 2. Auflage, 2006.

[Dev99] Devaux, S. A.: *Total Project Control: A Manager's Guide to Integrated Project Planning, Measuring, and Tracking*. Wiley, 1999.

[DHK+05] Deb, M., Helbig, J., Kroll, M. und Scherdin, A.: *Bringing SOA to Life: The Art and Science of Service Discovery and Design*. Web Services Journal, 2005. *http://webservices.sys-con.com/read/164560.htm*

[Dij82] Dijkstra, E. W.: *On the role of scientific thought*. In: Dijkstra, E. W. (Hrsg.): Selected Writings on Computing: A Personal Perspective. Springer-Verlag, New York, 60-66, 1982.

[DK76] DeRemer, F. und Kron, H.: *Programming-in-the-Large versus Programming-in-the-Small*. IEEE Transactions on Software Engineering, SE-2(2), 80-86, 1976.

[Doc07] Emc^2: *Documentum enterprise content management system*, *http://software.emc.com/*

[DoD07a] Department of Defense: *DoD Architecture Framework Version 1.5: Volume I: Definitions and Guidelines*. *http://jitc.fhu.disa.mil/jitc_dri/pdfs/dodaf_v1v1.pdf*, 2007.

[DoD07b] Department of Defense: *DoD Architecture Framework Version 1.5: Volume II: Product Descriptions*. *http://jitc.fhu.disa.mil/jitc_dri/pdfs/dodaf_v1v2.pdf*, 2007.

[DoD07c] Department of Defense: *DoD Architecture Framework Version 1.5: Volume III: Architecture Data Description*. *http://jitc.fhu.disa.mil/jitc_dri/pdfs/dodaf_v1deskbook.pdf*, 2007.

[DR03] Dinkelbach, W. und Rosenberg, O.: *Erfolgs- und umweltorientierte Produktionstheorie*. Springer-Verlag, Berlin, 5. Auflage, 2003.

[DS00] Denert, E. und Siedersleben, J.: *Wie baut man Informationssysteme? Überlegungen zur Standardarchitektur*. Informatik Spektrum, 23(4), 247-257, 2000.

[DW99] D'Souza, D. F. und Wills, A. C.: *Objects, Components and Frameworks with UML: The Catalysis Approach*. Addison-Wesley Professional, 1999.

[Erl04] Erl, T.: *Service-Oriented Architecture: A Field Guide to Integrating XML and Web Services*. Prentice Hall PTR, 2004.

[Erl05] Erl, T: *Service-Oriented Architecture. Concepts, Technology, and Design*. Prentice Hall PTR, 2005.

[Fin00] Fink, D.: *Management Consulting Fieldbook: Die Ansätze der großen Unternehmensberater.* Vahlen, 2. Auflage, 2003.

[Fow96] Fowler, M.: *Analysis Patterns: Reusable Object Models*. Addison-Wesley Longman, Amsterdam, 1996.

[GJM91] Ghezzi, C, Jazayeri, M. und Mandrioli, D.: *Fundamentals of Software Engineering*. Prentice Hall, 1991.

[GJS03] Gruner, K., Jost, C. und Spiegel, F.: *Controlling von Softwareprojekten: Erfolgsorientierte Steuerung in allen Phasen des Lifecycles*. Vieweg, 2003.

[GR93] Gray, J. und Reuter, A.: *Transaction Processing: Concepts and Techniques*. Morgan Kaufmann, 1993.

[GW02] Guarino, N. und Welty, C.: *Evaluating ontological decisions with ontoclean*. Communications of the ACM, 45(2), 61–65, 2002.

[Hal05] Haller, S.: *Dienstleistungsmanagement: Grundlagen – Konzepte – Instrumente*. Gabler, 3. Auflage, 2005.

[Has06] Hasselbring, W.: *Software-Architektur – Das aktuelle Schlagwort*. Informatik-Spektrum, 29 (1), 48-52, 2006.

[Hel02] Helland, P.: *Autonomous Computing – Fiefdoms and Emissaries*. Presentation, Microsoft TechEd 2002.

[HF06] Huntley, K. und Filippo, D. S.: *Enabling Aspects to Enhance Service-Oriented Architecture*. The Architecture Journal, (7), *http://msdn2.microsoft.com/en-us/arcjournal/bb245663.aspx, 2006*.

[HG02] von Hermann, S. und von der Gaten, A.: *Das große Handbuch der Strategieinstrumente. Alle Werkzeuge für eine erfolgreiche Unternehmensführung*. Campus Verlag, 2002

[HHS05] Haft, M., Humm, B. und Siedersleben, J.: *The architect's dilemma – will reference architectures help?* In: Reussner, R., Mayer, J., Stafford, J.A., Overhage, S., Becker, S. und Schroeder, P.J. (Hrsg.): Proceedings of the First International Conference on the Quality of Software Architectures (QoSA 2005). Lecture Notes in Computer Science 3712, 106-122, Springer-Verlag, Berlin/Heidelberg, 2005.

[HHV+07] Hess, A., Humm, B., Voß, M. und Engels, G.: *Structuring Software Cities – A Multidimensional Approach*. In: Proceedings of the Eleventh IEEE International EDOC Conference Enterprise Computing Conference. IEEE Press, 122-129, 2007.

[HHV06] Hess, A., Humm, B. und Voß, M.: *Regeln für serviceorientierte Architekturen hoher Qualität*. Informatik-Spektrum, 29(6), 395-411, 2006.

[HJ06] Humm, B. und Juwig, O.: *Eine Normalform für Services*. In: Biel, B., Book, M. und Gruhn, V. (Hrsg.): Software Engineering 2006, Fachtagung des GI-Fachbereichs Softwaretechnik. Lecture Notes in Informatics (LNI) Band 79, 99-110, 2006.

[HLÖ06] Heutschi, R., Legner, C. und Österle, H.: *Serviceorientierte Architekturen: Vom Konzept zum Einsatz in der Praxis*. In: Schelp, J., Winter, R., Frank, U., Rieger, B. und Turowski, K. (Hrsg.): DW 2006 – Integration, Informationslogistik und Architektur. Lecture Notes in Informatics (LNI), Band 90, 361-382, 2006.

[HLV+07] Humm, B., Lohmann, M., Voß, M. und Willkomm, J.: *Ein praxiserprobtes Rahmenwerk für die technische Anwendungsintegration*. In: Bleek, W.-G., Schwentner, H., Züllighoven, H. (Hrsg.): Software Engineering 2007 – Beiträge zu den Workshops. Lecture Notes in Informatics (LNI) Band 106, Gesellschaft für Informatik, 159-168, 2007.

[HRJ+04] Hasselbring, W., Reussner, R., Jaekel, H., Schlegelmilch, J., Teschke, T. und Krieghoff, St.: The Dublo Architecture Pattern for Smooth Migration of Business Information Systems: An Experience Report. In: Proceedings of the 26th International Conference on Software Engineering (ICSE 2004). IEEE Computer Society, 117-126, 2004.

[HW03] Hohpe, G. und Woolf, B.: *Enterprise Integration Patterns: Designing, Building, and Deploying Messaging Solutions*. Addison Wesley, 2003.

[IAF] *www.capgemini.com/iaf*

[IEE00] IEEE: *Recommended Practice for Architectural Description of Software-Intensive Systems*. ANSI/IEEE Standard 1471-2000, ANSI/IEEE, 2000.

[JN06] Jeston, J. und Nelis J.: *Business Process Management: Practical Guidelines to Successful Implementations*. Butterworth-Heinemann, 3rd ed., 2006.

[KBS04] Krafzig, D., Banke, K. und Slama, D.: *Enterprise SOA: Service-Oriented Architecture Best Practices*. Prentice Hall International, 2004.

[Kel02] Keller, W.: *Enterprise Application Integration: Erfahrungen aus der Praxis*. dpunkt.verlag, 2002.

[Kel06] Keller, W.: *IT-Unternehmensarchitektur: Von der Geschäftsstrategie zur optimalen IT-Unterstützung*. dpunkt.verlag, 2006.

[Küt06] Kütz, M.: *Kennzahlen in der IT: Werkzeuge für Controlling und Management*. dpunkt.verlag, 2. Auflage, 2006.

[Lan05] Lankhorst, M.: *Enterprise Architecture at Work: Modelling, Communication and Analysis*. Springer-Verlag, Berlin, 2005.

[LMS03] Laartz, J., Monnoyer, E. und Scherdin, A.: *Designing IT for business.* The McKinsey Quarterly, 3(2003), 76-84, 2003.

[Lon03] Longepe, Ch.: *The Enterprise Architecture It Project: The Urbanisation Paradigm.* Hermes Penton, 2003.

[LSV00] Laartz, J., Sonderegger, E. und Vinckier, J.: *The Paris guide to IT architecture.* In: The McKinsey Quarterly, 3(2000), 118-127, 2000.

[Mey97] Meyer, B.: *Object-Oriented Software Construction.* Prentice Hall International, 2nd ed., 1997.

[MLM+06] MacKenzie, C. M., Laskey, K., McCabe, F., Brown, P. F. und Metz, R.: *Reference Model for Service Oriented Architecture 1.0*, OASIS Open, 2006.

[Mul04] Mullender, M.: *Dealing with Concurrency: Designing Interaction Between Services and Their Agents.* Microsoft Developer Network (MSDN), Architecture Center, 2004. *http://msdn2.microsoft.com/en-us/library/ms978508.aspx*

[MW04a] Matthes, F. und Wittenburg, A.: *Softwarekartographie: Visualisierung von Anwendungslandschaften und ihrer Schnittstellen.* In: Dadam, P. und Reichert, M. (Hrsg.): INFORMATIK 2004 – Informatik verbindet, Band 2, Beiträge der 34. Jahrestagung der Gesellschaft für Informatik e.V. Lecture Notes in Informatics (LNI) Band 51, 2004.

[MW04b] Matthes, F. und Wittenburg, A.: *Softwarekarten zur Visualisierung von Anwendungslandschaften und ihren Aspekten – Eine Bestandsaufnahme.* Technische Universität München, Fakultät für Informatik, Lehrstuhl für Informatik 19, Technischer Bericht, 2004.

[Nel81] Nelson, B. J.: *Remote Procedure Call.* Computer Science Department, Carnegie-Mellon University, PhD Thesis, 1981.

[OHE96] Orfali, R., Harkey, D. und Edwards, J.: *The Essential Client/Server Survival Guide*, John Wiley & Sons Inc, 1996.

[OMG03] OMG (Object Management Group): *UML 2.0 OCL Final Adopted Specification.* OMG, 2003.

[Par72] Parnas, D. L.: *On the Criteria to Be Used in Decomposing Systems into Modules.* Communications of the ACM, 15(9), 1053-1058, 1972.

[Par79] Parnas, D. L.: *Designing software for ease of extension and contraction.* IEEE Transactions on Software Engineering, 5(2), 128–138, 1979.

[Pel03] Peltz, C.: *Web Service Orchestration and Choreography – A look at WSCI and BPEL4WS*, wsj2.com, Juli 2003

[Pey07] Peyret, H.: *The Forrester Wave™:Enterprise Architecture Tools, Q2 2007.* Forrester, 2007.

[RH06] Reussner, R. und Hasselbring, W. (Hrsg.): *Handbuch der Software-Architektur.* dpunkt.verlag, 2006.

[RHS05] Richter, J. P., Haller, H. und Schrey, P.: *Serviceorientierte Architektur.* Informatik-Spektrum, 28(5), 413-416, 2005.

[Ric05] Richter, J.-P.: *Wann liefert eine Serviceorientierte Architektur echten Nutzen?* In: Liggesmeyer, P., Pohl, K. und Goedicke, M. (Hrsg.): Software Engineering 2005, Fachtagung des GI-Fachbereichs. Lecture Notes in Informatics (LNI) Band 64, 231-242, 2005.

[RWR06] Ross, J. W., Weill, P. und Robertson, D. C.: *Enterprise Architecture As Strategy: Creating a Foundation for Business Execution.* Harvard Business School Press, 2006.

[Sch06] Schekkerman, J.: *How to Survive in the Jungle of Enterprise Architecture Frameworks: Creating or Choosing an Enterprise Architecture Framework.* Trafford, 2006.

[Sch06a] Schwenk, H. : *Understanding Master Data Management*, Ovum Report, *www.ovum.com*, 2006

[sebis05] sebis: *Enterprise Architecture Management Tool Survey 2005* Technische Universität München, Fakultät für Informatik, Lehrstuhl für Informatik 19, sebis, 2005.

[Sie03] Siedersleben, J. (Hrsg.): *Quasar: Die sd&m Standardarchitektur: Teil 1 und 2.* 2. Ausgabe, sd&m Research, 2003.

[Sie04] Siedersleben, J.: *Moderne Softwarearchitektur: Umsichtig planen, robust bauen mit Quasar.* dpunkt.verlag, 2004.

[Sie06] Siedersleben, J.: Identifikation von Komponenten. In: Reussner, R. und Hasselbring, W. (Hrsg.): *Handbuch der Software-Architektur.* dpunkt.verlag, 89-101, 2006.

[Sim03] Sims, O.: *Service Oriented Architecture.* CBDI Journal, 2003.

[SZ92] Sowa, J. F. und Zachman, J. A.: *Extending and formalizing the framework for information systems architecture.* IBM Systems Journal, 31(3), 1992.

[TOGAF06] The Open Group: *The Open Group Architecture Framework (TOGAF 8.1.1 'The Availability Book')*, The Open Group, 2006. *http://www.opengroup.org/architecture/*

[TTW05] Tilkov, S., Tilly, M. und Wilms, H.: *Lose Kopplung mit Web-Services einfach gemacht.* JavaSpektrum 2005(5), 2005.

[UM06] Umbach, H. und Metz, P.: *Use Cases vs. Geschäftsprozesse: Das Requirements Engineering als Gewinner klarer Abgrenzung.* Informatik-Spektrum, 29(6), 424-432, 2006.

[VHH06] Voß, M., Hess, A. und Humm, B.: *Towards a Framework for Large Scale Quality Architecture*. In: Hofmeister, Ch. et.al. (Hrsg.): Perspectives in Software Quality – Short Papers of the 2nd International Conference on the Quality of Software Architectures (QoSA), Universität Karlsruhe, Fakultät für Informatik, Interner Bericht 2006-10, 2006.

[W3C04] W3C, *Web Services Glossary – W3C Working Group Note*, W3C, Februar 2004, *http://www.w3.org/TR/ws-gloss/*

[WD05] Wöhe, G. und Döring, U.: *Einführung in die Allgemeine Betriebswirtschaftslehre*. Vahlen, 22. Auflage, 2005.

[WH03] Willkomm, J. und Humm, B.: *i-Portal-Patterns – Lösungsmuster für wiederkehrende Anforderungen*. In: Dittrich, K. R., König, W, Oberweis, A., Rannenberg, K. und Wahlster, W. (Hrsg.): INFORMATIK 2003 – Innovative Informatikanwendungen, Band 2, Beiträge der 33. Jahrestagung der Gesellschaft für Informatik e.V. (GI), Lecture Notes in Informatics (LNI) Band 35, 329-334, 2003.

[WM04] Whittle, R. und Myrick, C. B.: *Enterprise Business Architecture: The Formal Link Between Strategy and Results*. CRC Press, 2004.

[Woo04] Woods, D.: *Enterprise Services Architecture*. SAP Press, 2004.

[WP02] Ward, J. L. und Peppard, J.: *Strategic Planning for Information Systems*. Wiley, 3rd ed., 2002.

[WPO02] Willcocks, L. P., Petherbridge, P. und Olson, N.: *Making It Count: Strategy, Delivery, Infrastructure*. Butterworth-Heinemann, Oxford, 2002.

[WR04] Weill, P. und Ross, J.: *IT Governance: How Top Performers Manage IT Decision: Rights for Superior Results*. Harvard Business School Press, 2004.

[YC86] Yourdon, E. und Constantine, L. L.: *Structured Design: Fundamentals of a Discipline of Computer Program and Systems Design*. Prentice Hall International, 1986.

[Zac87] Zachman, J. A.: *A framework for information systems architecture*. IBM Systems Journal, 26(3), 276-292, 1987.

Index

A

K

L

M

O

P

Q

R

S